全国高等职业教育资源勘查及地质类专业“十四五”规划教材
高等职业教育应用型人才培养规划教材

工程地质

主　编　郭超英　白聚波
副主编　王　毅　高　茜
　　　　李松峰　王志成
主　审　刘玉梅

黄河水利出版社
·郑州·

内 容 提 要

本书是全国高等职业教育资源勘查及地质类专业“十四五”规划教材，是专门为高等职业教育基础工程技术、工程地质勘查、岩土工程技术和水文与工程地质等专业编写的专业基础课教材，内容包括岩土的工程地质性质、不良工程地质作用和岩土工程勘察三部分，以前两部分为主。本书以职业教育为出发点，以项目教学为主线，介绍了工程地质的基本理论、基本知识和基本技能，力图做到概念清楚、结构严谨、重点突出、深浅恰当，使学生易于掌握，学以致用。

本书除作为高职、中职相关专业教材外，还可供从事基础工程、工程地质、水文地质、岩土工程等专业的科技人员参考。

图书在版编目(CIP)数据

工程地质/郭超英，白聚波主编．—郑州：黄河水利出版社，2016.1 （2024.2 修订重印）

全国高等职业教育资源勘查及地质类专业“十四五”规划教材 高等职业教育应用型人才培养规划教材

ISBN 978-7-5509-1272-4

Ⅰ.①工… Ⅱ.①郭…②白… Ⅲ.①工程地质-高等职业教育-教材 Ⅳ.①P642

中国版本图书馆 CIP 数据核字(2015)第 259769 号

策划编辑：陶金志　电话：0371-66025273　E-mail：838739632@qq.com

出 版 社：黄河水利出版社

地址：河南省郑州市顺河路黄委会综合楼 14 层　邮政编码：450003

发行单位：黄河水利出版社

发行部电话：0371-66026940、66020550、66028024、66022620(传真)

E-mail：hhslcbs@126.com

承印单位：河南承创印务有限公司

开本：787 mm×1 092 mm　1/16

印张：20.5

字数：512 千字

版次：2016 年 1 月第 1 版　印次：2024 年 2 月第 2 次印刷

2024 年 2 月修订版

定价：49.00 元

前 言

为了不断提高教材质量,全面贯彻落实党的二十大精神,以习近平新时代中国特色社会主义思想为指导,落实职业教育立德树人根本任务,编者根据近年来国家及行业最新颁布的规范、标准、规定等,以及在教学实践中发现的问题和错误,对全书进行了修订完善。

本教材由甘肃工业职业技术学院等八所院校的教师参加了本教材的编写工作。具体编写分工如下:石家庄经济学院白聚波编写了绪论、项目九、项目十二和项目十五;辽宁地质工程职业学院高茜编写了项目一;陕西能源职业技术学院王毅编写了项目三;山西煤炭职业技术学院李松峰编写了项目四和项目六;河南建筑职业技术学院王丽编写了项目五和项目十一;长江工程职业技术学院王志成编写了项目十和项目十三;杨凌职业技术学院高熙贺编写了项目十四;甘肃工业职业技术学院郭超英编写了项目二、项目七及项目八。

本书由郭超英担任主编并负责全书统稿,由白聚波担任第二主编,由王毅、高茜、李松峰及王志成担任副主编,王丽和高熙贺参与编写,由吉林大学应用技术学院刘玉梅担任主审。以上老师结合各自实际教学经验以及高职教学的要求,在生产实践的基础上,广泛收集了工程地质、岩土工程学科领域近几年的科研成果,并查阅参考了相关教材,以及正在使用的有关国家标准及其他行业相关规范、规程,对教材内容进行了认真的讨论。编写过程中编者总结自己的教学经验,尽量将学生在今后工程实践中所用到的有关规范、规程的内容引入教材。本书力图做到概念清楚、结构严谨、重点突出、深浅恰当,并具有较强的时效性,使学生易于掌握、学以致用。

在本书的编写过程中参考了大量的国家及行业标准,以及其他文献与书籍,引用了国内部分同行所著的相关文章、著作与教材中的部分素材,在此向有关作者深表感谢!因无法联系到作者本人,如有不妥之处,请通过出版社与主编沟通处理,邮箱:838739632@qq.com。

由于编者水平有限,书中不足之处在所难免,恳请读者批评指正。

编 者

2023 年 10 月

目 录

绪 论 ……………………………………………………………… (1)
思考题及习题 ……………………………………………………… (5)
项目一 土的基本特征、组成和结构 …………………………………… (6)
单元一 土的成因类型及三相组成 ………………………………… (6)
单元二 土的粒度成分 ……………………………………………… (8)
单元三 土的矿物成分 ……………………………………………… (13)
单元四 土中水和气体 ……………………………………………… (17)
单元五 土的结构与构造 …………………………………………… (22)
项目小结 …………………………………………………………… (25)
思考题及习题 ……………………………………………………… (25)
技能训练 工程地质室内实训 ……………………………………… (26)
项目二 土的物理、水理性质 ………………………………………… (35)
单元一 土的物理性质 ……………………………………………… (36)
单元二 土的水理性质 ……………………………………………… (43)
项目小结 …………………………………………………………… (54)
思考题及习题 ……………………………………………………… (55)
技能训练 工程地质室内实训 ……………………………………… (56)
项目三 土的力学性质 ………………………………………………… (69)
单元一 土的压缩性 ………………………………………………… (69)
单元二 土的抗剪性 ………………………………………………… (76)
单元三 土的击实性 ………………………………………………… (84)
项目小结 …………………………………………………………… (86)
思考题及习题 ……………………………………………………… (87)
技能训练 工程地质室内实训 ……………………………………… (88)
项目四 特殊土的工程地质特征 ……………………………………… (105)
单元一 软 土 ……………………………………………………… (105)
单元二 黄 土 ……………………………………………………… (107)
单元三 膨胀土 ……………………………………………………… (112)
单元四 红黏土 ……………………………………………………… (114)
单元五 填 土 ……………………………………………………… (116)
项目小结 …………………………………………………………… (118)
思考题及习题 ……………………………………………………… (119)
技能训练 工程地质野外实训 ……………………………………… (119)

项目五　土的工程地质特征和土的工程分类 …………（122）
单元一　一般土的工程地质特征 …………（122）
单元二　土的工程分类 …………（124）
项目小结 …………（133）
思考题及习题 …………（133）
技能训练　工程地质野外实训 …………（134）
项目六　岩石的工程地质性质 …………（135）
单元一　岩石与土的工程地质性质的差别 …………（135）
单元二　岩石的物理、水理性质 …………（136）
单元三　岩石的力学性质 …………（142）
项目小结 …………（149）
思考题及习题 …………（150）
技能训练　工程地质室内实训 …………（150）
项目七　岩体的工程地质性质 …………（158）
单元一　岩体的结构特征 …………（158）
单元二　岩体的力学性质 …………（168）
项目小结 …………（178）
思考题及习题 …………（178）
技能训练　工程地质野外实训 …………（179）
项目八　岩体的工程地质分类 …………（180）
单元一　不同成因岩体的工程地质特征 …………（180）
单元二　岩体结构类型的划分 …………（183）
单元三　岩体按风化程度分类 …………（184）
单元四　岩体的工程分类 …………（187）
项目小结 …………（204）
思考题及习题 …………（205）
技能训练　工程地质野外实训 …………（206）
项目九　活断层和地震 …………（207）
单元一　活断层 …………（207）
单元二　地　震 …………（212）
项目小结 …………（222）
思考题及习题 …………（223）
项目十　斜坡变形与破坏 …………（224）
单元一　基本概念 …………（224）
单元二　崩　塌 …………（227）
单元三　滑　坡 …………（228）
单元四　影响斜坡稳定性的因素 …………（232）

单元五　斜坡的稳定性评价方法 …… (233)
单元六　斜坡变形破坏的防治 …… (240)
项目小结 …… (245)
思考题及习题 …… (245)
技能训练　工程地质野外实训 …… (246)
项目十一　岩　溶 …… (247)
单元一　基本概念 …… (247)
单元二　岩溶的形成条件和分类 …… (248)
单元三　岩溶地区的主要工程地质问题 …… (250)
单元四　岩溶地区的处理措施 …… (251)
项目小结 …… (254)
思考题及习题 …… (254)
项目十二　泥石流 …… (255)
单元一　基本概念 …… (255)
单元二　泥石流的形成条件 …… (256)
单元三　泥石流的性质 …… (257)
单元四　泥石流的分类 …… (259)
单元五　泥石流的防治措施 …… (261)
项目小结 …… (265)
思考题及习题 …… (265)
技能训练　工程地质野外实训 …… (265)
项目十三　渗透变形 …… (267)
单元一　基本概念 …… (267)
单元二　渗透变形的类型与特点 …… (268)
单元三　渗透变形产生的条件 …… (269)
单元四　渗透变形的预测 …… (272)
单元五　渗透变形的防治 …… (277)
项目小结 …… (279)
思考题及习题 …… (280)
项目十四　围岩变形 …… (281)
单元一　地下硐室围岩应力 …… (281)
单元二　围岩的变形与破坏 …… (284)
单元三　地下硐室围岩压力 …… (285)
单元四　硐室围岩稳定性因素分析 …… (289)
单元五　围岩支护与加固 …… (291)
项目小结 …… (293)
思考题及习题 …… (294)

项目十五　岩土工程勘察 ………………………………………………（295）
单元一　岩土工程勘察的基本要求 ………………………………（295）
单元二　工程地质测绘 ………………………………………………（298）
单元三　勘探与取样 …………………………………………………（299）
单元四　原位测试 ……………………………………………………（305）
单元五　现场的检验与监测 …………………………………………（310）
单元六　岩土工程勘察报告 …………………………………………（312）
项目小结 ………………………………………………………………（315）
思考题及习题 …………………………………………………………（316）
参考文献 ……………………………………………………………（317）

绪　论

学习目标

掌握工程地质研究的内容及任务和有关工程地质的基本概念。了解工程地质理论的发展及课程的重要性。

【学习导入】

工程地质主要研究人类的工程活动与地质环境之间的相互作用，以便总结其规律，更好地利用、改造和保护地质环境，使项目建设事半功倍，实现和谐发展、可持续发展。

地质环境对人类的工程活动的影响表现为从安全、经济和正常使用来制约工程建筑物，人类的各种工程活动反过来又会使地质环境发生变化。因此，研究地质环境与人类工程活动的关系，就成了工程地质的基本任务。随着工业社会的进步和发展，工程建设具有领域广、规模大、速度快、质量和安全要求高、难度大等特点，工程地质的重要性日益凸显。

一、工程地质的概念

人类的许多工程活动如工业与民用建筑、道路、桥梁、隧道、水库大坝、港口码头、海洋工程、油气钻井、矿山开采等工程建设，都在地表或地壳浅部的一定地质环境中进行，必然涉及工程与地质的相关知识，既要利用自然地质条件，又要减少工程本身对自然环境的破坏，人类实践中各专业的交叉与渗透，衍生出工程地质。

工程地质是一门研究与工程建设有关的地质问题，并为工程建设服务的地质科学。它是地质学的分支学科，属于应用地质学的范畴。工程地质重点研究建筑物与地质环境相互作用而产生的工程地质问题，一方面，工程建设受地质条件的制约；另一方面，大型建设项目对地质环境和地质条件造成的影响。

二、工程地质的主要任务

工程地质研究的主要任务包括以下几个方面：

(1)查明建筑地区的工程地质条件，并指出对建筑物有利和不利的地质因素。

(2)论证建筑物所存在的工程地质问题，进行定性和定量的评价，得出确切的结论。

(3)选择地质条件最为优良的建筑场址，并根据场址的地质条件合理配置各个建筑物。

(4)研究工程建筑物兴建后对地质环境的影响，预测其发展趋势，并提出对地质环境合理利用和保护的建议。

(5)提出有关建筑物类型、规模、结构和施工方法的合理建议，以及保证建筑物正常使用应注意的地质要求。

(6)为拟订改善和防治不良工程地质作用的措施方案提供地质依据。

三、工程地质的研究内容

工程地质研究的对象主要是地壳最上部各种地貌单元中的岩石和土体。

工程地质研究的目的是查明各类工程建筑场区的工程地质条件,对与场区有关的各种工程地质问题进行综合评价,选择最优场地,为保证工程的合理设计、顺利施工及正常使用提供可靠的地质依据。

工程地质具体研究内容如下:

(1)研究岩土的工程地质性质。分析岩土成因、组分、结构、物理力学性质,岩土的工程地质性质及其形成变化规律,这些是工程岩土学的主要内容。

(2)研究岩土体的力学性质。岩土体各种力学性质、各项力学参数的测试技术和方法,以及岩土体的类型、力学特性及其变化特点,这些是岩土力学的主要内容。

(3)研究工程动力地质作用。追踪地震、崩塌、滑坡、泥石流等地质灾害对工程建筑的危害,探索预测、评价方法和防治措施,并对所产生的有关工程地质问题进行定性和定量的评价,减少灾害损失,这些是工程动力地质学的内容。图 0-1 所示为地质灾害对人类的影响。

(a) (b)

图 0-1 地质灾害对人类的影响

(4)研究工程地质勘察的方法与测试技术。详细查明工程地质条件,论述工程地质问题,正确做出工程地质评价,为建筑工程的建设提供地质依据,对城乡规划提供建议,这些是工程地质勘察的内容,现在也称为岩土工程勘察。

为更好地理解上述内容,下面介绍一些基本概念。

工程地质性质,是指岩石和土与工程建筑有关的性质,包括岩石与土的成因、组成与结构;物理性质,即岩土体所具有的物理状态;水理性质,即岩土体与水相互作用表现出来的性质;力学性质,即岩土体在外力作用下表现出来的变形和强度特征以及岩土体的工程地质类型。

工程地质条件,是指各种对工程建筑有影响的地质因素的总称,包括地形地貌(建筑场区的地表高低起伏状况以及山坡陡缓程度、沟谷宽窄及形态等分布特征)、岩土类型及其工程地质性质(建筑场区地层的成因、时代、岩性、产状、软弱夹层、特殊土分布等特征及其工程地质性质)、地质结构(建筑场区对建筑物的安全稳定有重要意义的褶皱、断层、节理等地质构造的分布和特征)、水文地质条件(建筑场区地下水的成因、埋藏、分布、动态、化学成分等特征)、物理地质现象(建筑物所在地区风化作用、岩溶、滑坡、崩塌、泥石流、风沙、河流冲刷、砂土液化、地基变形等各种灾害地质作用的特征）、天然建筑材料（建设场地附近可供建设需要的天然建筑材料的分布、储量和运输条件）等六个要素。

工程地质问题，是包含所有的与人类工程活动有关的地质问题，主要指工程建筑物建设和使用过程中所遇到的主要地质问题。不同的建筑类型遇到的工程地质问题各不相同：如工业与民用建筑的主要工程地质问题是地基承载力和变形问题；道路建设遇到的主要工程地质问题是路基和边坡稳定性问题；隧道及地下硐室的主要工程地质问题是围岩稳定性问题；水库的主要工程地质问题是水库渗漏、坝基的稳定性问题；矿山开发主要是地下硐室围岩或露天采场的稳定性、采空区塌陷、尾矿库渗流破坏、溃坝问题等。这些工程地质问题，需要加强地质研究，并采取工程措施进行治理，以保证建设工程的安全、经济与正常使用。

工程地质作用，是指因人类工程活动改变原来的地质条件所引起的新的地质作用。工程地质作用包括修筑建筑物引起的地基变形或失稳，开挖边坡、硐室、基坑引起的土（岩）体的滑动及坍塌，修筑水坝引起的坝下及水库渗漏和渗透变形、岸岩坍塌和浸没、诱发地震等。也有人把与工程建筑有关的地质作用统称为工程地质作用。这些作用包括对工程建筑可能造成危害的地球内、外动力地质作用，如岩溶、滑坡、崩塌、泥石流、土洞、河流冲刷以及渗透变形等。工程地质作用直接影响到建筑物的安全和造价，是工程地质研究的重要对象。所以，在复杂地质条件下进行岩土工程勘察时，必须查清它们的规模大小、分布规律、形成机制和形成条件、发展演化规律和特点，预测其对工程建设的影响或危害程度，并提出防治的对策与措施。

工程地质勘察，现在也称为岩土工程勘察，是根据建设工程的要求，查明、分析、评价建设场地的地质、环境特征和岩土的工程地质条件，编制勘察文件的活动。

四、本课程的学习方法和基本要求

工程地质是基础工程技术专业、工程地质勘查专业、岩土工程技术专业、水文与工程地质专业的专业基础课程，在学习本课程中要求掌握基本概念、基本理论与基本技能，这些是学好后续课程和做好今后工作的基础。在学习中要求学生理解课程内容，课下要充分地预习和复习，并且结合身边事物理解课程中的难点。同时，对学生有如下具体要求：

（1）掌握工程地质相关课程的基础理论和知识，包括矿物、岩石、地层地史、地质构造、地下水、地质灾害及地貌、建筑力学等课程的基本知识，参加必要的野外地质实习，积累基础施工有关常识。

（2）掌握工程地质的基本技能，如岩土的野外鉴定与分类、土工试验技能、不良工程地质作用的分析与认识等，为后续课程的学习和今后的工作打好基础。

（3）初步学会根据所见的地质现象分析、评价工程地质条件，解决工程地质问题。

（4）初步了解工程地质勘察的基本内容、主要要求和工作方法，认识从事工程地质勘察野外工作和室内整理资料、编制报告的基本方法。

【小贴士】

工程地质学科除工程岩土学、岩土力学和工程动力地质学、岩土工程勘察等分支学科外，一些新的分支学科正在逐渐形成，如矿山工程地质学、海洋工程地质学、城市工程地质及环境工程地质学、工程地震学等。

【知识链接】

《岩土工程勘察规范》

规范就是一种以文件形式发布的统一规定,其中包含可以用来为某一领域内的活动及其结果制定规则、准则、标准或专门定义的技术规范,其目的是确保材料、产品、生产过程和服务能够符合标准需要。

《岩土工程勘察规范》是勘察实际具体工作的操作指南,是国家权威部门制定的强制性的工作标准。《岩土工程勘察规范(2009 年版)》(GB 50021—2001)是目前实际工作中正在实施的全国性规范,便于指导勘察从业人员标准化作业。各地、各行业也结合当地和本行业的岩土特点,制定了地方标准与行业标准。具体工程中要合理选择。

工程地质与岩土工程的关系:工程地质是研究与工程建设有关地质问题的科学,它是地质学的一个分支,其本质是一门地质应用科学;岩土工程是土木工程中涉及岩石和土的利用、处理或改良的科学技术,它是土木工程的一个分支,其本质是一种工程技术。从事工程地质工作侧重于地质现象、地质成因和演化、地质规律、地质与工程相互作用的研究;从事岩土工程工作是根据工程目标和地质条件,建造满足使用要求和安全要求的工程或工程的一部分,解决工程建设中的岩土技术问题。工程地质是岩土工程的基础,岩土工程是工程地质的延伸。

【案例】 工程实例

意大利比萨斜塔

意大利比萨斜塔(见图 0-2)从地基到塔顶高 58.36 m,从地面到塔顶高 55 m,钟楼墙体在地面上的宽度是 4.09 m,在塔顶宽 2.48 m,总质量约 14 453 t,重心在地基上方 22.6 m 处。圆形地基面积为 285 m^2,对地面的平均压强为 497 kPa。倾斜角度 3.99°,偏离地基外沿 2.5 m。1174 年首次被发现倾斜。

图 0-2 意大利比萨斜塔

意大利比萨斜塔在建筑的过程中就已出现倾斜,其原本是一个因对地质条件不了解造成的建筑败笔,却因祸得福成为世界建筑奇观,伽利略的自由落体试验更使其蜚声世界,成为世界著名旅游观光胜地。

在 1178 年,当钟楼兴建到第 4 层时发现由于地基不均匀和土层松软,钟楼已经倾斜偏向东南方,工程因此暂停。1231 年,工程继续,建造者采取各种措施修正倾斜,刻意将钟楼上层搭建成反方向的倾斜,以便补偿已经发生的重心偏离。1278 年,进展到第 7 层时,塔身不再呈直线,而是凹形。工程再次暂停。

在建造的第一阶段,第 3 层结束时,钟楼向北倾斜约 0.25°。

在第二阶段由于纠偏过度,1278 年第 7 层完成时反而向南倾斜约 0.6°。

1360年,在停滞了差不多一个世纪后,钟楼开始再次施工,并作了最后一次重要的修正。1372年,摆放钟的顶层完工。54 m高的8层钟楼共有7口钟,但是由于钟楼时刻都有倒塌的危险而没有撞响过,而且钟楼一直不断地向下倾斜。

比萨斜塔的倾斜是由地基下面土层的特殊性造成的。比萨斜塔下有好几层不同材质的土层,由各种软质粉土的沉淀物和非常软的黏土相间形成,而在深约1 m的地方则是地下水层。这个结论是在对地基土层成分进行观测后得出的。最新的挖掘表明,钟楼建造在了古代的海岸边缘,因此土质在建造时便已经沙化和下沉。

斜塔的拯救,采取了很多的方案,但都未见效。最终拯救比萨斜塔的,是一项看似简单的新技术——地基应力解除法。其原理是:在斜塔倾斜的反方向(北侧)塔基下面掏土,利用地基的沉降,使塔体的重心后移,从而减小倾斜幅度。该方法于1962年由意大利工程师Terracina针对比萨斜塔的倾斜恶化问题提出,当时称为“掏土法”,由于其显得不够深奥而遭长期搁置,直到该方法在墨西哥城主教堂的纠偏中成功应用,才被重新认识和采纳。比萨斜塔拯救工程于1999年10月开始,采用斜向钻孔方式,从斜塔北侧的地基下缓慢向外抽取土壤,使北侧地基高度下降,斜塔重心在重力的作用下逐渐向北侧移动。2001年6月,倾斜角度回到安全范围之内,关闭了10年的比萨斜塔又重新开放。

从工程地质角度来看,比萨斜塔是由地基土工程地质条件不良造成的。该塔地基持力层为粉砂层,粉砂层之下是厚度不均匀的粉土层和黏土层。由于地基的不均匀下沉,比萨斜塔向南倾斜,南北两端沉降差为1.8 m,塔顶已偏离中心线5.27 m,成为危险建筑。经过加固处理后,比萨斜塔目前仍处于斜而不倒的平衡状态。

意大利比萨斜塔的工程实践表明,前期工程地质工作做得好,设计、施工就能顺利进行,建筑物的安全运营就有保证;相反,忽视工程地质工作或重视不够,一些严重的地质问题未被发现或未进行可靠的处理,都会给工程带来不同程度的影响,轻则降低使用性能,重则酿成灾害。

思考题及习题

1. 什么是工程地质?工程地质的研究内容有哪些?
2. 工程地质研究的对象是什么?工程地质的主要任务有哪些?
3. 什么是工程地质性质?
4. 工程地质条件包括哪些具体内容?
5. 工程地质问题的含义是什么?
6. 什么是工程地质作用?
7. 为什么要开展工程地质工作?
8. 如何学习好工程地质?

项目一　土的基本特征、组成和结构

学习目标

本项目主要介绍土的基本特征、组成和结构。要求学生掌握土的基本组成及基本特征;理解并掌握土的成因、土的颗粒成分、土的矿物成分、土中水的性质及土的结构和构造的基本概念。

【学习导入】

土是指具有一定成因的各种矿物的松散集合体,是土体的组成成分。土通常是由固体颗粒、颗粒间的孔隙以及填充于孔隙中的气体和液体组成的,所以可以认为土是由固相、液相和气相三相组成的集合体。

土通常具有成层的特性,同一层内土的物质组成和结构构造都大体相同,其工程地质特性也基本一致。而土体与土是不同的概念。土体一般是指由多层具有不同特征性质的土层组合而成的地质体。

单元一　土的成因类型及三相组成

土是由岩石圈中各种不同成因的岩石在漫长的地质年代里,经过风化、剥蚀、搬运、沉积等复杂的地质作用而形成的松散集合体。一般可把土看成由固体颗粒、颗粒间的孔隙及填充于孔隙中的气体和液体组成的三相集合体。

一、土的成因类型

土是在地球各项内外力的地质作用下形成的,按成因类型可分为以下几种。

(一)残积土

(1)成因:岩石经物理风化和化学风化作用后残留在原地的碎屑物称为残积物或残积土,又称风化层。

(2)分布:一般在位置较高,或比较平缓的丘陵山地,是搬运与堆积作用较少的地段。

(3)特征:①由大小不等的岩石碎块或颗粒组成,碎块颗粒边缘锋利,为棱角状,颗粒表面粗糙。②风化作用由地表向下由强减弱,表层为强风化岩屑,下层为碎块,再下层是半风化岩层,最基层是未风化基岩。层理不明显。③残积物的组成和性质与基岩有直接关系。

(4)工程地质性质评价:①表层细粒土孔隙率大,压缩性高,强度低。②下部常为细粒土充填的粗细不均的粗粒土,强度高。

(二)坡积土

(1)成因:坡积土是山坡靠上部的风化产物,在重力和水流的联合作用下发生移动,在山坡中部或山麓处堆积的物质。

(2)分布:坡积物在气候湿润的山区较为常见,尤其是在上坡植被稀少易受冲刷和下坡地势较平缓的山地最为常见。

(3)特征:①颗粒经过短距离搬运,分选程度差,因岩屑颗粒边缘略有磨损,磨圆程度为次棱角状,颗粒表面较粗糙。②山坡下部有与坡面平行的层次,呈间歇性堆积。③其成分与坡上的岩性基本一致。④坡积物质随斜坡自上而下呈现由粗而细的分选现象。

(4)工程地质性质评价:①厚度变化大;②性质由原斜坡岩性决定,强度较高。

(三)洪积土

(1)成因:由暂时性洪流,将山区高地的碎屑物质挟带至沟口或平缓地带堆积形成的松散沉积物。沉积面积大的称洪积扇,沉积面积小的称洪积锥。

(2)分布:洪积物形成的洪积扇一般分布于山区冲沟的沟口,地形在沟口处最高,向边缘处逐渐降低。

(3)特征:①洪积扇在流水出口的中心堆积物最多,厚度最大,向外逐渐减少。从沟口向外分为上部相、中部相和下部相。②由扇顶到扇缘总的趋势是沉积物质由粗变细,上部相为卵石、砾石;中部相为砂土;下部相为细粒土。③在扇顶沉积层次不明显,分选性差,层理不发育。④颗粒物质经过一定距离的搬运,颗粒形状为次圆状,颗粒表面较光滑。

(4)工程地质性质评价:①上部相、中部相颗粒较粗,强度高,压缩性小,一般可作为良好地基。②下部相以细粒土为主,强度低,压缩性高,作为地基用时性质较差。

(四)冲积物

(1)成因:冲积物是风化的碎屑物质经河流常年性流水的侵蚀、搬运,沉积在河流两岸的沉积物。按其与河流的关系分为河床沉积物、河漫滩沉积物、牛轭湖沉积物和三角洲沉积物四类。

(2)分布:随着河流的不同地段而不同,并且表现在不同的地貌形态上。在平原和山间平原的河谷两岸的河漫滩阶地上为河床沉积、河漫滩沉积,在河流入海口为河口区沉积等。

(3)特征:①成层性较清楚,层界清晰而整齐。②分选性较好,粗细均一。③沉积物质经过较长距离的搬运,颗粒形状为圆状,表面光滑。④冲积沉积物在剖面上有规律地交替重复出现,具有韵律性和流水成因的波痕、砂丘以及交错层理等原生沉积构造。

(4)工程地质性质评价:①古河床冲积物压缩性低,强度高,为良好地基,现代河床相反。②河漫滩、阶地一般为较好地基,但要考虑软夹层及振动液化。③牛轭湖常为淤泥或泥炭质,压缩性高,不宜作为建筑地基。④三角洲土层常呈饱和状态,承载力低,但表层有硬壳层时可考虑作为天然地基。

(五)淤积土

(1)成因:淤积土是在静水或缓慢的流水环境(包括海滨、湖泊、沼泽、河滩)中沉积,并伴有生物化学作用而形成的沉积物。

(2)分布:淤积土可以作为地形低洼的海滨、湖泊、沼泽和河滩沉积(堆积)土的一部分。

(3)特征:①具有清晰的薄层理。②颗粒细小,以粉粒和黏粒为主,且有一定数量的有机质或盐类。③常为淤泥质黏性土、粉土与粉砂互层,一般土质松软,含水率较大。

(4)工程地质性质评价:淤积土具有孔隙比较大、透水性低、强度低、压缩性高的特点,不能作为建筑地基。

(六)冰积土

(1)成因:冰积土是冰川作用形成的堆积物。包括由冰川融化使冰川挟带的碎屑物质堆积而形成的冰碛堆积物，由冰川的冰雪融化形成的水流所形成的冰水堆积物，由冰川掘蚀或冰碛堵塞等原因形成的凹地积水而形成的湖泊。冰水搬运的物质在冰湖中沉积，形成冰碛湖沉积物。

(2)分布：冰积土一般分布于高山区雪线附近。

(3)特征：①大小混杂，缺乏分选性，经常是巨大的石块或细微的泥质物的混合物。②无成层现象。③绝大部分棱角鲜明。④有的角砾表面具有磨光面或冰擦痕。

(4)工程地质性质评价：泥质充填的粗细不均的粗粒土，强度高。

(七)风积土

(1)成因：风积物是由风作为搬运动力，将碎屑物由风力强的地方搬运到风力弱的地方沉积下来的砂土。我国的黄土就是典型的风积土。

(2)分布：主要分布在我国西北沙漠边缘的干旱与半干旱气候带。

(3)特征：①风积土生成不受地形的控制。②砂粒大多为石英，亦有长石、暗色矿物、碳酸盐等不稳定矿物。③分选良好，磨圆度高，土质均匀。④风成砂中有中小型交错层理，生物遗迹稀少，有时存在蒸发盐矿物。

(4)工程地质性质评价：土质颗粒细小，结构疏松，工程地质性质较差。

二、土的三相组成

自然界中的土体，在一般情况下都由固、液、气体三部分组成。固体矿物颗粒是土的必要组成部分，它在土中起着骨架的作用。液体一般是水，气体主要是空气，它们充满在固体颗粒之间的孔隙中成为土的三相体系。当土处于饱水状态或干燥状态时，土属于二相体系；在特殊情况下，只有当饱水的土呈完全冻结的状态时，土才是单相体系。

组成土的这三个基本部分之间的相对数量随环境改变和时间延续而不断地发生变化。其中，固体矿物颗粒绝对数量的变化速率最低。然而，土体中的水和空气的数量变化受环境的影响非常敏感，其中水的数量变化起主导作用。当孔隙中的水因渗入或蒸发而发生数量增减时，立即有相同体积的空气被排出或补充。由于土中水和气体数量的这种变化，土的状态和工程地质性质就会受到相应的影响。所以，从工程地质的观点出发，应将土作为一种多相体系来研究。

单元二　土的粒度成分

研究土的固相成分可从组成土的颗粒大小和土的颗粒成分来进行，即从土的粒度成分、矿物成分或化学成分等不同层面进行，其中土的粒度成分只需常规的土工试验便可分析，而测定土粒的矿物成分或化学成分则要复杂得多。分析土的粒度成分是评价土的工程地质性质和划分土类的基本依据。

一、土的粒径与粒组

天然的土是由大小不同的颗粒组成的。土颗粒的大小相差悬殊，大到几十厘米甚至几米的漂石，小到几微米的土粒。同时，由于土粒的形状往往是不规则的，很难直接测量土粒的大小，只能用间接的方法来定量地描述。

土的固体颗粒大小通常用其直径尺寸表示，称为粒径，用 d 表示，单位为毫米。一般在工程地质实践中，粗土粒能通过的最小筛孔孔径或与细土粒在静水中具有相同沉降速度的等代圆球体直径称为土的粒径。

为利于归纳和分析各种土粒特性，工程上一般根据土粒特性与其粒径变化关系，将大小相近、性质类似的土粒合并为组，这种按土粒粒径大小和工程地质性质归并、划分的组别称为粒组。

粒组间的分界线，即粒组的界限粒径是人为规定的。划分粒组时应使界限粒径与粒组性质的变化相对应，并按一定的比例递减关系确定粒组的界限值。关于土的粒组的划分，各个国家甚至一个国家的不同行业部门往往采用不同的划分标准。粒组划分标准的差异将直接影响到土的分类。

划分粒组的三个原则如下：

(1)应考虑在一定的粒径变化范围内，其工程地质性质是相似的，若超越了这个变化幅度就要引起质的变化。

(2)要考虑与目前粒度成分的测定技术相适应。

(3)要便于记忆。

目前，在工程实际中应用的是《岩土工程勘察规范(2009 年版)》(GB 50021—2001)、《建筑地基基础设计规范》(GB 50007—2011)中土的粒组划分，见表 1-1。

表 1-1　粒组划分　(单位：mm)

粒组名称	漂石(块石)	卵石(碎石)	砾粒	砂粒	粉粒	黏粒
粒径 d 的范围	>200	200~20	20~2	2~0.075	0.075~0.005	≤0.005

《土的工程分类标准》(GB/T 50145—2007)中土的粒组划分见表 1-2。

表 1-2　《土的工程分类标准》(GB/T 50145—2007)中土的粒组划分　(单位：mm)

粒组	颗粒名称		粒径范围
巨粒	漂石(块石)		$d>200$
	卵石(碎石)		$60<d\leq200$
粗粒	砾粒	粗砾	$20<d\leq60$
		中砾	$5<d\leq20$
		细砾	$2<d\leq5$
	砂粒	粗砂	$0.5<d\leq2$
		中砂	$0.25<d\leq0.5$
		细砂	$0.075<d\leq0.25$
细粒	粉粒		$0.005<d\leq0.075$
	黏粒		$d\leq0.005$

二、粒度成分与粒度分析

(一)土的粒度成分

土的粒度成分是指土中各粒组的相对含量(各粒组质量占土粒总质量的百分比),也称为土的颗粒级配。土的粒度成分包括土颗粒的大小、形状、含量和级配等诸方面都对土的工程地质性质有着显著的影响。土中主要颗粒的大小是影响土的工程地质性质的最基本因素,土的性质各异,原因在于其主要颗粒的大小不同。各粒组的含量既反映了主要颗粒的粒径范围,也反映了土的级配。

(二)粒度成分分析方法

对土的粒度成分进行分析测定的过程称为粒度分析。对于粒径大于0.075 mm的土粒可以采用筛分析法,而对于粒径小于0.075 mm的土粒则必须用沉降分析法分析其粒度成分。

1. 筛分析法

筛分析法是指利用一套孔径大小不同的筛子,将事先称过质量的烘干土样过筛,称取留在各筛上的土粒质量,然后计算相应的百分数的方法。按照我国的标准,最小的筛子孔径为0.075 mm。小于0.075 mm的土粒用筛分析法无法再加以细分,这就需要用沉降分析法。

2. 沉降分析法

沉降分析法(也叫静水分析法)是根据土粒在悬液中沉降的速度与粒径的平方成正比($v=Kd^2$)的斯托克斯公式(Stokes theorem)来确定各粒组相对含量的方法。因此,可以利用粗颗粒下沉速度快、细颗粒下沉速度慢的原理,把颗粒按下沉速度进行粗、细分组。用沉降分析法测定土的粒度成分有两种方法,即密度计法和移液管法。密度计是用来测定液体密度的一种仪器,对于不均匀的液体,从密度计读出的密度只表示浮泡形心处的液体密度。移液管法是用一种特定的装置在一定深度处吸出一定量的悬液,用烘干的方法求出其密度。用上述两种方法都可以求出土粒的粒径和累计百分含量。

【例1-1】 从某干砂样中称取质量为1 000 g的试样,放入标准筛中,经充分振荡后,称取各级筛上留下来的土粒质量,见表1-3。试求该干砂样的粒度成分。

表1-3 筛分析试验结果

筛孔径(mm)	2	1	0.5	0.25	0.15	0.075	底盘
各级筛上的土粒质量(g)	100	100	250	300	100	50	100
粒组 d(mm)	>2	2~1	1~0.5	0.5~0.25	0.25~0.15	0.15~0.075	<0.075
各粒组的土粒含量(%)	10.0	10.0	25.0	30.0	10.0	5.0	10.0

解:(1)留在孔径2 mm筛上的土粒质量为100 g,则大于2 mm粒组的土粒含量为100/1 000=10.0%。

(2)因1 mm筛上土粒粒径为2~1 mm粒组的土粒,则2~1 mm粒组的土粒含量为100/1 000=10.0%。

同理,可算得其他粒组的土粒含量,见表1-3。

三、粒度成分的表示方法

经过粒度分析测定出土的粒度成分,需要通过一定的形式表现出来,常用的土的粒度成分表示方法有表格法、累计曲线图法和三角坐标法。

(一)表格法

表格法是以列表形式直接表示土中各种粒度成分的相对含量。表格法能明确地用数量说明土样的各粒组的百分含量,是最基本和最直接的表示方法,对用粒度成分进行土的分类也是十分方便的,但对于大量土样之间的比较就显得过于冗长,而且不能获得土的粒度成分参数,且不够直观。

(二)累计曲线图法

累计曲线图法是在单对数坐标纸上,以颗粒粒径为横坐标(由于土粒粒径的值域范围较广,达几个数量级,故采用对数坐标表示),以小于某粒径的所有颗粒质量百分数(称为累计含量)为纵坐标(以自然数坐标表示),绘制颗粒大小累计分布曲线。如图 1-1 所示为三种土的累计曲线。

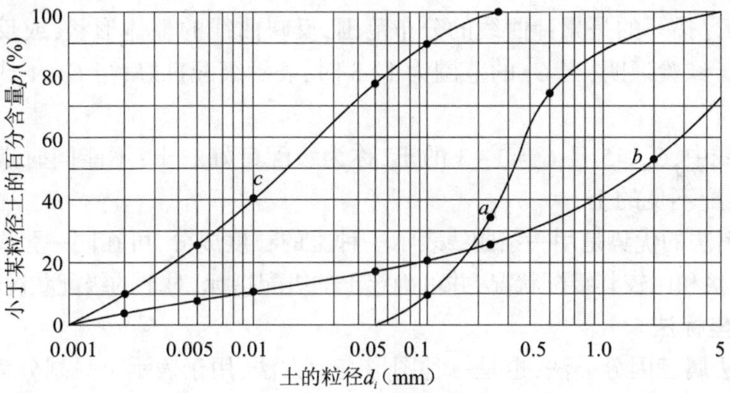

图 1-1 土的累计曲线

累计曲线图法的应用很多,根据土样累计曲线的形态,可以大致判断土的均匀程度,若曲线较陡,则表示土颗粒集中于某一粒组,颗粒大小相差不多,土粒较均匀,级配不良;反之,若曲线平缓,则表示土颗粒分布于大小不同的粒组,颗粒粒径大小相差悬殊,土粒不均匀,级配良好。根据土的累计曲线图还可以确定土的有效粒径(d_{10})、平均粒径(d_{50})、限制粒径(d_{60}、d_{30})等参数。从累计曲线上还可以求出任意粒径区间土的百分含量。颗粒累计曲线的另一重要用途是通过该曲线确定土的两个级配指标,即不均匀系数 C_u 和曲率系数 C_c。通过土的不均匀系数 C_u 和曲率系数 C_c 还可以用来评价土的颗粒级配状况。其中,土的有效粒径(d_{10})、限制粒径(d_{30}、d_{60})等参数分别为土的累计曲线上累计含量为 10%、30%、60% 时所对应的粒径,而有效粒径是土中最有代表性的粒径,其物理含义是:由一种粒径土组成的理想均匀土,如与另一种非均匀土具有相等的透水性,那么这种均匀土的粒径应与不均匀土的粒径 d_{10} 大致相等。d_{10} 常用于机械潜蚀、透水性、毛细性等经验公式中。

土的不均匀系数是土的限制粒径 d_{60} 与有效粒径 d_{10} 的比值,即

$$C_u = \frac{d_{60}}{d_{10}} \tag{1-1}$$

式中　C_u——不均匀系数；

d_{60}——限制粒径，累计曲线上的某粒径，小于该粒径的土含量占总质量的60%，mm；

d_{10}——有效粒径，累计曲线上的某粒径，小于该粒径的土含量占总质量的10%，mm。

曲率系数是土的累计含量为30%时对应的粒径的平方与有效粒径 d_{10} 和限制粒径 d_{60} 乘积的比值，即

$$C_c = \frac{d_{30}^2}{d_{60}d_{10}} \tag{1-2}$$

式中　C_c——曲率系数；

d_{30}——累计曲线上的某粒径，小于该粒径的土的含量占总质量的30%，mm。

上述公式中，d_{60}、d_{30} 和 d_{10} 的数值均在土的累计曲线图（见图1-1）上可以确定。

不均匀系数 C_u 反映土中颗粒大小不同粒组的分布情况。C_u 越大表示土粒大小的分布范围越大，颗粒大小越不均匀，其级配越良好，作为填方工程的土料时，则比较容易获得较大的密实度。工程上把 $C_u<5$ 的土看作是均粒土，属级配不良；$C_u \geqslant 5$ 的土称为不均粒土，$C_u>10$ 的土属级配良好。

曲率系数 C_c 描写的是累计曲线的分布范围，反映曲线的整体形状，或反映累计曲线的斜率是否连续。经验证明，当 C_c 的范围为1～3时，表示级配良好；当 $C_c<1$ 或 $C_c>3$ 时，表示级配不良。

在工程实践中，$C_u \geqslant 5$ 且 $C_c=1\sim3$ 的土，称为级配良好的土；不能同时满足上述两个要求的土，称为级配不良的土。

累计曲线图法的优势是用一条曲线表示一种土的粒度成分，可在同一张图上表示多个土样，能直观地观察和比较其级配状况，并可确定土的级配指标，对土的级配状况进行定量评价。

（三）三角坐标法

三角坐标法属三因分类法，也是一种图形表示方法，用于表示土只划分为三个粒组的情况。三角坐标法利用等边三角形内任意一点至三条边的垂直距离（h_1、h_2、h_3）的总和恒等于三角形之高 h 的原理，将 h 分为100等份，则 h_1、h_2、h_3 分别表示组成土的三个粒组的质量百分数，即等边三角形内的一点可以表示某一土样的粒度成分，如图1-2所示为土的三角坐标图。

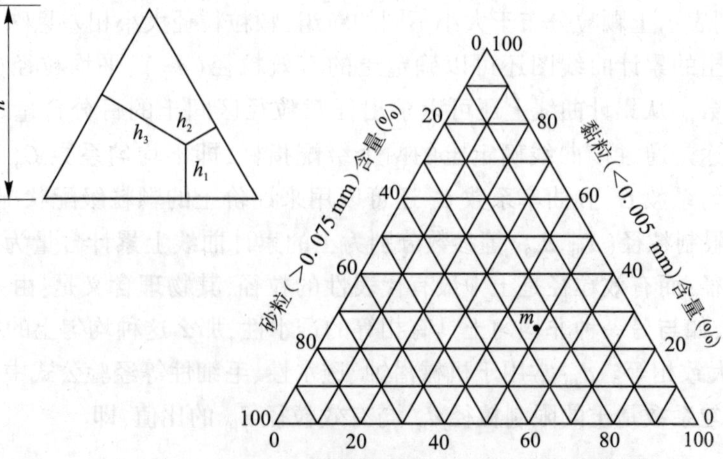

图1-2　土的三角坐标图

三角坐标法能用一点表示一个土样的粒度成分，在一张图上能同时表示许多土样的粒度成分，便于进行土料的级配设计。三角坐标图中不同的区域表示土的不同组成，因而还可用来确定按粒度成分分类的土名，但三角坐标法适用于土只由三个粒组组成的情况。

四、土按粒度成分分类

土的颗粒大小、形状、含量和级配等都将直接影响到土的力学性质。正是由于土的粒度成分的差异，土的工程地质性质产生质的差异，故可用土的粒度成分作为土的分类指标。

目前，实际工程使用的分类定名主要有《建筑地基基础设计规范》(GB 50007—2011)和《岩土工程勘察规范(2009 年版)》(GB 50021—2001)中的方案。在此作一简单介绍，具体分类将在项目五详细介绍。

根据土的粒度成分和塑性指数可以将土分成粗粒土和细粒土两类，其中粗粒土为土中粒径大于 0.075 mm 的颗粒质量超过总质量 50%的土，粗粒土分为碎石土和砂土两类，碎石土根据其颗粒级配还可以进一步细分为漂(块)石、卵(碎)石、砾石；砂土根据其颗粒级配还可以进一步细分为砾砂、粗砂、中砂、细砂和粉砂五类。细粒土为土中粒径大于 0.075 mm 的颗粒质量不超过总质量的 50%，且塑性指数等于或小于 10 的土，细粒土又可分为粉土和黏性土两类，其中黏性土可分为粉质黏土和黏土两类。从土的粒度成分来说，以碎石土颗粒最粗，其次是砂土、粉土、粉质黏土，以黏土颗粒最细。

单元三　土的矿物成分

一、土的矿物成分类型及特征

土的固体部分是由各种矿物颗粒或矿物集合体组成的，不同矿物的性质是有差别的，所以由不同矿物组成的土的性质也不相同。土的矿物成分可分为有机矿物和无机矿物两大类。有机矿物来源于生物，按其腐烂程度可分为动植物残骸和腐殖质。无机矿物主要可分为原生矿物和次生矿物。

原生矿物是指岩石经过物理风化破碎但成分没有产生化学变化的矿物碎屑和颗粒。常见的原生矿物主要有石英、长石、云母、角闪石、辉石等，其主要特点是颗粒较粗大，硬度较高，抗风化能力强。这类矿物主要存在于漂(块)石、卵(碎)石、砾石、砂粒及粉粒粒组中，是粗粒土的主要组成物质。

次生矿物是原生矿物经变质或风化作用而生成的新的矿物。次生矿物的颗粒一般非常细小，甚至形成胶体颗粒，成分和性质较为复杂，对土的物理力学性质的影响较大。次生矿物又分为可溶性次生矿物和不可溶性次生矿物。

可溶性次生矿物又称可溶盐，是原生矿物在风化水解过程中可溶物质被水溶解后，再在适宜的环境下聚集而成的。可溶性次生矿物按其溶解度大小可分为易溶盐、中溶盐和难溶盐等类型。

不可溶性次生矿物是原生矿物中可溶物质被溶滤后，残留部分物质所形成的新矿物，主要为各种黏土矿物，还包括一些由次生二氧化硅、倍半氧化物(三氧化二铝、三氧化二铁)等构成的矿物，其中黏土矿物是最主要的次生矿物。

二、黏土矿物及其工程地质特征

黏土矿物是不可溶性次生矿物中的铝硅酸盐类矿物,主要由长石、云母等原生铝硅酸盐矿物经化学风化作用而形成的最终产物,具有层状或链状晶体结构,外形多呈片状,且含有不同数量的水。因其为构成黏粒的主要成分,故名黏土矿物。黏土矿物的颗粒极为细小,粒径一般均小于 0.005 mm,亲水性较强,具可塑性和黏性。所谓亲水性,是指矿物颗粒与水作用后,其本身的性质和体积得到改变的性质。与亲水性质相反的是矿物的抗水性,抗水性是指矿物颗粒与水作用后,本身的性质及体积不发生改变。土中最为常见的黏土矿物是高岭石组矿物、蒙脱石组矿物和伊利石组矿物。黏土矿物其构成了细粒土的主要物质成分,对其工程地质性质具有极为重要的意义,也是矿物成分对土体工程地质性质具有直接而最大影响的一类矿物。

(一)黏土矿物的结晶结构

黏土矿物结晶结构的基本结构单元是硅氧四面体和铝氧八面体。

硅氧四面体由一个硅离子和四个氧离子组成。图 1-3(a)给出硅氧四面体的结构模型,硅离子位于正四面体的中心,四个氧离子分别位于四面体的四个顶角,四面体的四个面均为等边三角形。由多个四面体在平面上排列成层状结构层,称为四面体层,其结构模型见图 1-3(b)。

铝氧八面体由六个氢氧根离子(或氧离子)与一个铝离子(也可为镁离子或铁离子)组成。图 1-3(c)给出铝氧八面体的结构模型,诸多八面体排列成一层,称为八面体层,其结构模型见图 1-3(d)。

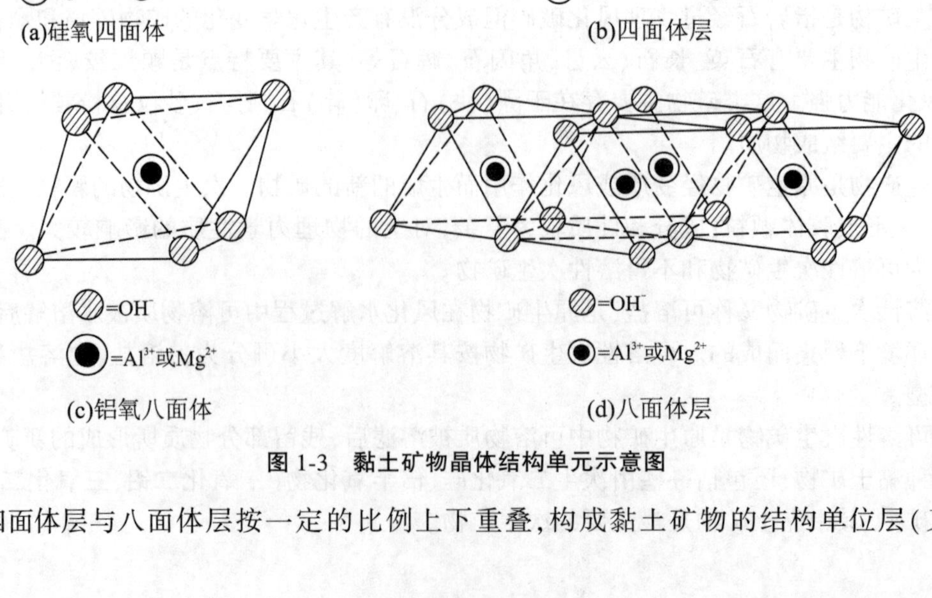

(a)硅氧四面体 (b)四面体层 (c)铝氧八面体 (d)八面体层

图 1-3 黏土矿物晶体结构单元示意图

四面体层与八面体层按一定的比例上下重叠,构成黏土矿物的结构单位层(又称晶胞)，相同类型的结构单位层的重复堆叠就形成一定种类的黏土矿物。高岭石、蒙脱石和伊利石的结构模型如图 1-4 所示，图中等腰梯形表示四面体层，矩形表示八面体层。高岭石组矿物的结构单位层由一个四面体层与一个八面体层上下重叠而成，称为二层型，晶胞间以 O^{2-} 与由 OH^- 组成的氢键连接，其连接力强。大量这种二层型的重复堆叠组成高岭石组矿物，见图 1-4(a)。蒙脱石组矿物的结构单位层由两个四面体层中间夹一个八面体层堆叠而成，称为三层型，晶胞间以 O^{2-} 连接，其连接力很弱。大量这种三层型的重复堆叠组成蒙脱石组矿物，见图 1-4(b)。伊利石类黏土矿物的结构单位层与蒙脱石类的相同，亦为三层型结构单位层，但伊利石类黏土矿物的结构单位层之间嵌有 K^+(Na^+)连接，连接力介于两者之间，见图 1-4(c)。

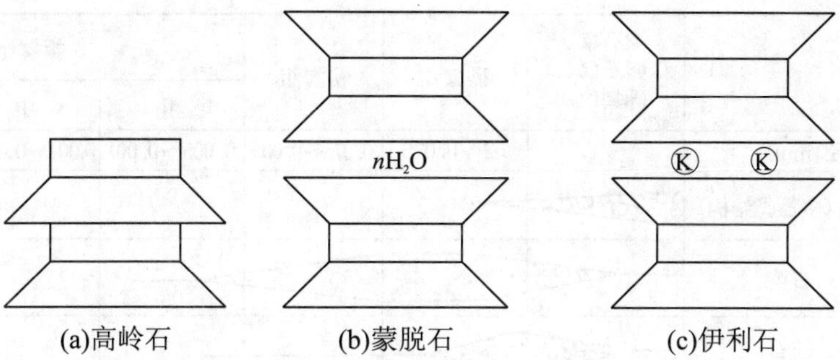

图 1-4 黏土矿物结晶结构示意图

(二)各类黏土矿物的基本特性

土体中的黏土矿物，其物质来源非常复杂，一部分物质可能直接来自不同岩体的残积物，更大部分的物质则可能来源于几经冲刷、搬运、沉积的早期沉积土体。因此，大部分沉积土体的黏土矿物成分主要受土体所在的环境条件和风化进程的制约。在环境条件中，气候特点居重要地位。干寒气候条件下矿物的风化进程缓慢，碱金属和碱土金属元素易于保留，适于蒙脱石组矿物的生成和存在；而在湿热气候环境中，随风化进程的发展，碱金属和碱土金属元素被淋失、迁移，黏土矿物则向高岭石组矿物转化。因此，在中国就形成了自北向南土体中蒙脱石组矿物、伊利石组矿物、高岭石组矿物分别占优势的总体分布特征。

黏土矿物特征除与地域条件有关外，更大程度上取决于本身的结构特征。

高岭石组矿物的晶体是由相互平行的晶胞组成的。每个晶胞由一个硅氧四面体层和一个铝氧八面体层构成，其晶胞顶、底不对称，相邻两晶胞以 O^{2-} 与 H^- 相连接。所以，晶胞间连接较牢固，构成不易活动的结晶格架，水分子不易进入晶胞之间。高岭石颗粒相对较大，与粗黏粒相当，其亲水性较弱，抗水性强，塑性较低。

蒙脱石组矿物的晶体是由很多相互平行的晶胞构成的。每个晶胞都是由顶、底硅氧四面体层和中间的铝氧八面体层构成的。相邻两晶胞间以 O^{2-} 相连接，连接力极弱，有较强的活动性。因此，晶胞之间能吸收不定量的水分子。晶胞之间的距离随吸入水分子的量而发生变化，吸入水分子的量越大，则晶胞间距离越大，土粒的体积也就越大，这就是蒙脱石组矿物吸水膨胀的性质。蒙脱石的颗粒较细，其大小与细黏粒相当，亲水性特别强烈。其塑性、膨胀性及压缩性比高岭石高得多。

伊利石组矿物与蒙脱石组矿物的晶体具有相似的晶胞结构，但由于嵌入其间的 K^+(Na^+)的连接作用，其层间连接介于高岭石与蒙脱石之间，故伊利石的颗粒大小、晶格活动性、亲水性、膨胀性及压缩性通常介于高岭石与蒙脱石之间。

三、矿物成分与粒度成分的关系

在一定的地质作用和生成环境下所形成的一定类型的土,其粒度成分与矿物成分之间存在着一定的内在联系。在一般情况下,较粗大的土粒由原生矿物构成,而细小的黏粒绝大多数为次生矿物。

从漂(块)石粒到黏粒,随着颗粒变小,土的矿物成分逐渐有规律地发生变化。土中常见的矿物成分和颗粒大小存在着一定的关系,如图 1-5 所示,图中各种图形表示的面积代表了某一种矿物在各粒组中可能存在的概率。

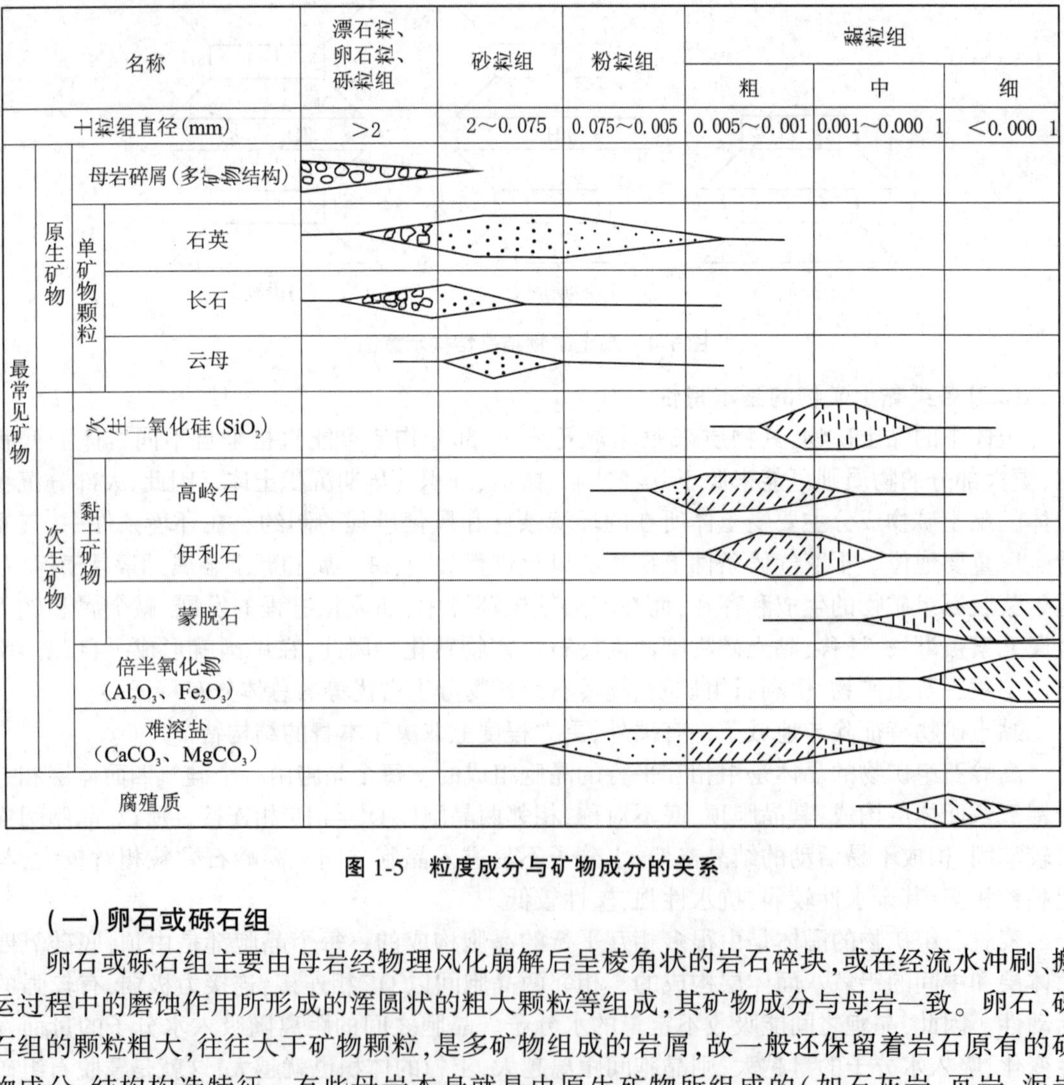

图 1-5 粒度成分与矿物成分的关系

(一)卵石或砾石组

卵石或砾石组主要由母岩经物理风化崩解后呈棱角状的岩石碎块,或在经流水冲刷、搬运过程中的磨蚀作用所形成的浑圆状的粗大颗粒等组成,其矿物成分与母岩一致。卵石、砾石组的颗粒粗大,往往大于矿物颗粒,是多矿物组成的岩屑,故一般还保留着岩石原有的矿物成分、结构构造特征。有些母岩本身就是由原生矿物所组成的(如石灰岩、页岩、泥岩等),由其形成的漂石、卵石、砾石则完全是由原生矿物组成的。

(二)砂粒组

砂粒组的矿物成分主要是抗风化能力强的原生矿物,在较细的颗粒中也有次生矿物。

由于土颗粒较小,一般常由单矿物组成。砂粒组中常见的矿物有石英、长石、云母及其他暗色矿物,也可由次生矿物中的难溶盐类组成,如白云石砂。

(三)粉粒组

矿物成分由较大的岩石碎屑在被水流或风力的搬运过程中,由于研磨作用而形成。粉粒组往往由抗风化能力较强的矿物组成,如石英。在干旱地区,碳酸盐矿物也可形成粉粒的主要成分。由于长石及云母易发生化学风化,它们或被冲刷掉,或风化为黏土矿物留在原位,形成黏土质粉土。近代粉土中,除含石英外,还常含长石及云母颗粒。

(四)黏粒组

黏粒组的矿物成分主要是黏土矿物,但也包括其他次生矿物及难溶盐、有机质等。黏粒组中依据粒径又可分为粗黏粒组、中黏粒组和细黏粒组,其中黏土矿物、次生二氧化硅、倍半氧化物和腐殖质等次生矿物在黏粒组中又呈现不同的粒径分布。

单元四　土中水和气体

一、土中水的类型与特征

土的基本组成中除固体外最为重要的就是水。在自然条件下,土中总是含水的。土中水可以处于液态、固态或气态。研究土中水时,必须考虑水的存在状态及其与土粒的相互作用。

土中水的类型有矿物内部结合水和孔隙水两大类。矿物内部结合水以不同的形式存在于矿物内部的不同位置。按其与矿物结晶格架结合的牢固程度不同,可分为结构水、结晶水和沸石水。孔隙水又可分为液态水、固态水和气态水。其中,液态水对土的工程地质性质影响最大,类型最复杂,按其与土粒的相互作用状况,又可分为结合水和非结合水。结合水按结合程度强弱又分为强结合水和弱结合水,非结合水则分为毛细水和重力水两种不同类型。

(一)矿物内部结合水

矿物内部结合水是指存在于土中矿物颗粒晶体格架的内部,属于矿物的组成部分的那部分水。

1. 结构水

结构水以 H^+ 或 OH^- 的形式存在于矿物结晶格架的固定位置。黏土矿物中铝氧八面体中的 OH^- 就是结构水。在一般条件下,结构水和矿物中其他离子(如 Na^+、Ca^{2+}、Cl^- 等)一样,都是在结晶格架上具有固定位置且数量一定的离子。严格地讲,结构水并不是水,而是固体矿物的组成部分,很难从结晶格架上析出,但在450~500 ℃高温条件下,这些离子能从结晶格架中析出成水,原有的结晶格架将被破坏,从而转变为另一种新的矿物。

2. 结晶水

结晶水以水分子的形式和一定的数量存在于矿物结晶格架的固定位置上,如石膏($CaSO_4 \cdot 2H_2O$)中的 H_2O 就是结晶水。结晶水与结晶格架上离子间结合的牢固程度较弱,加热不到400 ℃时即能析出。与矿物中的结构水一样,矿物中的结晶水一旦析出,原有的结晶格架就被破坏,从而变成另一种新矿物。

3. 沸石水

沸石水以水分子的形式不定量地存在于矿物相邻晶胞之间，如蒙脱石的晶胞之间就存在这种水。沸石水的含量多少并不影响矿物的结晶格架，水分子析出时也不致使矿物的种类发生变化，加热至 80~120 ℃时水分子即可析出。当矿物中吸附大量沸石水时，可引起结晶格架的膨胀。

在常温条件下，矿物内部结合水不能以分子形式析出，属于固态水，归属于土的固相部分，它通过矿物成分影响土的工程地质性质。但在特定条件下，当矿物内部结合水从原来矿物中析出后形成新的矿物时，土的性质也将随之发生变化。

(二) 孔隙水

孔隙水是指充填在土颗粒孔隙中的水。

1. 液态水

1) 结合水

结合水又称表面结合水或物理结合水，是指由于静电引力作用吸附在土粒表面的水。结合水因离颗粒表面远近不同，受电场引力的大小也不同，而分为强结合水和弱结合水，见图 1-6。

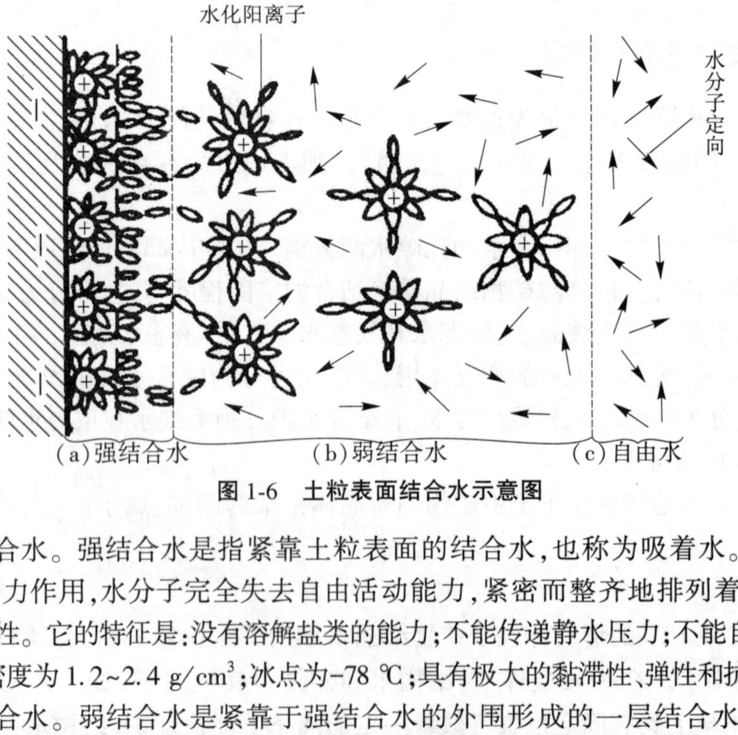

图 1-6　土粒表面结合水示意图

(1) 强结合水。强结合水是指紧靠土粒表面的结合水，也称为吸着水。由于受土粒表面的强大吸引力作用，水分子完全失去自由活动能力，紧密而整齐地排列着，因而强结合水具有固体的特性。它的特征是：没有溶解盐类的能力；不能传递静水压力；不能自由移动；其性质接近于固体，密度为 1.2~2.4 g/cm^3；冰点为-78 ℃；具有极大的黏滞性、弹性和抗剪强度。

(2) 弱结合水。弱结合水是紧靠于强结合水的外围形成的一层结合水膜，也称为薄膜水。它不能传递静水压力。由于颗粒表面对水分子的静电引力作用减弱，水分子仍能呈定向排列，但其定向程度和与土粒表面联结的牢固程度明显小于强结合水。弱结合水可从水膜较厚处缓慢迁移到水膜较薄处，也可从一个土粒的周围迁移到另一个土粒的周围。弱结合水的密度较强结合水小，但仍大于一般液态水，也具较高的黏滞性、弹性、抗剪强度。弱结合水的水膜厚度是影响细粒土物理力学性质的重要因素。弱结合水离土粒距离愈远，其受到的静电吸引力愈弱小，并逐渐过渡到自由水。

2）非结合水

非结合水是指土孔隙中不受土粒表面静电引力的影响，能直接在重力作用下运动的水。

（1）毛细水。毛细水是土中受毛细力作用保持在土的毛细孔隙（孔隙直径 0.002~0.5 mm）中的水。毛细作用是在固、液、气三相交界面处由于固体表面对水的吸力和水的表面张力共同作用的结果，是结合水和重力水的过渡类型。毛细水冰点低于 0 ℃，有极微弱的抗剪强度，能传递静水压力。

毛细水对土的工程地质性质的影响主要在于毛细力使粉、细砂土和粉土产生微弱的毛细水连接；毛细水上升接近建筑基底时负毛细管压力将作为附加压力而加大建筑物的沉降量；毛细水上升至地表时不仅引起沼泽化、盐渍化，而且也使地基、路基土浸湿，降低土的力学强度；在寒冷地区还加剧冻胀作用。

（2）重力水。重力水又叫自由水，是不受颗粒吸附和毛细力作用控制，在重力作用下能自由运动的地下水。重力水由高水头处流向低水头处，并对土粒有浮力作用。重力水能传递静水压力，具有溶解可溶盐的能力，无抗剪强度。

重力水对土的工程地质性质的影响有：一是能在土的孔隙中流动；二是具有机械潜蚀和化学潜蚀作用，两种潜蚀的结果使土的孔隙增大、重度变小、压缩性增大、抗剪强度降低；三是使地下水面以下的饱和土受到浮力作用，整个土体重量减小等。这些作用对土的工程地质性质有很大的影响。

2. 固态水

固态水是以冰的形态存在于土中的水。在常压下，当温度低于 0 ℃时，孔隙中的水冻结呈固态，往往以细小分散的冰晶粒存在或富集为冰夹层、冰透镜体等形式。土的性质由于水的冻结和融冻会发生很大变化。固态水在土中起胶结作用，提高了土的强度。但解冻后土的强度往往低于结冰前的强度，由于从液态水转为固态水时体积膨胀，导致土的孔隙增大，解冻后土结构变得疏松。

3. 气态水

气态水是以水汽形式存在于土中的水。严格来讲，气态水应属土的气相部分，是土中气体的一个组成部分。在一定的温度和压力条件下，土中的气态水与液态水保持着动态平衡。若压力保持不变，当温度升高时，一部分液态水蒸发为气态水；当温度降低时，一部分气态水又凝结成液态水。气态水可以从气压高处向气压低处迁移，也可在土粒表面凝结成其他类型的水，气态水的迁移和转化可使土中水和气体的分布状况发生变化，从而影响土的性质。

二、结合水的形成及影响因素

（一）土粒表面结合水的形成

土粒表面之所以能够吸附水分子形成结合水，一是土粒因素：土粒是由矿物组成的，不同的矿物有不同的结晶格架，如二氧化硅的结晶格架为硅氧四面体，其中心为硅原子，周围是氧原子，因而在硅氧四面体周围就有氧原子形成的带负电荷的离子层。其他矿物也一样，在矿物表面形成带正电或是带负电的离子层，在土粒周围就形成一个静电引力场。二是水的因素：水分子是偶极体，带有电性，以 O^{2-} 为阴极，H^{+} 为阳极，可以被静电引力吸引。当土粒与水接触时，土粒表面的静电引力场将吸附极性水分子在土粒周围形成结合水膜。由于土粒表面的静电引力场在土粒表面最大，向外急剧降低，因而吸附的水分子在靠近土粒表面排列得非常紧密、整齐，牢牢地吸附在土粒表面，形成强结合水膜。距土粒表面稍远处，随着静电引力强度的减弱，水分子的自由活动能力逐渐增大，排列得较疏松而不甚整齐，但仍然具有定向排列，形成弱结合水膜。再远，土粒表面静电引力不起作用，水分子可以自由活动，称为自由水。土粒与水的相互作用见图 1-7。由此表明，土粒表面结合水的形成主要取决于土粒表面静电引力作用，静电引力使极性水分子被吸附在土粒表面，形成结合水膜，也称水化膜。而静电引力的大小，是土粒表面结合水分为强结合水和弱结合水的主要原因。土粒表面带电离子层称为决定电位离子层，决定电位离子层可以带正电，也可以带负电，决定电位离子层形成的静电引力场称为反离子层，反离子层所带电荷与决定电位离子层电性性质相反，反离子层的内层称为固定层，反离子层的外层称为扩散层，固定层内的水分子为强结合水，扩散层内的水分子为弱结合水。决定电位离子层和反离子层合称为双电层。

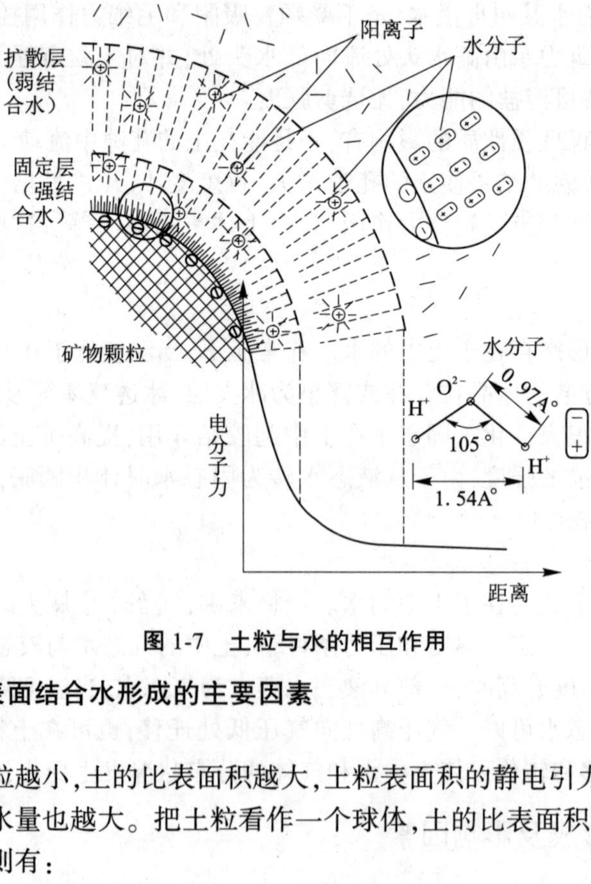

图 1-7　土粒与水的相互作用

（二）影响土粒表面结合水形成的主要因素

1. 土粒大小

在土中，土的颗粒越小，土的比表面积越大，土粒表面积的静电引力也越大，因而吸附力也越大，吸附的结合水量也越大。把土粒看作一个球体，土的比表面积就等于土粒的表面积与土粒的体积之比，则有：

$$土的比表面积=\frac{\pi d^2}{\frac{1}{6}\pi d^3}=\frac{6}{d} \tag{1-3}$$

式中　d——土粒直径，mm。

由此可见，土中结合水量的大小与土粒本身的直径成反比，粗粒土由于土粒粗大，比表面积小，土中结合水量很小；而细粒土尤其是黏土，由于土粒细小，比表面积极大，因而结合水量极大。

2. 土的矿物成分

组成土的矿物成分不同,其晶体结构或结晶格架也不同,有的矿物颗粒表面带正电荷,而有的矿物颗粒表面带负电荷,矿物表面所带电荷量也不相同,因而吸附结合水量也各不相同。

3. 水溶液的性质

水溶液介质对结合水的影响主要表现在水溶液的 pH 值的大小将影响结合水膜的厚度,从而影响到土中的结合水量的大小。在土粒的双电层结构中,决定电位离子层带负电荷、反离子层带正电荷的结构称为酸性体,而决定电位离子层带正电荷、反离子层带负电荷的结构称为碱性体。当水溶液 pH 值较小时,土粒的双电层结构呈现酸性体结构;当水溶液 pH 值较大时,土粒的双电层结构则呈现碱性体结构,土粒表面所带电荷性质依据水溶液的 pH 值而变化的称为两性体。

土粒的双电层结构随着水溶液 pH 值的变化出现不带电时溶液的 pH 值称为等电 pH 值。实际上自然界中所有矿物都是两性体结构,随着水溶液的 pH 值的变化有的表面带正电,有的表面带负电,如 Al_2O_3 矿物,在等电 pH 值大于水溶液 pH 值时,颗粒表面带正电,在等电 pH 值小于水溶液 pH 值时,颗粒表面带负电,见图 1-8。所以,矿物颗粒表面带电性质主要取决于矿物的等电 pH 值的大小,见表 1-4。

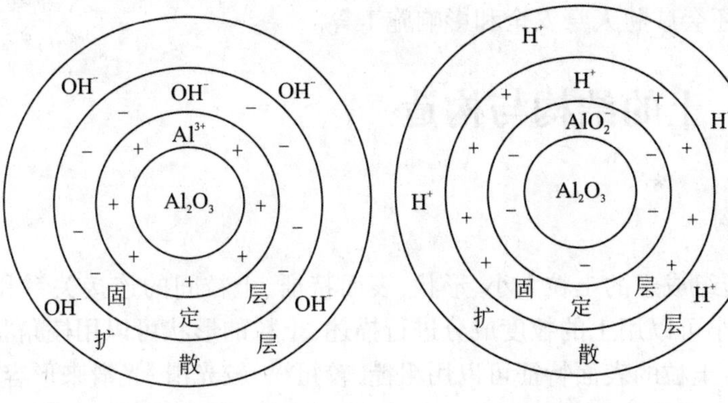

图 1-8　Al_2O_3 在水溶液 pH 值不同时的两性体结构

表 1-4　不同矿物的等电 pH 值

矿物种类	次生二氧化硅	黏土矿物			倍半氧化物	
		蒙脱石	伊利石	高岭石	Fe_2O_3	Al_2O_3
等电 pH 值	极小	<2	<5	5.0	7.1	8.1

由表 1-4 可以看出,如果水溶液的 pH 值为 7.1,则次生二氧化硅、黏土矿物颗粒表面都带负电,其中次生二氧化硅颗粒的结合水膜最厚,高岭石颗粒表面的结合水膜最薄,倍半氧化物中 Fe_2O_3 颗粒表面不带电,Al_2O_3 颗粒表面带正电。

4. 土中的离子交换

土粒与水作用时,土粒表面决定电位离子层中的带电离子可以进入到反离子层中,反离子层中的带电离子可以进入到表面决定电位离子层中,进行交换。交换的结果使得土粒表面双电层的厚度发生变化,从而影响土粒表面的结合水量,土的一系列性质也将发生变化。

三、土中气体

土中气体也是土的组成部分之一，土中气体除含有空气中的主要成分 O_2、CO_2 及 N_2 外，含量最多的是水汽，此外尚有 CH_4、H_2S 等气体。

气体在土孔隙中的存在形式大致可以分为吸附气体、溶解气体、封闭气体和自由气体等几种。吸附气体是指被土粒表面静电引力所吸附的结合气体，溶解气体是指溶解于水溶液中的气体，封闭气体是指呈封闭状态存在于土的孔隙中的气体，自由气体是指与大气相通的游离气体。

土中气体对土的工程地质性质的影响不是很大，通常对土的工程地质性质有影响的主要有封闭气体和有害气体。

封闭气体对土的工程地质性质的影响在于受压条件下封闭气体往往不易排除，尤其是处于吸附状态的封闭气体更不易移动。封闭气体可降低地基的沉降量，但当其突然排出时，可导致基础与建筑物的变形。封闭气体在土层不可排水的条件下，可造成土的压密。封闭气体的存在能降低土层透水性，阻塞土中的渗透通道。

有害气体对土的工程地质性质的影响在于在建筑工程地下掘进施工中，如果遇到 CH_4、H_2S 等有害气体，还会威胁人身安全和影响施工等。

单元五　土的结构与构造

一、土的结构

土的结构是指组成土的土粒大小、形状、表面特征、土粒间的连接关系和土粒的排列情况。其中，土粒大小可以用土的粒度成分进行描述；土粒的形状可以用棱角状、次棱角状、次圆状、圆状来形容；土粒的表面特征可以用粗糙、较粗糙、较光滑、光滑来形容；土粒的排列情况可以用密实、中密、稍密、松散进行描述。土粒的结构特征直接影响土的工程地质性质。下面先主要介绍土粒间的连接关系。

（一）土粒间的连接关系

土粒间的连接关系是指土中颗粒与颗粒之间由于土中水或其他物质对土粒间起着某种连接、结合关系。一般将土粒间的连接关系分为结合水连接、毛细水连接、胶结连接、冰连接和无连接几种。

（1）结合水连接是通过结合水膜将相邻土粒连接起来的一种连接形式，又叫水胶连接。当相邻两个土粒靠得很近时，各自的水化膜部分重叠，形成公共水化膜，公共水化膜中的水分子受到相邻两个土粒表面静电引力的吸引，因而使两个土粒间有了微弱的连接力，见图 1-9。由于结合水在细粒土尤其是黏土中大量存在，所以在细粒土尤其是黏土中主要为结合水连接。

（2）毛细水连接是相邻土粒由于毛细压力作用形成的连接形式。由于有毛细力作用（土粒的分子引力和水与空气界面的表面张力共同作用引起）使土粒间有了连接关系。其形成过程可用物理学中的毛细管现象来解释。在土中的固、液、气三相交界处，由于土粒表面的浸湿力（分子引力）形成弯液面，水与空气界面的黏聚力（表面张力）则总是企图将液体表面积缩至最小，使弯液面变为水平面。这种由弯液面产生的向上拉力称为毛细力，由于毛细力的作用使土粒间有了连接关系，见图 1-10，由于毛细水主要存在于直径为 0. 002～0. 5

mm 大小的毛细孔隙中,故毛细水主要存在于粉砂、细砂、粉土和粉质黏土中。

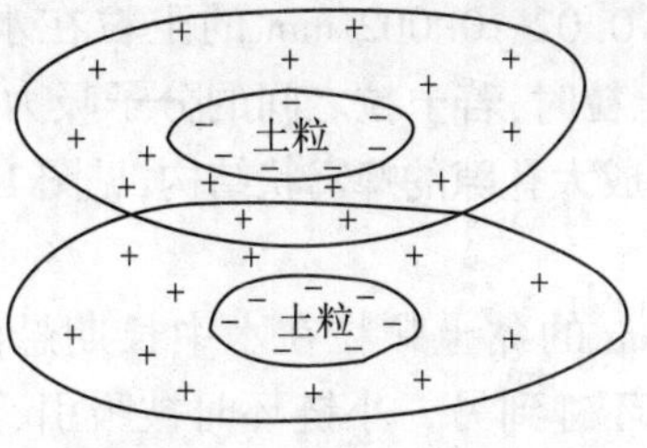

图 1-9　土中结合水连接

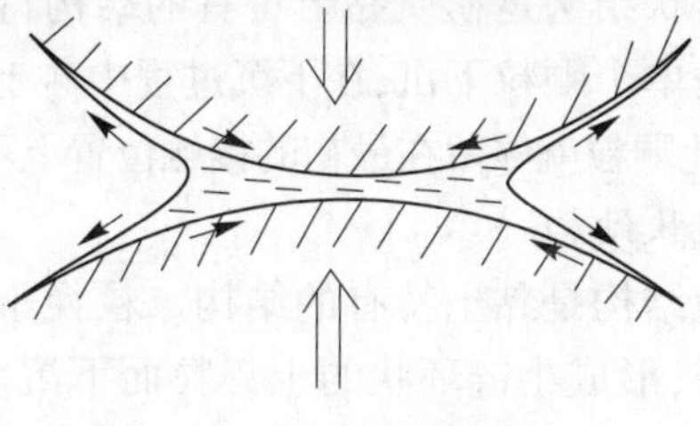

图 1-10　土中毛细水连接

(3)胶结连接是由于土中某些盐类结晶将土粒胶结起来的连接形式。这种连接使土的强度增大,但被水溶解后,盐类析于水中,土粒间的连接也就消失了。

(4)冰连接是含冰土的一种连接形式,当冰融化后即失去连接。

(5)无连接是土中颗粒之间没有任何连接、结合关系。一般在粗粒土中多为无连接形式。

(二)粗粒土的结构类型

粗粒土由于颗粒粗大,一般多为无连接形式,土粒结构的最大特征就是具有“散粒结构”(或称作“单粒结构”)。按其密实程度又可分为松散结构和紧密结构两种类型,见图 1-11。

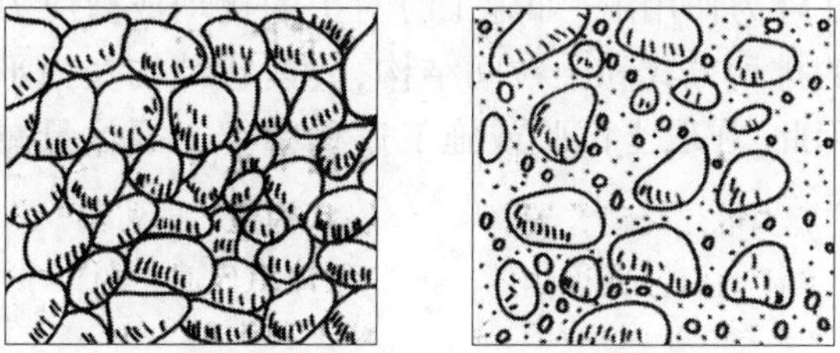

(a)松散结构　(b)紧密结构

图 1-11　粗粒土散粒结构示意图

洪积等快速沉积的粗粒土往往会形成松散结构,组成松散结构土的孔隙较大,土粒位置不固定,在较大压力下土粒容易发生位移,引起土的变形。海、湖边岸沉积的粗粒土一般会形成紧密结构,其土粒排列紧密,土的孔隙少、强度大、压缩性小。

(三)细粒土的结构类型

细粒土颗粒细小,多为结合水连接,土粒结构的最大特征是“团聚结构”。细粒土颗粒在水中一般不能以单个土粒下沉,而是聚集成较复杂的集合体进行沉积。这些集合体以细小土粒彼此以结合水连接成链状,围成一个个的团状结构,故称团聚结构,如图 1-12 所示。这种结构按土粒或团粒大小又分成以下几种。

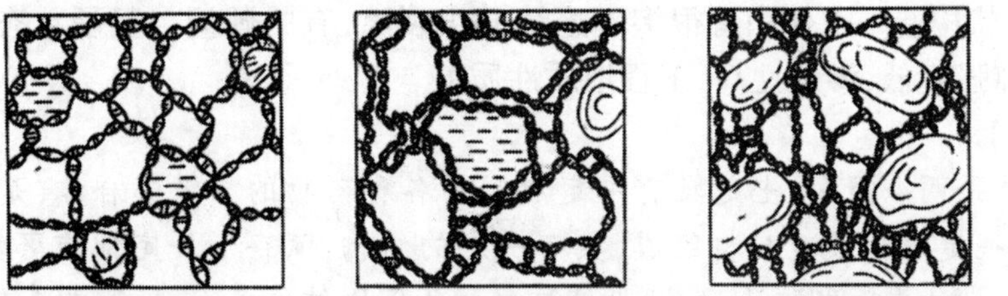

(a)蜂窝状结构　(b)絮状结构　(c)非均质细胞状结构

图 1-12　细粒土团聚结构示意图

1. 蜂窝状结构

蜂窝状结构是粉质黏土特有的结构特征，粒径在 0.02~0.002 mm 的土粒在水中沉积，基本上是单个颗粒下沉，在下沉过程中碰上已沉积的土粒时，若土粒之间的分子吸力大于颗粒自重，则此颗粒就停留在最初的接触位置上不再下沉，形成大孔隙的蜂窝状结构，见图 1-12(a)。

2. 絮状结构

絮状结构是黏土特有的结构。粒径小于 0.005 mm 的黏土颗粒在水中长期悬浮并在水中运动时，形成小链环状的土集粒而下沉。这种小链环碰到另一小链环时被吸引，形成大链环状的絮状结构，此种结构在海积黏土中常见，也称为二级海绵结构，见图 1-12(b)。

3. 非均质细胞状结构

非均质细胞状结构是粉土特有的结构类型。当土中颗粒相差悬殊不均匀时，既有黏粒，也有粉粒或砂粒，在土中既有粗大砂粒，也有细粒组成的团聚结构，呈现非均质细胞状结构，见图 1-12(c)。

土的结构形成以后，当外界条件变化时，土的结构会发生变化。例如，土层在上覆土层作用下压密固结时，结构会趋于更紧密的排列；卸载时土体的膨胀(如钻探取土时土样的膨胀或基坑开挖时基底的隆起)会松动土的结构；当土层失水干缩或介质变化时，盐类结晶胶结能增强土粒的连接；在外力作用下(如施工时对土的扰动或剪应力的长期作用)会弱化土的结构，破坏土粒原来的排列方式和土粒间结构，使絮状结构变为平行的重塑结构，降低土的强度，增大压缩性。因此，在取土试验或施工过程中都必须尽量减少对土的扰动，避免破坏土的原状结构。

二、土的构造

土的构造是指在土体中，结构相对均一的土层单元体的形态和组合特征。它同样也包括土层单元体的大小、形状、排列和相互关系等方面。单元体的分界面称结构面或层面。单元体的形状多为层状、条带状和透镜状，界面形态有平直的，也有波状起伏的。

土的构造是土在形成及变化过程中，与各种因素发生复杂的相互作用而形成的。所以，每一种成因类型的土，大都有其所特有的构造。常见的土的构造有下列几种：

(1)层状构造。土层由不同颜色、不同粒径的土组成层理，平原地区的层理通常为水平层理。层状构造是细粒土的一个重要特征。

(2)分散构造。土层中土粒分布均匀，性质相近，如黄土为分散构造。

(3)结核状构造。在细粒土中掺有粗颗粒或各种结核，如含礓石的粉质黏土、含砾石的冰碛土等。其工程地质性质取决于细粒土部分。

(4)裂隙状构造。土体中有很多不连续的小裂隙，有的硬塑与坚硬状态的黏土为此种构造。其裂隙强度低，渗透性高，工程地质性质差。

【小贴士】

土和土体是两个概念，土是具有一定成因的各种矿物的松散集合体，是土体的组成成分；土体是由一定的土颗粒材料组成，具有一定的结构，赋存于一定地质环境中的地质体。凡是第四纪松散物质沉积成土后，松散物质经受压密固结作用，逐渐形成具有一定强度和稳定性的土体，这就是工程地质中所说的土体，是人类活动和工程建设研究的对象。

【阅读与应用】

本项目所采用的都是目前正在实施的国家标准，主要有《岩土工程勘察规范(2009年版)》(GB 50021—2001)、《土的工程分类标准》(GB/T 50145—2007)、《建筑地基基础设计规范》(GB 50007—2011)等。

项目小结

土是指具有一定成因的各种矿物的松散集合体，是土体的组成成分。

(1)土的成因及其三相组成。

土的成因类型有残积土、坡积土、洪积土、冲积土、淤积土、冰积土和风积土等，它们的特征是今后工作中确定土的成因类型的主要依据。自然界中的土体，在一般情况下都由固、液、气体三部分组成。

(2)土的粒度成分。

土的粒度成分是指组成土中不同粒组土的相对含量。对于粒径大于0.075 mm的土粒可以采用筛分析法，而对于粒径小于0.075 mm的土粒则必须用沉降分析法。常用的土的粒度成分的表示方法有表格法、累计曲线图法和三角坐标法。

(3)土的矿物成分。

土的矿物成分主要可分为原生矿物和次生矿物。次生矿物分为可溶性次生矿物和不可溶性次生矿物。次生矿物中最主要的是黏土矿物。

(4)土中水和气体。

土中水可分为矿物内部结合水和孔隙水两大类，矿物内部结合水有结构水、结晶水和沸石水；孔隙水有液态水、固态水和气态水，其中液态水最为重要，分为结合水、毛细水、重力水。

土中气体除含有空气中的主要成分O_2、CO_2、N_2外，含量最多的是水汽，此外尚有CH_4、H_2S等气体。

(5)土的结构与构造。

土的结构是指组成土的土粒大小、形状、表面特征、土粒间的连接关系和土粒的排列情况。对粗粒土有松散结构、紧密结构；对细粒土有蜂窝状结构、絮状结构和非均质细胞状结构。

土的构造是指在土体中，结构相对均一的土层单元体的形态和组合特征。常见的土的构造有层状构造、分散构造、结核状构造和裂隙状构造。

思考题及习题

1. 什么是土和土体？其基本特征有哪些？
2. 土的三相在量的比例上的变化对土的性质有什么影响？
3. 土中水分为几种类型？各有什么特点？
4. 指标d_{10}、d_{60}、C_u、C_c各表示什么？如何用这些指标判别土级配的优劣？
5. 土的结构有哪些类型？各有什么特点？

6. 黏土矿物主要包括哪些种类？其基本特征和工程地质性质如何？

7. 粒度成分的表示方法有哪些？

8. 什么是粒组？什么是粒度成分？土的粒度成分的测定方法有哪两种？它们各适用于何种土类？

9. 什么是累计曲线？它有什么用途？

10. 某工程取土样三个，粒度分析结果见表1-5，要求绘出累计曲线，定出土名，计算曲率系数和不均匀系数，评价土的级配。

表1-5　粒度分析结果

土样号	1#	2#	3#
土样质量(g)	848	500	586
筛级尺寸(mm)	留筛土重(g)		
40	50.9	—	—
20	171.8	—	51.0
10	168.0	—	54.0
5	169.0	19.7	115.0
2	136.3	14.0	137.4
0.5	67.2	98.8	147.0
0.25	42.2	259.0	45.0
0.1	38.4	98.8	33.6
0.075	3.8	4.7	3.0
底盘	—	5.0	—

■ 技能训练　工程地质室内实训

试验1　粗粒土的粒度分析

1. 试验目的

筛分析法是用于测定粒径大于0.075 mm的土中各粒组占土总质量的百分含量。通过粒度分析，了解土中颗粒大小的分配情况，为土的分类及判断其工程地质性质、建筑材料选料提供所需的资料。

2. 试验方法

粗粒土的试验方法为筛分析法。

本试验方法适用于粒径小于等于600 mm且大于0.075 mm的土。

3. 试验原理

筛分析法是利用一套不同孔径的筛子，将一定质量的干土样放入按孔径大小依次排列好的筛子顶层，振动筛子，称量各筛上的剩余土粒的质量，再除以试样总质量，即可计算出各粒组的百分含量。

4. 试验准备

1)试样准备

制备土样：

(1)将野外取来的试样摊成薄层，在空气中放1~2 d进行风干，或烘干土样，使土中水分蒸发。若土样已干，则可直接使用。

(2)若试样中有结块，可将试样倒入瓷盘中或橡皮板上，用橡皮头研棒或木棒研磨，使结块成为单独颗粒，但需注意不要把颗粒研碎。

2)仪器设备

(1)分析筛：①粗筛，孔径分别为60 mm、40 mm、20 mm、10 mm、5 mm、2 mm；②细筛(标准筛)，孔径分别为2.0 mm、1.0 mm、0.5 mm、0.25 mm、0.075 mm。

(2)天平：称量5 000 g，最小分度值为1 g；称量1 000 g，最小分度值为0.1 g；称量200 g，最小分度值为0.01 g。

(3)振筛机：筛析过程中应能上下振动。

(4)其他：烘箱、研钵、瓷盘、毛刷等。

5. 试验过程

1)分样

将试验样品全部放到橡皮板上或瓷盘中，用四分法选取代表性试样进行试验，其数量见表1-6。

表1-6　筛分析法试验取样数量要求

样品中最大颗粒尺寸(mm)	取样数量(g)
<2	100~300
<10	300~1 000
<20	1 000~2 000
<40	2 000~4 000
<60	4 000以上

注：对于500 g以下的称量，应准确至0.1 g；对于500 g以上的称量，应准确至1 g。

四分法取土样：将土样拌匀，倒成圆锥形，然后用直尺以圆锥顶点为中心，向一定方向旋转，使圆锥摊成1~2 cm厚的圆饼状。进而用尺画两条相互垂直的直线，使试样分成四等份，取走相对的两份，将留下的两份拌匀，重复上述步骤，直到剩下的土样约等于需要量。

2)过筛及称量

(1)将取好的试样放在天平上称出试样质量，记录在试验表格上。

(2)检查分析筛是否按顺序(大孔径筛放在上面，小孔径筛放在下面)放好，孔筛是否干净，若夹有土粒需刷净。然后取试样倒入依次叠放好的筛子的最上层中，盖上筛盖，用手掌轻轻打击筛缘，振动筛子，直至各筛中土粒不再下漏(用振筛机振动时间一般为10~15 min)。

(3)按由上而下的顺序将各筛取下，在瓷盘或白纸上用手轻叩，摇晃，直到筛净。漏下的土粒应全部放入下级筛内。对留在各级筛上的土粒分别称其质量，准确至0.1 g并及时记录。

3)试验误差

筛后各级筛上和筛底上试样质量的总和与筛前试样总质量的差值不得大于试样总质量的1%,否则应重新试验。

4)细粒土的测定

当试样粒径小于0.075 mm的试样质量超过试样总质量的10%时,则应按密度计法或移液管法测定小于0.075 mm的颗粒组成。

6. 试验成果

(1)用下式计算各粒组的百分含量:

$$X = \frac{M_A}{M_t} \times 100\% \tag{1-4}$$

式中 X——各粒组的百分含量(%);

M_A——各筛上的土粒质量,g;

M_t——试样总质量,g。

(2)作图:将各粒组百分含量换算成累计含量;以小于某粒径的所有土粒质量百分数(%)为纵坐标,以颗粒直径(mm)为横坐标,在半对数坐标纸上绘制颗粒大小级配曲线。求出 d_{60}、d_{30} 和 d_{10},计算不均匀系数 C_u 和曲率系数 C_c。

(3)根据颗粒分析结果给土分类定名,并判断土的级配。

7. 记录格式

将试验数据和计算成果记录在表1-7中。

表1-7 颗粒大小分析试验记录(筛分析法)

工程名称______________　　试验者______________

土样编号______________　　计算者______________

试验日期______________　　校核者______________

风干土质量=______g　　小于0.075 mm的土占总土质量百分数=____ %						
筛孔直径(mm)	筛上质量(g)	粒组(mm)	小于某粒径(mm)	小于某粒径的土质量(g)	小于某粒径的土质量百分数(%)	小于某粒径的土质量累计百分数(%)
40		>40				
20		40~20	<40			
10		20~10	<20			
5		10~5	<10			
2		5~2	<5			
1		2~1	<2			
0.5		1~0.5	<1			
0.25		0.5~0.25	<0.5			
0.075		0.25~0.075	<0.25			
底盘		<0.075	<0.075			

8. 注意事项

(1)试验前,必须检查筛的顺序是否按孔径的大小选好,并检查筛孔有无土粒堵塞,如有,用铜丝刷清扫干净。

(2)在筛析过程中,尤其是将试样由一器皿倒入另一器皿时,要避免微小颗粒的飞扬。

(3)过筛后,要检查筛孔中是否夹有颗粒,若夹有颗粒,应将颗粒轻轻刷下,放入该筛盘的土样中一并称量;如果筛孔中的颗粒不能刷下,则可在筛子反面用手按压,若用手按压仍不能取出则不再处理,不得用其他尖锐的金属器物去捅筛孔。

9. 思考题

(1)粒度分析与粒度成分两概念有何区别?

(2)试样数量的选取根据什么原则?

(3)分析试验误差产生的原因,如何提高试验精度?

试验 2　细粒土的粒度分析

1. 试验目的

密度计法是一种静水沉降法,通过试验,用公式测算出土的粒径和颗粒级配,绘制颗粒分析累计曲线,对土样命名。

2. 试验方法

细粒土的粒度分析主要是沉降分析法,又可分为密度计法和移液管法两种,本试验主要介绍密度计法。

本试验方法适用于粒径小于 0.075 mm 的土。

3. 试验原理

斯托克斯(Stokes)研究微小球体在水中下沉时,发现球体的运动近似满足如下规律:

(1)小球体在水中沉降的速率是恒定的。

(2)小球体沉降速率大小与球体直径的平方成正比。

密度计法是依据斯托克斯定律进行测定的。当土粒在液体中靠自重下沉时,较大的颗粒下沉较快,而较小的颗粒下沉则较慢。一般认为,对于粒径为 0.2~0.002 mm 的颗粒,在液体中靠自重下沉时,做等速运动,这符合斯托克斯定律。密度计法是沉降分析法的一种,只适用于粒径小于 0.075 mm 的土样。

所谓密度计法,是将一定量的土样(粒径<0.075 mm)放在量筒中,然后加蒸馏水,经过搅拌,使土的大小颗粒在水中均匀分布,制成一定量的均匀浓度的土悬液(1 000 mL),静置悬液,让土粒沉降,在土粒下沉过程中,用密度计测出在悬液中对应于不同时间的不同悬液密度,根据密度计读数和土粒的下沉时间,就可计算出粒径小于某一粒径 d(mm)的颗粒占土样的百分数。用密度计法进行颗粒分析须作下列三个假定:

(1)斯托克斯定律能适用于由土样颗粒组成的悬液。

(2)试验开始时,土的大小颗粒均匀地分布在悬液中。

(3)所采用量筒的直径较比重计直径大得多。

4. 试验准备

1)试样准备

试样的处理和悬液的制备:

(1)试验的试样,宜采用风干试样。当试样中易溶盐含量大于0.5%时,应洗盐。

(2)取代表性试样200~300 g,过2 mm筛,求出筛上试样占试样总质量的百分比。取筛下土测定试样的风干含水率,放入研钵中,用带橡皮头的研棒研散。

(3)称风干试样30 g倒入500 mL锥形瓶,注入蒸馏水200 mL,浸泡过夜。

(4)将盛土液的锥形瓶稍加摇晃后放在煮沸设备上进行煮沸,自沸腾时算起,煮沸时间宜为40 min。

(5)将冷却后的悬液全部移入烧杯内,静置约1 min,将上部悬液过0.075 mm洗筛,遗留杯底的沉淀物用橡皮头研棒研散,再加适量水搅拌,静置1 min,再将上部悬液过0.075 mm筛,如此重复倾洗(每次倾洗最后所得悬液不得超过1 000 mL),直至杯底砂粒洗净,将筛上和杯中砂粒移入蒸发皿内,倾去清水,烘干后,进行细筛分析,过筛称量,并计算各粒组百分含量。

(6)将过筛悬液放入在量筒中加入4%浓度的六偏磷酸钠10 mL,再注入蒸馏水至1 000 mL。

2)仪器设备

(1)密度计。①甲种密度计:刻度为-5°~50°,最小分度值为0.5°。②乙种密度计(20 ℃/20 ℃):刻度为0.995~1.020,最小分度值为0.000 2。

(2)量筒:内径约60 mm,容积为1 000 mL,高约420 mm,刻度为0~1 000 mL ,准确到10 mL。

(3)天平:称量1 000 g,最小分度值为0.1 g;称量200 g,最小分度值为0.01 g。

(4)制备土样的设备:研钵和研棒、筛(孔径0.075 mm)、洗筛、煮沸设备、洗瓶、烧瓶、大漏斗、瓷皿、烘箱、干燥器等。

(5)其他:悬液搅拌器、温度计、木尺、秒表等。

5. 试验过程

1)测定悬液的密度和温度

(1)将搅拌器放入量筒中,沿悬液深度上下搅拌1 min,直到土粒完全均布到整个悬液中,注意搅拌时勿使悬液溅出量筒外。

(2)取出搅拌器,立即开动秒表,测定经过0.5 min、1 min、2 min、5 min、15 min、30 min、60 min、120 min和1 440 min时的密度计读数,并测定相应的悬液温度。根据试验情况或实际需要,可增加密度计读数次数,或缩短最后一次读数时间。

(3)每次读数时均应在预定时间前10~20 s,将密度计徐徐放入悬液中部,不得贴近筒壁,并使密度计竖直,还应在近似于悬液密度的刻度处放手,以免搅动悬液。

(4)密度计读数均以弯液面上缘为准。甲种密度计应准确至0.5°,乙种密度计应准确至0.000 2。每次读数完毕,立即取出密度计,放入盛有蒸馏水的量筒中。

(5)测定悬液温度,应准确至0.5 ℃,放入或取出密度计时,应小心轻放,不得扰动悬液。

2)测定密度计读数的校正值

(1)密度计刻度校正：为检查密度计上的刻度是否符合规定，可将密度计放入20 ℃的蒸馏水中加以检查。如读数为1.000，刻度是正确的，否则差值即为校正值($\pm n$)。当读数小于1.000时，校正值为正；当读数大于1.000时，校正值为负，课前应绘制校正曲线备查。

(2)弯液面校正：密度计读数应以弯液面的下缘刻度为准，但放入浑浊的悬液时看不清下缘刻度，只能读取上缘刻度。因此，必须将密度计放入20 ℃的蒸馏水中读出弯液面上、下缘间刻度差值($+u$)(见图1-13)，用于进行校正。此值恒为正值(某些密度计，出厂时已注明以弯液面上缘为准，即$u=0$)。

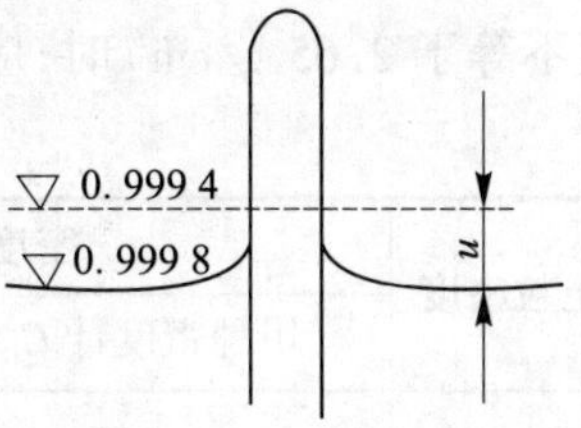

图1-13　弯液面校正图

(3)温度校正：悬液温度影响悬液密度和密度计玻璃杆的膨胀值，故当悬液温度不等于20 ℃时，应加温度校正值($\pm m$)，校正值可查表1-8。

表1-8　温度校正值

悬液温度(℃)	甲种密度计温度校正值 m_T(℃)	乙种密度计温度校正值 m'_T(℃)	悬液温度(℃)	甲种密度计温度校正值 m_T(℃)	乙种密度计温度校正值 m'_T(℃)
10.0	−2.0	−0.001 2	20.5	+0.1	+0.000 1
10.5	−1.9	−0.001 2	21.0	+0.3	+0.000 2
11.0	−1.9	−0.001 2	21.5	+0.5	+0.000 3
11.5	−1.8	−0.001 1	22.0	+0.6	+0.000 4
12.0	−1.8	−0.001 1	22.5	+0.8	+0.000 5
12.5	−1.7	−0.001 0	23.0	+0.9	+0.000 6
13.0	−1.6	−0.001 0	23.5	+1.1	+0.000 7
13.5	−1.5	−0.000 9	24.0	+1.3	+0.000 8
14.0	−1.4	−0.000 9	24.5	+1.5	+0.000 9
14.5	−1.3	−0.000 8	25.0	+1.7	+0.001 0
15.0	−1.2	−0.000 8	25.5	+1.9	+0.001 1
15.5	−1.1	−0.000 7	26.0	+2.1	+0.001 3
16.0	−1.0	−0.000 6	26.5	+2.2	+0.001 4
16.5	−0.9	−0.000 6	27.0	+2.5	+0.001 5
17.0	−0.8	−0.000 5	27.5	+2.6	+0.001 6
17.5	−0.7	−0.000 4	28.0	+2.9	+0.001 8
18.0	−0.5	−0.000 3	28.5	+3.1	+0.001 9
18.5	−0.4	−0.000 3	29.0	+3.3	+0.002 1
19.0	−0.3	−0.000 2	29.5	+3.5	+0.002 2
19.5	−0.1	−0.000 1	30.0	+3.7	+0.002 3
20.0	0	0			

(4)分散剂校正:为了使悬液充分分散,加了一定量的分散剂,故增大了悬液的密度,应减去这部分密度。测定 20 ℃蒸馏水密度和 20 ℃蒸馏水加分散剂水溶液的密度,其差值就是校正值($-C_D$)。此值恒为负值。

(5)土粒密度校正:土的密度计刻度以土粒颗粒密度 2.65 g/cm^3 为准,当试样的土粒密度不等于 2.65 g/cm^3 时,应进行土粒密度的校正,校正值见表 1-9。

表 1-9 土粒密度校正值 (单位:g/cm^3)

土粒密度	密度校正值		土粒密度	密度校正值	
	甲种密度计 C_G	乙种密度计 C'_G		甲种密度计 C_G	乙种密度计 C'_G
2.50	1.038	1.666	2.70	0.989	1.588
2.52	1.032	1.658	2.72	0.985	1.581
2.54	1.027	1.649	2.74	0.981	1.575
2.56	1.022	1.641	2.76	0.977	1.568
2.58	1.017	1.632	2.78	0.973	1.562
2.60	1.012	1.625	2.80	0.969	1.556
2.62	1.007	1.617	2.82	0.965	1.549
2.64	1.002	1.609	2.84	0.961	1.543
2.66	0.998	1.603	2.86	0.958	1.538
2.68	0.993	1.595	2.88	0.954	1.532

3)土粒沉降距离校正

(1)测定密度计浮泡体积 V_0:取容积 250 mL 量筒一个,注水约 150 mL,记下读数,将密度计浮泡没于水中至最低刻度处,读出量筒上液面读数,此读数与原读数之差即为浮泡体积。

(2)测量密度计浮泡中心到最低刻度处的校正距离 L_0:将密度计浮泡的一半没入水中,当排开的水体积等于 $V_0/2$ 时,用尺量出由水面到最低刻度的长度。

(3)测量密度计玻璃杆上最低刻度至最高刻度的长度 L_1。

(4)测定 1 000 mL 量筒的内径,并算出量筒的断面面积 F。

(5)按下式计算土粒的有效沉降距离 L:

$$L = L_1 + \left(L_0 - \frac{V_0}{2F}\right) \tag{1-5}$$

式中 L——土粒有效沉降距离,cm;

L_0——密度计浮泡中心至最低刻度的距离,cm;

L_1——自最低刻度至玻璃杆上各刻度的距离,cm;

V_0——密度计浮泡体积,mL;

F——1 000 mL 量筒的横断面面积,cm^2。

6. 试验成果

将试验数据填写于记录表中，并绘制半对数坐标累计曲线，求各粒组的百分含量，并定出土名。

1）计算小于某粒径的试样质量占试样总质量的百分比

a. 甲种密度计

$$X=\frac{100}{m_{\mathrm{d}}}C_{\mathrm{G}}(R+m_{\mathrm{T}}+u-C_{\mathrm{D}}) \tag{1-6}$$

式中 X——小于某粒径的试样质量百分数(%)；

m_{d}——试样干质量，g；

C_{G}——土粒密度校正值，查表 1-9 确定；

m_{T}——悬液温度校正值，查表 1-8 确定；

u——弯液面校正值；

C_{D}——分散剂校正值；

R——甲种密度计读数。

b. 乙种密度计

$$X=\frac{100V_{\mathrm{x}}}{m_{\mathrm{d}}}C'_{\mathrm{G}}[(R'-1)+m'_{\mathrm{T}}+u'-C'_{\mathrm{D}}]\rho_{\mathrm{W20}} \tag{1-7}$$

式中 C'_{G}——土粒密度校正值，查表 1-9 确定；

m'_{T}——悬液温度校正值，查表 1-8 确定；

u'——弯液面校正值；

C'_{D}——分散剂校正值；

R'——乙种密度计读数；

V_{x}——悬液体积，取 1 000 mL；

ρ_{W20}——20 ℃时蒸馏水的密度，取 0. 998 232 g/cm³。

2）绘制颗粒分析级配曲线

以小于某粒径颗粒百分含量为纵坐标，以颗粒直径为横坐标，绘制在半对数纸上，绘出颗粒分析级配曲线，并计算不均匀系数 C_{u} 和曲率系数 C_{c}。

7. 记录格式

记录格式见表 1-10。

8. 注意事项

（1）每次测得悬液密度后，均应将密度计轻轻放在盛水的量筒中。

（2）读数要迅速准确，不宜将密度计在悬液中放置时间过久。在正式试验前，必须多次练习密度计的准确读数方法。

（3）试验前，应将量筒放在固定平稳的地方，试验过程中不得移动，并保持悬液温度稳定。

表 1-10　颗粒分析试验记录(密度计法)

工程名称________　　　　　　　　　　　　试验者________
土样编号________　风干土质量________　计算者________
试验日期________　干土总质量________　校核者________

小于 0.075 mm 颗粒土质量百分数__________　密度计号__________
湿土质量__________　量筒号__________
含水率__________　烧瓶号__________
干土质量__________　土粒密度__________
含盐量__________　密度校正值__________
试样处理说明__________　弯液面校正值__________

试验时间	下沉时间 t (min)	悬液温度 T (℃)	密度计读数					土粒落距 L (cm)	粒径 d (mm)	小于某粒径的土质量百分数(%)	小于某粒径的总土质量百分数(%)
			密度计读数 R	温度校正值 m_T	分散剂校正值 C_D	$R_M=R+m_T+u-C_D$	$R_H=R_M C_G$				

9. 思考题

(1) 为什么用密度计测定悬液密度的时间不必严格地规定?

(2) 悬液的温度在本试验中起到哪几方面的影响?

(3) 量筒直径的大小对试验结果的准确性会不会有影响?为什么?

(4) 分析试验误差产生的原因,如何提高试验精度?

项目二　土的物理、水理性质

学习目标

本项目主要介绍土的各种物理性质和水理性质指标的测定及其物理意义，理解土的物理性质及水理性质的基本概念，掌握并能较熟练计算土的物理性质与水理状态指标。要求学生掌握其指标含义、单位和实用价值，并能基本掌握各种指标的测定方法和相互换算的关系。

【学习导入】

土的物理性质是指土的三相组成部分的相互比例关系，是表明土的物理状态的某些性质，如土的重量、湿度、孔隙性等。土的水理性质是指土粒与水相互作用所表现出来的性质。

自然界中的土都是多相体系，其性质是千变万化的。要了解土的工程地质性质，首先要了解土在固相和液相、气相之间的比例关系，相互作用以及在外力作用下所表现出来的一系列的性质。假设在地表以下某一深度取一原状土（所谓原状土，是指天然结构和天然含水情况未被人工或机械扰动的土，与之相对应的叫扰动土，即天然结构和天然含水情况已被破坏的土）（见图 2-1(a)）。原状土的体积为 V，质量为 M，现在假想将原状土体中在体积和质量不变的条件下把土的三相部分完全分开（见图 2-1(b)）。通过土的三相组成各部分的相互比例关系就可以获得土的物理、水理性质指标。在土的所有物理、水理性质指标中，有一部分是实测指标，也就是要通过试验实际测定的指标；另一部分是导出指标，也就是要通过实测指标计算获得的指标。土的物理、水理性质是土的重要的工程地质性质，它影响着土的力学性质，其指标在工程计算中直接被运用。

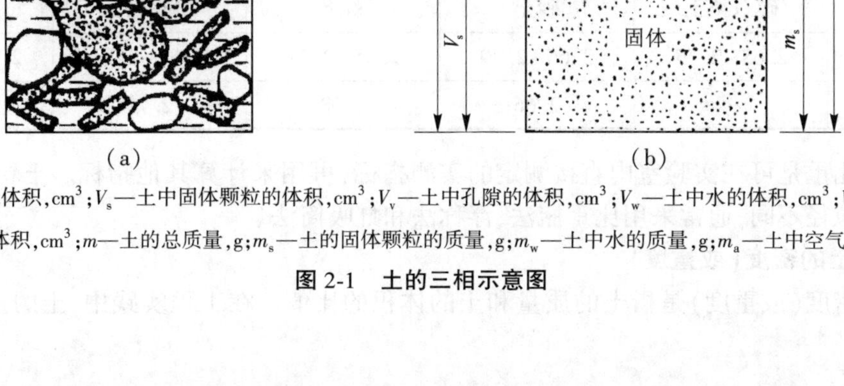

(a)　　(b)

V—土的总体积，cm^3；V_s—土中固体颗粒的体积，cm^3；V_v—土中孔隙的体积，cm^3；V_w—土中水的体积，cm^3；V_a—土中气体的体积，cm^3；m—土的总质量，g；m_s—土的固体颗粒的质量，g；m_w—土中水的质量，g；m_a—土中空气的质量。

图 2-1　土的三相示意图

单元一　土的物理性质

土的物理性质是指土的三相组成部分的相互比例关系，它是土的最基本的工程地质性质之一，主要有土的重量性质、土的含水性质和土的孔隙性质。

一、土的重量及其指标

土的重量反映了土的固体颗粒的轻重，是土的基本物理性质之一，是决定土体性质的重要因素。土的重量指标包括土粒比重和土的密度（或重度）两种。

（一）土粒比重

土粒比重（G_s）也称为土粒相对密度，是指土中固体颗粒的质量与同体积 4 ℃时蒸馏水的质量之比值，简称为比重，即

$$G_s = \frac{m_s}{V_s \rho_w} \tag{2-1}$$

式中　G_s——土粒比重，无量纲；

m_s——土的固体颗粒的质量，g；

V_s——土中固体颗粒的体积，cm^3；

ρ_w——蒸馏水在 4 ℃时的密度，取 1 g/cm^3。

与土粒比重有关的参数是土粒密度 ρ_s，土粒密度 ρ_s 是指土中固体颗粒的质量与土中固体颗粒的体积的比值，即

$$\rho_s = \frac{m_s}{V_s} \tag{2-2}$$

式中　ρ_s——土粒密度，g/cm^3，数值上与土粒比重相同。

从式（2-2）可以看出，土粒密度大小取决于土粒矿物成分，而与土粒间的孔隙大小及含水多少无关。

土粒比重一般为 2.60～2.80，绝大多数在 2.65～2.75，含有机质较多的土粒比重小于 2.60，含铁、镁矿物较多的土粒比重则可能大于 2.80。几种主要类型土的比重常见值如表 2-1 所列。

表 2-1　几种主要类型土的比重常见值

比重	土的名称				
	碎石类土	砂土	粉土	粉质黏土	黏土
常见值	2.65～2.75	2.65～2.70	2.65～2.71	2.68～2.73	2.72～2.76
平均值		2.66	2.68	2.71	2.74

土粒比重是可在实验室内直接测定的实测指标，可用来计算其他指标。土粒比重测定根据土的粒径不同，通常采用比重瓶法、浮称法和虹吸筒法。

（二）土的密度（或重度）

土的密度（或重度）是指土的质量和土的体积的比值。在工程实践中，土的密度（或重

度）指标有天然密度ρ（或天然重度γ）、干密度ρ_d（或干重度γ_d）、饱和密度ρ_{sat}（或饱和重度γ_{sat}）、浮密度ρ'（或浮重度γ'）等四项指标，除天然密度ρ（或天然重度γ）为实测指标外，其余指标均为导出指标。

1. 天然密度ρ（或天然重度γ）

土的天然密度ρ是指在天然状态下土的总质量m与总体积V之比，即天然状态下土的单位体积质量，单位为g/cm³，可用下式表示。

$$\rho = \frac{m}{V} \tag{2-3}$$

土的天然重度γ是指在天然状态下土的总重量与总体积之比，即土的天然密度乘以加速度g，即$\gamma = \frac{mg}{V} = \rho g$，单位为kN/m³。

土的天然密度（或天然重度）主要取决于土粒的矿物成分，并与土粒间的孔隙大小及含水多少有关。它综合反映了土的物质组成和结构特征。

土的天然密度一般为1.60~2.20 g/cm³。常见几种土的天然密度，如表2-2所列。

表2-2　几种土的天然密度　（单位：g/cm³）

名称		天然密度		
		松散	中密	密实
碎石类土	卵石土		2.00	2.10
砂土	粗砂		1.98	2.05
	中砂		1.94	2.00
	细砂		1.92	2.00
细粒土	粉土	1.85	1.95	2.00
	粉质黏土	1.85	2.00	2.10
	黏土	1.90	2.05	2.10

土的天然密度可通过试验直接测得，为实测指标，可用来计算其他指标。室内测定方法可采用环刀法、蜡封法，现场可采用灌水法和灌砂法。

2. 干密度ρ_d（或干重度γ_d）

土的干密度ρ_d是指在干燥状态下单位体积土的质量，单位为g/cm³，即

$$\rho_d = \frac{m_s}{V} = \frac{m_s}{V_s + V_v} \tag{2-4}$$

土的干密度为导出指标，通过实测指标计算求得。其求得方法为

$$\rho_d = \frac{\rho}{1 + \omega} \tag{2-5}$$

式中　ρ——土的天然密度；

ω——土的天然含水率。

土的干重度γ_d是指在干燥状态下单位体积土重量，即$\gamma_d = \rho_d g$，单位为kN/m³。

3. 饱和密度ρ_{sat}（或饱和重度γ_{sat}）

土的饱和密度ρ_{sat}是指土的孔隙完全被水充满时的单位体积土的质量，单位为g/cm^3，即

$$\rho_{sat}=\frac{m_s+V_v\rho_w}{V} \tag{2-6}$$

土的饱和密度ρ_{sat}的求得方法为

$$\rho_{sat}=\rho_d+\rho_w n \tag{2-7}$$

式中　ρ_w——水的密度；

n——土的天然孔隙率。

土的饱和重度γ_{sat}是指土的孔隙完全被水充满时的单位体积土的重量，即$\gamma_{sat}=\rho_{sat}g$，单位为kN/m^3。

4. 浮密度ρ'（或浮重度γ'）

土的浮密度ρ'是指土在水中的单位体积质量，又称水下浮密度（其值等于土在空气中的干重减去固体颗粒同体积的水重与土的总体积之比），单位为g/cm^3，即

$$\rho'=\frac{m_s-V_s\rho_w}{V}=\rho_{sat}-\rho_w \tag{2-8}$$

土的饱和密度ρ_{sat}的求得方法为

$$\rho'=\rho_{sat}-\rho_w \tag{2-9}$$

土的浮重度γ'是指土在水中的单位体积重量，又称水下浮重度，即$\gamma'=\rho'g=\gamma_{sat}-\gamma_w$，其中$\gamma_w=10\ kN/m^3$，单位为$kN/m^3$。

同一种土的不同密度（重度）指标数值是不同的，一般为$\rho_{sat}>\rho>\rho_d>\rho'$，同理$\gamma_{sat}>\gamma>\gamma_d>\gamma'$。

二、土的含水性及其指标

土的含水性是指土中含水情况，说明土的干湿程度，可用土中含水的质量来表示，也可用水充填孔隙的程度来表示，土的含水性指标用含水率ω及饱和度S_r指标表示。

（一）土的含水率

土的含水率ω也称含水量，是指土中所含水分质量与干土质量之比，通常以百分数表示，即

$$\omega=\frac{m_w}{m_s}\times 100\% \tag{2-10}$$

土在天然状态下的含水率称为天然含水率，它在很大程度上决定了土的力学性质。

土的天然含水率由于土层所处的自然条件及土层孔隙发育程度的不同，数值差别很大。一般情况下，砂土的天然含水率不超过40%，多为10%～30%；一般非黏性土大多在10%～30%，黏性土为20%～50%。

天然含水率是实测指标，室内常用烘干法或酒精焙烧法直接测定。

土的孔隙全部被水充满时的含水率称为饱和含水率。饱和含水率反映了土中孔隙充满液态水时的含水特征，也反映了孔隙体积的多少。黏性土饱水时体积将膨胀，孔隙体积随之

改变,水的质量也相应改变,故黏性土饱和含水率不能实测,可通过其他指标计算得到;而非黏性土可以用灌水饱和的方法测定。

(二)土的饱和度

含水率指标只表明土中含水多少,未能反映土孔隙中的充水程度。土的饱和度(S_r)是指土的孔隙中所含水分的体积与孔隙体积之比值,以百分数表示,即

$$S_r = \frac{V_w}{V_v} \times 100\% \tag{2-11}$$

饱和度说明土的孔隙被水充填的程度。其值愈大,表明土孔隙充水愈多;反之则愈少。实践中,常根据饱和度的大小,把土分为三种含水状态:$0 < S_r < 50\%$,稍湿的;$50\% \leqslant S_r \leqslant 80\%$,很湿的;$S_r > 80\%$,饱和的。

饱和度主要用来评价砂土的饱水程度。细粒土结合水膜厚度变化将引起土体积的膨胀或收缩,由此改变了土中孔隙的体积,即土孔隙体积可因土中含水的多少而变化。因此,饱和度通常不能评价细粒土的饱水程度,要用另外的指标评价其含水状态。

土的饱和度为导出指标,可由其他指标换算得到。

三、土的孔隙性及其指标

土的孔隙性是指土的孔隙特征,包括土中孔隙的数量、形状、大小及连通状况等。它反映了土的结构特征,说明土的疏密程度。土的孔隙性主要取决于土的粒度成分和土粒的排列情况。

研究土的孔隙性时,除观测孔隙特征外,还用孔隙率和孔隙比指标来说明土中孔隙体积的相对数量。

(一)孔隙率

孔隙率 n 又称孔隙度,是指土中孔隙总体积与土的总体积之比值,以百分数表示,即

$$n = \frac{V_v}{V} \times 100\% \tag{2-12}$$

孔隙率直接说明了土中孔隙体积占土总体积的百分比值,但不便于工程应用,因地基土层在荷载作用下产生压缩变形时,孔隙体积和土的体积都将同时变小,显然不能反映孔隙体积在荷载作用前后的变化情况。

天然土的孔隙率的数值取决于土的粒度成分和结构状态。其数值愈大,土中孔隙体积愈大,土粒小且均匀,土结构就愈疏松;反之,土结构则愈紧密。

由于土的粒度成分和疏密程度差别很大,土的孔隙率变化范围也大,常为20%~80%。一般非黏性土的孔隙率 n 为33%~45%;而黏性土的孔隙率 n 为40%~55%。

孔隙率是导出指标,是利用它与比重、天然容重、含水率等关系计算求得的。

(二)孔隙比

孔隙比 e 是指土中孔隙体积与土粒体积之比值,常用小数表示,即

$$e = \frac{V_v}{V_s} \tag{2-13}$$

孔隙比可反映土体在压缩前后的孔隙变化情况,因此常用于工程设计和计算中。

天然土孔隙比的数值取决于土的粒度成分和结构状态。其数值愈大,土中孔隙体积愈大,土粒小且均匀,土结构就愈疏松;反之,土结构则紧密。

孔隙比变化范围较大,常为0.25~4。一般非黏性土的孔隙比 e 为0.5~0.8;而黏性土的孔隙比 e 为0.67~1.2。

孔隙比为导出指标,是利用它与比重、天然容重、含水率等关系计算求得的。在工程上应用很广,可用于确定地基承载力。

土的孔隙率和孔隙比都是土的孔隙性指标,两者之间有一定的关系:

$$n = \frac{e}{1 + e} \times 100\% \tag{2-14}$$

$$e = \frac{n}{1 - n} \tag{2-15}$$

四、粗粒土的密实度

粗粒土的密实度是反映粗粒土(包括碎石土及砂土)的结构密实程度,可以用土的相对密实度、土的动力触探锤击数和土的天然孔隙率来确定。

(一)砂土的相对密实度

砂土的相对密实度 D_r 是最大孔隙比和天然孔隙比的差值与所处状态的最大、最小孔隙比差值的比值,能综合反映土粒级配、土粒形状和结构等因素。

$$D_r = \frac{e_{max} - e}{e_{max} - e_{min}} \tag{2-16}$$

式中 e_{max}——最大孔隙比,即砂土在最松散状态下的孔隙比;

e_{min}——最小孔隙比,即砂土在最密实状态下的孔隙比;

e——砂土在天然状态下的孔隙比。

显然,如果天然孔隙比接近最大孔隙比,即 $D_r \approx 0$,说明这种砂土天然状态下接近最松散状态;当天然孔隙比接近最小孔隙比时,则 $D_r \approx 1$,表明这种砂土接近最密实状态。

工程中常用 D_r 作为砂土振动液化的判别标准;D_r 也是评价砂土强度和稳定性的重要指标。按相对密实度,可对砂土密实程度作如下分类(见表2-3)。

表2-3 砂土按相对密实度分类

密实程度	疏松的	中密的	密实的
相对密实度	$0 < D_r \leq 0.33$	$0.33 < D_r \leq 0.67$	$0.67 < D_r \leq 1$

应指出,因原状砂土样的采取极其困难,式(2-16)中 e_{max}、e_{min} 值均不易测定,目前国内外已广泛使用标准贯入或动力触探试验现场评定砂土的密实状态。

(二)土的动力触探锤击数

通过现场原位试验中的动力触探锤击数和标准贯入锤击数,也可以确定粗粒土的密实度,《岩土工程勘察规范(2009年版)》(GB 50021—2001)中提出利用重型动力触探锤击数 $N_{63.5}$、超重型动力触探锤击数 N_{120}、标准贯入锤击数 N 分别来确定碎石土和砂土的密实度,见表2-4~表2-6。

表 2-4 碎石土密实度按 $N_{63.5}$ 分类

重型动力触探锤击数 $N_{63.5}$	密实度	重型动力触探锤击数 $N_{63.5}$	密实度
$N_{63.5} \leqslant 5$	松散	$10 < N_{63.5} \leqslant 20$	中密
$5 < N_{63.5} \leqslant 10$	稍密	$N_{63.5} > 20$	密实

表 2-5 碎石土密实度按 N_{120} 分类

超重型动力触探锤击数 N_{120}	密实度	超重型动力触探锤击数 N_{120}	密实度
$N_{120} \leqslant 3$	松散	$11 < N_{120} \leqslant 14$	密实
$3 < N_{120} \leqslant 6$	稍密	$N_{120} > 14$	很密
$6 < N_{120} \leqslant 11$	中密		

表 2-6 砂土密实度分类

标准贯入锤击数 N	密实度	标准贯入锤击数 N	密实度
$N \leqslant 10$	松散	$15 < N \leqslant 30$	中密
$10 < N \leqslant 15$	稍密	$N > 30$	密实

（三）土的天然孔隙比

《岩土工程勘察规范（2009 年版）》（GB 50021—2001）规定，对于粉土的密实状态，仍用天然孔隙比 e 值作为划分标准，见表 2-7。

表 2-7 按天然孔隙比确定粉土的密实度

孔隙比 e	密实度
$e \leqslant 0.75$	密实
$0.75 < e \leqslant 0.90$	中密
$e > 0.90$	稍密

五、土的物理性质指标之间的关系

土粒比重、天然密度、含水率、干密度、饱和密度、浮密度、饱和度、孔隙率、孔隙比是研究土的物理性质的最重要的 9 个指标，其中前 3 个是实测指标，需要在实验室由试验测定，其余指标可以由 3 个实测指标换算求得。由于土的物理性质指标都是通过土的三相组成部分的质量和体积的相互比例关系求出的，所以土的物理性质各指标间也可通过计算公式相互换算。表 2-8 列出了土的基本物理性质指标及求得方法。

表 2-8　土的基本物理性质指标及求得方法

类别	序号	指标名称	符号	表示法	常见值范围	单位	求得方法
由试验直接测定	1	土粒比重	G_s	$G_s = \dfrac{m_s}{V_s\rho_w}$	砂土:2.65~2.70 粉土:2.65~2.71 粉质黏土:2.68~2.73 黏土:2.72~2.76		比重瓶法等
		土粒密度	ρ_s	$\rho_s = \dfrac{m_s}{V_s}$	2.65~2.80	g/cm³	比重瓶法等
	2	天然密度	ρ	$\rho = \dfrac{m}{V}$	1.60~2.20	g/cm³	环刀法、蜡封法
		天然重度	γ	$\gamma = \rho g = 10\rho$	16.0~22.0	kN/m³	
	3	含水率	ω	$\omega = \dfrac{m_w}{m_s} \times 100\%$	无黏性土:10~30 黏性土:20~50	%	烘干法、酒精焙烧法
由计算间接求得	4	干密度	ρ_d	$\rho_d = \dfrac{m_s}{V} = \dfrac{m_s}{V_s + V_v}$	1.40~1.70	g/cm³	$\rho_d = \dfrac{\rho}{1+\omega}$
		干重度	γ_d	$\gamma_d = \rho_d g$	14.0~17.0	kN/m³	$\gamma_d = \dfrac{g\rho_d}{1+\omega}$
	5	饱和密度	ρ_{sat}	$\rho_{sat} = \dfrac{m_s + V_v\rho_w}{V}$	1.80~2.30	g/cm³	$\rho_{sat} = \rho_d + \rho_w n$
		饱和重度	γ_{sat}	$\gamma_{sat} = \rho_{sat} g$	18.0~23.0	kN/m³	$\gamma_{sat} = \rho_{sat} g$
	6	浮密度	ρ'	$\rho' = \dfrac{m_s - V_s\rho_w}{V} = \rho_{sat} - \rho_w$	0.80~1.30	g/cm³	$\rho' = \rho_{sat} - \rho_w$
		浮重度	γ'	$\gamma' = \gamma_{sat} - \gamma_w$	8.0~13.0	kN/m³	$\gamma' = \gamma_{sat} - \gamma_w$
	7	饱和度	S_r	$S_r = \dfrac{V_w}{V_v} \times 100\%$	30~100	%	$S_r = \dfrac{\omega G_s}{e}$
	8	孔隙率	n	$n = \dfrac{V_v}{V} \times 100\%$	无黏性土:33~45 黏性土:40~55	%	$n = 1 - \dfrac{\rho_d}{\rho_s}$
	9	孔隙比	e	$e = \dfrac{V_v}{V_s}$	无黏性土:0.5~0.8 黏性土:0.67~1.2		$e = \dfrac{\rho_s}{\rho_d} - 1$

【知识链接】

从理论上讲,在9个土的物理性质指标中,只要已知任意其中3个指标就能换算其他指标,具体见《工程地质手册》(第四版)。而在工程实际中,则是利用3个实测指标计算其余6个导出指标。

【例 2-1】　已知某土样经实验室测定其天然重度 $\gamma = 19.6\ kN/m^3$,土粒比重 $G_s = 2.68$,含水率 $\omega = 21.0\%$,试计算该土样的其他物理性质指标。

解: 已知 $\gamma = 19.6\ kN/m^3$、$G_s = 2.68$,$\omega = 21.0\%$,求干密度 ρ_d、饱和密度 ρ_{sat}、浮密度 ρ'、饱和度 S_r、孔隙率 n、孔隙比 e。

天然密度：$\rho = \gamma/g = 19.6/10 = 1.96\ (g/cm^3)$

干密度：$\rho_d = \dfrac{\rho}{1+\omega} = \dfrac{1.96}{1+0.21} = 1.62\ (g/cm^3)$

孔隙率：$n = 1 - \dfrac{\rho_d}{\rho_s} = 1 - \dfrac{1.62}{2.68} = 0.395 = 39.5\%$

孔隙比：$e = \dfrac{n}{1-n} = \dfrac{0.395}{1-0.395} = 0.653$

饱和度：$S_r = \dfrac{\omega G_s}{e} = \dfrac{0.21 \times 2.68}{0.653} = 0.862 = 86.2\%$

饱和密度：$\rho_{sat} = \rho_d + \rho_w n = 1.62 + 1.0 \times 0.395 = 2.02\ (g/cm^3)$

浮密度：$\rho' = \rho_{sat} - \rho_w = 2.02 - 1.0 = 1.02\ (g/cm^3)$

【小贴士】

土的天然密度(或天然重度)，其含义相同，只是表示方法不同、单位不同，两者在数值上只是相差一个重力加速度，之所以要同时列出是由于土的天然密度是国际法定计量单位表示，土的大然重度是非国际法定单位表示，考虑到我国还没有完全适应国际法定单位，故同时列出，但在正式场合，都必须使用国际法定单位。

单元二 土的水理性质

土粒与水相互作用时所表现出来的性质称为土的水理性质，它包括细粒土的稠度性质、细粒土的抗水性质、土的毛细性质和土的渗透性质。

一、细粒土的稠度性质

土的稠度性质是指细粒土随着含水率的不同而表现出来不同的物理状态的性质。

( )土的稠度及界限含水率

1. 土的稠度

细粒土随着含水率的不同，可以表现出来不同的物理状态，其工程地质性质也相应地发生变化。如含水很少的细粒土比较坚硬，处于固体状态，具有较大的力学强度；随着含水率的增大，土变得较软，外力作用可任意改变其形状，即处于可塑状态，其力学强度显著降低；当含水很多时，土变得软弱，不易维持一定形状，在重力作用下会流动，即处于流动状态，几乎不能承受外力作用。

土的稠度是指细粒土随着含水率的不同而表现出来的稀稠程度，它表示土粒是否具有活动性和土体抵抗外力的能力。稠度状态是指同一种细粒土在不同含水率下所表现出来的物理状态，如固态、塑态、液态等。稠度性质实质上反映的是土的含水率不同，土粒相对活动的难易程度或土粒间的连接程度。

2. 土的界限含水率

细粒土随含水率的变化，由一种稠度状态转变为另一种稠度状态之间的界限称为稠度界限。处于稠度界限上土的含水率，称为界限含水率。最早提出这些界限的是瑞典农学家阿太堡(A. Atterberg, 1911)，故也称阿太堡界限。细粒土稠度状态及其特征，以及相应的界限含水率如图 2-2 所示。土由可塑状态变化到流动状态的界限含水率称为液限,用 ω_L 表示;土由半固态变化到可塑状态的界限含水率称为塑限,用 ω_P 表示;土由半固态不断蒸发水分,体积逐渐缩小,直到体积不再缩小的固态状态时土的界限含水率称为收缩限,简称缩限,用 ω_S 表示。不同含水率时土的稠度状态特征见表 2-9。

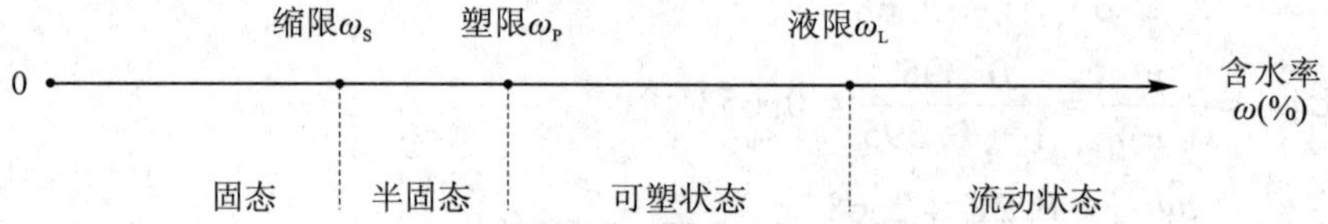

图 2-2　黏性土的界限含水率

表 2-9　黏性土的稠度状态和界限含水率

稠度状态	液态		塑态		固态	
	液流状态	黏流状态	黏塑状态	稠塑状态	半固态	固态
特征	土呈液体状,薄层状流动	土似黏滞液体,厚层状流动	土具可塑性质,可塑成任意形状,且能黏着于其他物体上	土具可塑性质,可塑成任意形状,但不能黏着其他物体	土近似固体,力学强度较大,形状固定,不能揉塑变形	土具有固体性质,力学强度大,形状大小固定
界限含水率		流限 ω_f	(塑性上限)液限 ω_L	黏着界限 ω_c	(塑性下限)塑限 ω_P	(收缩界限)缩限 ω_S
体积变化	不断减小→					体积不变
含水率变化	不断减小→					
土的强度	不断增大→					
水的类型	非结合水(自由水)		薄膜水(弱结合水)			吸着水(强结合水)
			外薄膜水		内薄膜水	

(二)土的可塑性及其指标

1. 土的可塑性

土的可塑性是指土在外力作用下可以改变自身形状而又不破坏其整体性,外力解除后,不恢复原来形状,仍然保持变形后所形成的新形状的特性。

2. 塑性指标

由表 2-9 可以看出,细粒土表现为塑性状态是有条件的,即土中含水率处于塑限和液限含水率之间,不同的细粒土其塑限和液限含水率值有所不同,其塑性性质也有所不同,表征土的可塑性性质的指标有液限、塑限、塑性指数、液性指数等。

(1)液限(ω_L):又称塑性上限,细粒土随着含水率的减小由液流状态转变为塑性状态时的界限含水率,以百分数表示。

(2)塑限(ω_P):又称塑性下限,细粒土随着含水率的减小由固体状态转变为塑性状态时的界限含水率,以百分数表示。

土的液限和塑限是表征细粒土塑性性质的基本指标,它是细粒土稠度界限和界限含水率的分界值,也是细粒土分类定名的依据。

在我国目前采用锥式液限仪(见图 2-3)来测定细粒土的液限。国外一些国家也采用碟式液限仪(见图 2-4)来测定细粒土的液限。

塑限在实验室内常用搓条法直接测定。

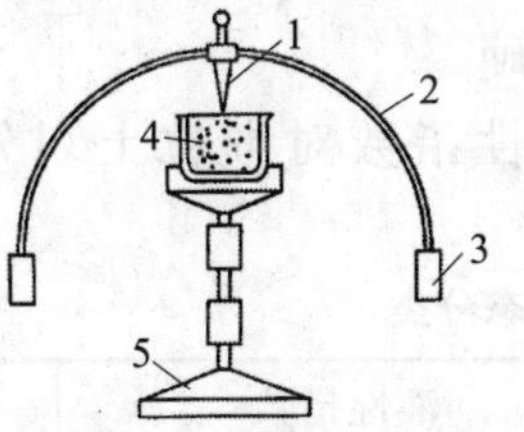

1—锥头;2—平衡仪;3—平衡锤;4—土试样;5—底座。

图 2-3 锥式液限仪

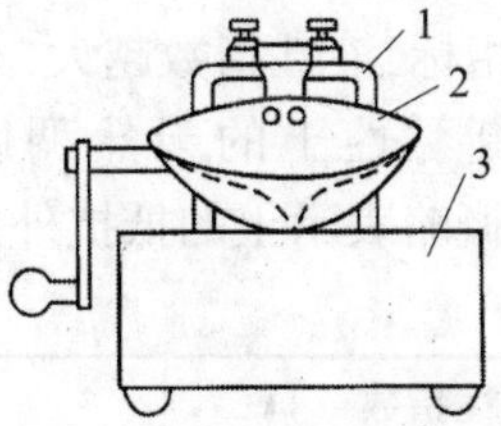

1—支架;2—铜碟;3—底座。

图 2-4 碟式液限仪

上述方法采用人工操作,人为因素影响较大,测试成果不稳定。现在《土工试验方法标准》(GB/T 50123—2019)中推荐使用液、塑限联合测定法,其测试成果比较稳定。

液、塑限联合测定法是采用锥式液限仪电磁放锥,利用光电方式测读锥体入土深度。试验时,一般对三个不同含水率的试样进行测试得到三个不同的入土深度,在对数坐标纸上作出各次锥体入土深度及相应含水率的关系曲线,即可得出对应于圆锥体入土深度为 10 mm 及 2 mm 时土样的含水率,就分别为该土的液限和塑限。

在工程实践中,各种稠度界限中意义最大的是从半固态稠度过渡到稠塑状态的塑限 ω_P 和从黏塑状态过渡到黏流状态的液限 ω_L 。当黏性土的含水率在这两个稠度界限范围内时,土处于塑态稠度,具有塑性体性质,故细粒土有时也称为塑性土。

(3)塑性指数 I_P :液限与塑限之差称为塑性指数,应用时通常省略百分率符号,即

$$I_P = \omega_L - \omega_P \tag{2-17}$$

塑性指数表示土处在可塑状态时的含水率的变化范围,其值的大小取决于土中黏粒含量的多少,黏粒含量愈多,亲水性愈强。土的塑性指数愈大,表示土在含水率变化较大范围内,仍保持可塑性状态。

工程上用塑性指数 I_P 对黏性土进行分类和命名。国内常用的几种分类情况见表 2-10。

表 2-10 土按塑性指标 I_P 的分类

建设部： 《岩土工程勘察规范(2009年版)》(GB 50021—2001) 《建筑地基基础设计规范》(GB 50007—2011)	≥0.075 mm 颗粒≤50%且 $I_P \le 10$	$10 < I_P \le 17$	$I_P > 17$
	粉土	粉质黏土	黏土

(4)液性指数 I_L：土的天然含水率和塑限的差与塑性指数之比称为液性指数 I_L。计算公式为

$$I_L = \frac{\omega - \omega_P}{\omega_L - \omega_P} = \frac{\omega - \omega_P}{I_P} \tag{2-18}$$

式中　ω——天然含水率(%)。

土的天然含水率 ω 虽然能表示天然状态下土的干湿状况，但不能具体说明土的稠度状态。液性指数表征了土的天然含水率与界限含水率之间的相对关系，是细粒土软硬程度的物理性能指标，液性指数越大，土质越软，反之土越坚硬。

为判断黏性土的天然稠度状态，工程上用液性指数对细粒土划分稠度状态(见表 2-11)，概略表示土的抵抗外力的能力。

表 2-11 黏性土稠度状态分类

液性指数	状态	液性指数	状态
$I_L \le 0$	坚硬	$0.75 < I_L \le 1$	软塑
$0 < I_L \le 0.25$	硬塑	$I_L > 1$	流塑
$0.25 < I_L \le 0.75$	可塑		

(三)土的稠度状态变化的本质

由表 2-9 可以看出，随着土中含水率的不断变化，土的稠度状态在变化，土的工程地质性质也在变化。细粒土体为什么会有如此的变化呢？这是因为随着土中含水率的变化，土中水的类型不断变化，从而导致土的稠度状态不断变化，土的性质相应地发生变化。当土体处于固体状态时，土的含水率很小，土中水的类型为强结合水，此时土中强结合水紧紧吸附于土粒表面，由于靠近土粒表面的静电引力非常大，土中强结合水的体积很小，强结合水膜中的水分子不能移动，土粒间的水化膜彼此间的引力很大，所以土体具有固体性质，强度很大，此时有水分子进入土体内，马上被紧紧吸附于土粒表面，故土的体积不发生变化。当土的含水率继续增加超过土的收缩界限时，土体内开始有了弱结合水，此时仅形成弱结合水膜的内层水，由于结合水膜的厚度增大，土粒间的距离加大，土粒间水化膜的引力减弱，此时土的强度减弱，随着含水率的增大，土的体积开始增大，但土体仍具有固体性质。当土的含水率继续增大超过土的塑限含水率时，此时土中开始形成弱结合水的外层水，水膜的厚度增大，土粒间的距离增大，水膜间的引力减弱，土的体积进一步增大，此时土体便不能保持固体性质，土体的强度进一步减弱，由于土粒间公共水化膜的作用，土体具有了可塑性，此时土体内增加的水分子全部进入到结合水膜，还不能吸附于其他物体表面，所以不能黏着其他物体。随着含水率的进一步增大，土中弱结合水膜被充满后，此时土体处于黏着界限，再有水

分进入土体内，多余的水分子在其他物体表面形成结合水膜，这些结合水膜与土粒的结合水膜形成公共水化膜，因此开始黏着其他物体。随着含水率的继续增大，土体内超过土的液限含水率时，土粒间的距离更进一步扩大，土粒间的引力进一步减弱，从而土的塑性消失，开始进入液流状态，土体具有了液体性质，土体的强度开始消失，当自由水较少时，土体的液体性质还不能充分显现，土体为厚层流动，当自由水大量增加时，土粒表面的水化膜被自由水包围，土粒开始悬浮于水中，成为薄层流动。以上的状况当土的含水率不断减小时还可以产生可逆反应。

(四)按塑性图土的分类

土按塑性指数分类，一直被国内外广泛采用，但在使用中也有不足，例如两种土：A 土样 $\omega_L=24\%$，$\omega_P=9\%$；B 土样 $\omega_L=45\%$，$\omega_P=30\%$，两种土的塑性指数 I_P 均为 15，定名为粉质黏土，但实际上由于土的液限含水率相差很大，所以工程地质性质有很大的差异，把它们定为同一种土显然是不妥当的。为避免这种情况，美国学者卡萨格兰德（A. Casagrande）提出按塑性图对细粒土进行分类，此后各国都根据本国实际编制了本国的塑性图，其基本原理是在直角坐标系中，以塑性指数为纵轴，以土的液限为横轴，图中绘有两条（或两条以上）直线，其中 A 线方程为 $I_P=0.73(\omega_L-20)$；B 线（或 C 线及其他）则根据各国对土质塑性划分的标准和详细程度不同而有所不同，大体分为四个区域，就可以分出不同类型的细粒土。我国国家标准《土的工程分类标准》（GB/T 50145—2007）给出了我国细粒土划分的塑性图（见图 2-5），图中横坐标为土的液限 ω_L，纵坐标为土的塑性指数 I_P。A 线方程为 $I_P=0.73(\omega_L-20)$；B 线方程为 $\omega_L=50$，图中的液限 ω_L 是以碟式液限仪测定的液限含水率或用质量为 76 g、锥角为 30° 的液限仪锥尖入土深度为 17 mm 对应的含水率，从而划分为四个区域，分别为 CH（CHO）、CL（CLO）、MH（MHO）、ML（MLO），对应于高液限黏土（高液限有机质黏土）、低液限黏土（低液限有机质黏土）、高液限粉土（高液限有机质粉土）、低液限粉土（低液限有机质粉土）等四个类型，图中虚线之间为粉土和黏土的过渡区。如此分类较好地解决了上述问题。

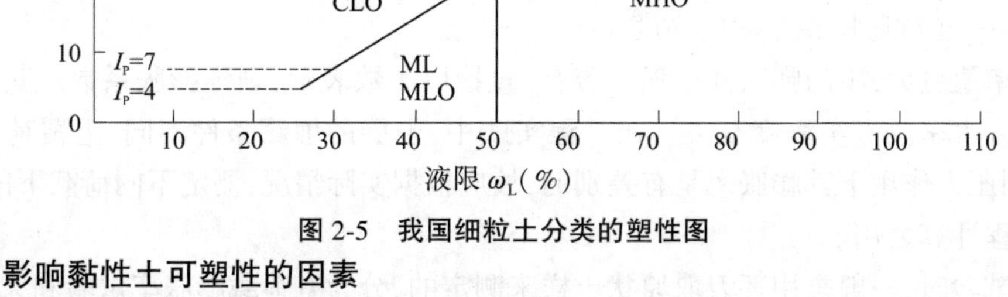

图 2-5 我国细粒土分类的塑性图

(五)影响黏性土可塑性的因素

可塑性是黏性土土粒间形成较厚结合水膜连接时表现出来的特性。因此，所有影响结合水膜厚度的因素也就是影响可塑性的因素，包括矿物成分、粒度成分、颗粒形状、土的交换离子成分和交换容量孔隙溶液的成分、浓度和 pH 值等。

【小贴士】

在工程实际中，细粒土的分类定名仍然依据土的塑性指数，其应用很广，按塑性图对细粒土的分类定名一般仅用于研究领域。

二、细粒土的抗水性质

细粒土与水作用后所表现出来的膨胀、收缩及崩解的性质称为细粒土的抗水性质。细粒土由于含水率的增大而发生体积增大的性能称为膨胀性，由于含水率减小而发生体积减小的性能称为收缩性，细粒土由于浸水而发生崩散解体的性能称为崩解性。细粒土吸水膨胀、失水收缩与土的稠度性质变化本质基本类似，土粒与水的相互作用引起土中结合水膜厚度的变化，土的含水率增大。结合水膜变厚，土粒间的距离增大，土的体积增大；土的含水率减小，结合水膜变薄，土粒间的距离减小，土的体积减小，而土的膨胀和收缩的过程是可逆的，长期多次的膨胀、收缩会引起土的结构的破坏。而当土体浸水时，水进入土的孔隙或裂隙的分布不均匀，土粒间结合水膜的厚度增厚速度不一，致使土粒的连接力分布不平衡而出现应力集中，土体出现崩散解体的现象。一般情况下，膨胀性大的土，它的收缩性也大，但是有些土是以膨胀性为其主要特征，而有些土则以收缩为其主要特征。如软黏土及淤泥质土具有强烈的收缩性，无明显的膨胀性。细粒土的膨胀性和收缩性对基坑、边坡、坑道壁及地基土的稳定性有着很重要的意义。土体常常因膨胀或收缩导致强度降低及地基变形，从而引起建筑物的破坏。细粒土的胀缩也可引起土坡的滑移、道路的翻浆。而细粒土的崩解性经常发生在水渠和水库的岸边地带，造成库岸坍塌、水库淤积。

（一）细粒土的膨胀性指标

细粒土的膨胀性指标常用的有膨胀率、自由膨胀率、膨胀力和膨胀含水率等。

1. 膨胀率 δ_{ep}

土的膨胀率是指原状土在一定压力下，在有侧限条件下浸水膨胀稳定后的高度与原高度之比，用百分率表示，即

$$\delta_{ep} = \frac{h - h_0}{h} \times 100\% \tag{2-19}$$

式中　δ_{ep} ——膨胀率（%）；

h_0——土样原来的高度，cm；

h ——土样膨胀稳定后的高度，cm。

膨胀率值愈大，土的膨胀性愈强。若 δ_{ep} 直接以小数表示，则称膨胀系数。其数值与土样的天然含水率及密实程度有关。在工程实践中，土层的埋藏条件不同，上覆荷载也不一样，在不同压力作用下其膨胀率是有差别的，故应根据实际情况，测定不同荷载下的膨胀率，以满足工程计算之用。

室内试验时，一般是用环刀取原状土样来测定的，分为有荷载膨胀率试验和无荷载膨胀率试验，一般评价土的膨胀性时，均测定无荷载作用下的膨胀率。

2. 自由膨胀率 δ_{ef}

自由膨胀率是将一定体积的扰动烘干土样经充分吸水膨胀稳定后，测得的增加的体积与原干土体积之比，以百分率表示，即

$$\delta_{ef} = \frac{V_1 - V_0}{V_0} \times 100\% \tag{2-20}$$

式中 δ_{ef}——自由膨胀率(%)；

V_1——膨胀后土的体积，cm^3；

V_0——膨胀前土的体积，cm^3。

自由膨胀率说明黏细粒土颗粒在无结构力影响下的膨胀特性。

将适量松散的干土试样置于盛有蒸馏水的量筒中，观察土粒浸水后膨胀所增加的体积。

3. 膨胀力 P_e

膨胀力是指原始土样在体积不变时，由于浸水膨胀时产生的最大内应力，即

$$P_e = \frac{W}{A} \times 10 \tag{2-21}$$

式中 P_e——膨胀力，kPa；

W——施加在土样上总的平衡荷载，N；

A——土样面积，cm^2。

有的细粒土的膨胀力可达 100 kPa 以上，所以膨胀力也是细粒土膨胀性能的一个重要指标。

土的膨胀力的测定方法一般采用加荷平衡法。

4. 膨胀含水率 ω_{sl}

膨胀含水率是指土样膨胀稳定后的含水率，此时扩散层已达最大厚度，结合水含量增至极限状态。可用下式表示：

$$\omega_{sl} = \frac{m_{sl}}{m_s} \times 100\% \tag{2-22}$$

式中 m_{sl}——土样膨胀稳定后土中水的质量，g；

m_s——干土样的质量，g。

(二)细粒土的收缩性指标

表征细粒土收缩性的指标是收缩率，包括体缩率和线缩率。

1. 体缩率 δ_v

土的体缩率是指试样失水收缩减小的体积与收缩前体积的比值，以百分率表示，即

$$\delta_v = \frac{V_0 - V_d}{V_0} \times 100\% \tag{2-23}$$

式中 V_0——收缩前的体积，cm^3；

V_d——试样烘干后收缩的体积，cm^3。

体缩率一般用收缩皿法进行测定。

2. 线缩率 δ_{si}

土的线缩率是指试样失水收缩后的高度减小量与原始高度之比，以百分率表示，即

$$\delta_{si} = \frac{h_0 - h_i}{h_0} \times 100\% \tag{2-24}$$

式中 h_0——试样原始高度,cm;

h_i——试样经收缩后的高度,cm。

线缩率一般用收缩仪进行测定。

(三)细粒土的崩解性指标

细粒土的崩解形式是多种多样的,有的呈均匀的散粒状,有的呈鳞片状、碎块状或崩裂状等。上述不同的崩解形式与土的矿物成分、粒度成分、颗粒形状以及土的结构和胶结程度有关。

评价细粒土的崩解性一般采用下列三个指标。

(1)崩解时间:一定体积的土样完全崩解所需的时间。

(2)崩解速度:土样在崩解过程中质量的损失与原土样质量之比和时间的关系。

(3)崩解特性:土样在崩解过程的各种现象。

细粒土的崩解指标在评价路堑、运河、渠道边坡、路堤、露天基坑等的稳定性时具有很大的意义。

目前,土体的崩解性试验多在现场试坑中进行。

(四)影响细粒土抗水性质的因素

影响细粒土抗水性质的因素主要有土的粒度成分和矿物成分、天然含水率、土的天然结构和水溶液的性质等。

1.土的粒度成分和矿物成分

一般细粒土黏粒含量愈多,土的膨胀率和收缩率愈大。粒度成分对黏性土崩解的影响尤其显著,它决定着土的孔隙性和透水性,因而对崩解时间、崩解特性和崩解速度起着重要作用,如表2-12所示。

表2-12 黏粒含量对崩解性的影响

黏粒含量(%)	<20	20~30	>30
崩解速度	崩解迅速	崩解大为减缓	崩解最慢

黏土矿物成分对土的胀缩性的影响非常显著,特别是亲水性强的蒙脱石及水云母含量高的黏土,普遍表现出强胀缩性,如表2-13所示。

表2-13 黏土矿物成分对胀缩性的影响 (%)

黏土矿物成分	蒙脱石	高岭石	伊利石
黏粒含量	20	55	介于两者之间
膨胀率	50	3	

黏土矿物成分同样影响土的崩解性。蒙脱石黏土往往崩解成细小粒子,在水中似云雾散开使水混浊;而高岭石往往崩解成小块下落,水不变混浊。

2.土的天然含水率

土的膨胀和收缩是随着吸水或失水过程发生的现象,故天然含水率直接决定土的胀缩程度。通常天然含水率愈小的土,可能吸水量愈大,膨胀率愈大,但收缩率愈小。

3. 土的天然结构

土的结构包括土的密实程度和结构连接强度对土的胀缩性、崩解性有较大的影响，主要表现在以下几方面。

1）对土的胀缩性的影响

土的密实程度与结构连接强度直接决定着它的膨胀性。结构比较密实、孔隙比较小的土，膨胀性较高。土的结构连接强度具有抵抗膨胀变形的能力，结构连接强度大者，膨胀性可减弱。土的结构对收缩性也有同样的影响（见表2-14）。

表2-14 不同结构状态土样的膨胀率和体缩率 （%）

土样编号	指标状态			
	膨胀率		体缩率	
	原状土样	扰动土样	原状土样	扰动土样
1	0.4	1.5		
2			15.9	17.2
3	1.0	3.6	23.8	25.5

2）对土的崩解性的影响

土的结构对崩解性起着主要的作用。因为土的透水性与孔隙、裂隙发育的程度有关，孔隙、裂隙不发育的土，一般崩解速度较慢；若土中孔隙、裂隙发育，那么土体浸水后，首先通过大孔隙或裂隙渗入，使土体内部产生不均匀应力，导致土体沿着孔隙、裂隙方向崩解。

因此，在野外进行调查时，应对土体的结构、构造进行研究，如裂隙的大小、密度、方向和大孔隙的分布情况等，都应予以注意，并进行描述，否则只凭一小块土样进行室内试验，往往容易得出错误的结论。

4. 水溶液的性质

水溶液的离子成分和浓度及 pH 值是影响水膜厚度的重要因素，也影响土的膨胀率。研究表明，低价阳离子能使土粒周围形成较厚水膜，使土的膨胀率较大，随着阳离子浓度增大，水膜变薄，而膨胀率变小。水溶液的成分及浓度对崩解的影响与膨胀性相似。而水中 pH 值的大小直接影响土粒间结合水膜的厚度，从而对土的膨胀、收缩直接产生影响。

三、土的毛细性质

土的毛细性质是指土中的毛细孔隙能使水产生毛细现象的性质。土的毛细现象是指土中水在表面张力的作用下，沿着毛细孔隙向上及向其他方向移动的现象。这种细微孔隙中的水被称为毛细水。土的毛细现象对工程的影响主要表现在：

（1）毛细水的上升是引起路基冻害的因素之一。

（2）对于房屋建筑，毛细水的上升会引起地下室过分潮湿。

（3）毛细水的上升可能引起土壤的沼泽化和盐渍化。

由于毛细水对建筑工程及农业生产都有很大的影响，因此研究土的毛细性质具有重要的实际意义。

（一）土的毛细性质指标

表征土的毛细性质的指标有毛细水上升高度 h_c 和毛细压力 μ_c。

1. 毛细水上升高度 h_c

毛细水上升高度 h_c 是指土层中毛细水在水膜表面张力的作用下上升到自由水面以上的最大高度值。一般情况下,毛细水上升高度只与毛细管直径有关,即

$$h_c = \frac{0.03}{D} \tag{2-25}$$

式中　h_c——毛细水上升高度,m;

D——土中孔隙的平均直径,mm。

式(2-25)说明,毛细水上升高度与毛细管直径成反比,即毛细孔隙越小,毛细水上升高度越大,但是黏土的孔隙中充满结合水,而结合水的运动不符合毛细运动规律,所以黏土中毛细水上升高度不符合式(2-25)的规律。由于土中孔隙的平均直径难以测量,只能取其经验数值,所以毛细水上升高度实际也是一个经验值。其值大小主要可通过实地调查、观测得到。对于非黏性土,也可根据规范或文献中推荐的经验公式估算或经验表格查得。

通常情况下,砾类(除粉砾)和粗砂,还有黏土,毛细水上升高度很小;细砂、粉砂、粉土和粉质黏土,不仅毛细水上升高度大,上升速度也快,但对于黏性土,则上升速度很慢。所以,研究毛细水上升高度,对细砂、粉砂、粉土和粉质黏土的意义较大。

2. 毛细压力 μ_c

作用在土颗粒的接触面上所产生的压力即为毛细压力。

(二)影响土的毛细性质的因素

土的毛细性质主要受土的粒度成分、矿物成分、水溶液的化学成分和浓度、土的结构和气温、蒸发状况的影响。

1. 粒度成分的影响

砂土的毛细性规律服从孔隙愈小、毛细水上升高度愈高的规律;黏性土则不服从此规律。因为黏性土孔隙虽然细小,但为结合水所充满,毛细水上升高度反而较低。

2. 矿物成分的影响

砂土中不同矿物成分由于颗粒形状不同,形成的孔隙大小不一,因而影响着毛细水的上升高度。黏性土中黏土矿物的成分起着重要作用,在密实度相同的情况下,高岭石中毛细水上升高度低于蒙脱石,水云母形成的孔隙处于上述两种矿物之间。

3. 水溶液的化学成分及浓度的影响

水溶液的化学成分及浓度主要影响黏性土的毛细水上升高度。

此外,气候的变化,季节性的干湿交替,蒸发量、温度的变化,都将影响着土体毛细带宽度的变动。

四、土的渗透性质

(一)土的渗透性及其指标

土的渗透性也称为透水性,是指水在土孔隙中渗透流动的性能。水在土体孔隙中流动的现象称为渗流。不同类型的土,由于孔隙大小的不同,其渗透性具有各自的规律性。非黏性土的土粒粗大,孔隙大,连通性好,渗透性能力很强。黏性土中孔隙细小,水在土体流动过程中流速十分缓慢。水在砂土、粉土和粉质黏土等天然土层中以层流的形式运动,服从达西(Darcy)定律,即

$$v = KI \tag{2-26}$$

式中 v——水在土中的渗透速度,cm/s;

K——土的渗透系数,cm/s;

I——水力坡度。

在碎石土中由于土粒的直径较大,土的单个孔隙也较大,土的孔隙较多,地下水可在其中以较大的速度运动,呈紊流运动,服从哲才(A. Chezg)定律,即

$$v = KI^{\frac{1}{2}} \tag{2-27}$$

式中符号意义同前。

在式(2-26)、式(2-27)中,水在土中的渗透速度不是地下水的实际流速,而是通过过水断面的地下水流量与垂直水流的过水断面面积的比值,即单位时间通过单位过水断面的水量。渗透系数(K)是当水力坡度为1时的渗透速度,是反映土的渗透性的一个重要指标。一般可以通过室内或现场试验方法测定土的渗透系数。

在水文地质学中,通常把细粒土中的黏土层看作是不透水的土层,称为隔水层,而其他土层能够使地下水在其中运动,称为透水层。一般土的颗粒越细,透水性越小;颗粒越粗,透水性越强,见表2-15。在工程实践中,根据土的渗透系数的大小,可以划分出不同程度透水性的土层,见表2-16。

表2-15 各种土的渗透系数(K)的参考值 (单位:m/d)

土的名称	砾石	粗砂	中砂	细砂	粉砂	粉土	粉质黏土	黏土
K	>50	50~20	20~5	5~1	1~0.5	0.5~0.1	0.1~0.001	<0.001

表2-16 按渗透系数(K)对土的透水性分级

透水性分级	极强透水	强透水	中等透水	弱透水	微透水	极微透水
K	$K \geqslant 1$	$10^{-2} \leqslant K<1$	$10^{-4} \leqslant K<10^{-2}$	$10^{-5} \leqslant K<10^{-4}$	$10^{-6} \leqslant K<10^{-5}$	$K<10^{-6}$

(二)影响土的渗透性的因素

影响土的渗透性的因素主要有以下几个方面。

1. 土的粒度成分与矿物成分

土颗粒越粗,越浑圆、越均匀时,渗透性越大。砂土中含有较多粉土及黏土颗粒时,其渗透系数就大大降低。

土的矿物成分对卵石、砂土和粉土的渗透性影响不大,但对黏土的渗透性影响较大。黏性土中含有亲水性较强的黏土矿物(如蒙脱石)或有机质时,可大大降低土的渗透性。含有大量有机质的淤泥几乎是不透水的。

2. 结合水膜厚度

黏性土中若土粒的结合水膜厚度较厚,会堵塞土的孔隙,降低土的渗透性。

3. 土的密度

对同一种土来说,土越密实,土的孔隙率越小,土的透水性就越低;反之,则土的透水性就越强。

4. 土中的气体

土中吸附、密闭和游离的气体的存在,都能占据土的一部分孔隙,增大水的黏滞性,使土

的透水性降低。

5. 土的结构和构造

黏土矿物呈片状或者链状、管状，有定向排列作用，使平行层面方向与垂直层面方向的渗透性呈现各向异性特征，通常垂直方向的渗透能力要比水平方向大得多。土体的宏观结构对渗透性的影响极为明显，如湖积土层平行于层面方向的渗透性往往远大于垂直方向的。黄土垂直节理发育，因此垂直层面方向的渗透性较平行层面方向强得多。

【知识链接】

土的渗透性质的有关基本概念如层流、紊流、达西定律、渗透速度等参见《水文地质学》有关内容，因有专门课程介绍，在此不做赘述。

【阅读与应用】

本项目所采用的都是目前正在实施的国家标准，主要有《岩土工程勘察规范(2009年版)》(GB 50021—2001)、《土的工程分类标准》(GB/T 50145—2007)、《土工试验方法标准》(GB/T 50123—2019)、《建筑地基基础设计规范》(GB 50007—2011)等。

项目小结

土的物理性质是指土的三相组成部分的相互比例关系，其指标是土的重要指标之一，主要包括反映土的重量、土的含水性和土的孔隙性指标。这些指标相互联系，可通过试验或公式计算得到，是直接或间接评价土性质好坏的依据。土的水理性质是指土粒与水相互作用所表现出来的性质，包括土的稠度性质、抗水性质、毛细性和渗透性，这些性质直接影响土的工程性质，尤其是可塑性黏性土的稠度和塑性，稠度指标和塑性指标在细粒土的分类和工程中具有非常重要的实用价值。

(1)反映土重量的指标。

①土粒比重 G_s：反映了土的矿物成分和含量，与孔隙大小和含水多少无关，为实测指标，常用比重瓶法等测定。

②土的密度 ρ（或重度 γ）：主要取决于土粒的矿物成分，并与土粒间的孔隙大小及含水多少有关，综合反映了土的物质组成和结构特征。它可分为天然密度(或天然重度)、干密度(或干重度)、饱和密度(或饱和重度)和浮密度(或浮重度)，其中天然密度(或天然重度)为实测指标，常用环刀法等测定。

(2)反映土含水性的指标。

①含水率 ω：反映土的干湿程度，直接决定土的力学性质，为实测指标，常用烘干法等测定。

②饱和度 S_r：反映土中孔隙的充水程度和土的含水状态，为计算指标。

(3)反映土孔隙性的指标。

①孔隙比 e、孔隙率 n：主要取决于土的粒度成分和结构状态。其数值愈大，土中孔隙体积愈大，土粒小且均匀，土结构就愈疏松；反之，土结构则紧密。孔隙比比孔隙率更适用，为计算指标。

②相对密实度 D_r、动力触探锤击数、天然孔隙比：主要用于判定粗粒土的密实状态。

(4)土的稠度性质指标。

液限 ω_L、塑限 ω_P、液性指数 I_L、塑性指数 I_P 综合反映了土的稠度性质和塑性状态，其中液限、塑限为实测指标，常用液、塑限联合测定仪测定。根据土的液性指数 I_L 和塑性指数 I_P，可以判定土的稠度状态和给土命名。

(5)土的抗水性质指标。

土中因含水率的增减或浸水等产生的现象，分别用膨胀性指标与收缩性指标（膨胀率、自由膨胀率、体缩率、线缩率等）和崩解性指标（崩解时间、崩解速度等）表示。

(6)土的毛细性指标。

毛细水上升高度是评价土的毛细性的重要指标。

(7)土的渗透性指标。

渗透系数 K 是评价土的渗透性指标的重要参数。

思考题及习题

1. 什么是土的物理性质？什么是土的水理性质？各包括哪些内容？

2. 什么是实测指标、导出指标？各包括哪些？怎么换算？

3. 含水率和饱和度都是土的含水性指标，两者有何区别？

4. 孔隙率和孔隙比都能反映土的孔隙性，为何工程中常用孔隙比？

5. 粗粒土的密实度用什么方法评价？如何评价？

6. 某原状土样体积为 100 cm^3，经测定，土粒比重为 2.70，湿土质量为 219.1 g，干土质量为 195.5 g。求该土样的含水率、饱和重度、干重度、浮重度、孔隙率、孔隙比和饱和度。

7. 某砂土土样的天然重度为 17.5 kN/m^3，含水率为 9.8%，土粒比重为 2.68，烘干后测定最小孔隙比为 0.456，最大孔隙比为 0.935。求该砂土的相对密实度并判断土的密实度。

8. 什么是稠度和可塑性？产生稠度状态改变的根本原因是什么？

9. 什么是塑性指数？液限和塑限及塑性指数是怎么确定的？

10. 什么是液性指数？它有什么用途？

11. 黏性土的膨胀性、收缩性、崩解性产生的原因及影响因素有哪些？

12. 毛细水上升的原因是什么？在哪种土中毛细现象最显著？为什么？

13. 什么是土的透水性，如何评价？

14. 某饱和原状土样体积为 100 cm^3，湿土质量为 0.185 kg，烘干后土的质量为 0.145 kg，土粒比重为 2.70，土样液限为 35.0%，塑限为 17.0%。试确定该土的名称和状态。

15. 已知 A、B 两土样的试验参数见表 2-17，试判断下列结论是否正确。

表 2-17 土样的试验参数

土样	含水率(%)	液限(%)	塑限(%)	土粒比重	饱和度(%)
A	35	40	13	2.72	90
B	28	32	17	2.68	90

(1)A 的黏粒含量多于 B；

(2)A 的干密度大于 B；

(3)A 的天然密度大于 B;

(4)A 的孔隙比大于 B。

技能训练 工程地质室内实训

试验 3 土的物理性质指标测定

1. 试验目的

土的物理性质指标是通过土的三相组成部分的质量、体积及其相互之间的关系,由一定的数学关系式经换算求得的。土的物理性质指标包括土粒比重(或土粒相对密度)、天然密度(或天然重度)、含水率、干密度(或干重度)、饱和密度(或饱和重度)、浮密度(或浮重度)、饱和度、孔隙率、孔隙比共 9 项,其中前 3 项为实测指标,需要在试验室进行测定;后 6 项是导出指标,需要根据实测指标进行计算后得出。工程实践中,实验室仅测定土的 3 项实测指标。

2. 试验方法

土的 3 项实测指标中土粒比重一般采用比重瓶法,天然密度(或天然重度)一般采用环刀法,而含水率一般采用烘干法测定。

3. 土粒比重试验(比重瓶法)

1)试验原理

土中固体颗粒单位体积的质量称为土粒比重。

将已知质量的土样放入水中(或其他液体),排尽空气,求出由土样置换出的液体的体积。以烘干土质量(105 ℃)除以求得的土样固相体积,即得土粒比重。土样固相体积一般应用排除与土粒同体积的液体的方法测得。对于粒径小于 5 mm 或者含有少量 5 mm 颗粒的土,采用比重瓶法测定土粒的体积;当粒径等于和大于 5 mm 时,应采用浮称法和虹吸筒法。

为了准确测定土粒比重,必须排除土中空气,对于一般土,可用蒸馏水煮沸法进行测定。若土中含有可溶盐,会导致所测得的土粒比重值偏大。因此,在测定可溶盐、黏土矿物或有机质含量较高的土的土粒比重时,应采用中性液体(如煤油)代替蒸馏水,用抽气法代替煮沸法。

2)试验准备

a. 试样准备

土样的制备:取有代表性的风干土样约 100 g,充分研散并全部过 2 mm 的筛。将过筛风干土及洗净的比重瓶在 100~105 ℃下烘干,取出后置于干燥器内冷却至室温称量后备用。

b. 仪器设备

(1)比重瓶:容积为 100 mL 或 50 mL,分长颈和短颈两种。

(2)天平:称量 200 g,最小分度值为 0.001 g。

(3)恒温水槽:准确度为±1 ℃。

(4)温度计:刻度为 0~50 ℃,最小分度值为 0.5 ℃。

(5)其他:砂浴、真空抽气设备、烘箱、蒸馏水、煤油、漏斗、滴管、筛等。

3)试验过程

(1)称取风干土样约 10 g(精确至 0.001 g),装入 50 mL 的比重瓶内。另称 10.0 g 土样测定吸湿水含量,由此可求出倾入比重瓶内的烘干土样重 m_s。

(2)向装有土样的比重瓶中加入蒸馏水,至瓶内容积约一半处,然后徐徐摇动比重瓶,驱逐土中的空气,使土样充分湿润,与水均匀混合。

(3)将比重瓶放于砂浴上,加热,保持沸腾不应少于 30 min。煮沸过程中经常要摇动比重瓶,驱逐土中的空气,使土样和水充分接触混合。注意:煮沸时温度不可过高,否则易造成土液溅出。

(4)从砂浴上取下比重瓶,稍冷却,再把预先煮沸排除空气的蒸馏水加入比重瓶,至比重瓶水面略低于瓶颈。待比重瓶内悬液澄清且温度稳定后,加满已经煮沸排除空气并冷却的蒸馏水。然后塞好瓶塞,使多余的水自瓶塞毛细管中溢出,用滤纸擦干后称重(精确到 0.001 g),同时用温度计测定瓶内的水温 t_1(准确到 0.1 ℃),求得瓶、水、土样合重 m_{bws1}。

(5)将比重瓶中的土液倾出,洗净比重瓶,注满冷却的无气蒸馏水,测量瓶内水温 t_2。加水至瓶口,塞上毛细管塞,擦干瓶外壁,称取 t_2 时的瓶、水合重(m_{bw2})。若每个比重瓶事先都经过校正,在测定时可省去此步骤,直接由 t_1 在比重瓶的校正曲线上求得 t_1 时这个比重瓶的瓶、水合重 m_{bw1},否则要根据 m_{bw2} 计算 m_{bw1}。

(6)含可溶性盐及活性胶体较多的土样,须用惰性液体(如煤油、石油)代替蒸馏水,用真空抽气法排除土样中的空气。抽气时间不得少于 1 h,并经常摇动比重瓶,直至无气泡逸出。停止抽气后仍需在干燥器中静置 15 min 以上。

(7)真空抽气也可代替煮沸法排除土中的空气,并且可以避免在煮沸过程中由土液溅出而引起的误差,同时较煮沸法快。

(8)风干土样都含有不同数量的水分,需测定土样的风干含水率;用惰性液体测定比重的土样,须用烘干土而不是风干土进行测定,且所用液体须经真空除气。

(9)如无比重瓶,也可用 100 mL 容量瓶代替,这时烘干试样取 15 g 应加水至标线。

4)试验成果

用下式计算土粒比重

$$\rho_s = \frac{m_s}{m_s + m_{bw1} - m_{bws1}} \rho_{w1} \tag{2-28}$$

式中 ρ_s——土粒密度,g/cm³;

ρ_{w1}——t_1时蒸馏水的密度,g/cm³;

m_s——烘干土样的质量,g;

m_{bw1}——t_1 时比重瓶+水的质量,g;

m_{bws1}——t_1 时比重瓶+水+土样的质量,g。

若 $t_1 \neq t_2$,必须将 t_2 时的瓶、水合重(m_{bw2})校正至 t_1℃时的瓶、水合重(m_{bw1})。

由表 2-18 查得 t_1 和 t_2 时水的密度,忽略温度变化所引起的比重瓶的胀缩,t_1 和 t_2 时水的密度差乘以比重瓶容积(V)即得由 t_2 换算到 t_1 时比重瓶中水重的校正数。比重瓶的容积由下式求得:

$$V = \frac{m_{bw2} - m_b}{\rho_{w2}} \tag{2-29}$$

式中　m_b—— 比重瓶的质量,g;

ρ_{w2}——t_2 时水的密度,g/cm³。

表 2-18　不同温度下水的密度

温度(℃)	密度(g/cm³)	温度(℃)	密度(g/cm³)	温度(℃)	密度(g/cm³)
0~1.5	0.999 9	20.5	0.998 1	30.5	0.995 5
2.0~6.5	1.000 0	21.0	0.998 0	31.0	0.995 4
7.0~8.0	0.999 9	21.5	0.997 9	31.5	0.995 2
8.5~9.5	0.999 8	22.0	0.997 8	32.0	0.995 1
10.0~10.5	0.999 7	22.5	0.997 7	32.5	0.994 9
11.0~11.5	0.999 6	23.0	0.997 6	33.0	0.994 7
12.0~12.5	0.999 5	23.5	0.997 4	33.5	0.994 6
13.0	0.999 4	24.0	0.997 3	34.0	0.994 4
13.5~14.0	0.999 3	24.5	0.997 2	34.5	0.994 2
14.5	0.999 2	25.0	0.997 1	35.0	0.994 1
15.0	0.999 1	25.5	0.996 9	35.5	0.993 9
15.5~16.0	0.999 0	26.0	0.996 8	36.0	0.993 7
16.5	0.998 9	26.5	0.996 7	36.5	0.993 5
17.0	0.998 8	27.0	0.996 5	37.0	0.993 4
17.5	0.998 7	27.5	0.996 4	37.5	0.993 2
18.0	0.998 6	28.0	0.996 3	38.0	0.993 0
18.5	0.998 5	28.5	0.996 1	38.5	0.992 8
19.0	0.998 4	29.0	0.996 0	39.0	0.992 6
19.5	0.998 3	29.5	0.995 8	39.5	0.992 4
20.0	0.998 2	30.0	0.995 7	40.0	0.992 2

本试验必须进行两次平行测定,平行差值不得大于 0.02 g/cm³,取其平均值,以两位小数表示。

5)记录格式

将试验数据及成果填入表 2-19 中。

表 2-19　土粒比重试验记录表(比重瓶法)

工程名称________________　　试验者________________

土样编号________________　　计算者________________

试验日期________________　　校核者________________

试样编号	比重瓶号	温度 T (℃)	液体密度(查表) G_{iT}	比重瓶的质量 m_1 (g)	瓶+干试样的质量 m_2 (g)	瓶+干试样+水的质量 m_3 (g)	瓶+水的质量 m_4 (g)	干试样的质量 $m_s = m_2 - m_1$ (g)	土粒的体积 $V_s = \frac{m_4 + m_s - m_3}{G_{iT}}$ (cm³)	土的密度 $G_s = \frac{m_s}{V_s}$		备注
										单值	平均值	

6）注意事项

（1）煮沸（或抽气）排气时，必须防止悬液溅出瓶外，热力要小，并防止煮干。必须将土中气体排尽，否则影响试验成果。

（2）必须使瓶中悬液与蒸馏水的温度一致。

（3）称量必须准确，测定 m_3 和 m_4 时，必须将比重瓶外水分擦干。

（4）若使用长颈式容量瓶，液体灌满容量瓶时，液面位置前后几次应一致，以弯液面下缘为准。

7）思考题

（1）土中空气如不排除，所得土粒比重偏大还是偏小？为什么？

（2）在测定黏粒含量多的土粒比重时，用蒸馏水测得的结果是偏大还是偏小？为什么？

（3）试验误差产生的原因是什么，如何提高试验精度？

4. 土的密度试验（环刀法）

1）试验原理

土的密度是指单位体积土的总质量，天然状态原状土样测得的密度称为天然密度。测试的目的，在于了解土的疏密和干湿状态，并换算为土的其他物理性质指标。

测定土的体积方法，一般常用环刀法及蜡封法。环刀法适用于细粒土。蜡封法适用于土中含有粗粒或者坚硬易碎难以用环刀切割的土，或者试样量少，只有小块形状不规则时。在现场条件下，对于砂土、砾石土等粗粒土，还可采用灌砂法和灌水法测定。

环刀法是用已知质量及容积的环刀，切取土样，使装入土样的体积与环刀容积一致，这样环刀的容积即为土的体积，称量后减去环刀的质量就得到土的质量，然后计算得土的密度。此方法适用于细粒土，操作简单，结果精确。

2）试验准备

a. 试样准备

把土样盒上的标签与送样清单核实准确后，将原状土样从土样盒中小心取出，按取样时土层方向放置在试验台的玻璃板或切土台上，观察土样，做好开土记录。

b. 仪器设备

（1）环刀：内径为 61.8 mm 和 79.8 mm，高为 20 mm。

（2）天平：称量 500 g，最小分度值为 0.1 g；称量 200 g，最小分度值为 0.01 g。

（3）其他：游标卡尺、切土刀、钢丝锯、凡士林油、玻璃板等。

3）操作步骤

a. 测定环刀的质量及容积

用游标卡尺测量环刀的内径及高度，计算得环刀的容积 V。然后将环刀置于天平上称得环刀的质量 m_1，在环刀内壁涂以薄层凡士林油。

b. 切取土样

将环刀刃口向下放在土样表面上，用切土刀把土样削成略大于环刀的土柱，然后垂直向下轻压环刀，边压边削，至土样伸出环刀。削平环刀刃口一端的余土，使与环刀刃口平齐。再削平环刀上端的余土，使其土面与环刀边缘平齐，置于玻璃板上。若两面的土有少量剥落，可用切下的碎土轻轻补上。

c. 测定环刀与土样的质量

擦净环刀外壁，称环刀和土样的质量 m_2。

4) 成果要求

按下式计算土的密度：

$$\rho = \frac{m_2 - m_1}{V} \tag{2-30}$$

式中 ρ——土的湿密度，g/cm³，精确至 0.01 g/cm³；

m_1——环刀的质量，g；

m_2——环刀与土样质量之和，g；

V——土样的体积，cm³。

本试验须进行两次平行测定，两次测定的差值不得大于 0.03 g/cm³，取两次测值的平均值。

5) 记录格式

记录格式见表 2-20。

表 2-20 土的密度试验记录表(环刀法)

工程名称________ 试验者________

土样编号________ 计算者________

试验日期________ 校核者________

试样编号	环刀号	环刀质量 (g)	环刀+土质量 (g)	湿土质量 (g)	试样体积 (cm³)	湿密度 (g/cm³)	平均湿密度 (g/cm³)

6) 注意事项

(1) 用环刀法切取土样时，必须严格按试验步骤操作，不得急于求成，用力过猛，或图省事不削成土柱，这样就易使土样开裂扰动，结果事倍功半。

(2) 修平环刀两端余土时，不得在试样表面往返压抹，对于较软的土，宜先用钢丝锯将土样锯成几段，然后用环刀切取。

7) 思考题

(1) 什么情况下用环刀法测定土的密度？什么情况下用蜡封法？

(2) 在环刀法中影响试验准确性的因素有哪些？如何提高试验精度？

5. 土的含水率试验(烘干法)

1) 试验原理

含水率是指土中水分质量和干土质量之比值，湿土在温度为 105~110 ℃长时间烘烤下，土中水分完全蒸发，此时试样所失去的水分质量与干土质量的百分比，即为湿土的含水率。

含水率试验的目的是测定土的天然含水率,并用以与其他试验指标配合计算土的干密度、孔隙比、饱和度以及其他物理性质指标。测定含水率的方法很多,其区别是使土样干燥的方法不同,目前试验室常用的方法是烘干法。在没有烘干设备或要求快速测定含水率的情况下,可采用酒精焙烧法;对于砂土及含砾较多的土,可用烘干法。

烘干法是将土样置于烘箱中烘烤除去水分,适用于粗粒土、细粒土、有机质土和冻土。当土中有机质(泥炭、腐殖质等)含量在5%~10%时,仍允许用此方法,但需注明有机质含量。

2)试验准备

a.试样准备

在原状土样上切取环刀时的土屑即可作为天然含水率的试样。

b.仪器设备

(1)电热烘箱:应能控制温度为105~110 ℃。

(2)天平:称量200 g,最小分度值为0.01 g;称量1 000 g,最小分度值为0.1 g。

(3)其他:干燥器、铝盒。

3)操作步骤

a.称湿土重

先称铝盒的质量。取代表性土样15~30 g(黏性土少些,砂土多些),放入铝盒,盖紧盒盖,称铝盒加湿土的质量m_1。

b.烘干土样

打开盒盖,将盛有土样的铝盒放入电热烘箱(或红外烘箱),在温度105~110 ℃下烘至恒量。烘干时间对黏土、粉土不得少于8 h,对砂土不得少于6 h,对含有机质超过干土质量5%的土,应将温度控制在65~70 ℃的恒温下烘至恒量。

c.称干土重

自烘箱中取出铝盒,迅速盖上盒盖,立即放入干燥器中,冷却至室温后称铝盒加干土质量m_2,减去铝盒质量m_0,即得干土质量。

4)试验成果

按下式计算土的含水率:

$$\omega = \frac{m_1 - m_2}{m_2 - m_0} \times 100\% \tag{2-31}$$

式中 ω——土的含水率(%);

m_1——铝盒加湿土的质量,g;

m_2——铝盒加干土的质量,g;

m_0——铝盒的质量,g。

计算准确至0.01 g。

每一土样须做两次平行测定,测定的差值:当含水率小于40%时为1%;当含水率等于、大于40%时为2%,对层状结构和网状结构的冻土不大于3%。取两个测值的平均值,以百分数表示。

5) 记录格式

记录格式见表 2-21。

表 2-21　土的含水率试验记录表(烘干法)

工程名称________　　试验者________

土样编号________　　计算者________

试验日期________　　校核者________

试样编号	盒号	盒质量(g)	盒+湿土质量(g)	盒+干土质量(g)	湿土质量(g)	干土质量(g)	含水率(%)	平均含水率(%)

6) 注意事项

(1) 打开土样后,应立即取样称湿土质量,以免水分蒸发。

(2) 土样必须按要求烘至恒定,否则影响测试精度。

(3) 烘干的试样应放在干燥器中冷却后称量,防止热土吸收空气中的水分,并避免天平受热不均影响称量精度。

7) 思考题

(1) 根据实验室测定的土粒密度、土的密度、含水率,如何计算土的干密度、孔隙比、饱和度?

(2) 干密度能实测吗?

(3) 试验误差产生的原因是什么,如何提高试验精度?

试验 4　土的水理性质指标测定

1. 试验目的

土的水理性质包括土的稠度性质、土的抗水性质(土的膨胀性、收缩性和崩解性)、土的毛细性质和土的渗透性性质共 4 项,其中土的稠度性质是最主要的性质,这里主要介绍土的稠度性质指标也就是界限含水率的测定。

细粒土由于含水率的不同可以处于固态、半固态、可塑状态及流动状态,细粒土从一种状态转入到另一种状态时的分界含水率称为界限含水率。细粒土由固态转为半固态的界限含水率称为收缩限 ω_S;由半固态转为可塑状态的界限含水率称为塑限 ω_P;由可塑状态转为流动状态的界限含水率称为液限 ω_L。其中,液限和塑限是黏性土物理特征的重要指标,可通过液、塑限试验测得。该试验目的是测定细粒土的液限和塑限,从而计算出塑性指数 I_P 和液性指数 I_L,最终用于土的分类定名和确定土的承载力值。

2. 试验方法

测定液、塑限的方法有很多,主要有液、塑限联合测定法、碟式液限仪试验、圆锥液限仪试验、搓条法塑限试验等。我国现行规范《土工试验方法标准》(GB/T 50123—2019)中规定使用圆锥仪时,采用液、塑限联合测定法;使用碟式仪时,采用搓条法测定塑限。在工程实践中,一般用电磁放锥的光电式液、塑限联合测定仪(见图 2-6)联合测定土的液、塑限;也可用圆锥仪法、搓条法分别测定土的液、塑限含水率。这里主要介绍工程中常用的液、塑限联合测定法、圆锥仪法和搓条法等。

1)液、塑限联合测定法

a. 基本原理

本试验主要测定由粒径小于 0.5 mm 颗粒组成的和有机质含量不超过总土质量 5%的细粒土。

试验时,取锥尖下沉深度分别为 3~4 mm、7~9 mm、15~17 mm 范围内的三种不同土膏,测定其锥尖下沉的准确深度,并及时测定三种土膏的含水率,在双对数坐标纸上绘制圆锥入土深度与含水率关系图(见图 2-7)。

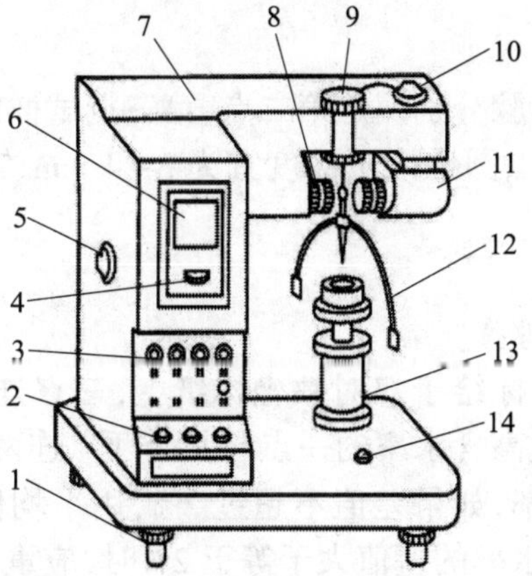

1—水平调节螺丝;2—控制开关;3—指示灯;4—零线调节螺丝;5—反光镜调节螺丝;6—屏幕;7—机壳;8—物镜调节螺丝;9—电磁装置;10—光源调节螺丝;11—光源;12—圆锥仪;13—升降台;14—水平泡。

图 2-6 光电式液、塑限联合测定仪

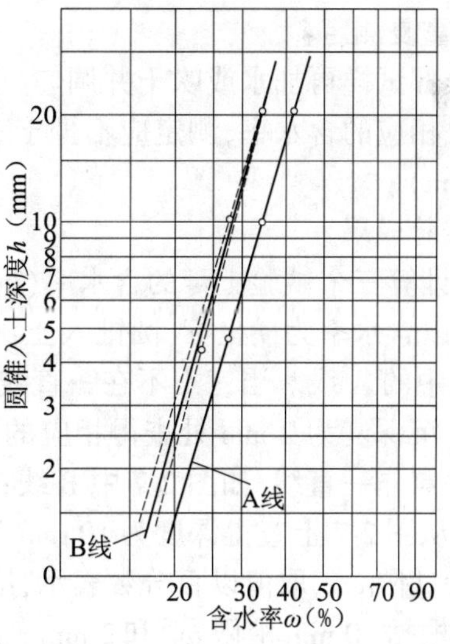

图 2-7 圆锥入土深度与含水率关系图

b. 试验准备

(1)试样准备:

本试验宜采用天然含水率试样,当土样不均匀时,采用风干试样,当试样中含有粒径大于 0.5 mm 的土粒和杂物时,应过 0.5 mm 筛。当采用天然含水率土样时,取代表性土样 250 g;当采用风干试样时,取 0.5 mm 筛下的代表性土样 200 g,将试样放在橡皮板上用纯水将土样调成均匀膏状,放入调土皿,浸润过夜。

(2)仪器设备：

①液、塑限联合测定仪：包括带标尺的圆锥仪、电磁铁、显示屏、控制开关和试样杯(内径为 40 mm,高度为 30 mm)。

②天平：称量 200 g,最小分度值为 0.01 g。

③其他：铝盒、烘箱、干燥器、筛(孔径为 0.5 mm)、小瓷皿、瓷钵及带橡皮头研棒、蒸馏水、调土刀、凡士林等。

c. 试验过程

(1)装土样于试样杯中：

将制备好的土样充分搅拌均匀,然后分层装入试样杯中,填样时不应留有空隙,对较干的试样应充分搓揉,密实地填入试样杯中,土样填满后,用调土刀抹平土面,使之与杯缘齐平。

(2)测读圆锥下沉深度：

①将试样杯放在联合测定仪的升降座上,在圆锥上抹一薄层凡士林,接通电源,使电磁铁吸住圆锥。

②调节零点,将屏幕上的标尺调在零位,调整升降座,使圆锥尖接触试样表面,指示灯亮时圆锥在自重下沉入试样,经 5 s 后测读圆锥下沉深度(显示在屏幕上)。

(3)测含水率：

取出试样杯,挖去锥尖入土处的凡士林,取锥体附近的试样不少于 10 g,放入称量盒内,测定含水率。

(4)重复测定：

将全部试样再加水或吹干并调匀,重复上述步骤分别测定第二点、第三点试样的圆锥下沉深度及相应的含水率,测定应不少于三个点(三点圆锥入土深度宜为 3~4 mm、7~9 mm、15~17 mm)。

d. 试验成果

(1)计算三个试验土膏的含水率(同含水率试验)。

(2)以含水率为横坐标,圆锥入土深度为纵坐标绘于双对数坐标纸上,三点连一直线,如图 2-7 中的 A 线。当三点不在一直线上时,通过高含水率的一点与其余两点连两条直线,在圆锥下沉深度为 2 mm 处查得相应的两个含水率,如果差值不超过 2%,用平均值的点与高含水率点作一直线,如图 2-7 中 B 线;当两个含水率的差值大于等于 2%时,应重做试验。

(3)从图 2-7 上查得深度为 10 mm 处所对应的含水率为液限 ω_L,深度为 2 mm 所对应的含水率为塑限 ω_P,取值以百分数表示,准确至 0.1%。

(4)根据 10 mm 液限 ω_L 和 2 mm 塑限 ω_P,按式(2-17)和式(2-18)计算塑性指数 I_P 和液性指数 I_L。

(5)根据塑性指数 I_P 确定土的名称,根据液性指数 I_L 确定土的稠度状态。

e. 记录格式

记录格式见表 2-22。

表 2-22　界限含水率试验记录表(液、塑限联合测定法)

工程名称________　试验者________

土样编号________　计算者________

试验日期________　校核者________

试样编号	圆锥下沉深度(mm)	盒号	湿土质量(g)	干土质量(g)	含水率(%)	液限(%)	塑限(%)	塑性指数

f. 注意事项

(1)若调制土样含水率过大,只许在空气中晾干或用吹风机吹干,或用调土刀搅拌或用手搓捏,切不能加干土或者放在电炉上烘烤。

(2)测试时,应保证测定仪平稳。

(3)从试样杯中取出土样时,必须将沾有凡士林的土弃掉,方能重新调制或者取样测含水率。

g. 思考题

(1)当三点不在同一直线上时,如何确定土的液限和塑限?

(2)测定时,为何要选择适宜的入土深度?

(3)试验误差产生的原因是什么,如何提高试验精度?

2)圆锥仪法测定土的液限

a. 基本原理

本试验采用圆锥仪法。研究证明,将锥式液限仪放在调成糊状的土样上使其在自重(76 g,锥角为 30°)作用下下沉,当锥尖沉入土的深度恰为 10 mm 时,该土所具有的含水率即为液限。

本试验适用于由粒径小于 0.5 mm 颗粒组成的和有机质含量不超过 5%的细粒土。对于有机质含量为 5%~10%的土,仍可采用此方法进行测定,但应予以注明。

b. 试验准备

(1)试样准备:

取 0.5 mm 筛下的代表性试样 100 g,加蒸馏水调成糊状,盖上湿布或置于保湿器内 12 h 以上,使水分均匀分布。

(2)仪器设备

①锥式液限仪(见图 2-3);

②天平:称量 200 g,最小分度值为 0.01 g;

③其他:铝盒、烘箱、干燥器、筛(孔径为 0.5 mm)、小瓷皿、瓷钵及带橡皮头研棒、蒸馏水、调土刀、凡士林等。

c. 试验过程

(1)装土样于试样杯中:

将备好的土样再仔细拌匀一次,然后分层装入试样杯中,用手掌轻拍试样杯,使杯中空气逸出,土样填满后,用调土刀抹平土面,使之与杯缘齐平。

(2)放锥:

①在平衡锥尖部分涂上一薄层凡士林,以拇指和食指执锥柄,使锥尖与试样面接触并保持锥体垂直,松开手指,使锥体在其自重作用下沉入土中。注意放锥时要平稳,避免产生冲击力。

②放锥 15 s 后,观察锥体沉入土中的深度,以土样表面与锥接触处为准,若恰为 10 mm(锥上刻度线),则认为此时的含水率为液限。若锥体入土深度大于或小于 10 mm,表明试样含水率大于或小于液限,此时应挖去沾有凡士林的土,取出全部试样放在调土杯中,使水分吹干或加蒸馏水重新调匀,直至锥体下沉深度恰为 10 mm。

(3)测液限含水率:

将所测得的合格试样,挖去沾有凡士林的部分,取锥体附近少许试样(15~20 g)放入铝盒中测定其含水率,此含水率即为液限。

d. 试验成果

按下式计算液限:

$$\omega_L = \frac{m_2 - m_3}{m_3 - m_1} \times 100\% \tag{2-32}$$

式中　ω_L ——土的液限(%);

m_1——盒的质量,g;

m_2——盒+湿土的质量,g;

m_3——盒+干土的质量,g。

计算准确至 0.1%,取其算术平均值。

本试验需做两次平行测定,两次平行差值与土的含水率试验(烘干法)要求相同。

e. 记录格式

记录格式见表 2-23。

表 2-23　锥式液限试验记录表

工程名称________　　试验者________

土样编号________　　计算者________

试验日期________　　校核者________

试样编号	盒号	盒的质量 m_1(g)	盒+湿土的质量 m_2(g)	盒+干土的质量 m_3(g)	湿土质量(g)	干土质量(g)	液限 ω_L(%)	
							单值	平均值

f. 注意事项

(1)若调制土样含水率过大,只许在空气中晾干或用吹风机吹干,或用调土刀搅拌或用手搓捏,切不能加干土或者放在电炉上烘烤。

(2)放锥时要平稳,避免产生冲击力。

(3)从试样杯中取出土样时,必须将沾有凡士林的土弃掉,方能重新调制或者取样测含水率。

g. 思考题

(1)平衡锥放入土中时，为何不能随意放下？

(2)放锥后土面发生怎样的变化，如何观察圆锥下沉深度？

(3)试验误差产生的原因是什么，如何提高试验精度？

3)搓条法测定土的塑限

a. 基本原理

本试验采用搓条法。将土加水调成稠泥，用手搓成直径为 3 mm 的土条时产生裂缝，并开始断裂，这时的含水率即塑限。

本试验适用于由粒径小于 0.5 mm 颗粒组成的和有机质含量不超过总土质量 5%的细粒土。对于有机质含量为 5%~10%的土，仍可采用此方法进行测定，但应予以注明。

b. 试验准备

(1)试样准备：

按液限试验试样制备试样，但加的水要少，使土团不沾手。

(2)仪器设备：

①毛玻璃板：尺寸为 200 mm×300 mm。

②天平：称量 200 g，最小分度值为 0.01 g。

③其他：卡尺或直径为 3 mm 的铁丝、铝盒、烘箱、干燥器、筛(孔径为 0.5 mm)、小瓷皿、瓷钵及带橡皮头研棒、蒸馏水、调土刀等。

c. 操作步骤

(1)搓条：

取一小块试样在手中揉捏至不沾手，用手指捏成椭球形，置于毛玻璃板上，用手掌轻轻搓滚，边滚搓边提紧，搓条时手掌用力要均匀，土条长度不能超过手掌宽度，土条不能出现空心现象，当土条搓至直径为 3 mm 时，产生裂纹并开始断裂，此时的含水率即为塑限。若土条搓至 3 mm 仍未产生裂纹，表示该试样含水率高于液限，应将土条重新揉捏，再搓滚之。若土条直径大于 3 mm 就断裂，表示其含水率低于塑限，应弃去，重新取土揉捏搓滚，直至达到标准。

(2)测塑限含水率：

每搓好一合格的土条后，掐去土条两头，应立即将土条的中间部分放在铝盒里，盖上盒盖，避免水分蒸发，取合格断裂土条 3~5 g 放入铝盒中，烘干后再称干土的质量，测定含水率，此时的含水率即为塑限。

d. 试验成果

按下式计算塑限：

$$\omega_P = \frac{m_2 - m_3}{m_3 - m_1} \times 100\% \tag{2-33}$$

式中 ω_P —— 土的塑限(%)；

m_1——盒的质量，g；

m_2——盒+湿土的质量，g；

m_3——盒+干土的质量，g。

计算准确至 0.1%，取其算术平均值。

本试验需做两次平行测定,两次平行差值与土的含水率试验(烘干法)要求相同。

e. 记录格式

记录格式见表 2-24。

表 2-24　塑限试验记录表

工程名称________________　试验者______________

土样编号________________　计算者______________

试验日期________________　校核者______________

试样编号	盒号	盒的质量 m_1 (g)	盒+湿土的质量 m_2 (g)	盒+干土的质量 m_3 (g)	湿土质量 (g)	干土质量(g)	塑限 ω_P (%)	
							单值	平均值

f. 注意事项

(1)搓滚土条时,必须用力均匀,边捏边滚,以手掌轻压,不得在毛玻璃板上做无压滚动,应防止土条产生中空现象,所以搓滚前土团必须经过充分地揉捏。

(2)土条在数处同时产生裂纹并恰好直径为 3 mm 始达塑限,如仅有一条断裂可能由用力不均而产生。产生的裂纹必须呈螺纹状。

g. 思考题

(1)搓滚土条规定搓滚到什么状态即认为达到塑限?

(2)试验误差产生的原因是什么,如何提高试验精度?

项目三　土的力学性质

学习目标

掌握土的压缩性及土的抗剪强度的基本概念,理解土的压缩、直剪及击实试验,理解土的压缩定律及库仑定律。掌握土的压缩性、抗剪强度指标及击实性的意义及应用。掌握土的压缩性及强度指标的测定方法,并熟知土的力学特性。

【学习导入】

土的力学性质是指土在外力作用下所表现出的性质,主要包括土的压缩性、抗剪性和击实性。土的力学性质直接影响工程建筑的安全稳定和正常运营,也指导着对工程建筑的设计与施工。研究建筑物地基的变形与破坏及坝、渠道、路堤等土工建筑物边坡的滑动、挡土墙及地下结构的移动和破坏时,以及建筑物的地基处理都必须研究土的压缩性、抗剪性和击实性。

土的压缩性、抗剪性和击实性是在不同应力状态下所表现出来的性质。在压应力的作用下,土体产生压缩变形,表现出压缩性;在剪应力作用下,土体产生剪切变形,表现出土的抗剪性或强度特征;在击实作用下,土体被挤密,表现出击实特征。土的力学性质主要取决于土的物质组成、结构构造等特点,同时与受力条件关系密切。本项目重点讲述土在静荷载作用下的力学性质,最重要的是在压力或剪力作用下的变形性和抵抗剪力破坏的抗剪性。

单元一　土的压缩性

一、基本概念

土在压力作用下体积变小的性质,称为土的压缩性。

(一)土压缩变形的机制

土是一种结构松散的三相体系,在压力作用下,引起土体产生压缩变形的原因可能有以下三种:①土粒本身被压缩;②孔隙中水和气体被压缩;③孔隙中水和气体被挤出,土粒相互靠拢使孔隙体积减小。

试验研究表明,在一般建筑物荷重作用下,土粒和水的压缩量极小,还不及土体总压缩量的1/400,可以忽略不计。因此,目前研究土的压缩性时,都假设土的压缩主要是孔隙中水分和空气被挤出,土颗粒相互移动靠拢,致使土的孔隙体积减小而引起的。

(二)土压缩变形的特点

(1)土体的压缩变形主要是由于土中水和气体被挤出,造成孔隙体积的减小。

(2)土的压缩变形需要一定时间才能完成。

由于土的组成、结构及孔隙特性等不同,故其压缩性也不一样,对颗粒粒径较大的粗粒土来说,由于单个孔隙大,透水性强,在建筑物荷载的作用下,孔隙中的水很快会被挤出,压缩很快完成,压缩量小;但对细粒土而言,因其透水性差,在一定的外荷载作用下,孔隙水不能很快被挤出,土的压缩需要相当长的时间才能完成,压缩量大,尤其是高压缩性的黏性土的压缩,在施工期间只完成最后沉降量的5%~20%。因此,土的压缩性主要是孔隙中的水被挤出,使孔隙体积减小而引起的,压缩变形的速度取决于水和空气从土的孔隙中向外排出的快慢。

(三)土的压缩状态

(1)有侧限压缩(无侧胀压缩):指受压土的周围受到限制,受压过程中基本上不能向侧面膨胀,只能发生垂直方向变形。

(2)无侧限压缩(有侧胀压缩):指受压土的周围基本上没有限制,受压过程中除垂直方向变形外,还将发生侧向的膨胀变形。

(四)土的压缩变形

(1)弹性变形:在卸荷后可以恢复的那部分变形,称为土的弹性变形,主要是结合水膜的变形、封闭气体的压缩和土粒本身的弹性变形等。

(2)残余变形:卸荷后,仍不能恢复的那部分变形,称为土的残余变形,也称为永久变形或塑性变形。

(五)土的压缩过程

土是松软多孔的,它在荷重作用下的压缩变形不是瞬时就能达到稳定的,而是需要有个时间过程,所需时间的长短随土层性质、排水条件和地基情况不同而不同。

在压缩过程中,由外力荷载使土中一点引起的压应力 σ 是由两种不同的压力来分担的:一是有效压力 σ',即土颗粒接触点所承担的压力(又称粒间压力);二是孔隙水压力 μ,即孔隙中水所承担的压力(指超静水压力)。

土的压缩过程,实质是这两种压力的分担转移过程。当压力刚加上,孔隙中水来不及排出时,σ 完全由孔隙水压力来承担,即 $\sigma=\mu,\delta=0$;水在孔隙水压力 μ 的作用下,逐渐向外排出,土粒粒间压力逐渐承担孔隙水减少的那部分压力,压应力由 μ 和 δ 两部分承担,当有效压力逐渐增大到全部承担压应力时,水便停止流出,这时 $\sigma=\delta,\mu=0$,压缩过程也就停止。

可见,土的压缩过程中只有有效压力才能压缩土的孔隙体积,引起土的压缩,这种由孔隙水的渗透而引起的压缩过程,称为渗透固结。渗透固结过程,实质上是孔隙水压力向有效压力转移的过程;这一过程所需的时间,就是地基压缩变形达到最终稳定的时间。压缩稳定所需的时间的长短,常取决于孔隙水的向外渗流的速度。

二、压缩试验与压缩曲线

为了解土的压缩性,必须借助试验方法,最简单的压缩试验是室内无侧限压缩试验。

土的室内压缩试验常采用压缩仪(或固结仪)来进行,压缩仪的构造如图3-1所示。由于土样受到环刀和护环等刚性护壁约束,在压缩过程中只能产生竖向压缩,不可能产生侧向膨胀,故又称为侧限压缩试验。

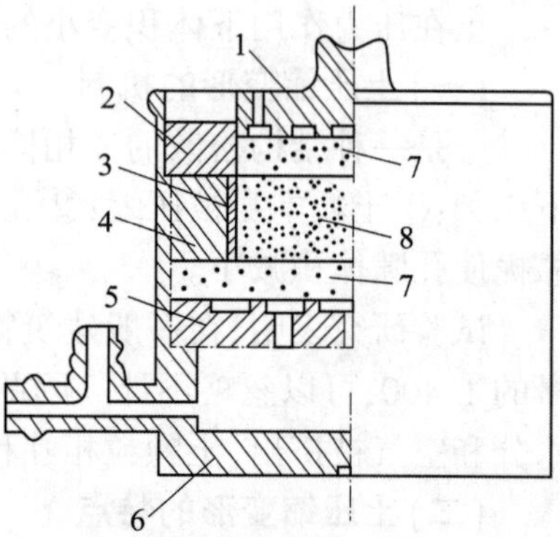

1—加压板;2—导环;3—环刀;4—护环;5—底板;6—容器;7—透水石;8—土样。

图3-1 压缩仪的构造示意图

试验时,通过加荷装置和加压板,将压力均匀地传到土样上。荷载是逐级加上去的，每加一级荷重，需等土样压缩相对稳定后，才能施加下一级荷载。在施加每级荷重后，通过侧微表观测土样的压缩量。试验中，逐级加压，并记录出各级压力稳定时土样的压缩量，可以得到各级压力下压缩稳定时的孔隙比。

如图 3-2 所示，设土样的原始高度为 h_0，横截面面积为 A，压缩前体积为 V_0。原始孔隙比为 e_0，当压力 p 达到相对稳定后，土样的压缩变形量为 Δh_1，即土样高度 $h_1 = h_0 - \Delta h_1$，孔隙比由 e_0 减小为 e_1。

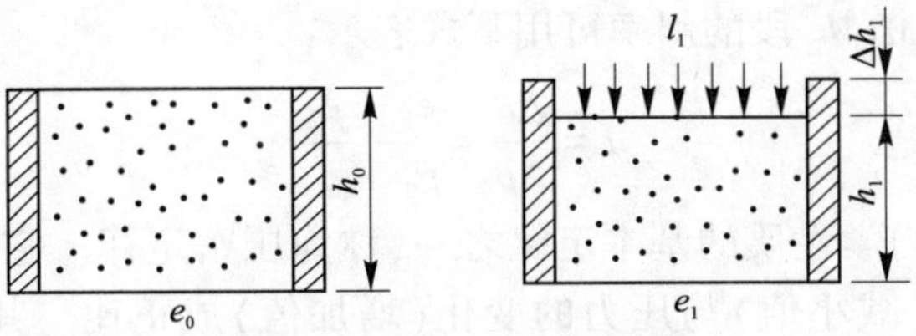

图 3-2　侧限条件下的压缩

由于土样压缩时不可能发生侧向膨胀，故压缩前、后土样的横截面面积 A 不变。同时，在压缩过程中，土粒体积也是不变的，故压缩前土粒体积等于压缩后土粒体积。由加压前后土粒体积 V_s 不变，得到下列公式：

$$\frac{Ah_0}{1+e_0} = \frac{Ah_1}{1+e_1} \tag{3-1}$$

$$e_1 = e_0 \frac{\Delta h_1}{h_0}(1+e_0) \tag{3-2}$$

通过式(3-2)可求得在各级压力 p_i 作用下，土样压缩至相对稳定后的孔隙比 e_i：

$$e_i = e_0 - \frac{\Delta h_i}{h_0}(1+e_0) \tag{3-3}$$

根据不同压力 p_i 值及其相应 e_i 值，可以绘制孔隙比与压力的关系曲线，即土的压缩曲线，如图 3-3 所示。

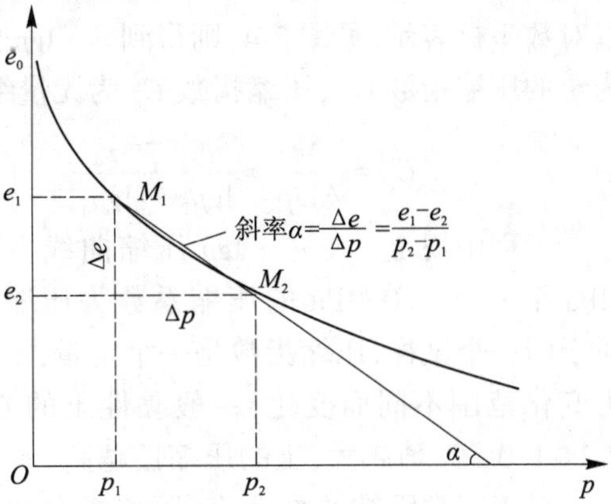

图 3-3　土的压缩曲线

压缩曲线的形状与土的物质组成、结构状态以及受荷历史有关。若压缩曲线较陡，说明压力增加时孔隙被压密而减小显著，则土的压缩性高；反之，土的压缩性低。因此，压缩曲线的形状可以形象地说明土压缩性的高低。

通常情况下，土的压缩曲线形状是先陡后缓，说明在压力增量不变的情况下进行压缩时，压缩变形的增量是递减的，这是因为土在侧限条件下进行压缩，开始加压时土的结构比较疏松，孔隙中的水和气体很容易被挤出，孔隙体积减少得很快，曲线斜率较大；随着压力的增加和进一步压缩，土的结构变得较为密实，孔隙中的水和气体不易被排出，土粒相互靠拢较为困难，土的压缩量随之变小，曲线也逐渐趋于平缓。

土的压缩曲线的陡缓可以说明土的压缩性的高低，一般高压缩性的土的压缩曲线比较陡，低压缩性的土的压缩曲线比较缓,因此压缩曲线的坡度可以形象地说明土的压缩性的高低。

三、土的压缩性指标

(一)压缩系数 a

如图 3-3 所示土的压缩曲线,当压力由 p_1 至 p_2 的压力变化范围不大时,可将曲线上相应的一小段曲线段 M_1M_2 近似地用直线段代替。若 p_1 压力下对应的孔隙比为 e_1,p_2 压力下对应的孔隙比为 e_2,则 M_1M_2 段的斜率可用下式表示:

$$a=\frac{\Delta e}{\Delta p}=\frac{e_1-e_2}{p_2-p_1} \tag{3-4}$$

式(3-4)即为土的力学性质的基本定律之一,称为压密定律。它表明:在压力范围变化不大时,孔隙比的变化(减小值)与压力的变化(增加值)成正比。其比例系数称为压缩系数,用符号 a 表示,单位是 MPa^{-1}。

压缩系数 a 是压缩曲线陡缓坡度的斜率,是表示土的压缩性大小的主要指标。压缩系数愈大,表明在某压力变化范围内孔隙比 e 减小得愈多,压缩性就愈高。由图 3-3 可知,同一种土的压缩系数,并不是常数,而是随所取压力变化范围的不同而改变的。因此,在工程实际中,常以 $p_1=0.1$ MPa 至 $p_2=0.2$ MPa 的压缩系数,即 a_{1-2} 作为评定不同种类和状态土的压缩性高低的标准:

当 $a_{1-2}<0.1\ MPa^{-1}$ 时,属低压缩性土;

当 $0.1\ MPa^{-1}\leqslant a_{1-2}<0.5\ MPa^{-1}$ 时,属中压缩性土;

当 $a_{1-2}\geqslant 0.5\ MPa^{-1}$ 时,属高压缩性土。

(二)压缩指数 C_c

随着高层建筑的发展,建筑物荷载对土的压力越来越大,在较低压力下获得的压缩系数已经不能来评定高层建筑荷载下土的压缩性,压缩指数 C_c 就是将压缩曲线的横坐标压力值以对数坐标表示,见图 3-4,则得到 $e-\lg p$ 曲线,压缩曲线 $e-\lg p$ 曲线上直线段上的斜率,称为土的压缩指数 C_c,压缩指数 C_c 为无量纲。计算公式为

$$C_c=\frac{\Delta e}{\Delta \lg p}=\frac{e_1-e_2}{\lg p_2-\lg p_1} \tag{3-5}$$

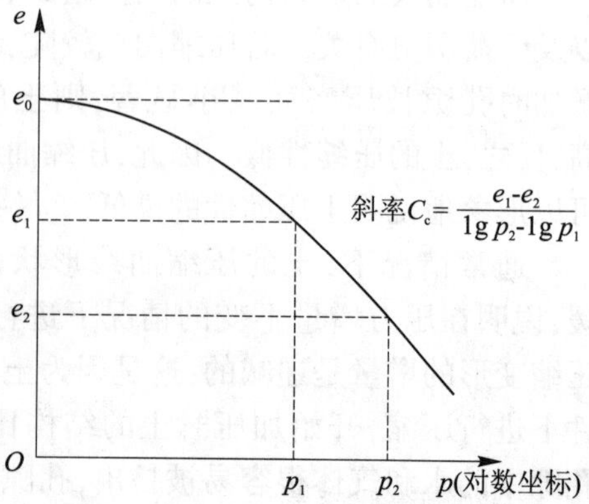

图 3-4 $e-\lg p$ 曲线

工程中规定,在 $e-\lg p$ 压缩曲线上,$p_1=0.1$ MPa 至 $p_2=1.0$ MPa 的压缩系数为压缩指数 C_c。对于同一个试样,压缩指数是一个定量,不像 a 随压力变化范围不同而变化,一般黏性土的 C_c 值多在 0.1~1.0。C_c 值越大,土的压缩性越高。

对于正常固结的黏性土,压缩指数和压缩系数之间存在如下关系:

$$C_c=\frac{a(p_2-p_1)}{\lg p_2-\lg p_1} \text{ 或 } a=\frac{C_c}{p_2-p_1}\lg\frac{p_2}{p_1} \tag{3-6}$$

这样,可以通过 $e-\lg p$ 压缩曲线求压缩系数 a。

(三)压缩模量 E_s

压缩模量是指土在侧限条件下压缩时,某压力段垂向压应力增量 $\Delta\sigma$ 与相应压应变增量 $\Delta\varepsilon$ 之比值,即

$$E_s = \frac{\Delta\sigma}{\Delta\varepsilon} \tag{3-7}$$

压缩系数与压缩模量的关系可通过相应公式推导得到:

$$E_{s1-2} = \frac{1 + e_0}{a_{1-2}} \tag{3-8}$$

这样,由压缩试验结果求得压缩系数 a_{1-2} 后,根据式(3-8)即可求得相应的压缩模量 E_{s1-2} 值。土的压缩模量主要用于不考虑侧向变形的地基沉降计算。

压缩模量也是变量,它随着所取压力区段范围不同而变化。工程上常用压力从 0.1 MPa 至 0.2 MPa 或至 0.3 MPa 范围内的 E_{s1-2} 或 E_{s1-3} 来判别土的压缩性或计算压缩模量。

工程上按压缩模量将土分为:$E_s < 4$ MPa,高压缩性土;4 MPa $\leqslant E_s \leqslant$ 15 MPa,中压缩性土;$E_s > 15$ MPa,低压缩性土。

(四)土的变形模量 E_0

土的变形模量 E_0 是指土在无侧限条件受压时,压应力 σ_z 与相应的压应变 λ_z 的比值,即

$$E_0 = \frac{\sigma_z}{\lambda_z} \tag{3-9}$$

土的变形模量 E_0 一般用载荷试验成果绘制的 P-S 关系曲线,以曲线中的直线变形段,按弹性理论公式求得,即

$$E_0 = (1 - \mu^2)\frac{P}{Sd} \tag{3-10}$$

式中 μ ——土的侧膨胀系数,也称为泊松比;

P——载荷板上的总荷重;

S——与载荷 P 相应的压缩量;

d——相应于圆形荷载板的直径,cm,即 $d = \sqrt{\frac{A}{\pi}}$(式中,A 为载荷板面积)。

土的变形模量和压缩模量是判断土的压缩性和计算地基压缩变形量的重要指标。通过土的压缩模量可以求出土的变形模量。

$$E_0 = \left(1 - \frac{2\mu^2}{1 - \mu}\right)E_s \tag{3-11}$$

(五)土的侧压力系数 ξ 和侧膨胀系数 μ

侧压力系数 ξ 是指在侧限条件下受压时,侧向压力 σ_x 与竖向压力 σ_z 之比值,即

$$\xi = \frac{\sigma_x}{\sigma_z} \tag{3-12}$$

土的侧膨胀系数 μ(泊松比)是指在无侧限条件下受压时,侧向膨胀的应变 λ_x 与竖向压缩的应变 λ_z 之比值,即

$$\mu = \frac{\lambda_x}{\lambda_z} \tag{3-13}$$

根据推导,土的侧压力系数 ξ 和侧膨胀系数 μ 的相互关系为

$$\xi = \frac{\mu}{1-\mu} \quad 或 \quad \mu = \frac{\xi}{1+\xi} \tag{3-14}$$

土的侧压力系数可由专门仪器测得,但侧膨胀系数不易直接测定,可按式(3-14)求得。几种土的泊松比 μ 和土的侧压力系数 ξ 的参考值见表 3-1。

表 3-1　土的泊松比 μ 和土的侧压力系数 ξ 的参考值

土的名称	状态	ξ	μ
碎石土		0.18~0.25	0.15~0.20
砂土		0.25~0.33	0.20~0.25
粉土		0.33	0.25
粉质黏土	坚硬状态	0.33	0.25
	可塑状态	0.43	0.30
	软塑及流塑状态	0.53	0.35
黏土	坚硬状态	0.33	0.25
	可塑状态	0.53	0.35
	软塑及流塑状态	0.72	0.42

(六)土的前期固结压力 p_c

前期固结压力 p_c 是指该土层在地质历史上曾经承受过的上覆土层最大自重应力。前期固结压力可以通过室内压缩试验获得的 $e-\lg p$ 曲线用卡萨格兰德(A. Cacagrande)法来确定,如图 3-5 所示。其步骤是:在 $e-\lg p$ 曲线转折点处选取曲率半径最小的点 O,自 O 点作切线 OH 及横轴的平行线 OG。作 $\angle GOH$ 的角平分线 OI,延长 $e-\lg p$ 曲线后段的直线段 DFC,交直线 OI 于 J 点,则点 J 所对应的值即前期固结压力 p_c。

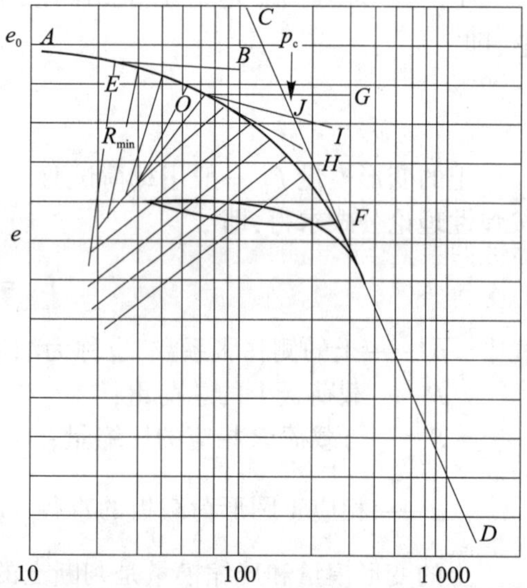

图 3-5　$e-\lg p$ 曲线求 p_c 示意图

曲率半径最小点的求得方法是:在 $e-\lg p$ 曲线的曲线段上任意间隔等分曲线,在每个等分点上作曲线的切线和垂线,垂线最先相交的两垂线所夹的曲线段的中点即曲率半径最小点。

工程上根据土的前期固结压力与目前上覆土的自重应力的相对关系,可把天然土层分为正常固结土、超固结土和欠固结土。用超固结比 OCR 作为反映土层固结状态的定量指标,即

$$OCR = \frac{p_c}{p_0} \tag{3-15}$$

式中　p_0——土的自重应力。

天然土层按下列方法划分三种不同的固结状态:

(1) $p_c = p_0$,OCR=1,称正常固结土[见图 3-6(a)],表明该土层在自然沉积过程中所发生的固结作用一直随着土层的不断沉积而相应发生,在固结过程中没有受过剥蚀或其他卸荷作用。

(2) $p_c > p_0$,OCR>1,称超固结土[见图 3-6(b)],表明该土层在自然沉积过程中曾经受

较大压力后被压密稳定，但以后可能因剥蚀、冲刷等而卸荷，使土层具有的密度超过了现有的自重压力所对应的密度，而形成超压密状态。

(3) $p_c < p_0$，OCR<1，称欠固结土[见图3-6(c)]，即该土层在自重压力作用下尚未完成固结。新近沉积的土层如淤泥、冲填土等就处于欠压密状态。

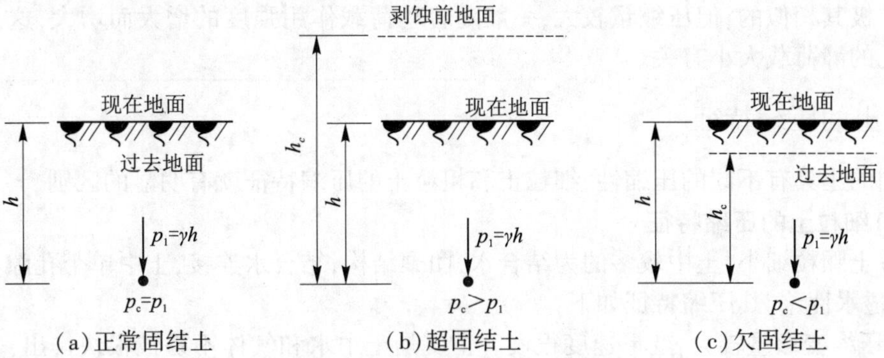

图3-6　土按前期固结压力分类

由此可见，前期固结压力是反映土层的原始应力状态的一个指标。当土层所受荷载小于或等于前期固结压力时，土体结构紧密，则土层的压缩变形量很小；反之，则土层的压缩变形量将较大。因此，在其他条件相同时，超固结土的压缩变形量<正常固结土的压缩变形量<欠固结土的压缩变形量。

四、影响土的压缩性的因素

土的压缩性实质上说明了土的孔隙和连接在外力作用下可能产生的变化。影响土的压缩性的主要因素包括土的粒度成分和矿物成分、含水率、密实度、结构状态和构造特征。土的受力条件(受力性质、大小、速度等)也影响着土的压缩特点。

(一)粒度成分

土的颗粒粗大，颗粒硬度大，就能够承受较大的压力，土的压缩性小，土中随着黏粒含量的增多，土的孔隙体积增多，结合水膜增厚，土的透水性减弱，土中水难以排出，压缩量增大而固结速度缓慢。

(二)矿物成分

原生矿物颗粒大，孔隙体积少，土的压缩变形量小；次生矿物颗粒细小，孔隙体积多，压缩变形量大。亲水性强的矿物形成的结合水膜较厚，尤其在饱和软塑状态下，土的压缩量较大，压缩过程较慢。土中的腐殖质含量愈多，土的压缩性越大，压缩过程越慢。

(三)含水率的影响

随着含水率的增大，土中水的排出则需要更长的时间，土的压缩性增大，压缩过程缓慢。

(四)密实度的影响

土的密实度与土粒间的连接有关，反映土的结构的密实程度，随着密实度的增大(孔隙比较小)，土的结构密实，则土的压缩性减弱。

(五)结构状态的影响

土的结构状态也影响着土的结构强度，原状土由于本身的结构强度压缩性较小；扰动土破坏了土的结构强度，压缩性比原状土增大。

(六)受力历史的影响

对于超固结土，结构紧密，土的压缩性小；对于欠固结土，土的结构疏松，土的压缩性大。

(七)增荷速率的影响

增荷速率愈大,则土的压缩性愈高。

(八)动荷载的影响

在动荷载的作用下,土将产生附加的压缩性。试验表明,土的振动压缩曲线与静荷载压缩曲线是极其相似的,但压缩量较大,一般随着动荷载作用强度的增大而增大,这与土的特性和所受的静荷载大小有关。

五、土的压缩特征

不同的土具有不同的压缩性,细粒土和粗粒土的压缩特征就有明显的区别。

(一)细粒土的压缩特征

细粒土颗粒细小,土中较多的为结合水,团聚结构,结合水连接,土中单个孔隙小但孔隙体积多,透水性差,其压缩特征如下:

(1)压缩变形量较大,变形速度很慢。主要是土中水和气体不易被很快排出,变形过程有的长达几年甚至几十年才能完成 。

(2)土中变形除永久变形外,还有弹性变形。细粒土的弹性变形往往由土中被封闭的气体和结合水膜逐渐发生回弹所致,回弹的速度很慢。

(3)土的压缩过程相当复杂。特别是饱和黏性土,压缩中有一个由孔隙水压力逐渐向有效压力转变的过程。

(4)影响细粒土变形的因素主要有土的结构和稠度状态。

(二)粗粒土的压缩特征

与细粒土相反,粗粒土颗粒粗大,土中多为重力水,散粒结构,颗粒间无连接,土中单个孔隙体积较大但孔隙体积少,透水性强,其压缩特征如下:

(1)一般压缩变形量较小,而压缩速度快。当建筑物的地基是粗粒土时,有时建筑物刚刚竣工,建筑物的沉降即终止。

(2)压缩变形大多数为永久变形,弹性变形很小。

(3)土的压缩过程简单,外部荷载作用到土体上,直接由土体有效压力承受。

(4)影响粗粒土变形的主要因素主要是粒度成分、土粒形状和土的孔隙率。

单元二 土的抗剪性

一、基本概念

土的抗剪性是指土体在外力作用下,具有抵抗剪切破坏的能力。土体具有剪切破坏的极限能力称为抗剪强度 τ_f,其数值等于剪切破坏时滑动的剪应力 τ 。

(一)一般土的变形阶段

土在建筑物荷载和自重应力的作用下要产生变形,随着变形的加剧,最后会导致土体破坏,破坏的过程有:

(1)压密变形阶段:当垂直压力施加到土体上,首先是土的孔隙体积被压缩而引起土粒发生垂直方向为主的位移,称压密变形。

(2)剪切变形阶段:随着垂直压力的增大,土体的变形逐渐增大,除产生垂直变形外,土体还会产生侧向的膨胀,这是由于在压密变形的同时,土粒之间相互错动的位移而使土中产生水平方向应力(剪应力 τ),此时变形称为塑性变形,也称剪切变形。随着剪应力的不断增大,土中结构比较薄弱的部分会发生破坏形成破坏面,这些破坏面开始并不连续,随着剪应力的增大,破坏面逐渐扩展形成一个连续的破坏面,也称为剪切面。剪切面是指土体沿某一破坏面发生与剪切方向一致的相对位移,这个面通常称为剪切面(剪切带)。

(3)完全破坏阶段:随着压应力的不断增大,土中剪应力也在不断增大,当剪应力等于土的抗剪强度时,土体处于极限平衡状态,即 $\tau = \tau_f$。当压应力再继续增大,土中剪应力大于土的抗剪强度时,土体就会沿着剪切面发生剪切破坏。此时,土体的水平位移超过土体的垂直位移,土体上的建筑物也会跟着发生倾斜或倒塌。

(二)土的剪切破坏类型

试验表明,土体的剪切破坏的形式有整体剪切破坏、局部剪切破坏和冲剪破坏,如图 3-7 所示。

(1)整体剪切破坏[见图 3-7(a)]:对于压缩性比较小的土体,如在浅埋的密实砂层和坚硬的黏土中,一般会出现整体剪切破坏。在土中形成连续的滑动面延伸到地面,出现明显裂缝。土从两侧挤出隆起,建筑物发生急剧下沉或侧倾而破坏。

(2)局部剪切破坏[见图 3-7(b)]:如浅埋的中密砂层,随着荷载的增加,建筑物两侧地面微微隆起,土中滑动面并不延伸到地面,没有出现明显的裂缝。

(3)冲剪破坏:也称刺入破坏[见图 3-7(c)]。如松散砂层,随着荷载的增加,土层发生压缩变形,建筑物随之下沉,当荷载继续增加时,建筑物周围附近土体发生竖向剪切破坏,使建筑物刺入土中,而建筑物两边的土体并没有移动。

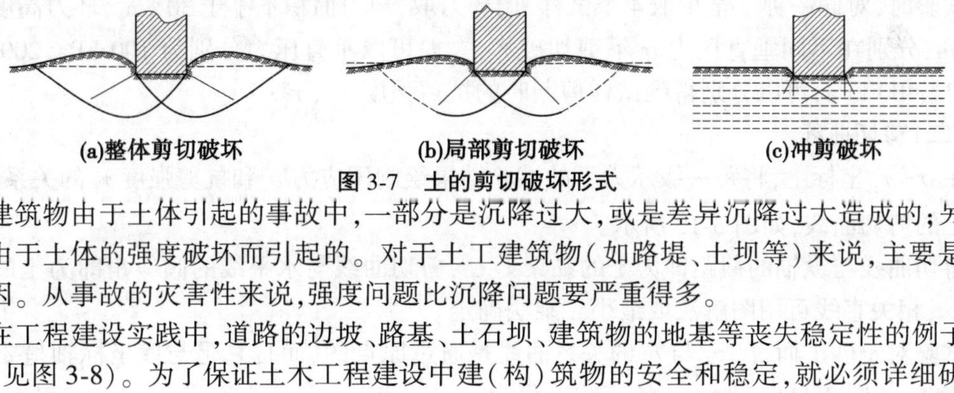

(a)整体剪切破坏　(b)局部剪切破坏　(c)冲剪破坏

图 3-7　土的剪切破坏形式

建筑物由于土体引起的事故中,一部分是沉降过大,或是差异沉降过大造成的;另一部分是由于土体的强度破坏而引起的。对于土工建筑物(如路堤、土坝等)来说,主要是后一个原因。从事故的灾害性来说,强度问题比沉降问题要严重得多。

在工程建设实践中,道路的边坡、路基、土石坝、建筑物的地基等丧失稳定性的例子是很多的(见图 3-8)。为了保证土木工程建设中建(构)筑物的安全和稳定,就必须详细研究土的抗剪强度问题。

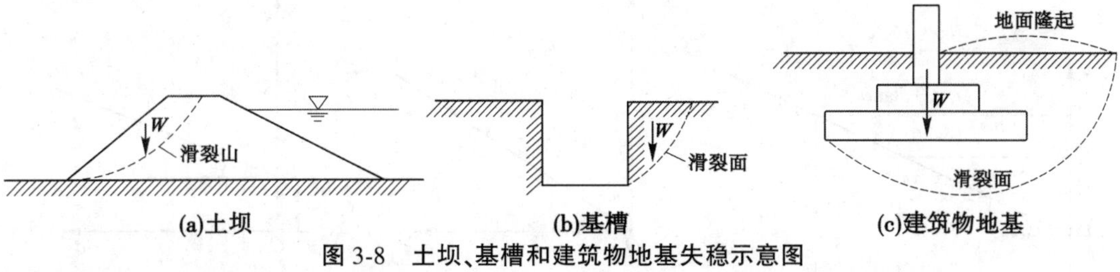

(a)土坝　(b)基槽　(c)建筑物地基

图 3-8　土坝、基槽和建筑物地基失稳示意图

二、剪切试验与库仑定律

研究土的抗剪强度特征的方法是剪切试验,在各种剪切试验中最简单的是直接剪切试验。

(一)直接剪切试验

直接剪切试验(简称直剪试验)是将土样放在上、下两部分可以错动的剪切盒中,将上盒固定,下盒可以沿水平方向滑动,见图 3-9。试验时,先将垂直压力通过传压板向土样施加法向压力 P,使土样受到法向应力 σ 作用,然后在下盒上施加水平推力 T,土样内产生剪应力 τ,土样发生剪切破坏时的最大剪应力就是该土样的抗剪强度 τ_f。

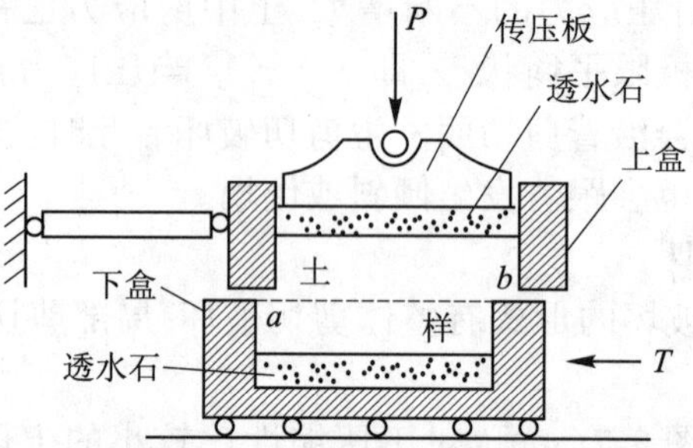

图 3-9　土的直剪试验示意图

直剪仪主要部件由固定的上盒和活动的下盒组成,试样放在盒内上、下两块透水石之间。试验时,由杠杆系统通过传压板和透水石对试件施加某一垂直压力 σ,然后等速转动手轮对下盒施加水平推力,使试样在上、下盒的水平接触面上产生剪切变形,直至破坏,剪应力的大小可借助与上盒接触的量力环的变形值计算确定。假设这时土样所承受的水平向推力为 T,土样的水平横断面面积为 A,那么,作用在土样上的法向应力则为 $\sigma=P/A$,而土的抗剪强度就可以表示为 $\tau_f=T/A$。

试验时,对同一种土至少取 4 个试样,用环刀取,环刀面积不小于 30 cm^2,环刀高度不小于 2 cm,分别在不同垂直压力 σ 下剪切破坏,一般可取垂直压力分别为 100 kPa、200 kPa、300 kPa、400 kPa,可以分别得到试样剪断时的抗剪强度 τ_f'、τ_f''…

(二)剪切曲线

在 $\sigma-\tau_f$ 坐标上,将每一级压力下的试验结果绘制压应力 σ 和抗剪强度 τ_f 的关系曲线,即为土的剪切曲线,如图 3-10 所示。

剪切曲线与纵轴的截距即为土的黏聚力 C,剪切曲线与水平线的倾斜角即为土的内摩擦角 φ,相关直线可用图解法或最小二乘法确定。

试验对于砂土而言,τ_f 与 σ 的关系曲线是通过原点的,而且它是与横坐标轴呈 φ 角的一条直线,如图 3-11(a)所示。该直线方程为

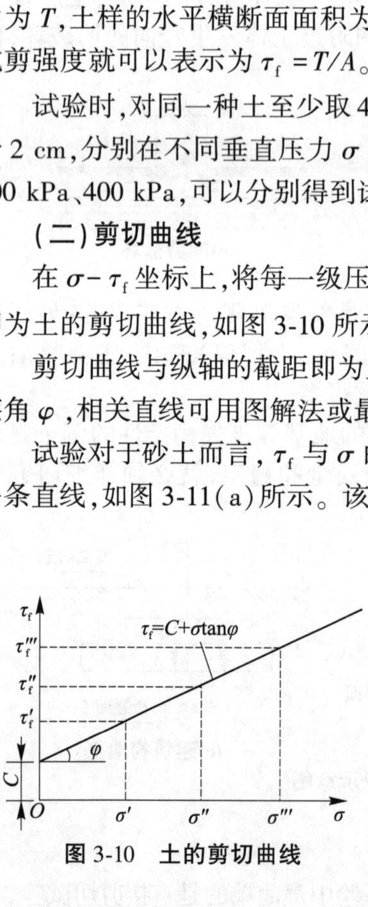

图 3-10　土的剪切曲线

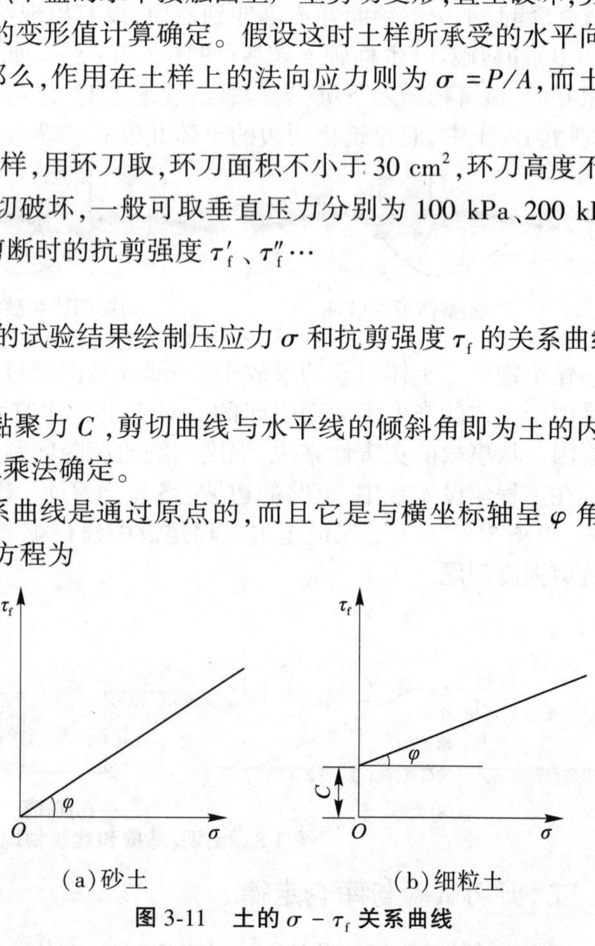

(a)砂土　　(b)细粒土

图 3-11　土的 $\sigma-\tau_f$ 关系曲线

$$\tau_f = \sigma \tan\varphi \tag{3-16}$$

式中 τ_f——砂土的抗剪强度，kN/m^2；

σ——砂土试样所受的法向应力，kN/m^2；

φ——砂土的内摩擦角，(°)。

对于细粒土而言，τ_f 和 σ 之间的关系基本上仍呈一条直线，如图 3-11(b)所示。但是，该直线并不通过原点，而是与纵坐标轴形成一截距 C，其方程为

$$\tau_f = \sigma \tan\varphi + C \tag{3-17}$$

式中 C——细粒土的黏聚力，kN/m^2。

(三)库仑定律

由式(3-16)可以看出，砂土的抗剪强度是由法向应力产生的内摩擦力 $\sigma\tan\varphi$（$\tan\varphi$ 称为内摩擦系数）形成的；由式(3-17)可以看出，细粒土的抗剪强度则是由内摩擦力和黏聚力形成的。在法向应力 σ 一定的条件下，C 和 φ 值愈大，抗剪强度 τ_f 愈大，所以称 C 和 φ 为土的抗剪强度指标，可以通过试验测定。式(3-16)、式(3-17)表示了土的抗剪强度 τ_f 与法向应力 σ 的关系，它是由法国科学家库仑(C. A. Coulomb)于 1776 年首先提出来的，所以也称为土体抗剪强度的库仑定律。

土的库仑定律表明：砂土的抗剪强度等于土的内摩擦力；细粒土的抗剪强度等于土的内摩擦力与土的黏聚力之和。

直接剪切试验是测定土的抗剪强度指标常用的一种试验方法。它的优点是仪器设备简单、操作方便等。它的缺点主要包括：①剪切面限定在上、下盒之间的平面，而不是沿土样最薄弱的面剪切破坏；②剪切面上剪应力分布不均匀；③在剪切过程中，土样剪切面逐渐缩小，而在计算抗剪强度时仍按土样的原截面面积计算；④试验时不能严格控制排水条件，并且不能量测孔隙水压力。

三、土的抗剪强度指标及其意义

由上所述，土的黏聚力 C 和内摩擦角 φ 称为土的抗剪强度指标。土的抗剪强度不是一个定值，不同的土的 C、φ 值不同。同一种土，不同状态时土的 C、φ 值也不同。一般来说，土的黏聚力只有细粒土才有，而且土粒越细，黏聚力越大；土粒越粗，黏聚力越小，到粗粒土，黏聚力 $C=0$。内摩擦角则相反，土粒越粗，内摩擦角越大；土粒越细，内摩擦角越小，特别是饱水的黏土，$\varphi=0$。表 3-2、表 3-3 是一些土的抗剪强度指标的参考值。

表 3-2 砂土内摩擦角 φ 参考值 (°)

状态	土类			
	粗砂土	中砂土	细砂土	粉砂土
松散	34	30	28	25
稍密	36	33	30	28
中密	38	36	34	32
密实	41	38	36	34

表 3-3　细粒土内摩擦角 φ 和黏聚力 C 参考值

土类	指标					
	黏土		粉质黏土		粉土	
I_L	φ (°)	C (MPa)	φ (°)	C (MPa)	φ (°)	C (MPa)
<0	22	0.100	25	0.060	28	0.020
0~0.25	20	0.060	23	0.040	26	0.015
0.25~0.50	18	0.040	21	0.025	24	0.010
0.50~0.75	14	0.020	17	0.015	20	0.005
0.75~1.00	8	0.010	13	0.010	18	0.002
>1.00	≤6	≤0.005	≤10	≤0.005	≤14	0

土的抗剪强度指标的物理意义在于土的黏聚力 C 是由土粒间的连接力所组成的，主要有结合水连接力、毛细水连接力、胶结连接力等。土的内摩擦角 φ 反映了土粒间相互错动时的摩擦阻力，主要是剪切面上颗粒和颗粒相互接触时的摩擦阻力和颗粒之间相互嵌入和连锁作用产生的咬合力。

四、抗剪强度的测定方法和试验条件

（一）土的抗剪强度的测定方法

土的抗剪强度试验的测定方法有室内试验和现场试验两类。这里，只介绍室内试验。室内的剪切试验，除直剪试验方法外，还有三轴剪切试验和无侧限抗压强度试验。

1. 三轴剪切试验

三轴剪切试验是将一圆柱形土样套在乳胶膜内，置于密闭的压力室中（见图 3-12），然后向压力室充水，并通过水加压，使试样在三个方向受到相同的围压 σ_3，然后通过活塞杆在试样顶面加压，试样中开始产生剪应力，随着垂直压应力 σ_v 的加大，剪应力增大至土样剪坏。此时作用于试样的最大主应力为 $\sigma_1=\sigma_3+\sigma_v$，最小主应力为 σ_3，用 σ_1 和 σ_3 可画出一个极限应力圆（也称莫尔应力圆）。同一种土可分别取 3~4 个试样，在不同围压 σ_3 下进行剪切，得到各土样剪切破坏时的不同 σ_1，即可画出几个大小不同的极限应力圆，见图 3-13。这些应力圆的公切线就是土的抗剪强度曲线，利用该强度曲线即可确定土的 C、φ 值。

三轴剪切试验的优点是可以严格控制排水条件及孔隙水压力，不硬性规定剪切面，试样中应力情况简单明确，除抗剪强度外，尚能测定其他指标。虽然仪器和作图较复杂，但试验成果比较准确。缺点是操作复杂，所需试样较多，而且是令 $\sigma_2=\sigma_3$ 的轴对称情况下进行的，与实际情况尚不能完全符合。三轴剪切试验的结果常用于重要和大型的工程中。

2. 无侧限抗压强度试验

无侧限抗压强度试验是围压 $\sigma_3=0$，无侧限条件下的一种特殊三轴剪切试验，又称单轴试验，该试验多在无侧限抗压仪上进行，其结构示意图如图 3-14(a)所示。试验时，将直径为 3.5~4.0 cm、高为 8 cm 的土柱放在无侧限压力仪中，在不加任何侧向压力的情况下，对圆柱体试样施加轴向压力，直至试样剪切破坏。试样破坏时的轴向压力用 q_u 表示，称为无

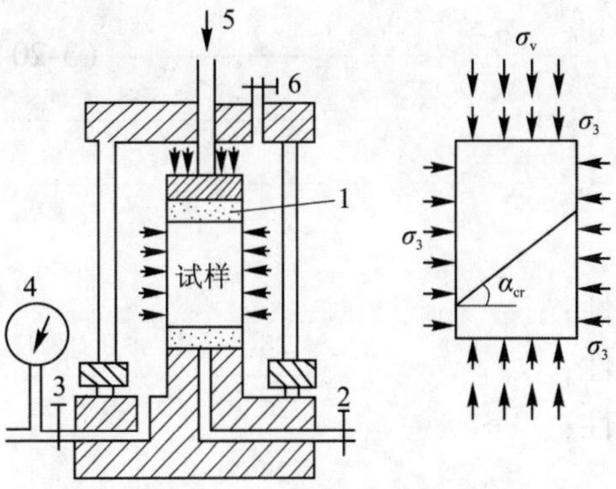

1—透水石；2—排水阀；3—孔隙水压力阀；
4—压力表；5—加压活塞杆；6—围压阀。

图 3-12　三轴剪力仪示意图

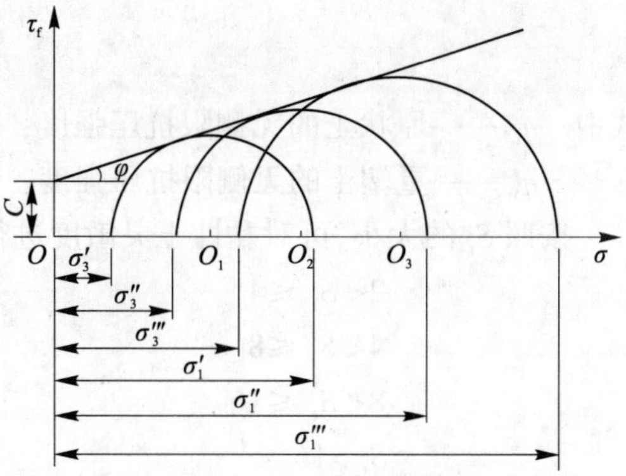

图 3-13　三轴剪切试验的剪切曲线

侧限抗压强度。此试验只适合黏性土，特别是饱和黏性土，不适合砂土。

对于饱和软黏土，可以认为 $\varphi=0$，此时其抗剪强度线与 σ 轴平行，且有 $C_u=q_u/2$。所以，可用无侧限抗压试验测定饱和软黏土的强度，如图 3-14(b)所示。

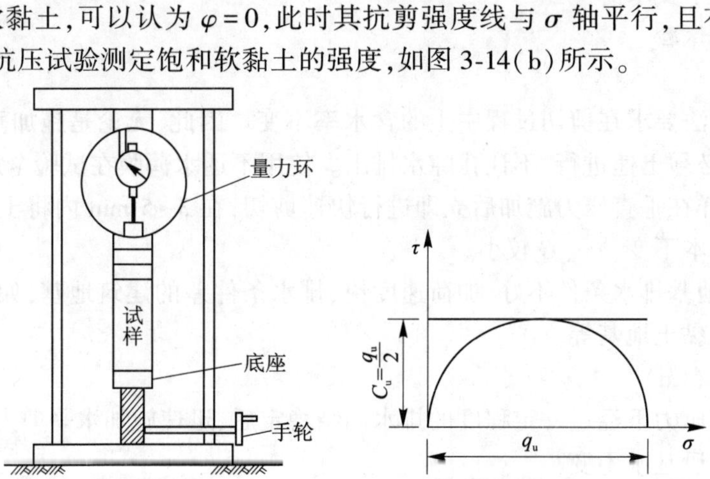

(a)试验仪器　　(b)剪切曲线

图 3-14　无侧限压力试验

无侧限抗压强度试验可以测得如下指标：

(1)无侧限抗压强度 q_u：

$$q_u = 2C_u\tan\left(45^\circ + \frac{\varphi}{2}\right) \tag{3-18}$$

(2)高塑性软黏土的抗剪强度 τ_f：

$$\tau_f = C_u = \frac{q_u}{2} \tag{3-19}$$

(3)黏性土的灵敏度 S_t。

测定黏性土的灵敏度，是将破坏后的土样包以塑料布，用手搓捏，彻底破坏土的结构后塑成与原状土试样体积相等的圆柱体试样，再进行无侧限抗压强度试验求出重塑土的无侧限抗压强度 q_u'，按下式求该土的灵敏度：

$$S_t = \frac{q_u}{q'_u} \tag{3-20}$$

式中 q_u ——原状土的无侧限抗压强度；

q'_u——重塑土的无侧限抗压强度。

按照 S_t 的大小，可对黏性土灵敏度进行分类：

$2 < S_t \leq 4$ 中灵敏性；

$4 < S_t \leq 8$ 高灵敏性；

$8 < S_t \leq 16$ 极灵敏性；

$S_t > 16$ 流性。

（二）土的抗剪强度试验条件

土的抗剪强度试验中不同的试验方法所测得的抗剪强度数值不同。试验时对所取试样要求的试验条件要尽量符合土体在实际条件下的剪切条件。因此，在实验室条件下，对土样的试验条件有如下要求。

1. 直接剪切试验

1）快剪(q)

这种试验方法要求在剪切过程中土的含水率不变。因此，无论是施加垂直压力还是施加水平剪力，都必须迅速进行，不让孔隙水排出。使用不透水薄膜在试验全过程都不许有排水现象产生，试样在垂直压力施加后立即进行快速剪切，在 3～5 min 内将土样剪破，即剪切过程中含水率基本不变，φ 、C 较小。

适用范围：地基排水条件不好，加荷速度快、排水条件差的建筑地基，如斜坡的稳定性、厚度很大的饱和黏土地基等。

2）固结快剪(Cq)

试样在垂直压力下经过一定程度的排水固结稳定后，迅速施加水平剪力，以保持土样的含水率在剪切前后基本不变。

适用范围：一般建筑物的地基，施工速度慢，土体可有一定的固结，建筑物竣工后突然加载，如仓库等。

3）慢剪(S)

土样的上、下两面均为透水石，以利排水，土样在垂直压力作用下，待充分排水固结达到稳定后，再缓慢施加水平剪力，施加剪力时也充分排水固结，直至土样破坏。

适用范围：加荷速率慢，排水条件好，施工期长，如透水性较好的低塑性土以及在软弱饱和土层上的高填方分层控制填筑等。

试验结果：一般情况下，快剪所得的 φ 值最小，慢剪所得的 φ 值最大，固结快剪居中。

2. 三轴剪切试验

按剪切前的固结程度和剪切过程中的排水条件，三轴剪切试验可分为以下三种类型。

1）快剪（不固结不排水剪）(UU)

试样在完全不排水条件下施加围压 σ_3 后，快速增大轴向压力 σ_v 到试样破坏。试验过程由始至终关闭排水阀门，土样在剪切破坏时不能将土中的孔隙水排出。土样在加压和剪切过程中，含水率始终保持不变，得到的抗剪强度指标用 C_u、φ_u 表示。

2)固结快剪(固结不排水剪)(CU)

先对土样施加围压 σ_3,将排水阀门开启,让土样中的水排入量水管中,直至排水终止,土样完全固结。然后关闭排水阀门,施加轴向压力 σ_v,使土样在不排水条件下剪切破坏,得到的抗剪强度指标用 C_{cu}、φ_{cu} 表示。

3)慢剪(固结排水剪)(CD)

在对土样施加围压 σ_3 固结过程和轴向压力 σ_v 的缓慢施加过程中,都让土样充分排水(将排水阀门开启),使土样中不产生孔隙水压力,故施加的应力就是作用于土样上的有效应力,得到的抗剪强度指标用 C_{cd}、φ_{cd} 表示。

五、影响土的抗剪强度的因素

土的抗剪强度主要取决于土的粒度成分、矿物成分、结构、构造、含水率及连接特征,同时与试验条件有关。土的抗剪强度的影响因素主要有以下几个方面。

(一)土的粒度成分

(1)粗粒土的颗粒愈粗,表面愈粗糙,摩擦阻力愈大,φ 值也愈大。级配良好的角粒状砂土比颗粒均匀的圆粒砂土的 φ 角要大些。

(2)细粒土的颗粒愈细,塑性指数 I_p 值愈大,C 值愈大,而 φ 值愈小。

(二)土的矿物成分

(1)黏土矿物含量增高,土的 φ 值和 C 值也将随之降低,从而使土的抗剪强度降低。

(2)不同矿物颗粒形状对摩擦阻力也有不同的影响。云母、绿泥石、滑石等片状矿物含量高的砂土,其 φ 通常比石英、长石等棱角状或浑圆状矿物含量高的砂土的 φ 值小。

(3)盐类结晶在土中起胶结作用,使土的抗剪强度提高,但当溶解后,强度则将降低。

(三)天然含水率

(1)随着天然含水率或液性指数的减小,黏性土的结构连接增强,从而有助于黏聚力 C 和内摩擦角 φ 的增大。

(2)含水量对非黏性土也有一定的影响,土中水分含量愈高,土粒相互摩擦的阻力愈小,内摩擦角愈小。

(四)密实度的影响

(1)对于细粒土来说,提高黏性土的密度,可使土粒间的接触点增多,从而连接增强,摩擦阻力增大。因此,固结程度不同的土的抗剪强度有明显的差异。

(2)粗粒土的密度对其抗剪强度的影响尤为明显,土的密度愈高,其粒间的嵌合阻力也愈大,抗剪强度愈大。

(五)土的构造特性

(1)土中不连续面的存在常常导致抗剪强度的各向异性。不连续面愈粗糙、结合程度愈高和延续性愈差,土的抗剪强度愈大。

(2)水平层状的黏性土,沿水平方向的抗剪能力一般低于沿垂直方向的抗剪能力。

(3)均质土的各向异性对低塑性土的不排水抗剪强度影响很大,而对高塑性黏性土的影响很小。所以,在取土样进行室内抗剪强度试验时,应尽量使施加给试样的固结压力与实际地基的受力情况相符。

(4)砂土因沉积条件和颗粒的定向排列而具有一定的各向异性,对土的抗剪强度也有影响。

(六)土的抗剪强度特征

对土的抗剪强度特征,上面已有阐明,在此做一总结。

1. 细粒土的抗剪强度特征

(1)细粒土的抗剪强度由黏聚力和内摩擦力两部分组成。

(2)细粒土的黏聚力主要是颗粒间的连接力。

(3)细粒土的 C 一般为 0~0.02 MPa,颗粒愈细,黏聚力愈大;φ 一般为 8°~28°,颗粒愈细,内摩擦角愈小,尤其是饱水的软黏土,$\varphi \approx 0$。

(4)影响细粒土抗剪强度的主要因素是含水及连接情况。

2. 粗粒土的抗剪强度特征

(1)粗粒土的抗剪强度仅由内摩擦力组成。

(2)粗粒土的内摩擦力主要是颗粒间的摩擦阻力。

(3)粗粒土的 $C=0$;φ 一般为 28°~38°,颗粒愈细,内摩擦角愈小;结构愈紧密,内摩擦角愈大。

(4)影响粗粒土抗剪强度的主要因素是粒度及结构情况。

单元三　土的击实性

土的击实性是指土体在反复冲击荷载的作用下,体积减小、密实度提高的性能。土作为建筑材料的土料、砂石料,在建筑物、土坝、土堤及道路建设中作为填方及混凝土的充填料使用。为了保证填料有足够的强度、较小的压缩性和透水性,在施工时常常需要压实,以提高填土的密实度(工程上以干密度表示)和均匀性。

研究土的填筑特性常用现场填筑试验和室内击实试验两种方法。现场填筑试验是在现场选一试验地段,按设计要求和施工方法进行填土和压实,并同时进行有关测试工作,以查明填筑条件(如土料、堆填方法、压实机械等)和填筑效果(如土的密实度)的关系。室内击实试验是近似地模拟现场填筑情况,是一种半经验性的试验,用锤击方法将土击实,以研究土在不同击实功能下土的击实特性,以便取得有参考价值的设计数值。这里主要介绍室内击实试验。

一、击实试验

击实试验是把现场作为填料的土取样,在试验室测定土的含水率,同一种土分成 5 份分别调配成不同的含水率,然后分别进行击实。击实时是把某一含水率的土样放入击实筒中,用规定锤重的击锤在规定的落距和次数下分层锤击土样,击好的圆柱状土样测定其含水率和密度,求出土的干密度。5 个土样就有 5 个含水率和 5 个干密度,在含水率为横坐标,干密度为纵坐标的坐标系中可以得到土的击实曲线。击实曲线就是含水率和干密度的关系曲线,见图 3-15。

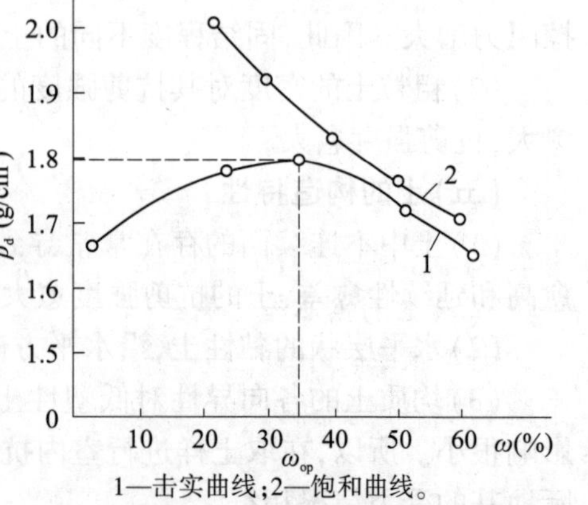

1—击实曲线;2—饱和曲线。

图 3-15　土的击实曲线

二、土的击实指标

土的击实曲线是一条单峰曲线,在曲线上可找到某一峰值,称为最大干密度ρ_{dmax}。最大干密度就是土体在最紧密状态下的干密度。与之相对应的含水率,称为最优含水率ω_{op}。最优含水率是指使土体被击实到最紧密状态时的含水率。当击实土料为最佳含水率时,压实效果最好。

细粒土的最优含水率一般在塑限附近,为液限的0.55~0.65倍。实践证明,土被击实到最佳情况时,饱和度一般在80%左右。

粗粒土的情况有些不同。粗粒土的压实性也与含水率有关,不过不存在着一个最优含水率。一般在完全干燥或充分含水饱和的情况下容易压实到较大的干密度。

三、土的击实性的本质

土的击实就是用重复性的冲击动荷载将土压密,击实时找到土的最大干密度ρ_{dmax}和与干密度相对应的最优含水率ω_{op}。它表示当击实土料为最佳含水率时,压实效果最好,干密度最大。

对细粒土来说,当含水率小于或大于最优含水率时,土体都不能达到最佳的击实效果。这是因为土的含水率较小时,土粒周围的结合水膜较薄,土粒连接较为牢固,土粒不易移动,所以难以击实。当土的含水率较大时,土的结合水膜较厚,同时有其他类型水存在,虽然土粒易于移动,但多余的水分不易排出,击实时产生一定的孔隙水压力,抵消了冲击作用,阻碍了土粒的接近,所以也难以击实。只有在最优含水率时,土粒周围的结合水膜厚度适中,土粒连接较弱,又不存在多余的水分,故易于击实,使土粒靠拢而排列得最密,达到最大的干密度。

粗粒土的情况有些不同,当土中含水较少时,由于少量水的滑润作用,土粒间的阻力较小,故易于移动而压实,土的干密度大。但当土中含水率稍大时,土中具有微弱的毛细水连接,土粒间移动所受阻力较大,不易被挤密压实,干密度不大。当土中含水较多时(一般饱和度为60%左右),土中毛细水连接消失,孔隙中的重力水起滑润作用,又不多占孔隙,排水迅速,冲击时土粒易于移动,能使土得到较大的干密度。

四、影响土的击实性的因素

影响土的击实性的因素除含水率的影响外,还与击实条件以及土的种类、状态和级配等有关。

(一)击实功能的影响

同一种土,用不同的功能击实,得到的击实曲线和击实指标都有一定的差异。土的最大干密度ρ_{dmax}随击数的增加而逐渐增大,而最优含水率ω_{op}则随击数的增加而逐渐减小。

(二)土的含水率

当含水率较小时,击数的影响较明显;当含水率较大时,含水率与干密度关系曲线趋近于饱和线,也就是说,这时提高击实功能是无效的。

(三)土的粒度成分

细粒土通常较粗粒土压缩性大;黏粒含量大,压缩性大,级配良好,易于压密。填土中所含的细粒越多(黏土矿物越多),则最优含水率越大,最大干密度越小。粗粒含量对压实性有影响,大于5 mm粒径的粗粒含量大于25%~30%时,需对轻型击实试验的结果进行修正。

(四)土的级配

在同类土中,土的颗粒级配对土的压实效果影响很大,颗粒级配不均匀的容易压实,均匀的不易压实。这是因为级配均匀的土中较粗颗粒形成的孔隙很少有细颗粒去充填。

(五)有机质成分

土中有机质对土的击实效果有不好的影响。因为有机质亲水性强,不易将土击实到较大的干密度,且能使土质恶化。

【小贴士】

土的力学性质直接影响建筑物的安全与稳定,土的压缩性影响建筑物的沉降变形;土的抗剪性影响建筑物地基的承载力和斜坡的稳定性。

【知识链接】

土的力学性质在《土力学》《岩土力学》课程中还要详细介绍,具体内容参见有关教材。

【阅读与应用】

本项目所采用都是目前正在实施的国家标准,主要有《岩土工程勘察规范(2009年版)》(GB 50021—2001)、《土工试验方法标准》(GB/T 50123—2019)、《建筑地基基础设计规范》(GB 50007—2011)等规范。

项目小结

(1)土在压力作用下体积变小的性质,称为土的压缩性。土的压缩状态为有侧限压缩和无侧限压缩,土的压缩变形有弹性变形与残余变形。

(2)土压缩时各级压力下孔隙比:$e_i = e_0 - \dfrac{1+e_0}{h_0}\Delta h_i$。

(3)土的压密定律:在压力范围变化不大时,孔隙比的变化(减小值)与压力的变化(增加值)成正比。

(4)压缩系数 a 是压缩曲线陡缓坡度的斜率,工程实际中,以 a_{1-2} 评定土的压缩性高低。压缩曲线 $e-\lg p$ 曲线上直线段上的斜率,称为土的压缩指数 C_c。压缩模量是指土在侧限条件下压缩时,某压力段垂向压应力增量 $\Delta\sigma$ 与相应压应变增量 $\Delta\varepsilon$ 之比值。土的变形模量 E_0 是指土在无侧限条件受压时,压应力 σ_z 与相应的压应变 λ_z 的比值。前期固结压力 p_c 是指该土层在地质历史上曾经承受过的上覆土层最大自重应力。天然土层的三种不同的固结状态:$p_c=p_0$,OCR=1,称正常固结土;$p_c>p_0$,OCR>1,称超固结土;$p_c<p_0$,OCR<1,称欠固结土。

(5)不同的土具有不同的压缩性,粗粒土和细粒土的压缩特征就有明显的区别。

(6)土的抗剪性是指土体在外力作用下,具有抵抗剪切破坏的能力。土体具有剪切破坏的极限能力称为抗剪强度。

(7)土的库仑定律表明:砂土的抗剪强度等于土的内摩擦力;细粒土的抗剪强度等于土的内摩擦力与土的黏聚力之和。土的黏聚力 C 和内摩擦角 φ 称为土的抗剪强度指标。

(8)土的直接剪切试验分为快剪(q)、固结快剪(Cq)和慢剪(S)三种。

(9)对土的抗剪强度特征而言,细粒土和粗粒土有明显的区别。

(10)土的击实性是指土体在反复冲击荷载的作用下,体积减小、密实度提高的性能。

最大干密度就是土体在最紧密状态下的干密度。最优含水率是指使土体被击实到最紧密状态时的含水率。

思考题及习题

1. 什么是土的压缩性,土体被压缩的原因是什么?
2. 土的压缩状态和压缩变形各有哪些? 如何定义?
3. 土的压缩试验的原理是什么? 各级压力下孔隙比如何确定?
4. 土的压密定律是什么? 如何评定土的压缩性?
5. 土的压缩性指标有哪些? 如何定义? 有哪些应用?
6. 影响土的压缩性的因素有哪些? 土的压缩特征有哪些?
7. 什么是土的抗剪性、抗剪强度、剪应力和剪切面?
8. 什么是土的库仑定律? 土的抗剪强度指标有哪些? 各有什么物理意义?
9. 直接剪切试验和三轴剪切试验的试验条件有哪些? 各自应用在什么条件下?
10. 影响土的抗剪强度的因素有哪些? 土的剪切强度特征有哪些?
11. 什么是土的击实性? 土的击实性指标有哪些?
12. 某工程钻孔 3 号土样 3-1 粉质黏土和 3-2 淤泥质黏土的压缩试验数据列于表 3-4 中,试计算该土样的压缩系数 a_{1-2} 并评价其压缩性。

表 3-4 压缩试验数据

垂直压力(kPa)		0	50	100	200	300	400
孔隙比	土样 3-1	0.866	0.799	0.770	0.736	0.721	0.714
	土样 3-2	1.085	0.960	0.890	0.803	0.748	0.707

13. 对一黏土试样进行侧限压缩试验,测得当 $p_1=100$ kPa 和 $p_2=200$ kPa 时土样相应的孔隙比分别为 $e_1=0.932$ 和 $e_2=0.885$,试计算 a_{1-2} 和 E_{s1-2},并评价该土的压缩性。
14. 某土样剪切试验成果如表 3-5 所示,试绘出压缩曲线,并求出黏聚力 C、内摩擦角 φ 值。

表 3-5 剪切试验成果

试验次数	1	2	3	4
正应力(kPa)	100	200	300	400
抗剪强度(kPa)	141	165	180	210

15. 某土样击实试验成果如表 3-6 所示,已知该土的相对密度 $G_s=2.70$,试绘出土的击实曲线,并确定其最优含水率和最大的干密度。

表 3-6 击实试验成果

含水率(%)	14.7	16.5	18.4	21.8	23.7
干密度(g/cm^3)	1.59	1.63	1.66	1.65	1.62

技能训练　工程地质室内实训

试验5　土的压缩试验

1. 试验目的

通过压缩试验以测定土的压缩系数、压缩模量等有关压缩性指标，评价土的压缩性，作为工程设计计算的依据。

2. 试验方法

土的压缩性是指土在压应力作用下发生压缩变形，体积被压缩变小的性能。饱和土在压应力作用下，由于孔隙水的不断排出而引起的压缩过程称为渗透固结。因此，饱和土的压缩试验亦称固结试验；非饱和土的压缩试验亦称压缩试验。

压缩试验分常规压缩试验和快速压缩试验。

常规压缩试验所采用的变形结束标准是在每级压力下1 h内试样厚度变化不超过0.005 mm，或每级压力作用24 h，简称常规法。而快速压缩试验规定在各级压力下，压缩时间规定为1 h，仅在最后一级压力下，除测读1 h变形量外，还测读到稳定标准(24 h)时的变形量，根据最后一级变形量，校正前几级压力下的变形量，简称快速法。由于快速法大大节省了时间，又能满足一般精度要求，故常被教学单位教学采用。生产性样品必须采用常速法。

压缩试验采用杠杆式固结仪。杠杆式固结仪是用砝码通过杠杆加压，低压固结仪压力仅为0.4~0.6 MPa，高压固结仪压力可达3.2~6.4 MPa，能满足一般工程需要，且数台仪器可装在一个试验台架上，占地面积小，便于管理，目前被广泛采用。

本次试验使用杠杆式固结仪，采用非饱和土样的快速压缩试验。

3. 试验原理

压缩试验是将土样放在金属压缩容器内，在有侧限的条件下施加压力，观察土在不同压力下的压缩变形量，通过试验数据绘出土的压缩曲线，可以求出土的压缩系数和压缩模量。

4. 试验准备

1)试样制备

(1)将土样筒按标明的上、下方向放置，剥去蜡封和胶带，开启土样筒取出土样。检查土样结构，当确定土样已受扰动或取土质量不符合规定时，不应制备力学性质试验的试样。

(2)根据试验要求用环刀切取试样时，应在环刀内壁涂一薄层凡士林，刃口向下放在土样上，将环刀垂直下压，并用切土刀沿环刀外侧切削土样，边压边削至土样高出环刀，根据试样的软硬采用钢丝锯或切土刀整平环刀两端土样，擦净环刀外壁，称环刀和土的总质量。

(3)从余土中取代表性试样测定含水率、界限含水率等项试验时，应按含水率取样的规定进行。

(4)切削试样时，应对土样的层次、气味、颜色、夹杂物、裂缝和均匀性进行描述，对低塑性和高灵敏度的软土，制样时不得扰动。

(5)扰动土制样可采用击样法和压样法。

①击样法：将根据环刀容积和要求干密度所需质量的湿土倒入装有环刀的击样器内，击

实到所需密度。

②压样法:将根据环刀容积和要求干密度所需质量的湿土倒入装有环刀的压样器内,以静压力通过活塞将土样压紧到所需密度。

2)仪器设备

(1)杠杆式固结仪:包括加压及测压装置、压缩容器和百分表(见图3-16)。

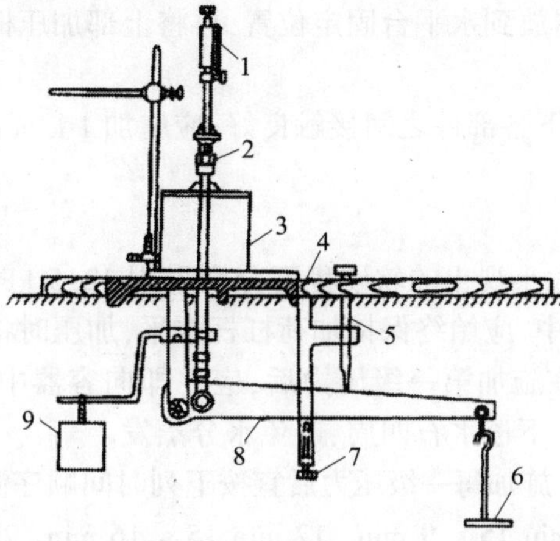

1—百分表;2—上部横梁;3—压缩容器;4—水平台;5—上部固定螺丝;
6—砝码盘;7—下部固定螺丝;8—杠杆;9—平衡锤。

图3-16　杠杆式压缩仪装置示意图

(2)测含水率和密度所需设备。

(3)其他:滤纸、钟表等。

仪器设备要求如下:

(1)环刀:内径为61.8 mm和79.8 mm,高度为20 mm。环刀应具有一定的刚度,内壁应保持较高的光洁度,宜涂一薄层硅脂或聚四氟乙烯。

(2)透水板:氧化铝或不受腐蚀的金属材料制成,其渗透系数应大于试样的渗透系数。用固定式容器时,顶部透水板直径应小于环刀内径0.2~0.5 mm;用浮环式容器时上、下端透水板直径相等,均应小于环刀内径。

(3)加压设备:应能垂直地在瞬间施加各级规定的压力,且没有冲击力,压力准确度应符合现行国家标准《岩土工程仪器基本参数及通用技术条件》(GB/T 15406—2007)的规定。

(4)变形量测设备:量程为10 mm,最小分度值为0.01 mm的百分表或准确度为全量程0.2%的位移传感器。

(5)固结仪及加压设备应定期校准,并应作仪器变形校正曲线,具体操作见有关标准。

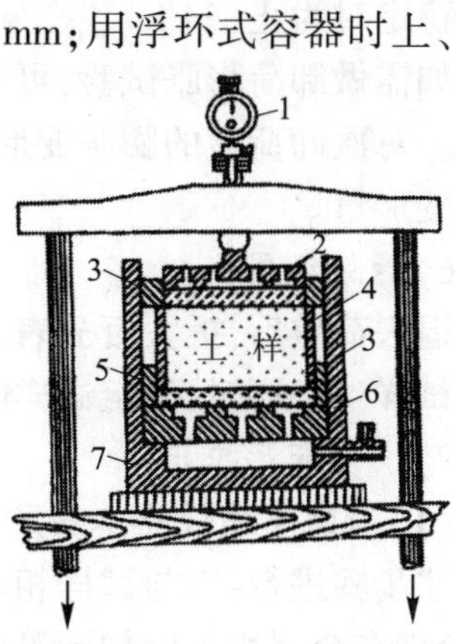

1—百分表;2—加压盖;3—固定环;
4—环刀;5—透水石;6—透水底板;
7—容器外壳。

图3-17　压缩容器示意图

5.试验过程

1)安装环刀

将装有土样的环刀外壁涂上凡士林油后,刃口向下套上护环,按图3-17安装容器。首先将底板放在容器内,底板上顺次放洁净湿润的透水石和滤纸各一,再借提环螺丝将护环(内有环刀和试样)放到容器内,然后在试样顶上顺次放入洁净润湿的滤纸和透水石,最后放上加压导环和传压活塞。

2)检查设备

检查加压设备是否灵敏,调整平衡锤使杠杆水平,然后用下部固定螺丝顶住。

3)安置容器

将装好试样的压缩容器放到水平台固定位置,再将上部加压框架放上,安置百分表。

4)施加预压

为保证试样与仪器上、下各部件之间接触良好,应施加 1 kPa 的预压力。调整百分表读数至零点。

5)加压观测

(1)加第一级压力,其大小视土的软硬程度分别采用 12.5 kPa、25 kPa 和 50 kPa,同时记录加荷时间;在试验过程中,应始终保持加荷杠杆水平,加压时将砝码轻放在砝码盘上。

(2)对于饱和试样,则在施加第一级压力后,应立即向容器中注水浸没试样;对于非饱和试样,须用湿纱布围住上、下透水石四周,避免水分蒸发。

(3)如需测定沉降速率,施加每一级压力后宜按下列时间顺序测记百分表读数:6 s、15 s、1 min、2 min 15 s、4 min、6 min 15 s、9 min 、12 min 15 s、16 min 、20 min 15 s、25 min、30 min 15 s、36 min、42 min 15 s、49 min、64 min、100 min、200 min 、400 min、23 h 和 24 h,直至稳定。如不需测定沉降速率,可按下列时间测记百分表读数:10 min、20 min、60 min、120 min、23 h 和 24 h,测记试样高度变化作为稳定标准,或每小时变形量不大于 0.005 mm 时即认为变形稳定。测记读数后,施加下一级荷重。依次逐级加荷,至试验终止。

(4)加荷等级增量不宜过大,视土的软硬程度及工程情况而定,一般顺序为 12.5 kPa、25 kPa、50 kPa、100 kPa、200 kPa、400 kPa,或按设计要求,模拟实际加荷情况适当调整。最后一级压力应大于土层计算压力的 100~200 kPa。

(5)快速法,在每小时观测百分表读数后即加下一级荷载;但最后一级荷载,应观察到压缩稳定时为止(24 h)。

如需做卸荷膨胀试验,可于最后一级荷重下变形稳定后卸荷;每次卸去两级荷重,直至卸完。每次卸荷后的膨胀变形稳定标准与加荷相同,并测记每级荷重及最后无荷时的膨胀稳定变形量。

6)拆除仪器

退去荷重后,拆去百分表,排除仪器中水分,按与安装相反的顺序拆除各部件,取出带环刀的试样。必要时,测定试样的试验后的含水率。将仪器擦净,涂油放好。

7)仪器变形校正

(1)考虑压缩仪器本身及滤纸变形所产生的变形影响,应做压缩量的校正。校正方法按下述步骤进行:以与试样相同大小的金属块代替土样放入容器中,然后与试验土样步骤一样,分别在金属块上施加同等压力,每隔 15 min 加荷一次,测记各级荷重下百分表读数;加至最大荷重,记下百分表读数后,按与加荷相反的次序,每 10 min 退荷一次,测记百分表读数,至荷重完全卸除。

按压缩试验步骤拆除仪器,重新安装,重复以上步骤再进行校正,取其平均值作为各级荷重下仪器的变形量,其平行差值不得超过 0.01 mm。

(2)在生产实践中,每台仪器都须事先作好变形校正曲线。初学者为练习使用仪器,此步骤可在正式试验前做好。

6. 试验成果

(1)计算各级压力下试样变形量。快速压缩法:按下式计算某压力下试样校正变形量 $\sum \Delta h_i$:

$$\sum \Delta h_i = (h_i)_t \frac{(h_n)_T}{(h_n)_t} \tag{3-21}$$

式中 $\sum \Delta h_i$——某级压力下校正后的变形量,mm;

$(h_i)_t$——某压力下压缩 1 h 的总变形量减去该压力下的仪器变形量,mm;

$(h_n)_t$——最后一级压力下压缩 1 h 的总变形量减去该压力下的仪器变形量,mm;

$(h_n)_T$——最后一级压力下达到稳定标准时的总变形量减去该压力下的仪器变形量,mm。

(2)按下式计算试样的初始孔隙比 e_0:

$$e_0 = \frac{\rho_s(1+\omega_0)}{\rho_0} - 1 \tag{3-22}$$

式中 ρ_s——土粒密度,g/cm³;

ρ_0——试样初始密度,g/cm³;

ω_0——试样初始含水率,以小数计。

(3)按下式计算各级荷载下变形稳定后的孔隙比 e_i:

$$e_i = e_0 - \frac{1+e_0}{h_0}\sum \Delta h_i \tag{3-23}$$

式中 h_0——试样初始高度,mm。

(4)按下式计算各级压力下的压缩系数 a 和压缩模量 E_s:

$$a = \frac{e_i - e_{i+1}}{p_{i+1} - p_i} \tag{3-24}$$

$$E_s = \frac{1+e_0}{a} \tag{3-25}$$

式中 p_i——某一级压力值, kPa。

(5)绘制压缩曲线。将计算成果填入成果表中,并作孔隙比 e 与压力 p 的关系曲线,如图 3-18 所示。

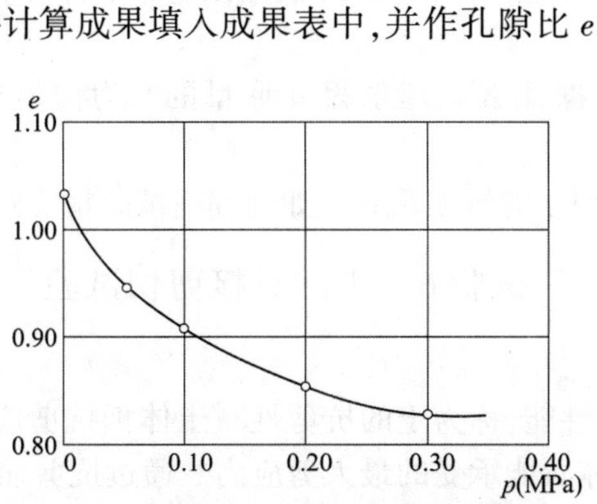

图 3-18 孔隙比 e 与压力 p 关系曲线图

7. 试验记录

记录格式见表 3-7、表 3-8。

表 3-7　压缩试验记录表(1)

经过时间 t(min)	压力 p(kPa)							
	时间	读数	时间	读数	时间	读数	时间	读数

表 3-8　压缩试验记录表(2)

工程名称＿＿＿＿＿＿　试样面积＿＿＿＿＿＿　试验者＿＿＿＿＿＿

土样编号＿＿＿＿＿＿　土粒比重 G_s＿＿＿＿＿＿　计算者＿＿＿＿＿＿

仪器编号＿＿＿＿＿＿　试样初始高度 h_0＿＿＿＿＿＿　校核者＿＿＿＿＿＿

试验日期＿＿＿＿＿＿　试验前孔隙比 e_0＿＿＿＿＿＿

加压历时(h)	压力(kPa)	试样变形量(mm)	压缩后试样高度(mm)	孔隙比	压缩系数(MPa^{-1})	压缩模量(MPa)
	p	$\sum \Delta h_i$	$h = h_0 - \sum \Delta h_i$	$e_i = e_0 - \frac{1+e_0}{h_0}\sum \Delta h_i$	$a = \frac{e_i - e_{i+1}}{p_{i+1} - p_i}$	$E_s = \frac{1+e_0}{a}$

8. 注意事项

(1)切削土样时,操作应十分耐心,尽量避免破坏土的结构,不允许直接将环刀压入土中。

(2)在削去环刀两端余土时,不允许用刀来回涂抹土面,避免孔隙被堵塞。

(3)不要振碰压缩台及周围地面,加荷或卸荷时均应轻放(取)砝码,不要有冲击力。

(4)测读百分表时,应注意要倒读(读红数),以免影响计算。

9. 思考题

(1)快速压缩法是根据什么原理求得变形量的?为何生产性样品不得使用快速压缩法?

(2)切样质量如何影响土的压缩系数?如何提高试验精度?

试验 6　土的直接剪切试验

1. 试验目的

土体抵抗剪切破坏的性能,称为土的抗剪性。土体抵抗剪应力的最大能力以抗剪强度表示,在数值上它等于土体所能承受的最大剪应力。通过抗剪强度试验,可以测定土的抗剪强度指标 C、φ 值,以评价土的抗剪性,为地基、斜坡稳定性计算提供参数。

2. 试验方法

测定土的抗剪强度的试验方法有很多,直接剪切试验是测定土的抗剪强度的一种常用的方法。

直接剪切仪按施加剪力方式的不同,分为应变控制式和应力控制式两种。应变控制式是通过弹性钢环变形控制剪切位移的速率;应力控制式是通过杠杆用砝码控制施加剪应力的速率,测相应的剪切位移。目前,多用应变控制式;应力控制式施加砝码时易引起冲击力,使用不多,只适宜做慢剪或长期强度试验。

直接剪切试验在试验方法上有快剪法、慢剪法和固结快剪法三种,由于三种试验方法的受力条件不同,所得抗剪强度值也不同。因此,必须根据土所处的实际应力情况来选择试验方法。

本次试验采用直剪仪,土的直接剪切试验中的快剪法。

本试验方法适用于渗透系数小于 10^{-6} cm/s 的细粒土。

3. 试验原理

直接剪切试验原理是根据库仑定律,土的内摩擦力与剪切面上的法向压力成正比。将同一种土制备四个相同的土样(孔隙比和含水率应相同),分别施加不同的法向压力 σ_1、σ_2、σ_3、σ_4,沿固定剪切面直接施加水平力进行剪切,得其剪坏时的剪应力及不同的抗剪强度 τ_f;以抗剪强度 τ_f 为纵坐标,以法向压力 σ 为横坐标,绘出该土样的 $\sigma-\tau_f$ 关系曲线,即剪切曲线,利用该曲线即可确定土的抗剪强度指标 C、φ 值。

直接剪切试验不能严格控制排水条件,以土样所受的总应力为计算标准,故所得强度为总应力强度。施加某一垂直压力 σ 后,逐渐施加水平剪应力 τ,同时测得相应的剪切位移 ΔL,直至土样被剪坏。通常以剪应力的最大值(峰值)或稳定值作为土的抗剪强度 τ_f,如无明显变化,以剪切位移等于 4 mm(或 6 mm)的剪应力值作为土的抗剪强度。

4. 试验准备

1)试样制备

a. 切取土样

(1)原状土试样、扰动土试样制备,应按土的压缩试验土样制备步骤进行。

(2)按工程的需要,用已知质量、高度和面积的环刀,取相同试样 4~5 个,并测其密度,其密度差不应大于 0.03 g/cm³,取余土测其含水率。

b. 检查仪器

(1)检查竖向和横向传力杠杆是否水平,如不平衡,调节平衡锤使之水平。

(2)上、下销钉和升降螺丝是否失灵。

(3)检查百分表灵敏性。

(4)将上、下盒间接触面及盒内表面涂薄层凡士林,以减少摩阻力。

(5)检查弹性钢环两端是否能与剪切容器和端承支点接紧;将手轮逆时针方向旋转,使推进器与容器离开,然后将推进器的保险销钉拧开,检查螺母轮或蜗杆与螺丝槽有无脱离现象。

2)仪器设备

(1)应变控制式直剪仪(见图 3-19):剪切盒、垂直加压设备、剪切传动装置、测力计、位移量测系统。

(2)其他:天平、修土刀、环刀、推土器、凡士林、滤纸、秒表、直尺、量角器等。

仪器设备要求如下:

(1)环刀：内径为 61.8 mm，高度为 20 mm。

(2)位移量测设备：量程为 10 mm，分度值为 0.01 mm 的百分表或准确度为全量程 2% 的传感器。

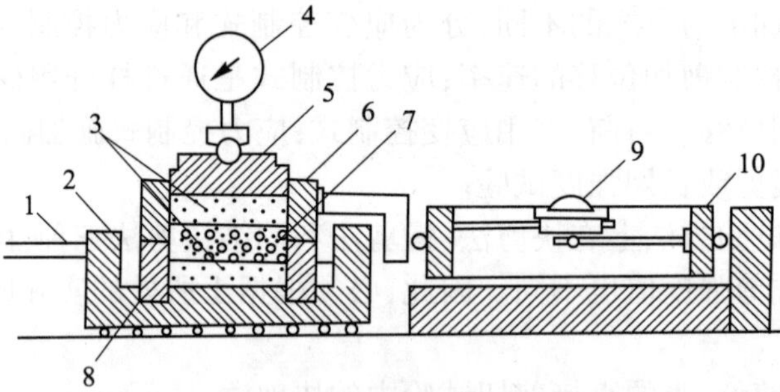

1—轮轴；2—底座；3—透水石；4—测微表；5—活塞；6—上盒；7—土样；8—下盒；9—百分表；10—量力环。

图 3-19　应变控制式直剪仪示意图。

5. 试验过程

1) 快剪试验

a. 安装试样

(1)对准上、下盒，插入固定销。在盒内放入透水石一块，其上覆隔水蜡纸（快剪）或湿滤纸（固结快剪、慢剪）一张。

(2)将盛有试样的环刀（平口向下）对准剪切盒口，在试样上放隔水蜡纸或湿滤纸一张，然后用推土器将试样从环刀中压出，并压至剪切盒底。移去环刀再在试样顶部放入透水石一块。

b. 安装水平推力系统

转动手轮，使上盒前端钢珠刚好与量力环接触。调整量力环中的百分表，使其读数为零。依次加上加压盖板、钢珠、压力框架，安装垂直百分表，测记起始读数。

c. 垂直加荷

施加 100 kPa 垂直压力后，立即拔去固定销，开动秒表，以每分钟 0.8 mm 的剪切速度进行剪切。

d. 水平剪切读数

剪切过程中，如量力环中百分表指针不再前进，或显著后退，则表示试样已被剪坏；一般宜剪至剪切变形达到 4 mm；若量力环中百分表指针继续前进，则剪切变形应超过 6 mm 才能停止。同时，测记量力环百分表读数。

e. 其他试样剪切

重复上述步骤，分别在 200 kPa、300 kPa、400 kPa 垂直压力下，对第二个、第三个、第四个试样进行剪切试样。各垂直压力可一次轻轻施加；若土质松软，也可分次施加，以防土样挤出。

f. 拆除仪器

剪切结束后，测记垂直百分表读数，吸去盒中积水，尽快地依次卸除百分表、荷载、上盒等，沿剪切面取试样测定剪切后的土样含水率。

2) 慢剪和固结快剪试验

(1)慢剪法和固结快剪法，要求土样垂直变形在每小时内小于 0.005 mm，此时才认为固结达到稳定。

(2)固结快剪以每分钟 4~12 转匀速旋转手轮，剪切速率为 0.8 mm/min，使试样在 3~5

min 内剪坏。慢剪法剪切速率应小于 0.02 mm/min。

(3)其他同快剪试验标准。

6. 成果整理

(1)根据下式计算剪应力 τ 及剪切位移 γ（以峰值抗剪强度为准;必要时,绘制剪应力与剪切位移关系曲线)。

$$\tau = \frac{cR}{A} \times 10 \tag{3-26}$$

$$\gamma = \Delta Ln - R \tag{3-27}$$

式中　τ——试样所受的剪应力, kPa;

c——量力环率定系数,N/0.01 mm;

R——量力环百分表读数,0.01 mm;

A——试样初始段面积,cm^2;

γ——剪位移,0.01 mm;

ΔL——手轮转一圈的位移量,0.01 mm;

n——手轮转数,转。

(2)绘制 $\sigma - \tau_f$ 关系曲线。

以抗剪强度 τ_f 为纵坐标,以垂直压力 σ 为横坐标,绘制 $\sigma - \tau_f$ 关系曲线如图 3-20 所示,直线坐标的倾角为土的内摩擦角 φ,直线在纵坐标轴上的截距为土的黏聚力 C。

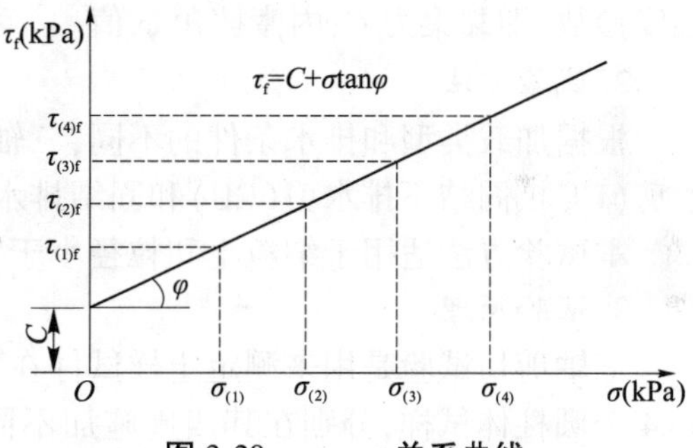

图 3-20　$\sigma - \tau_f$ 关系曲线

当 $\sigma - \tau_f$ 直线中三点不能连成一条直线,且相差不大时(不超过相应抗剪强度的 5%),可用三角形法求得近似直线代替。其做法是:连接三点组成一个三角形,通过此三角形三中线的交点(三角形重心)作平行于最长边的平行线,此线即为所求的近似直线。

7. 记录格式

将试验成果记录于表 3-9 中。

表 3-9　应变式直接剪切试验记录表

工程名称＿＿＿＿＿＿＿＿＿＿　试验者＿＿＿＿＿＿＿＿

土样编号＿＿＿＿＿＿＿＿＿＿　计算者＿＿＿＿＿＿＿＿

试验日期＿＿＿＿＿＿＿＿＿＿　校核者＿＿＿＿＿＿＿＿

试验方法:		量力环率定系数 c=		N/0.01 mm	
法向压应力 σ (kPa)	手轮转数 n (转)	量力环百分表读数 R (0.01 mm)	剪位移 $\gamma = \Delta Ln - R$ (0.01 mm)	剪应力 τ (kPa)	垂直位移 Δh (0.01 mm)

8. 注意事项

(1)仪器应定期校正检查,保证加荷准确。

(2)每组几个试样应是同一层土,其密度值不应超过允许误差;同一组试验应在同一台仪器中进行,以消除仪器误差。

(3)应力式直剪仪,加砝码时应稳妥,避免振动。

(4)百分表读数时,应注意正读(读黑数)。

(5)手轮转速要均匀,试验时不得停顿。

9. 思考题

(1)为什么不同试验方法,有的试样两端放滤纸,有的放隔水蜡纸?

(2)快剪法、慢剪法、固结快剪法分别应用在什么条件的土样中?

试验7 三轴剪切试验

1. 试验目的

三轴剪切试验是用来测定土样试件在某一恒定围压 σ_3 下,逐渐增大轴向压力 σ_1,直至试样破坏的抗剪强度,通过试验,能获得在不同的排水条件下土的应力与应变的关系和抗剪强度参数,即黏聚力 C、内摩擦角 φ 值。

2. 试验方法

根据加载类型和排水条件的不同,三轴剪切试验又可分为三种试验方法,即不固结不排水剪(UU)、固结不排水剪(CU)和固结排水剪(CD)。本次试验采用不固结不排水剪(UU)。

本试验方法适用于细粒土和粒径小于20 mm的粗粒土。

3. 试验原理

三轴剪切试验是用来测定土样试件在某一恒定围压下的抗剪强度,常规三轴试验是取3~4个圆柱体试样,分别在其四周施加不同的恒定围压 σ_3,随后逐渐增加轴向压力 σ_1,直至试样破坏。然后根据3个以上试件在不同周围压力下测得的各土样剪切破坏时的不同 σ_1,利用摩尔-库仑破坏准则即可画出几个大小不同的极限应力圆。这些应力圆的公切线就是土的抗剪强度曲线,利用该曲线即可确定土体的抗剪强度参数 C 、φ 值。

4. 试验准备

1)试样制备

试样应切成圆柱形形状,试样直径分别为39.1 mm、61.8 mm、101.0 mm,相应的试样高度分别为80 mm、150 mm、200 mm,试样高度与直径的关系一般为2~2.5倍,试样的允许最大粒径与试样直径之间的关系见表3-10。切样的要求如下:

(1)对于较软的土样,先用钢丝锯或切土刀切取一稍大于规定尺寸的土柱,放在切土盘上、下圆盘之间,用钢丝锯或切土刀紧靠侧板,由上往下细心切削,边切削边转动圆盘,直至土样被削成规定的直径。试样切削时应避免扰动,当试样表面遇有砾石或凹坑时,允许用削下的余土填补。

(2)对于较硬的土样,先用切土刀切取一稍大于规定尺寸的土柱,放在切土架上,用切土器切削土样,边削边压切土器,直至切削到超出试样高度约2 cm。

(3)取出试样,按规定的高度将两端削平,称量,并取余土测定试样的含水率。

(4)对于直径大于10 cm的土样,可用分样器切成3个土柱,按上述方法切取 ϕ39.1 mm

的试样。

表 3-10　试样的允许最大粒径与试样直径之间的关系　（单位:mm）

试样直径 D	允许最大粒径 d
39.1	$d<D/10$
61.8	$d<D/10$
101.0	$d<D/5$

(5)称取切削好试样的质量,准确至 0.1 g,试样的高度和直径用卡尺量测,并按下式计算平均直径:

$$D = \frac{D_1 + 2D_2 + D_3}{4} \tag{3-28}$$

式中　D_1、D_2、D_3——试样上、中、下部位的直径。

与此同时,取切下的余土,平行测得含水率,取其平均值为试样的含水率。

2)仪器设备

a. 应变控制式三轴仪组成

应变控制式三轴仪(见图 3-21)由以下几部分组成:

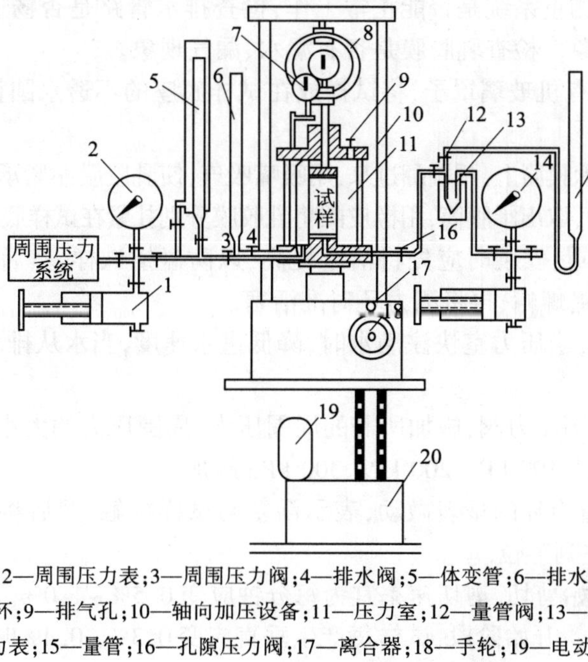

1—调压筒;2—周围压力表;3—周围压力阀;4—排水阀;5—体变管;6—排水管;7—百分表;8—量力环;9—排气孔;10—轴向加压设备;11—压力室;12—量管阀;13—零位指示器;14—孔隙压力表;15—量管;16—孔隙压力阀;17—离合器;18—手轮;19—电动机;20—变速箱。

图 3-21　应变控制式三轴仪示意图

(1)三轴压力室。压力室是三轴仪的主要组成部分,它是由一个金属上盖、底座和透明有机玻璃筒组成的密闭容器,压力室底座通常有 3 个小孔分别与围压系统、体积变形量测系统及孔隙水压力量测系统相连。

(2)轴向加荷系统。采用电动机带动多级变速的齿轮箱,或采用可控硅无级变速,并通过传动系统使压力室自下而上地移动,从而使试样承受轴向压力,其加荷速率可根据土样性质和试验方法确定。

(3)轴向压力测量系统。施加于试样上的轴向压力由量力环量测,量力环由线性和重复性较好的金属弹性体组成,量力环的受压变形由百分表或位移传感器测读。

(4)周围压力稳压系统。采用调压阀控制,调压阀控制到某一固定压力后,它将压力室的压力进行自动补偿而达到稳定的周围压力。

(5)孔隙水压力量测系统。孔隙水压力由孔压传感器测得。

(6)轴向变形量测系统。轴向变形由长距离百分表(0~30 mm 百分表)或位移传感器测得。

(7)反压力体变系统。由体变管和反压力稳压控制系统组成,以模拟土体的实际应力状态或提高试件的饱和度以及量测试件的体积变化。

b. 附属设备

(1)击实筒和饱和器。

(2)切土盘、切土器、切土架和原状土分样器。

(3)承膜筒和砂样制备模筒。

(4)天平、卡尺、乳胶膜等。

5. 试验过程

(1)对仪器各部分进行全面检查,检查周围压力稳压系统、反压力体变系统、孔隙水压力量测系统、轴向压力测量系统是否能正常工作,检查排水管路是否畅通,检查管路阀门连接处有无漏水、漏气现象。检查乳胶膜是否有漏水、漏气现象。

(2)拆开压力室的有机玻璃罩子,将试样放在试样底座的不透水圆板上,在试样的顶部放置不透水试样帽。

(3)将乳胶膜套在承膜筒上,两端翻过来,用吸嘴吸气,使乳胶膜贴紧承膜筒内壁,然后套在试样外放气,翻起乳胶膜,取出承膜筒,用橡皮圈将乳胶膜分别扎紧在试样底座和试样帽上。

(4)装上受压室外罩,安装时应先将活塞提高,以防碰撞试样,然后将活塞对准试样帽中心,并旋紧压力室密封螺帽,再将测力环对准活塞。

(5)向压力室充水,当压力室快注满水时,降低进水速度,当水从排水孔溢出时,关闭排水孔。

(6)开空压机和周围压力阀,施加所需的周围压力,周围压力的大小应根据土样埋深和应力历史来确定,也可按 100 kPa、200 kPa、300 kPa 施加。

(7)旋转手轮,当量力环的量表微动,表示活塞与试样接触,然后将量力环的量表和轴向位移量表的指针调整到零位。

(8)启动电动机开始剪切,剪切速率宜为每分钟应变 0.5%~1.0%。80 mm 高的试样速率为 0.4~0.8 mm/min。开始阶段,试样每产生垂直应变 0.3%~0.4%时记量力环量表读数和垂直位移量表读数各一次。当接近峰值时,应加密读数,如果试样特别松软和硬脆,可酌情减少或加密读数。

(9)当出现峰值后,再进行 3%~5%的垂直应变或剪至总垂直应变的 15%后停止试验,若量力环量表读数无明显减少,则垂直应变应进行到 20%。

(10)试验结束后,关闭电动机,关闭周围压力阀,拨开离合器,倒转手轮,然后打开排气孔,排去压力室内的水,拆去压力室外罩,取出试样,描述试样破坏的形状,并测得试验后试样的密度和含水率。

(11)重复以上步骤,分别在不同的围压下进行第2个、3个、4个试样的试验。

6. 试验成果

(1)按下式计算轴向应变:

$$\varepsilon_1 = \frac{\sum \Delta h}{h_0} \times 100\% \tag{3-29}$$

式中　ε_1——轴向应变(%);

$\sum \Delta h$——轴向变形,mm;

h_0——土样初始高度,mm。

(2)按下式计算剪切过程中试样的平均断面面积:

$$A_a = \frac{A_0}{1 - \varepsilon_1} \tag{3-30}$$

式中　A_a——剪切过程中试样的平均断面面积,cm^2;

A_0——土样初始断面面积,cm^2;

ε_1——轴向应变(%)。

(3)按下式计算主应力差:

$$\sigma_1 - \sigma_3 = \frac{cR}{A_a} \times 10 = \frac{cR(1 - \varepsilon_1)}{A_0} \times 10 \tag{3-31}$$

式中　$\sigma_1 - \sigma_3$——主应力差, kPa;

σ_1——大主应力, kPa;

σ_3——小主应力, kPa;

c——量力环率定系数,N/0.01mm;

R——量力环读数,0.01 mm。

(4)绘制主应力差与轴向应变关系曲线。以主应力差($\sigma_1 - \sigma_3$)为纵坐标,以轴向应变ε_1为横坐标,绘制主应力差与轴向应变关系曲线(见图3-22),若有峰值,取曲线上主应力差的峰值作为破坏点;若无峰值,则取15%轴向应变时的主应力差值作为破坏点。

(5)绘制强度包线。以剪应力τ为纵坐标,以法向应力σ为横坐标,在横坐标轴上以破坏时的$\frac{\sigma_{1f} + \sigma_{3f}}{2}$为圆心,以$\frac{\sigma_{1f} - \sigma_{3f}}{2}$为半径,在$\tau - \sigma$坐标系上绘制破坏总应力圆,并绘制不同周围应力下各破坏总应力圆的公切线(见图3-23),公切线的倾角为内摩擦角φ_u,公切线在纵坐标上的截距为黏聚力C_u。

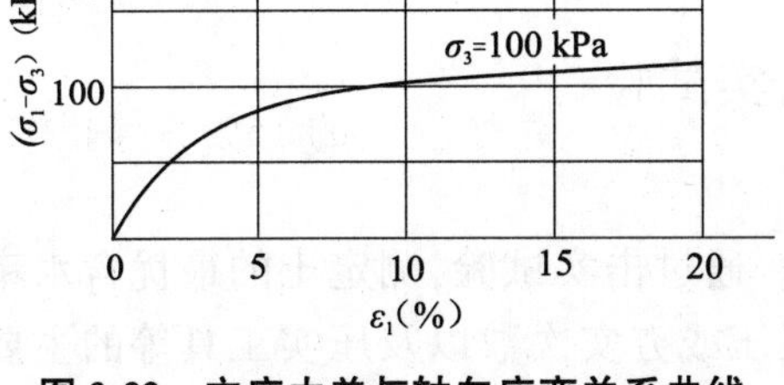

图3-22　主应力差与轴向应变关系曲线

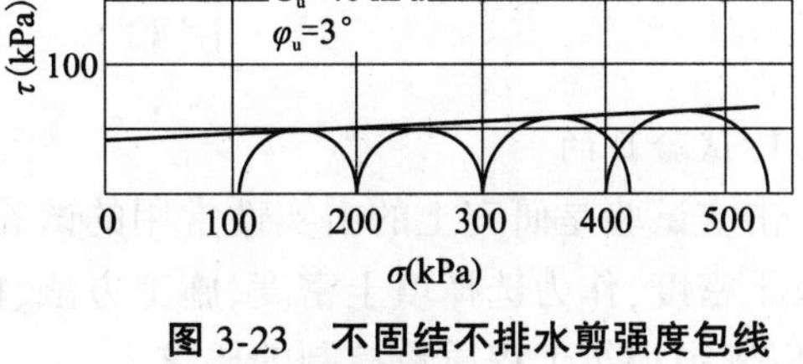

图3-23　不固结不排水剪强度包线

7. 试验记录

三轴剪切试验记录表见表 3-11。

表 3-11　三轴剪切试验记录表

工程名称＿＿＿＿＿＿　　试验者＿＿＿＿＿＿

土样编号＿＿＿＿＿＿　　计算者＿＿＿＿＿＿

试验日期＿＿＿＿＿＿　　校核者＿＿＿＿＿＿

周围压力（kPa）	量力环读数（0.01 mm）	轴向荷重（N）	轴向变形（0.01 mm）	轴向应变（%）	校正后试样面积（cm^2）	主应力差（kPa）	轴向压力（kPa）
σ_3	R	$P = CR$	$\sum \Delta h$	$\varepsilon = \frac{\sum \Delta h}{h_0} \times 100\%$	$A_a = \frac{A_0}{1-\varepsilon_1}$	$\sigma_1 - \sigma_3 = \frac{P}{A_a} \times 10$	σ_1

8. 注意事项

(1)切样时，要按照要求制备，用力均匀，缓慢，不可着急，防止土柱断裂。

(2)包裹橡皮膜时应注意上下扎紧，防止水进入土样。

(3)安装压力室时，要拧紧螺丝，防止加压时压力室的水溢出。

9. 思考题

(1)什么是土的抗剪强度？土的抗剪强度是否为一个定值？

(2)什么是土的抗剪强度指标？对于一种土，其抗剪强度指标是否为一个定值？为什么？

(3)分别简述直接剪切试验和三轴剪切试验的原理，比较两者之间的优、缺点和适用范围。

试验 8　土的击实试验

1. 试验目的

击实试验是研究土的击实性常用的试验方法。通过击实试验，测定土的最优含水率和最大干密度，作为选择填土密度、施工方法、机械碾压或夯实次数以及压实工具等的主要依据，以满足填筑工程质量控制的要求。

2. 试验方法

目前,国内常用的击实方法有以下两种:

(1)轻型击实:适用于粒径小于 5 mm 的黏性土,锤底直径为 51 mm,击锤质量为 2.5 kg,落距为 305 mm,单位体积击实功为 592.2 kJ/m^3;分 3 层击实,每层 25 击,最大粒径不大于 40 mm。

(2)重型击实:适用于粒径不大于 20 mm 的土,锤底直径为 51 mm,击实筒内径为 152 mm,筒高为 116 mm,击锤质量为 4.5 kg,落距为 457 mm,单位体积击实功为 2 684.9 kJ/m^3,若分 5 层击实,每层 56 击;若分 3 层,每层 94 击(其他与轻型击实相同)。

这里主要介绍轻型击实的试验方法。

3. 试验原理

击实试验是在室内利用击实仪,将测定土样预先调制成一系列不同含水率的松散土体,分别在规定的击实作用下击实土体,通过研究不同含水率和土的干密度的变化规律,从而确定土的最大干密度(ρ_{dmax})和相应于最大干密度时土的最优含水率(ω_{op})。

4. 试验准备

1)试样准备

制备土样:

(1)取代表性风干土样放在橡皮板上,用木棒碾散,过 5 mm 筛,取 15~20 kg 土样备用。

(2)测风干土样含水率:根据土的塑限预估最优含水率,并按依次相差 2%的含水率制备一组试样(不少于 5 个);其中,2 个大于塑限,2 个小于塑限,1 个接近塑限;预加水量按下式计算:

$$m_w = \frac{m_{w0}}{1+\omega_0} \times (\omega - \omega_0) \tag{3-32}$$

式中 m_w——所需的加水量,g;

m_{w0}——风干土样的质量,g;

ω_0——风干土样含水率,按小数计;

ω——要求达到的含水率,按小数计。

(3)按预定含水率制备试样:称取土样,每个约 2.5 kg,平铺于不吸水的平板(或调土盘)上,用喷水设备均匀喷洒预定水量,均匀搅拌后,装入保湿器或塑料袋内,浸润备用。浸润时间一般是:高塑性土不少于 24 h,低塑性土不少于 12 h。

2)仪器设备

(1)击实仪(见图 3-24):主要由击实筒和击实锤组成,击实筒和击实锤应符合表 3-12 的要求。

(2)天平:称量为 200 g,最小分度值为 0.01 g。

(3)台秤:称量为 10 kg,最小分度值为 5 g。

(4)试样推土器:宜用螺旋式千斤顶或液压式千斤顶。

(5)标准筛:孔径分别为 40 mm、20 mm 和 5 mm。

(6)其他:喷水设备、碾土设备、修土刀、小量筒、盛土盘、测

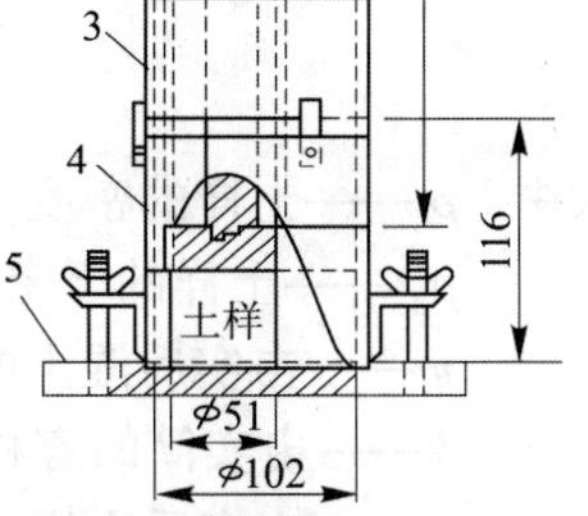

1—击实锤;2—导筒;3—护筒;4—击实筒;5—底板。

图 3-24 轻型击实仪示意图(单位:mm)

含水率设备及保湿设备等。

表 3-12　击实仪主要部件规格

试验方法	锤底直径（mm）	锤质量（kg）	落高（mm）	击实筒			护筒高度（mm）
				内径（mm）	筒高（mm）	容积（cm^3）	
轻型	51	2.5	305	102	116	947.4	50
重型	51	4.5	457	152	116	2 013.9	50

5. 试验过程

1）分层击实

将击实筒固定在刚性底板上，装好护筒，在击实筒和护筒内壁涂薄层凡士林油，取制备好的试样 2～5 kg，分层倒入筒内，整平表面，分层击实（轻型分 3 层，每层 25 击；重型分 5 层，每层 56 击），击实时，落锤应铅直自由落下，锤印必须均匀分布于土面上。分 3 层时，一般第一次加土至击实筒一半处，第二次加土至击实筒顶部，第三次加土至护筒顶部。第 1、2 层击完后，用修土刀将击实的土面刮毛，以防止土体分层。试验中需视土样干湿程度每层相应增减，保证每次加的土样均能在击实筒内，且最后一次击实后试样略高于筒顶（不得大于 6mm）。

2）称筒加土的质量

用修土刀沿套环内壁削挖后，扭动，取下套环；齐筒顶削平土样，拆除底板，擦净筒外壁，称量，准确至 1 g，并计算试样的湿密度。

3）测含水率

用推土器推出筒内试样，在土样中心处取两个各 15～30 g 的土，平行测其含水率，平行误差应小于 1%。

4）其他试样击实

按上述 1）、2）、3）步骤，依次将不同含水率的其他几个试样分别进行分层击实和测定工作。

6. 试验成果

1）计算密度

按下式分别计算击实后土的密度 ρ 和干密度 ρ_d，计算至 0.01 g/cm^3。

$$\rho = \frac{m}{V} \tag{3-33}$$

$$\rho_d = \frac{\rho}{1 + 0.01\omega} \tag{3-34}$$

式中 ρ——土样的密度，g/cm^3；

ρ_d——土样的干密度，g/cm^3；

m——击实后湿土的质量，g；

V——击实筒的容积，cm^3；

ω——击实后土样的含水率（%）。

2）绘制击实曲线

以干密度 ρ_d 为纵坐标，以含水率 ω 为横坐标，绘制土的击实曲线，见图 3-25 中曲线 2。曲线上峰值点所对应的数值即分别为该土的最大干密度 ρ_{dmax} 和最优含水率 ω_{op}。如曲线不能给出峰值点，应进行补点试验，击实过的土样不宜重复使用。

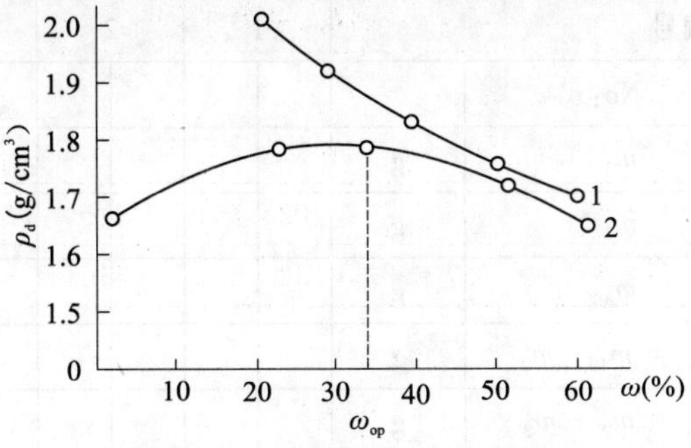

1—理论饱和含水率曲线；2—击实曲线。

图 3-25　干密度与含水率的关系曲线

3）计算饱和含水率

按下式计算饱和含水率

$$\omega_{sat} = \left(\frac{\rho_w}{\rho_d} - \frac{1}{G_s}\right) \times 100\% \tag{3-35}$$

式中　ω_{sat}——饱和含水率（%）；

ρ_w——水的密度，g/cm^3；

ρ_d——土样的干密度，g/cm^3；

G_s——土粒比重。

4）绘制饱和曲线

计算不同干密度下土的饱和含水率，并以干密度为纵坐标，以饱和含水率为横坐标，绘制饱和含水率曲线（如图 3-25 所示曲线 1）。

7. 记录表格

将试验数据及成果记录于表 3-13 中。

表 3-13　击实试验记录表

工程名称______________　　试验者______________

土样编号______________　　计算者______________

试验日期______________　　校核者______________

土样编号		风干含水率 ω_0（%）			最大干密度 ρ_{dmax}（g/cm^3）				
土样名称		每层击数 N（次）			最优含水率 ω_{op}（%）				
试验编号				1	2	3	4	5	
干密度	筒加试样的质量	m_1	g						
	筒的质量	m_2	g						
	土样的质量	$m = m_1 - m_2$	g						
	土样密度	$\rho = \frac{m}{V}$	g/cm^3						
	土样干密度	$\rho_d = \frac{\rho}{1+0.01\omega}$	g/cm^3						

续表 3-13

试验编号				1		2		3		4		5	
含水率	盒号	No：											
	盒+土样质量	m_1	g										
	盒+干样质量	m_2	g										
	盒的质量	m_3	g										
	水分质量	$m_w = m_1 - m_2$	g										
	干样质量	$m_s = m_2 - m_3$	g										
	土样含水率	$\omega = \frac{m_w}{m_s} \times 100\%$	%										
	平均含水率	$\bar{\omega}$	%										

8. 注意事项

(1)击实前,击实筒内壁涂抹凡士林时,不宜过多。

(2)击实过程中应保证落锤垂直自由落下,锤印必须均匀分布于土面上。

(3)击实结束后,保证每次加的土样均能在击实筒内,且最后一次击实后试样略高于击实筒顶 2~3 mm,且不得高于 6 mm。

9. 思考题

(1)影响土的最大干密度的因素有哪些?为什么最优含水率与塑限接近?

(2)在进行击实试验时,应注意哪些事项?

(3)试验误差产生的原因是什么?如何提高试验精度?

项目四 特殊土的工程地质特征

学习目标

了解特殊土的类型及成因,理解特殊土的工程地质性质指标的确定方法,掌握特殊土的工程地质特征。

【学习导入】

我国幅员辽阔,地质条件复杂,分布土类繁多,工程性质各异。有些土类由于地理环境、气候条件、地质成因、物质成分及次生变化等而具有与一般土类显著不同的特殊工程地质性质,这些土作为建筑场地、建筑地基及建筑环境时,如果不注意这些土的特殊性,并采取相应的治理措施,就会造成工程事故。

特殊土是指具有特殊的物质组成及结构构造,具有特殊的工程地质性质,并且是区域性分布的土。特殊土的种类甚多,常见的有淤泥类土、膨胀土、红黏土、黄土类土、人工填土等。在我国,特殊土都有一定分布区域:软土分布在沿海及内陆地区,黄土主要分布于西北、华北等干旱、半干旱气候区,红黏土主要分布在西南亚热带湿热气候区,膨胀土主要分布于南方和中南地区。

单元一 软 土

一、软土的成因类型及特征

软土是指天然含水率高、压缩性大、承载力低、透水性差、含有机质较多的一种软塑到流塑状态的细粒土。软土的天然孔隙比大于或等于 1.0,且天然含水率大于液限,其中孔隙比大于 1.5 的称为淤泥;孔隙比大于 1 而小于 1.5 的称为淤泥质土。我国软土主要分布在东海、黄海、渤海、南海等沿海地区,内陆平原以及一些山间洼地亦有分布。我国软土的主要分布区域如表 4-1 所示。

表 4-1 我国软土主要分布区域

主要成因类型	主要分布区域
滨海沉积软土	天津塘沽、连云港、上海、舟山、杭州、温州、福州、厦门、泉州、漳州、广州
湖泊沉积软土	洞庭湖、洪泽湖、太湖、鄱阳湖、古云梦泽地区
河滩沉积软土	长江中下游、珠江下游、淮河平原、松辽平原
沼泽沉积软土	昆明滇池周边,贵州水城、盘县

我国东南沿海软土的分布厚度,广州湾—兴化湾一带一般为 5~20 m(汕头除外),兴化

湾—温州湾南为10~30 m,温州湾北—连云港一般大于40 m。

软土按照沉积环境及其成因类型可以分为以下几类。

(一)滨海沉积

滨海沉积包括滨海相、潟湖相、溺谷相和三角洲相等沉积类型。在表层广泛分布着一层由近代各种营力作用生成的厚为0~3 m、黄褐色黏性土的硬壳。下部淤泥多呈深灰色或灰绿色,间夹薄层粉砂。常见贝壳和海生物残骸。

(1)滨海相:常受海浪、岸流和潮汐的水动力作用形成较粗的颗粒(粗、中细砂)相掺杂。使其不均匀和极疏松,增强了淤泥的透水性能,易于压缩固结。

(2)潟湖相:沉积的颗粒微细、孔隙比大、强度低、分布范围较宽广,常形成滨海平原。在潟湖边缘,表层常有厚0.3~2.0 m的泥炭堆积。底部含有贝壳和生物残骸碎屑。

(3)溺谷相:孔隙比大,结构疏松、含水率高,有的甚于潟湖相。分布范围略窄,在其边缘表层也常有泥炭沉积。

(4)三角洲相:由于河流和海湖复杂的交替作用,而使淤泥与薄层砂交错沉积。受海流和波浪的作用,分选程度差,结构不稳定,多交错成不规则的尖灭层或透镜体夹层,结构疏松,颗粒细小。如上海地区深厚的软土中夹有无数的极薄的粉细砂层,为水平渗流提供了良好的条件。

(二)湖泊沉积

湖泊沉积是近代淡水盆地和咸水盆地的沉积,可分为湖相、三角洲相类型。其物质来源与周围岩性基本一致,在稳定的湖水期逐渐沉积而成。沉积物中夹有粉砂颗粒,呈现明显的层理。淤泥结构松软,呈暗灰、灰绿或暗黑色,表层硬层无规律,厚0~4 m,时而有泥炭透镜体。淤泥厚度一般为10 m左右,最厚可达25 m。

(三)河滩沉积

河滩沉积主要包括河漫滩相和牛轭湖相。成层情况较为复杂,成分均匀,走向和厚度变化大,平面分布不规则,一般是软土常呈带状或透镜体,间与砂或泥炭互层,其厚度不大,一般小于10 m。

(四)沼泽沉积

沼泽沉积包括沼泽相,分布于地下水、地表水排泄不畅的低洼地带,且蒸发量不大的情况下形成的一种沉积物,多伴以泥炭为主,且常出露于地表。下部分有淤泥层或底部与泥炭互层。

二、软土的成分及结构特征

软土是在水流不畅、缺氧和饱和条件下形成的近代沉积物,粒度成分上为粉粒和黏粒,主要是黏土、粉质黏土和粉土。含大量黏土矿物和部分石英、长石、云母;有机质含量较多(5%~15%)。软土多呈灰、灰蓝、灰绿和灰黑等暗淡的颜色,污染手指并有臭味。常为蜂窝状结构和絮状结构,疏松多孔,定向排列明显、层理较发育,常具薄层状构造。经常是淤泥质黏土、粉土、淤泥或泥炭交互成层,或成透镜体夹层。

三、软土的工程地质性质

(1)高孔隙比、饱水,天然含水率大于液限。孔隙比常为1.0~2.0;液限一般为40%~

60%，饱和度一般大于90%，天然含水率多为50%~70%。未扰动时，处于软塑状态，一经扰动，结构被破坏，处于流动状态。

(2)透水性极弱：软土的含水率虽然很高，但透水性差，特别是垂向上透水性更差，垂向渗透系数一般在$1\times10^{-8}\sim1\times10^{-6}$ cm/s，属微透水或不透水层。对地基排水固结不利，软土地基上建筑物沉降延续时间长，一般达数年以上，在加载初期，地基中常出现较高的孔隙水压力，影响地基强度。

(3)高压缩性：a_{1-2}一般为0.7~1.5 MPa^{-1}，属于高压缩性土。因此，软土地基上的建筑物沉降量大，且随天然含水率的增大而增大。

(4)抗剪强度很低，且与加荷速度和排水固结条件有关。在不排水条件下，三轴快剪，$\varphi\approx0°$；直剪，$\varphi=2°\sim5°$，$C=0.02$ MPa；在排水条件下，抗剪强度随固结程度的提高而增大，固结快剪，$\varphi=10°\sim15°$，$C=0.02$ MPa。软土地基的承载力很低，软土边坡的稳定性差。

(5)不均匀性：由于沉积环境的变化，土质均匀性差。例如三角洲相、河漫滩相软土常夹有粉土或粉砂薄层，具有明显的微层理构造，水平向渗透性常好于垂直向渗透性。湖泊相、沼泽相软土常在淤泥或淤泥质土层中夹有厚度不等的泥炭或泥炭质土薄层或透镜体。作为建筑物地基易产生不均匀沉降。

(6)触变性：当原状土受到振动或扰动以后，由于土体结构遭破坏，强度会大幅度降低，触变性可用灵敏度S_t表示，软土的灵敏度一般在3~4，最大可达8~9，故软土属于高灵敏性土或极灵敏性土。软土地基受振动荷载后，易产生侧向滑动、沉降或基础下土体挤出等现象。

(7)流变性：软土在长期荷载作用下，除产生排水固结引起的变形外，还会发生缓慢而长期的剪切变形。这对建筑物地基沉降有较大的影响，对斜坡、堤岸、码头和地基的稳定性不利。

单元二　黄　土

黄土的颜色以黄色、褐黄色为主，有时呈灰黄色；颗粒组成以粉粒(粒径为0.005~0.05 mm)为主，含量一般在60%以上，粒径大于0.25 mm的甚为少见；有肉眼可见的大孔，孔隙比一般在1.0左右；富含碳酸盐类，垂直节理发育，被水浸湿后土体显著沉降(湿陷性)。一般具有以上特征的称为典型黄土，缺少个别特征的称为黄土状土。典型黄土和黄土状土统称为黄土类土，简称黄土。

黄土在世界上分布很广，在欧洲、北美、中亚均有分布，占全球陆地面积的1/10。我国黄土主要分布在北纬33°~47°，面积约63万km^2，一般厚50~200 m。有湿陷性黄土约为43万km^2，其中以黄土高原地区最为集中，主要分布在黄河中游的甘肃、陕西、山西、宁夏回族自治区、河南、青海等省区。地理位置属于干旱与半干旱气候地带。其物质主要来源于沙漠与戈壁。

黄土的最大特征是遇水湿陷，常发生突然的沉陷，这种性质叫作湿陷性。黄土的这种特性常给工程建设带来严重困难，造成重大的破坏，因此黄土的特性很早就引起了科研工作者和工程技术人员的注意，并对此进行了广泛的研究。

一、黄土的堆积时代与代表性地层

我国的黄土从早更新世开始堆积，经历了整个第四纪，到目前还没有结束。按地层时代及基本特征，黄土可分为老黄土、新黄土和新近堆积黄土三类。

老黄土分为形成于早更新世的午城黄土 Q_1 和中更新世的离石黄土 Q_2。午城黄土主要分布在陕甘高原，覆盖于第三纪红土层或基岩之上。离石黄土分布广、厚度大，构成黄土高原的主体。老黄土因沉积时间长，其大孔结构多已退化，一般没有湿陷性，承载力较高。

新黄土分为形成于晚更新世的马兰黄土 Q_3 和全新世早期的现代黄土 Q_4^1。新黄土广泛地覆盖于老黄土和河流阶地之上，分布面积广，土质均匀，较疏松，大孔和虫孔发育，具有垂直节理，有较严重的湿陷性，对工程建设影响较大。

新近堆积黄土 Q_4^2 是近百年至今沉积的黄土，分布在地表局部地方和地势低洼处，厚度仅几米，因沉积年代短，固结作用较差，土质疏松，压缩性高，湿陷性不一，承载力较低。

不同时代黄土的野外特征见表 4-2。

表 4-2 不同时代黄土的野外特征

黄土名称	颜色	特征及包含物	古土壤	沉积环境	挖掘情况
Q_4^2 新近堆积黄土	浅褐至深褐色，或黄至黄褐色	土质松散不均，多虫孔和植物根孔，有粉末状或条纹状碳酸盐结晶，含少量小砾石或钙质结核，有时有砖瓦碎块或朽木等	无	河漫滩低级阶地，山间洼地的表面，黄土塬、峁的坡脚，洪积扇或山前坡积地带，老河道及填塞的沟槽洼地的上部	锹挖很容易，进度较快
Q_4^1 现代黄土	褐黄至黄褐色	具有大孔、虫孔和植物根孔，含少量小的钙质结核或小砾石。有时有人类活动遗物，土质较均匀	底部有深褐色黑垆土	河流阶地的上部	锹挖容易，但进度稍慢
Q_3 马兰黄土	浅黄、褐黄或黄褐色	土质均匀、大孔发育，具垂直节理，有虫孔及植物根孔，有少量小的钙质结核，呈零星分布	底部有一层古土壤，作为与 Q_2 黄土的分界	河流阶地和黄土塬、梁、峁的上部，以及黄土高原与河谷平原的过渡地带	锹、镐挖掘不困难
Q_2 离石黄土	深黄、棕黄或黄褐色	土质较密实，有少量大孔。古土壤层下部钙质结核含量增多，粒径可达 5~20 cm，常成层分布成为钙质结核层	夹有多层古土壤层，称“红三条”或“红五条”甚至更多	河流高阶地和黄土塬、梁、峁的黄土主体	锹、镐挖掘困难
Q_1 午城黄土	淡红或棕红色	土质密实，无大孔，柱状节理发育，钙质结核含量较 Q_2 黄土少	古土壤层不多	第四纪早期沉积，底部与第三纪红黏土或砂砾层接触	锹、镐挖掘很困难

二、黄土的成分及结构特征

黄土的颗粒组成以粉粒(粒径0.005~0.05 mm)为主,含量一般在60%以上,加上砂粒达80%左右,而黏粒含量较少,只占15%~25%。由于黄土中黏粒含量少,连接较差,所以结构疏松,遇水易于沉陷。

黄土的矿物成分有60多种,主要为碎屑矿物、黏土矿物及自生矿物三类。碎屑矿物主要是石英、长石和云母,占碎屑矿物的80%,其次有辉石、角闪石、绿帘石、绿泥石、磁铁矿等;此外,黄土中碳酸盐矿物含量较多,主要是方解石。黏土矿物主要是伊利石、蒙脱石、高岭石、针铁矿、含水赤铁矿等。

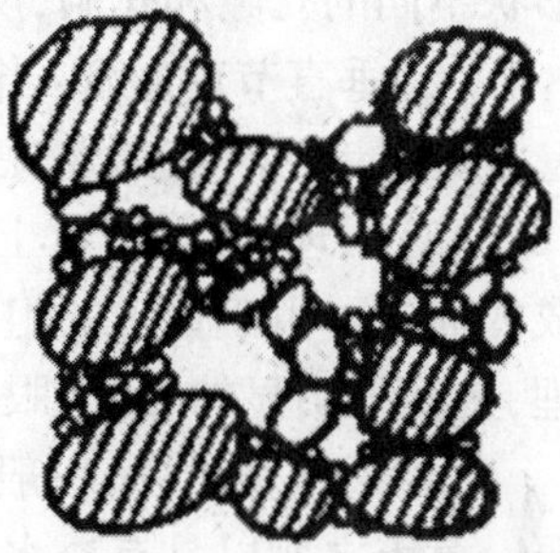

图4-1 黄土结构示意图

黄土的结构为非均质的骨架架空结构,见图4-1,由石英、长石及少量云母、重矿物和碳酸盐组成的极细砂粒和粉粒构成基本骨架,其中砂粒相互基本不接触,浮于粗粉粒构成的架空结构中,由石英和碳酸钙等组成的细粉粒为填料,聚集在较粗颗粒接触点之间;以伊利石或高岭土为主的黏粒、吸附的水膜以及部分水溶盐为胶结物质,依附在上述颗粒的周围,并将粗颗粒胶结起来,形成大孔和多孔的结构形式。

三、黄土的工程地质性质

黄土的物理力学性质特征如下:

(1)颗粒组成:以粉粒(粒径0.05~0.005 mm)为主,含量一般在60%以上。

(2)孔隙比:黄土的孔隙比比普通土的孔隙比要大,在0.85~1.24,大多数在1.0~1.1。

(3)天然含水率:黄土的天然含水率在3.3%~25.3%变化,黄土的天然含水率与湿陷性及承载力的关系密切。含水率低,湿陷性强烈,但是土的承载力却较高;随着含水率的增大,湿陷性逐渐减弱,承载力也降低。一般,天然含水率超过25%时,就不再具有湿陷性,但土的承载力大幅降低。

(4)饱和度:湿陷性黄土的饱和度为15%~77%,多数为40%~50%,处于稍湿状态。饱和度愈小,黄土的湿陷系数愈大。

(5)稠度指标:包括液限、塑限和塑性指数,湿陷性黄土的液限为20%~35%,塑限为14%~21%,塑性指数为3.3~17.5。大多数湿陷性黄土处于坚硬或硬塑状态,承载力较高,而压缩性为中等或偏低。

(6)黄土的结构性及欠压密性:湿陷性黄土在一定条件下具有保持土的原始基本单元结构形式不被破坏的能力。在其结构强度未被破坏或软化的压力范围内,表现出压缩性低、强度高等特性。但结构性一旦遭受破坏,其力学性质将呈现屈服、软化、湿陷等性状。

湿陷性黄土由于特殊的地质环境条件,使得黄土颗粒间保持着比较疏松的高孔隙率组成,处于欠压密状态。

(7)黄土的压缩性与抗剪强度:湿陷性黄土的压缩系数一般介于0.1~1.0 MPa^{-1}。湿陷性黄土的压缩模量一般在2.0~20.0 MPa,在其结构强度被破坏之后,压缩模量一般随作用压力的增大而增大。

黄土的抗剪强度除与土的颗粒组成、矿物成分、黏粒和可溶盐含量等有关外，主要取决于土的含水率和密实程度。

黄土的主要工程地质特征可以归结为：

(1)多孔性：由于黄土主要是由极小的粉状颗粒所组成，而在干燥、半干燥的气候条件下，它们相互之间结合得很不紧密，一般只要用肉眼就可以看到颗粒间具有各种大小不同和形状不同的孔隙和孔洞，所以通常有人将黄土的这种性质称为大孔或虫孔。

(2)垂直节理发育：当深厚的黄土层沿垂直节理劈开后，所形成的陡峻而壮观的黄土崖壁是黄土地区特有的景观。垂直节理发育就是典型黄土所具有的普遍而特殊的性质。

(3)层理不明显：黄土的土质均匀，没有层理或层理不明显，很多学者据此作为黄土风成的标志。由于黄土的组成物质主要是尘土质物质，它在渐次堆积过程中，形成非常薄的层理，是很不明显的，用肉眼不易观察。

(4)透水性较强：一般典型的黄土和未沉陷的黄土透水性较强，沉陷过的黄土透水性较弱。黄土之所以具有透水性，这是和它具有多孔性以及垂直节理发育等结构特点分不开的。黄土的多孔性及垂直节理愈发育，黄土层在垂直方向上的透水性愈高，而在水平方向上的透水性则愈微弱。

(5)湿陷性：黄土在压力作用下遇水产生沉陷的性质，这是任何其他土类少有的。黄土沉陷的原因多种多样，其颗粒组成、结构特征、多孔性、可溶性盐类的溶解等因素对黄土沉陷的数量与速度都有着极大的影响。

四、黄土湿陷性评价

黄土在一定压力作用下受水浸湿，土结构迅速破坏而发生显著附加下沉的性能称为黄土的湿陷性。具有这种特征的黄土称为湿陷性黄土，不具有这种特征的黄土称为非湿陷性黄土。

湿陷性黄土通常分为两类：一是被水浸湿后在自重压力作用下即发生沉陷的，称为自重湿陷性黄土；二是被水浸湿后在自重压力和建筑物附加应力共同作用下发生沉陷的，称为非自重湿陷性黄土。

判断黄土的湿陷性通常有湿陷系数、自重湿陷系数、自重湿陷量和总湿陷量、湿陷起始压力等指标，依据《湿陷性黄土地区建筑标准》(GB 50025—2018)确定各参数。

(一)湿陷系数

湿陷系数 δ_s 是指黄土试样在规定压力作用下稳定的湿陷变形量与试样原始高度的比值，即

$$\delta_s = \frac{h_p - h'_p}{h_0} \tag{4-1}$$

式中 h_0——原状土样的原始高度，mm；

h_p——原状土样在规定压力下，下沉稳定后的高度，mm；

h'_p——上述加压稳定后的土样，在浸水作用下，下沉稳定后的高度，mm。

测定湿陷系数 δ_s 的规定压力，应自基础底面(如果基础底面不确定，自地面以下 1.5 m)算起，基底下 10 m 以内的土层应用 200 kPa，10 m 以下至非湿陷性黄土层顶面，应用其上覆土的饱和自重压力(当大于 300 kPa 压力时，仍应用 300 kPa)；当基底压力大于 300 kPa 时，应

用实际压力；对压缩性较高的新近堆积黄土，基底下 5 m 以内的土层应用 100~200 kPa 压力，5~10 m 和 10 m 以下至非湿陷性黄土层顶面，应分别用 200 kPa 和上覆土的饱和自重压力。

利用 δ_s 值，可判定黄土是否有湿陷性：当 $\delta_s<0.015$ 时，为非湿陷性黄土；当 $\delta_s \geqslant 0.015$ 时，为湿陷性黄土。《湿陷性黄土地区建筑标准》（GB 50025—2018）还规定湿陷性黄土的湿陷程度为：δ_s 为 0.015~0.03 时，湿陷性轻微；δ_s 为 0.03~0.07 时，湿陷性中等；$\delta_s>0.07$ 时，湿陷性强烈。

（二）自重湿陷系数

自重湿陷系数 δ_{zs} 是指黄土试样在饱和自重压力下，压缩稳定的湿陷变形量与试样原始高度的比值，即

$$\delta_{zs} = \frac{h_z - h'_z}{h_0} \tag{4-2}$$

式中 h_0——土样的原始高度，mm；

h_z——原始土样加压至土的饱和自重压力时，下沉稳定后的高度，mm；

h'_z——上述加压稳定后的土样，在浸水作用下，下沉稳定后的高度，mm。

测定自重湿陷系数 δ_{zs} 时的饱和自重压力通常是自地面算起，至该土样的顶面为止的上覆土层的饱和自重压力（饱和度 $S_r=85\%$）。

当 $\delta_{zs}<0.015$ 时，为非自重湿陷性黄土；当 $\delta_{zs} \geqslant 0.015$ 时，为自重湿陷性黄土。

（三）自重湿陷量

在黄土地区地基勘察中，应按照实测自重湿陷量 Δ'_{zs} 或计算自重湿陷量 Δ_{zs} 评价建筑物场地的湿陷类型。实测自重湿陷量 Δ'_{zs} 应根据现场试坑浸水试验确定，计算自重湿陷量 Δ_{zs} 按下式计算：

$$\Delta_{zs} = \beta_0 \sum_{i=1}^{n} (\delta_{zsi} \cdot h_i) \tag{4-3}$$

式中 δ_{zsi}——第 i 层土的自重湿陷系数；

h_i——第 i 层土的厚度，mm；

β_0——因地区土质而异的修正系数，对陕西地区取 1.5，对陇东地区取 1.2，对关中地区取 0.7，对其他地区取 0.5。

自重湿陷量的计算值 Δ_{zs} 应自天然地面（当挖方、填方较大时，自设计地面）算起，基底下 10 m 以内的土层应用 200 kPa，至其下非湿陷性黄土层的顶面，其中自重湿陷系数 δ_{zs} 值小于 0.015 的土层不累计。

根据实测自重湿陷量 Δ'_{zs} 或计算自重湿陷量 Δ_{zs} 判定湿陷性黄土场地湿陷类型，应按下列条件判别：当自重湿陷量的实测值 Δ'_{zs} 或计算值 Δ_{zs} 小于或等于 7 cm 时，应定为非自重湿陷性黄土场地；当自重湿陷量的实测值 Δ'_{zs} 或计算值 Δ_{zs} 大于 7 cm 时，应定为自重湿陷性黄土场地；当自重湿陷量的实测值 Δ'_{zs} 与计算值 Δ_{zs} 出现矛盾时，应按自重湿陷量的实测值判定。

（四）总湿陷量

湿陷性黄土地基，受水浸湿饱和至下沉稳定为止的总湿陷量，按下式计算：

$$\Delta_s = \sum_{i=1}^{n} (\beta \delta_{si} h_i) \tag{4-4}$$

式中　δ_{si} ——第 i 层土的湿陷系数;

h_i ——第 i 层土的厚度,mm;

β ——考虑基底下地基土受水浸湿的可能性和侧向挤出等因素的修正系数,在缺乏实测资料时,按下列规定取值:基底下 0~5 m 深度内,取 $\beta=1.5$,基底下 5~10 m 深度内,取 $\beta=1.0$,基底下 10 m 以下至非湿陷性黄土层顶面,在自重湿陷性黄土场地,可取工程所在地区的 β_0 值。

湿陷量 Δ_s 的计算深度,应自基础底面(如果基底标高不确定,自地面下 1.5 m)算起;在非自重湿陷性黄土场地,累计至基底下 10 m(或地基压缩层)深度;在自重湿陷性黄土场地,应累计至非湿陷性黄土层顶面。其中,湿陷系数 δ_s(10 m 以下为 δ_{zs})小于 0.015 的土层不累计。《湿陷性黄土地区建筑标准》(GB 50025—2018)中规定,根据基底下各土层累计的总湿陷量和计算自重湿陷量的大小,可以判定湿陷性黄土地基的湿陷等级,见表 4-3。

表 4-3　湿陷性黄土地基的湿陷等级

Δ_s(mm)	湿陷类型		
	非自重湿陷性场地	自重湿陷性场地	
	$\Delta_{zs} \leqslant 70$ mm	70 mm<$\Delta_{zs} \leqslant 350$ mm	$\Delta_{zs}>350$ mm
$\Delta_s \leqslant 300$	Ⅰ(轻微)	Ⅱ(中等)	—
300<$\Delta_s \leqslant 700$	Ⅱ(中等)	Ⅱ(中等)或Ⅲ(严重)*	Ⅲ(严重)
$\Delta_s>700$	Ⅱ(中等)	Ⅲ(严重)	Ⅳ(很严重)

注:* 当湿陷量的计算值 $\Delta_s>600$ mm、计算自重湿陷量 $\Delta_{zs}>300$ mm 时,可判为Ⅲ级,其他情况可判为Ⅱ级。

(五)湿陷起始压力

使黄土出现明显湿陷所需的最小外部湿陷压力称为黄土的湿陷起始压力(p_{sh})。它是判定黄土是否发生自重湿陷及自重湿陷深度,以及在外荷作用下是否发生非自重湿陷的依据。p_{sh} 值的大小与土的黏粒含量、天然含水率和密度有关。可根据湿陷系数(p_s)与压力(p)的关系曲线,找出对应于 $p_s=0.015$ 的压力作为湿陷起始压力。表明当湿陷性黄土开始浸水时出现湿陷时的最小压力。湿陷起始压力的室内试验可用单线法压缩试验和双线法压缩试验确定;现场试验可用单线法静载荷试验和双线法静载荷试验确定。

单元三　膨胀土

膨胀土又称胀缩土,是指土中黏粒成分主要由亲水性矿物组成,具有显著的胀缩性的土。土的体积随含水率的增加而膨胀,随含水率的减少而收缩,并且这种作用循环可逆。

膨胀土在我国的分布范围很广,如广西、云南、河南、湖北、四川、陕西、河北、安徽、江苏等地均有不同范围的分布。膨胀土一般分布在盆地边缘、山前丘陵地带和二、三级阶地上。

一、膨胀土的成分及结构特征

膨胀土中黏粒含量较多,常达 35%以上,以黏粒为主。黏土矿物多以蒙脱石、伊利石为主,高岭石含量较少。蒙脱石含量越多,膨胀性越强烈。

膨胀土一般具有黄、红、褐、灰、白等颜色,具有斑状结构,富含铁、锰结核和钙质结核。土体常具有网状裂隙,裂隙面比较光滑,可见光滑镜面和擦痕,土体表面常见有各种纵横交错的裂隙和龟裂现象,使土体的完整性破坏,强度降低。

二、膨胀土的工程地质性质

膨胀土是颗粒高分散、成分以黏土矿物为主、对环境的湿热变化敏感的高塑性黏土。它是一种吸水膨胀软化、失水收缩干裂的特殊土,工程界常称之为灾害性土。

膨胀土的物理力学性质有如下特征:

(1)粒度组成中黏粒含量大于30%。

(2)黏土矿物成分中,伊利石-蒙脱石等强亲水性矿物占主导地位。

(3)土的天然密度和干密度较大,孔隙比和天然含水率较小,孔隙比一般小于0.8,天然含水率为17%~30%。

(4)膨胀土的饱和度一般较大,常在80%以上。液限、塑限和塑性指数都较大:液限为40%~68%,塑限为17%~35%,塑性指数为18~33。膨胀土常处于硬塑或坚硬状态。

(5)土体湿度增加时,体积膨胀并形成膨胀压力;土体干燥失水时,体积收缩并形成收缩裂缝。

(6)膨胀、收缩变形可随环境变化往复发生,导致土的强度衰减。

(7)属超固结性黏土,其压缩性小,属于中-低压缩性土,抗剪强度一般比较高,但遇水后强度显著降低。

膨胀土的主要工程地质特征如下:

(1)多分布在二级或二级以上阶地、山前丘陵和盆地边缘。

(2)地形平缓,无明显自然陡坎。

(3)常见浅层滑坡、地裂,新开挖的路堑、边坡、基槽易发生坍塌。

(4)裂缝发育,方向不规则,常有光滑面和擦痕,裂缝中常充填灰白、灰绿色黏土。

(5)干时坚硬,遇水软化,自然条件下呈坚硬或硬塑状态。

(6)自由膨胀率一般大于40%。

(7)未经处理的建筑物成群破坏,低层较多层严重,刚性结构较柔性结构严重。

(8)建筑物开裂多发生在旱季,裂缝宽度随季节变化。

需要强调的是,膨胀土在天然条件下,性质较好,易被认为是良好的地基,但由于膨胀土遇水膨胀、失水收缩,使土层原有的结构破坏,强度迅速降低,几乎与软土相近,在选择建筑场地时,要特别注意。

三、膨胀土的评价

表征膨胀土的指标,主要有自由膨胀率(δ_{ef})、膨胀率(δ_{ep})、膨胀力(P_e)、线缩率(δ_{si})等参数,测定方法在前面已有叙述。

《膨胀土地区建筑技术规范》(GB 50112—2013)中规定了膨胀土的膨胀潜势分类(见

表 4-4)。

表 4-4　膨胀土的膨胀潜势分类

自由膨胀率 δ_{ef}(%)	膨胀潜势
$40 \leqslant \delta_{ef} < 65$	弱
$65 \leqslant \delta_{ef} < 90$	中
$\delta_{ef} \geqslant 90$	强

简单地讲,膨胀潜势就是在室内按标准压密试验,把试样在最佳含水率时压密到最大容重后,使有侧限的试样在一定的附加荷载下,浸水后测定的膨胀百分率。膨胀率可以用来预测结构物的最大潜在的膨胀量。膨胀量的大小主要取决于环境条件,如润湿程度、润湿的持续时间和水分的转移方式等。因此,在工程施工中,改造膨胀土周围的环境条件,是解决膨胀土工程问题的一个出发点。

《膨胀土地区建筑技术规范》(GB 50112—2013)规定,以 50 kPa 压力下测定的土的膨胀率计算地基分级变形量,作为划分胀缩等级的标准,表 4-5 给出了膨胀土地基的胀缩等级。

表 4-5　膨胀土地基的胀缩等级

地基分级变形量 S_e(mm)	级别
$15 \leqslant S_e < 35$	Ⅰ
$35 \leqslant S_e < 70$	Ⅱ
$S_e \geqslant 70$	Ⅲ

单元四　红黏土

红黏土是指在湿热气候条件下碳酸盐类岩石经过第四系以来的风化作用形成并覆盖于基岩上,呈棕红、褐黄等色的高塑性黏土。红黏土是一种区域性特殊土,主要分布在贵州、广西、云南地区,在湖南、湖北、安徽、四川等省也有局部分布。主要为残积、坡积和残—坡积类型,一般分布在山坡、山麓、盆地或洼地上,厚度变化大,多在 5~15 m。天然条件下,红黏土含水率一般较高,结构疏松,但强度较高,往往被误认为是较好的地基土。由于红黏土的收缩性很强,当水平方向厚度变化较大时,极易引起不均匀沉陷而导致建筑破坏。

一、红黏土的成分及结构特征

红黏土的颗粒以黏粒组分(粒径<0.005 mm)含量较高,尤其是以小于 0.002 mm 的细黏粒为主,一般可达 55%~70%,粒度较均匀,分散性高。矿物成分主要以多水高岭石组和伊利石组黏土矿物为主,倍半氧化物的含量也很高,碎屑矿物较少,水溶盐和有机质的含量都很少。

红黏土常呈蜂窝状结构和絮状结构,颗粒之间具有较牢固的铁质或铝质胶结,并且土中常有很多裂隙(网状裂隙)、结核和土洞存在,从而影响土体的均一性。

二、红黏土的工程地质性质

红黏土的物理力学性质具有如下特征:

(1)高塑性和分散性。液限一般为50%~80%,塑限为30%~60%,塑性指数一般为20~50。液性指数一般都小于0.4,含水比为0.5~0.8,且多为硬塑状态和坚硬或可塑状态。

(2)含较多的铁、锰元素,因而其比重较大,一般为2.76~2.90。

(3)高含水率、低密度。天然含水率一般为30%~60%,且多处于饱和状态,饱和度大于85%,大孔隙明显,孔隙比大于1.0,密实度低。

(4)透水性微弱,多为裂隙水和上层滞水。

(5)压缩性低,强度较高。压缩系数一般为0.1~0.4 MPa^{-1},固结快剪φ值为8°~18°,C值可达0.04~0.09 MPa,多属中压缩性土或低压缩性土,压缩模量为5~15 MPa。

(6)不具湿陷性,但收缩性明显,失水后强烈收缩,原状土的体缩率可达25%。

红黏土具有的这些特殊性质,与其生成环境及其相应的组成物质有关。因此,红黏土的工程地质特性如下:

(1)土层上硬下软。自地表向下随着深度的加大,红黏土的天然含水率、孔隙比、压缩系数都有较大的增加,状态由坚硬、硬塑可变为可塑、软塑,而强度则大幅度降低。

(2)厚度变化大。红黏土厚度直接受基岩起伏控制,特别是当下伏基岩发育有溶沟、溶槽、石芽等时,厚度变化大,常有咫尺之间,土层厚度相差几米至十几米。

(3)裂隙发育。由于红黏土的干湿效应明显,吸水膨胀软化,失水收缩开裂变硬,故裂隙很发育,尤其是地表以下至地下3~4 m深度内,裂隙常交错呈网状。土体的干缩使结构破坏,强度降低,透水性增大,对浅基础或边坡稳定有很大的影响。

(4)常有土洞。红黏土主要分布在岩溶地区,故土层中常有土洞,对建筑物的稳定性不利。

三、红黏土的分类

(一)红黏土的状态

红黏土的状态按含水比划分应符合表4-6的规定。

表4-6 红黏土的状态分类

状态	含水比 a_w
坚硬	$a_w \leqslant 0.55$
硬塑	$0.55 < a_w \leqslant 0.70$
可塑	$0.70 < a_w \leqslant 0.85$
软塑	$0.85 < a_w \leqslant 1.00$
流塑	$a_w > 1.00$

注:含水比 a_w 为含水率与土的液限之比。

(二)红黏土的结构分类

红黏土的结构可根据其裂隙发育程度按表4-7确定。

表 4-7　红黏土的结构分类

土体结构	裂隙发育特征
致密状的	偶见裂隙(<1 条/m)
巨块状的	较多裂隙(1~2 条/m)
碎块状的	富裂隙(>5 条/m)

(三)红黏土的复浸水性分类

红黏土的复浸水性可按表 4-8 分类。

表 4-8　红黏土的复浸水性分类

类别	I_r 与 I'_r关系	复浸水特征
Ⅰ	$I_r \geq I'_r$	收缩后复浸水膨胀,能恢复到原位
Ⅱ	$I_r < I'_r$	收缩后复浸水膨胀,不能恢复到原位

注:$I_r=\omega_L/\omega_P$,$I'_r=1.4+0.0066\omega_L$。

(四)红黏土的地基均匀性分类

红黏土的地基均匀性可按表 4-9 分类。

表 4-9　红黏土的地基均匀性分类

地基均匀性	地基压缩层范围内的岩土组成
均匀地基	全部由红黏土组成
不均匀地基	由红黏土和岩石组成

单元五　填　土

填土是由于人类活动而形成的堆积土。在我国大多数城市周边的地表面,普遍覆盖着一层人工杂土堆积层。这种填土的物质组成、分布特征和工程性质均相当复杂,且具有地区性特点。填土往往是一种欠压密土,具有较高的压缩性,在干旱和半干旱地区,干或稍湿的填土往往具有湿陷性。

一、填土的分类及特征

根据填土物质组成和堆填方式,可将填土分为素填土、杂填土和冲填土三类。

(一)素填土

由碎石土、砂土、粉土和黏性土等一种或几种土质组成,不含杂质或杂质含量很少的土,称为素填土。

按主要组成物质分为碎石素填土、砂性素填土和黏性素填土。

按其堆填的时间早晚分为老填土和新填土。主要组成物质为粗颗粒,堆填时间在 10 年以上者,或是主要组成物质为细颗粒,堆填时间在 20 年以上者,均称为老填土。堆填年限低于上述规定者,称为新填土。

(二)杂填土

含大量建筑垃圾、工业废料或生活垃圾等杂物的填土,称为杂填土。

按组成物质和特征不同,杂填土分为以下几类。

(1)建筑垃圾土:主要由碎砖、瓦砾、朽木、混凝土碎块等建筑垃圾组成,有机物含量较少。

(2)工业废料土:由现代工业生产的废渣、废料堆积而成,如矿渣、煤渣、电石渣等及其他废料加少量土类组成。

(3)生活垃圾土:填土中由大量从居民生活中抛弃的废物诸如炉灰、布片、菜皮、陶瓷片、塑料袋等杂物夹土类组成,一般含有机质和未分解的腐殖质较多。

(三)冲填土

冲填土也叫吹填土,是由水力冲填泥沙形成的填土。

二、填土的工程地质性质

填土的工程地质性质和天然沉积土比起来有很大的不同。由于堆填时间、环境,特别是物质来源和组成成分的复杂和差异,造成填土性质很不均匀,分布和厚度变化缺乏规律,带有极大的人为偶然性,往往在很小的范围内,填土的质量、密度会在垂直方向上变化较大。

因此,填土的工程地质性质主要包括以下几个方面。

(一)不均匀性

填土由于物质来源、组成成分的复杂和差异,分布范围和厚度变化缺乏规律性,所以不均匀性是填土的突出特点,这个特点在杂填土和冲填土中更加显著。例如,冲填土在吹泥的出口处,沉积的土粒较粗,甚至有石块,顺着出口向外围土粒则逐渐变细,并且在冲填的过程中,由于泥沙来源的变化,造成冲填土在纵横方向上的不均匀性,故冲填土层多呈透镜体或薄层状出现。

(二)湿陷性

填土由于堆积时未经压实,所以土质疏松,孔隙发育,当进水后会产生附加下陷,即湿陷。通常,新填土比老填土的湿陷性强,含有炉灰和变质炉灰的杂填土比素填土的湿陷性要强,干旱地区填土的湿陷性比气候潮湿、地下水位高的地区湿陷性强。

(三)自重压密性

填土属欠固结土,在自身重量和大气降水下渗的作用下有自行压密的特点。压密所需的时间随填土的物质成分不同而有很大的差别。例如,由粗颗粒组成的砂土和碎石土类素填土,一般回填时间在2~5年即可以达到自重压密基本稳定,而粉土和黏性土质的素填土则需5~15年才能达到基本稳定。建筑垃圾填土和工业废料填土的自重压密基本稳定时间需要2~10年;而含有大量有机质的生活垃圾填土的自重压密稳定时间可以长达30年以上。冲填土的自重压密稳定时间更长,可以达几十年甚至上百年。

(四)压缩性大、强度低

填土由于密度小,孔隙率大,结构性很差,故具有高压缩性和较低的强度。对于杂填土而言,当建筑垃圾的组成物以混凝土碎块、砖块为主时,则性能优于以瓦片为主的土;而一般情况下建筑垃圾土和工业废料土的性能优于生活垃圾土,这是因为生活垃圾土物质成分杂乱,含大量有机质和未分解或半分解状态的动、植物体。对于冲填土,则是由于其透水性弱,排水固结差,土体呈软塑状态,其性质极差。

【小贴士】

在实际工程勘察施工过程中,特殊土的存在往往是工程地质问题的主要来源,正因为其特殊性,需要在具体勘察施工中,更加严肃对待,除应用国家标准外,还要特别执行特殊土的有关规范和地方性规范,避免出现不该发生的灾害。

【阅读与应用】

本项目所依据都是现行国家标准,主要有《岩土工程勘察规范(2009 年版)》(GB 50021—2001)、《湿陷性黄土地区建筑标准》(GB 50025—2018)、《软土地区岩土工程勘察规范》(JGJ 83—2011)、《膨胀土地区建筑技术规范》(GB 50112—2013)等规范。

项目小结

特殊性土是指具有特殊的物质组成及结构构造,具有特殊的工程地质性质,并且是区域性分布的土。

(1)软土是指天然含水率大,压缩性高、承载能力低、透水性差、含较多的有机质的一种软塑到流塑状态的细粒土。软土的天然孔隙比大于或等于 1.0,且天然含水量大于液限,其中孔隙比大于 1.5 的称为淤泥;孔隙比大于 1 而小于 1.5 的称为淤泥质土。

软土按照沉积环境其成因类型可以分为滨海沉积:①包括滨海相、潟湖相、溺谷相和三角洲相等沉积类型;②湖泊沉积:包括湖相和三角洲相等沉积类型;③河滩沉积:包括河漫滩相、牛轭湖等沉积类型;④沼泽沉积:沼泽相。软土的工程地质性质有高孔隙比、透水性极弱、高压缩性、抗剪强度很低、土质均匀性差、具有触变性和流变性。

(2)黄土的颜色以黄色、褐黄色为主,有时呈灰黄色;颗粒组成以粉粒(粒径 0.05~0.005 mm)为主,含量一般在 60%以上,粒径大于 0.25 mm 的甚为少见;有肉眼可见的大孔,孔隙比一般在 1.0 左右;富含碳酸盐类,垂直节理发育被水浸湿后,土体显著沉稳(湿陷性)。一般具有以上特征的称为典型黄土,缺少个别特征的称为黄土状土。典型黄土和黄土状土统称为黄土类土,简称黄土。

黄土可分为老黄土(形成于早更新世的午城黄土 Q_1 和中更新世的离石黄土 Q_2)、新黄土(形成于晚更新世的马兰黄土 Q_3 和全新世早期的现代黄土 Q_4^1)和新近堆积黄土三类。黄土的主要工程地质特征可以归结为:多孔性、垂直节理发育、层理不明显、透水性较强、具有湿陷性。黄土在一定压力作用下受水浸湿,土结构迅速破坏而发生显著附加下沉的性能称为黄土的湿陷性。具有这种特征的黄土称为湿陷性黄土,不具有这种特征的称为非湿陷性黄土。湿陷性黄土分为被水浸湿后在自重压力作用下即发生沉陷的,称为自重湿陷性黄土和被水浸湿后在自重压力和建筑物附加应力共同作用下发生沉陷的,称为非自重湿陷性黄土。判断黄土的湿陷性通常有湿陷系数、自重湿陷系数、计算自重湿陷量、总湿陷量和湿陷系数等指标。

(3)膨胀土是指土中黏粒成分主要由亲水性矿物组成,具有显著的胀缩性的土。土的体积随含水量的增加而膨胀,随含水量的减少而收缩,并且这种作用循环可逆。

膨胀土的主要特征是：多分布在二级或二级以上阶地，常见浅层滑坡、地裂，裂缝发育，干时坚硬，遇水软化、自由膨胀率一般大于40%，未经处理的建筑物成群破坏，建筑物开裂多发生在旱季。

(4)红黏土是指在湿热气候条件下碳酸盐类岩石经过第四系以来的风化作用形成并覆盖于基岩上，呈棕红、褐黄等色的高塑性黏土。

红黏土的工程地质特性为：土层上硬下软、厚度变化大、裂隙发育、常有土洞。

(5)填土是由于人类活动而形成的堆积土，可分为素填土、杂填土和冲填土三类。由碎石土、砂土、粉土和黏性土等一种或几种土质组成，含杂质很少的土，称为素填土。含大量建筑垃圾、工业废料或生活垃圾等杂物的填土称为杂填土。由水力冲填泥沙形成的填土称为冲填土。

填土的工程地质性质主要包括不均匀性、湿陷性、自重压密性、压缩性大，强度低。

思考题及习题

1. 我国特殊土主要有哪几种？
2. 不同特殊土的各自最突出的地质问题是什么？
3. 软土的工程地质特征有哪些？
4. 膨胀土的工程性质有哪些？
5. 红黏土的工程性质有哪些？
6. 什么是黄土？黄土有哪些基本特征？如何评价其湿陷性？
7. 填土的工程地质特征有哪些？

技能训练　工程地质野外实训

实习1　特殊土的野外认识

1. 实习目的

在实习教师指导下学会认识特殊土，掌握特殊土的工程地质特征，学会特殊土的描述方法。

2. 实习任务

在特殊土指定地段完成以下任务：

(1)对指定地段的特殊土进行分类定名。

(2)描述指定地段的特殊土的工程地质特征。

(3)评价特殊土的特殊特征。

3. 实习准备

野外寻找一特殊土的露头，出露面积至少为5×10 m^2，最好有揭露；实习学生3~5人为一组，配备罗盘(手持GNSS)、卷尺、放大镜、野外记录本、记录表、小铲、铁锹等物品。

4. 实习过程

(1)定点：在指定实习地段用罗盘(手持GNSS)定点，并记录。

(2)观察:对指定地段特殊土的出露条件、分布情况、地形地貌特征进行观察。

(3)描述:对特殊土的岩性成分、结构、工程地质特征进行描述,并记录。

(4)利用简易手段测定特殊土的特征,其识别和鉴别方法参见表4-10。

表4-10　人工填土、淤泥、黄土、泥炭、红黏土、膨胀土的识别

土名	颜色	夹杂物质	形状、构造	浸入水中的现象	湿土搓条情况
人工填土	无固定颜色	砖瓦碎块、垃圾、炉灰等	夹杂物显露于外,构造无规律	大部分变成稀软淤泥,其余部分为碎瓦,炉渣在水中单独出现	一般能搓成3 mm土条,但易断,遇有杂质多时,不能搓条
淤泥	灰黑色,有臭味	池沼中有半腐朽的细小的动、植物遗体,如草根、贝壳等	夹杂物轻,仔细观察可以发掘构造常呈层状,但有时不明显	外观无显著变化,在水面出现气泡	一般淤泥质土接近黏质粉土,能搓成3 mm土条(长至少3 cm),容易断裂
黄土	黄、褐两色的混合色	有白色粉末出现在纹理中	夹杂物质常清晰可见,构造上有垂直大孔(肉眼可见)	即行崩散而分成散的颗粒,在水面上出现很多白色液体	搓条情况与正常的粉质黏土相似
泥炭	深灰色或黑色	有半腐朽的动、植物遗体,其含量超过60%	夹杂物有时可见,构造无规律	极易崩碎,变为稀软淤泥,其余部分为植物根,动物残体渣滓悬浮于水中	一般能搓成1~3 mm土条,但是残渣多的时候,仅能搓成3 mm土条
红黏土	红褐色	主要矿物成分为伊利石、蒙脱石,因此具有中等程度的亲水性、膨胀性及可塑性	土体被多方向的裂缝切割,裂缝面一般较光滑并呈波状弯曲。裂缝常为次生黏土充填,有的并有锰、铁胶膜附着	吸水膨胀软化,使土体结构破坏,以至崩解。易产生堆陷,溜坍和滑坡	一般可以搓条
膨胀土	灰白、灰褐、黄褐、红蓝、棕蓝色	成分以二氧化硅、三氧化二铝、三氧化二铁为主,并含有大量蒙脱石、伊利石和高岭土	黏土颗粒含量高,塑性指数大,结构强度高,多为中等压缩性	受水浸湿后,即使在一定载荷作用下,土仍能膨胀,土被浸湿后,裂缝可以回缩	一般可以搓条,相当于黏土或粉质黏土

(5)对特殊土进行分类定名,并描述分类依据。

(6)对特殊土的特殊性及可能产生的建筑危害进行分析。

5. 实习时间安排

本次实习时间安排2~4学时,可在学完相关课程后进行。

6. 提交的实习成果

本次实习结束后提交实习记录、实习报告,作为评定实习成绩的依据。

项目五　土的工程地质特征和土的工程分类

学习目标

本项目主要介绍一般土的类型及其工程地质特征、土的分类方法和野外鉴定，要求学生通过学习熟悉粗粒土和细粒土的概念及其特点；能够依照各种不同指标对土进行分类，掌握土的工程分类方法及其标准；并具备土的野外鉴别技能。

【学习导入】

自然界中土的种类很多，由于形成的年代、成因和环境不同，各具不同的物质组成和结构特征，其工程性质各异。为了全面、系统地掌握各种土的工程地质特征，为工程勘察设计、施工提供必要的资料，掌握土的工程地质特征、按一定原则进行土的工程分类是十分重要的。

单元一　一般土的工程地质特征

一般土按粒度成分特点，常分为粗粒土和细粒土两大类，其中粗粒土分为碎石土和砂土，细粒土分为粉土、粉质黏土、黏土。一般土的工程地质特征比较见表 5-1。

表 5-1　一般类型土工程地质特征比较

特征	土的类型				
	粗粒土		细粒土		
	碎石土	砂土	粉土	粉质黏土	黏土
主要矿物成分	岩屑和残余矿物，亲水性弱		次生矿物，有机物，亲水性强		
孔隙水类型	重力水	重力水，毛细水	结合水为主，毛细水、重力水为次		
连接类型	无	无连接或毛细水连接	结合水连接为主，有时有胶结连接		
结构排列形式	单粒结构		团聚结构		
孔隙大小	大	很大	细小		
孔隙率 n(%)	33~38	35~45	38~43	40~45	33~38
孔隙比 e	0.5~0.6	0.55~0.80	0.60~0.75	0.67~0.80	0.75~1.0
含水率 ω(%)	10~20	15~30	20~30	20~35	25~45
密度 ρ(g/cm^3)	1.9~2.1	1.8~2.0	1.7~1.9	1.75~1.95	1.8~2.0
土粒密度 ρ_s(g/cm^3)	2.65~2.75	2.65~2.70	2.65~2.70	2.68~2.72	2.72~2.76
塑性指数 I_P		<1	1~7	7~17	>17
液限 ω_L(%)			20~27	27~37	37~55

续表 5-1

特征	土的类型				
	粗粒土		细粒土		
	碎石土	砂土	粉土	粉质黏土	黏土
塑限 ω_P(%)			17~20	17~23	20~27
膨胀和收缩量		不明显	很小	小	大
水中崩解		散开	很快	慢	较慢
毛细水上升高度(m)	极小	<1	1.0~1.5	1.5~4	4~5
渗透系数 K(m/d)	>50	50~0.5	0.5~1.0	0.1~0.001	<0.001
透水性	极强	强	中等	弱或不透水	
压缩性	低	低	中等	中-高压缩	
压缩过程	快	快	较快	慢	极慢
黏聚力 $C(\times 10^3$ Pa)	不定	接近于0	0.05~0.2	0.1~0.4	0.1~0.6
内摩擦角 φ(°)	35~45	28~40	18~28	18~24	8~20
对土性质起决定作用的因素	粒度成分和密度		连接(稠度)和密度		

一、粗粒土

粒径大于 2 mm 的颗粒质量超过总质量 50%的土,应定名为碎石土;粒径大于 2 mm 的颗粒质量不超过总质量的 50%,且粒径大于 0.075 mm 的颗粒质量超过总质量 50%的土,定名为砂土。

粗粒土粒间一般无连接或只具有微弱的水连接,因不具有黏性,故又称无黏性土。其工程地质特征主要取决于粒度成分和土粒排列的松密情况,这些成分和结构特征直接决定着土的孔隙性、透水性和力学性质。

碎石土颗粒粗大,主要由岩石碎屑或石英、长石等原生矿物组成,呈散粒结构,颗粒间无连接,孔隙中充填少量砂粒或细粒土,透水性最强,压缩性最低,抗剪强度最大。如基岩风化碎石和山坡堆积碎石类土,分选性较差,孔隙中充填大量砂粒和粉、黏粒等细小颗粒,透水性相对较弱,内摩擦角较小,抗剪强度较低,压缩性稍大。总体而言,碎石土一般承载力较高,可作为良好的天然地基。但由于属于极强透水性,常使基坑涌水大,坝基、渠道渗漏。

砂土一般颗粒较大,主要由石英、长石、云母等原生矿物组成;呈散粒结构、无连接或微弱的毛细水连接,具有透水性强、压缩性低、压缩速度快、内摩擦角较大、抗剪强度较高等特点。其工程特性通常与砂粒大小和密度有关。一般粗、中砂土的上述特性比较明显,为较好的建筑材料,可作为良好地基,但可能会产生涌水或渗漏等工程问题。粉、细砂土的工程地质性质相对较差,特别是饱水粉、细砂土受振荡后易产生液化,失去抗剪强度,在动水压力作用下会产生流砂、管涌等工程问题。

二、细粒土

粒径大于 0.075 mm 的颗粒含量不超过全重的 50%,且塑性指数等于或小于 10 的土,应定名为粉土。粒径大于 0.075 mm 的颗粒含量不超过全重的 50%,且塑性指数大于 10 的土,应定名为黏性土。黏性土应根据塑性指数分为粉质黏土和黏土,塑性指数大于 10 且小于或等于 17 的土,应定名为粉质黏土;塑性指数大于 17 的土,应定名为黏土。

细粒土一般含有较多的黏粒,具有结合水连接和毛细水连接,因含水率的不同而呈固态、塑态和流态等不同的稠度状态,压缩速度慢而压缩量大,抗剪强度主要取决于黏聚力,内摩擦角较小。

粉土是介于砂土和黏性土的一种过渡类型,主要粒组为粉粒,为非均质细胞状结构,毛细连接,由于土的颗粒较细,为中等压缩性土,抗剪强度根据土的结构和含水情况变化不一。粉土具有孔隙小、透水性中等、结构差、含毛细水等特点。粉土中黏粒含量的多少直接影响土的工程地质性质。如果土中黏粒较多,土的性质类似于黏性土;如果黏粒含量较少,则会在饱水、振动荷载的条件下,发生液化现象,这部分土会对建筑物造成较多的破坏。因此,要特别加以注意。

黏性土的黏粒含量较多,含有较多亲水性的黏土矿物,一般为结合水连接,团聚结构。其工程地质性质主要取决于黏粒含量、稠度和孔隙比。黏粒含量增多,黏性土的塑性、胀缩性、透水性、压缩性和抗剪强度等发生明显变化。从粉质黏土到黏土,其塑性指数、胀缩量和黏聚力渐大,而渗透系数和内摩擦角变小。稠度对黏性土性质的影响较大,接近流态和软塑态的土,有较高的压缩性和较低的抗剪强度,会引起地基的较大变形;而固态或硬塑态的土则相反,即压缩性较低,抗剪强度较高,地基和边坡都相对稳固。黏性土是最常用的修筑堤坝的土料。

单元二　土的工程分类

一、土的分类体系

土是长期地质历史时期形成的产物,土的矿物成分、成因类型、沉积环境、沉积历史不同时,土的工程地质性质差异很大。为了能在工程建设中判断土的基本工程属性,合理地选择土的研究内容和方法,又能使科学研究及工程技术人员在技术交流活动中对土有共同的概念和认识,有必要对土进行科学的分类。

土的工程分类的目的有如下几种:

(1)在野外根据土的类别大致判断土的基本工程特征,并结合其他因素评价土的工程地质性质以及作为建筑材料的适宜性等。

(2)根据土的分类,合理确定不同类型土的研究内容与方法。

(3)当土的性质不能满足工程要求时,可根据土类确定相应的加固处理方法。

当前,国内外对土的分类定名方法并不统一,主要是一方面各种土的性质复杂多变,差别很大,而且这些差别均是渐变的,要用一个简单的特征指标进行区分,很难确定一个合理的指标分界值。另一方面,不同部门对土的某些工程性质的重视程度和要求不完全相同,制定分类标准时的侧重点也不相同,如有些部门侧重于利用土作为建筑场地地基,有些部门侧重于利用土作为修筑土工建筑物的材料,还有些部门又侧重于利用土作为周围介质在土中修建地下构筑物等。

但总体来看,国内外对土的分类的标准在总的体系上是趋近一致的,一般原则是:

(1)考虑土的堆积年代和地质成因作为第一级分类标准,即所谓地质成因分类。

(2)将土的物质成分(粒度成分和矿物成分)及其与水相互作用的特点,作为第二级分类标准,即所谓土质分类。

(3)考虑土与水作用的状态、土的密实程度或压缩性特点,将土进行详细分类,以满足工程建筑的要求,则作为第三级分类标准及工程建筑分类。

按照以上的分类原则,我国常见的土的分类体系有《建筑地基基础设计规范》(GB 50007—2011)、《岩土工程勘察规范(2009 年版)》(GB 50021—2001)等规范中提出的地基土分类方案,《土的工程分类标准》(GB/T 50145—2007)中提出的土的工程分类方案,以及各地区、各行业规范中提出的土的分类方案。

二、地基土的工程分类

在国内工程实践中作为地基土的工程分类,应用的是《岩土工程勘察规范(2009 年版)》(GB 50021—2001)和《建筑地基基础设计规范》(GB 50007—2011)中提出的分类方案。该方案对土的分类有如下步骤。

(一)根据土的沉积年代分类

根据土的沉积年代分类,将土分为:

(1)老沉积土:第四纪晚更新世 Q_3 及其以前沉积的土,其沉积历史约在 10 万年以上。

(2)新近沉积土:第四纪全新世中近期沉积的土,其沉积历史距今约 9 000 年。

(二)根据土的地质成因分类

根据土的地质成因分类,将土分为残积土、坡积土、洪积土、冲积土、淤积土、冰积土和风积土等。

(三)根据有机质含量分类

土按有机质含量分为无机土、有机质土、泥炭质土、泥炭。有机质含量 W_u 按灼失量试验确定,见表 5-2。

表 5-2 土按有机质含量分类

分类名称	有机质含量 W_u(%)	现场鉴别特征	说明
无机土	$W_u<5$		
有机质土	$5\leq W_u\leq 10$	深灰色,有光泽,味臭,除腐殖质外,尚含少量未完全分解的动、植物体,浸水后水面出现气泡,干燥后体积收缩	1. 如现场能鉴别或有地区经验,可不做有机质含量测定; 2. 当 $\omega>\omega_L$、$1.0\leq e<1.5$ 时,称淤泥质土; 3. 当 $\omega>\omega_L$、$e\geq 1.5$ 时,称淤泥
泥炭质土	$10<W_u\leq 60$	深灰或黑色,有腥味,能看到未完全分解的植物结构,浸水体胀,易崩解,有植物残渣浮于水中,干缩现象明显	可根据地区特点和需要按 W_u 细分为: 弱泥炭质土($10\%\leq W_u<25\%$); 中泥炭质土($25\%\leq W_u<40\%$); 强泥炭质土($40\%\leq W_u<60\%$)
泥炭	$W_u<60$	除有泥炭质土特征外,结构松散,土质很轻,暗无光泽,干缩现象极为明显	

(四)根据土的颗粒级配或塑性指数分类

根据土的颗粒级配或塑性指数分类,将土分为碎石土、砂土、粉土和黏性土。

1. *碎石土的分类*

碎石土指粒径大于 2 mm 的颗粒含量超过全重 50%的土。根据粒组含量及颗粒形状可进一步细分为漂石、块石、卵石、碎石、圆砾和角砾。具体分类方法见表 5-3。

表 5-3　碎石土分类

土的名称	颗粒形状	颗粒级配
漂石 块石	圆形及亚圆形为主 棱角形为主	粒径大于 200 mm 的颗粒质量超过总质量的 50%
卵石 碎石	圆形及亚圆形为主 棱角形为主	粒径大于 20 mm 的颗粒质量超过总质量的 50%
圆砾 角砾	圆形及亚圆形为主 棱角形为主	粒径大于 2 mm 的颗粒质量超过总质量的 50%

注:应根据颗粒级配由大到小以最先符合者确定。

碎石土的密实度可根据圆锥动力触探锤击数确定,按表 5-4 分类,也可依表 5-5 按超重型动力触探锤击数 N_{120} 分类。

表 5-4　碎石土密实度按 $N_{63.5}$ 分类

重型动力触探锤击数 $N_{63.5}$	$N_{63.5}>20$	$10<N_{63.5}\leqslant 20$	$5<N_{63.5}\leqslant 10$	$N_{63.5}\leqslant 5$
密实度	密实	中密	稍密	松散

注:本表适用于平均粒径等于或小于 50 mm 且最大粒径小于 100 mm 的碎石土。对于平均粒径大于 50 mm,或最大粒径大于 100 mm 的碎石土,可用超重型动力触探或野外观察鉴别。

表 5-5　碎石土密实度按 N_{120} 分类

超重型动力触探锤击数 N_{120}	$N_{120}>14$	$11<N_{120}\leqslant 14$	$6<N_{120}\leqslant 11$	$3<N_{120}\leqslant 6$	$N_{120}\leqslant 3$
密实度	密实	很密	中密	稍密	松散

2. *砂土的分类*

砂土指粒径大于 2 mm 的颗粒含量不超过全重 50%且粒径大于 0. 075 mm 的颗粒含量超过全重的 50%的土。砂土可按表 5-6 进一步细分。

表 5-6　砂土分类

土的名称	颗粒级配
砾砂	粒径大于 2 mm 的颗粒含量占全重的 25%~50%
粗砂	粒径大于 0. 5 mm 的颗粒含量超过全重的 50%
中砂	粒径大于 0. 25 mm 的颗粒含量超过全重的 50%
细砂	粒径大于 0. 075 mm 的颗粒含量超过全重的 85%
粉砂	粒径大于 0. 075 mm 的颗粒含量超过全重的 50%

注:应根据颗粒级配由大到小以最先符合者确定。

砂土的密实度应根据标准贯入试验锤击数实测值 N 划分,按表 5-7 确定。当用静力触探探头阻力划分砂土密实度时,可根据当地经验确定。

表 5-7　砂土密实度分类

标准贯入锤击数 N	密实度	标准贯入锤击数 N	密实度	标准贯入锤击数 N	密实度
$N \leqslant 4$	极松	$10<N \leqslant 15$	稍密	$30<N \leqslant 50$	密实
$4<N \leqslant 10$	松散	$15<N \leqslant 30$	中密	$N>50$	极密实

3. 粉土

粉土是指粒径大于 0. 075 mm 的颗粒含量不超过全重的 50%，塑性指数 $I_P \leqslant 10$ 的土，介于砂土和黏性土之间。

粉土的密实度应根据孔隙比 e 划分，按表 5-8 确定。其湿度应根据含水率 ω 划分，按表 5-9 确定。当有经验时，也可用原位测试或其他方法划分粉土的密实度。

表 5-8　粉土密实度分类

孔隙比 e	$e<0.75$	$0.75 \leqslant e \leqslant 0.90$	$e>0.90$
密实度	密实	中密	稍密

表 5-9　粉土湿度分类　（%）

含水率 ω	$\omega<20$	$20 \leqslant \omega \leqslant 30$	$\omega>30$
湿度	稍湿	湿	很湿

4. 黏性土

黏性土指粒径大于 0. 075 mm 的颗粒含量不超过全重的 50%，塑性指数 $I_P>10$ 的土。根据塑性指数可以进一步细分为黏土和粉质黏土，塑性指数大于 10 且小于或等于 17 的土，应定名为粉质黏土；塑性指数大于 17 的土，应定名为黏土。塑性指数应由相当于 76 g 圆锥仪沉入土中深度为 10 mm 时测定的液限计算而得。

黏性土的状态应根据液性指数 I_L 划分，按表 5-10 确定。

表 5-10　黏性土状态分类

液性指数	$I_L \leqslant 0$	$0<I_L \leqslant 0.25$	$0.25<I_L \leqslant 0.75$	$0.75<I_L \leqslant 1$	$I_L>1$
状态	坚硬	硬塑	可塑	软塑	流塑

（五）其他规定

除按颗粒级配或塑性指数定名外，土的综合定名应符合下列规定：

（1）对特殊成因和年代的土类应结合其成因和年代特征定名。

（2）对特殊性土，应结合颗粒级配或塑性指数定名。

（3）对混合土，应冠以主要含有的土类定名。

（4）对同一土层中相间呈韵律沉积，当薄层与厚层的厚度比大于 1/3 时，宜定为“互层”；当厚度比为 1/10～1/3 时，宜定为“夹层”；当夹层厚度比小于 1/10 的土层，且多次出现时，宜定为“夹薄层”。

（5）当土层厚度大于 0. 5 m 时，宜单独分层。

三、土的工程分类

根据《土的工程分类标准》（GB/T 50145—2007）中土的工程分类方案，采用简便易测的定量分类指标,能较好地反映土的基本属性和工程性质。其主要特点是首先按照粒组将土粒分为巨粒类土、粗粒类土和细粒类土。如表 5-11 所示是土的粒组划分。巨粒类土、粗粒类土根据粒组含量和级配情况再进一步细分。细粒类土主要根据塑性图进行分类。

表 5-11　土粒粒组的划分　(单位:mm)

粒组	颗粒名称		粒径 d 的范围
巨粒	漂石(块石)		$d>200$
	卵石(碎石)		$60<d\leqslant 200$
粗粒	砾粒	粗砾	$20<d\leqslant 60$
		中砾	$5<d\leqslant 20$
		细砾	$2<d\leqslant 5$
	砂粒	粗砂	$0.5<d\leqslant 2$
		中砂	$0.25<d\leqslant 0.5$
		细砂	$0.075<d\leqslant 0.25$
细粒	粉粒		$0.005<d\leqslant 0.075$
	黏粒		$d\leqslant 0.005$

(一)巨粒类土的分类

巨粒类土应按巨粒组含量分为巨粒土、混合巨粒土和巨粒混合土。试样中巨粒组质量大于总质量 75%的土称巨粒土;试样中巨粒组含量为总质量的 50%、75%的土称为混合巨粒土;试样中巨粒组质量为总质量的 15%~50%的土称巨粒混合土;试样中巨粒组质量小于总质量的 15%的土,可扣除巨粒,按粗粒土或细粒土的相应规定分类定名;当巨粒对土的总体性状有影响时,可将巨粒计入砾粒组进行分类。巨粒土、混合巨粒土、巨粒混合土根据漂石粒组和卵石粒组含量进一步细分,见表 5-12。

表 5-12　巨粒类土的分类

土类	粒组含量		土类代号	土类名称
巨粒土	巨粒含量>75%	漂石含量>卵石含量	B	漂石(块石)
		漂石含量≤卵石含量	Cb	卵石(碎石)
混合巨粒土	50%<巨粒含量≤75%	漂石含量>卵石含量	BS1	混合土漂石(块石)
		漂石含量≤卵石含量	CbS1	混合土卵石(块石)
巨粒混合土	15%<巨粒含量≤50%	漂石含量>卵石含量	S1B	漂石(块石)混合土
		漂石含量≤卵石含量	S1Cb	卵石(碎石)混合土

注:巨粒混合土可根据所含粗粒或细粒的含量进行细分。

(二)粗粒类土的分类

试样中粗粒组质量大于总质量的 50%的土称粗粒类土。粗粒类土应按下列规定划分:试样中砾粒组质量大于总质量的 50%的土称砾类土,试样中砾粒组质量小于或等于总质量 50%的土称砂类土。包括砾类土和砂类土在内的粗粒类土应按粒组含量、级配因素和所含细粒的含量划分为 10 种土类,如表 5-13、表 5-14 所示。

表 5-13　砾类土的分类

土类	粒组含量		土类代号	土类名称
砾	细粒含量<5%	级配 $C_u \geqslant 5, 1 \leqslant C_c \leqslant 3$	GW	级配良好砾
		级配不同时,满足上述要求	GP	级配不良砾
含细粒土砾	5%≤细粒含量<15%		GF	含细粒土砾
细粒土质砾	15%≤巨粒含量<50%	细粒组中粉粒含量≤50%	GC	黏土质砾
		细粒组中粉粒含量>50%	GM	粉土质砾

表 5-14　砂类土的分类

土类	粒组含量		土类代号	土类名称
砂	细粒含量<5%	级配 $C_u \geqslant 5, 1 \leqslant C_c \leqslant 3$	SW	级配良好砂
		级配不同时,满足上述要求	SP	级配不良砂
含细粒土砂	5%≤细粒含量<15%		SF	含细粒土砂
细粒土质砂	15%≤巨粒含量<50%	细粒组中粉粒含量≤50%	SC	黏土质砂
		细粒组中粉粒含量>50%	SM	粉土质砂

(三)细粒类土的分类

试样中细粒组质量大于或等于总质量的 50%的土称细粒类土。细粒类土应按下列规定划分:试样中粗粒组质量不大于总质量的 25%的土称细粒土,试样中粗粒组质量大于 25%且不大于 50%的土称含粗粒的细粒土,试样中有机质含量小于 10%且不小于 5%的土称有机质土。细粒类土应按表 5-15 及图 5-1 进一步细分。

表 5-15　细粒类土的分类

土的塑性指标在塑性图中的位置		土类代号	土类名称
$I_P \geqslant 0.73(\omega_L-20)$ 和 $I_P \geqslant 7$	$\omega_L \geqslant 50\%$	CH	高液限黏土
	$\omega_L < 50\%$	CL	低液限黏土
$I_P < 0.73(\omega_L-20)$ 和 $I_P < 4$	$\omega_L \geqslant 50\%$	MH	高液限粉土
	$\omega_L < 50\%$	ML	低液限粉土

注:黏土~粉土(CL~ML)过渡区的土可按相邻土层的类别细分。

含粗粒的细粒土应根据所含细粒土的塑性指标在塑性图(见图 5-1)的位置及所含粗粒类别,按下列规定划分:

(1)当粗粒中砾粒含量大于砂粒含量时,称含砾细粒土,应在细粒土代号后加代号 G,如 CHG 代表含砾高液限黏土。

(2)当粗粒中砂粒含量大于砾粒含量时,称含砂细粒土,应在细粒土代号后加代号 S,如 CLS 代表含砂低液限黏土。

(3)有机质含量小于 10%且不小于 5%的土称有机质土,有机质土应按表 5-15 划分,在各相应的土名前应加“有机质”,对有机质细粒土的代号,应在细粒土代号后加 O,如 MLO 代表低液限有机质粉土。

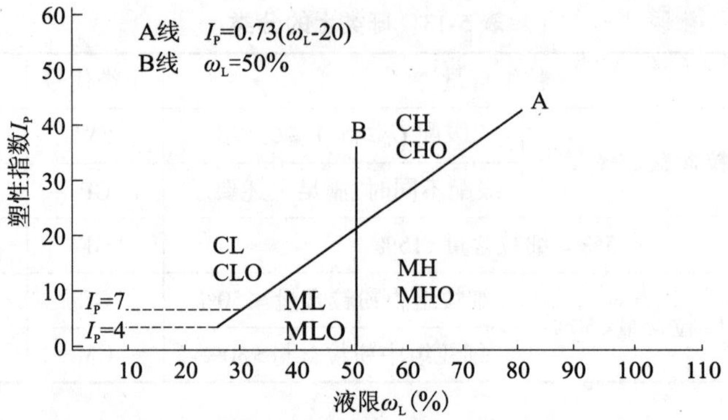

注:1. 土中的液限 ω_L 为碟式仪测定的液限含水率或用质量为 76 g、锥角 30°的液限仪锥尖入土深度为 17 mm 对应的含水率。

2. 图中虚线之间的区域为粉土、黏土的过渡区。

图 5-1 塑性图

四、土的野外鉴定与描述

(一)土的野外鉴定

在工程地质野外调查过程中取得的土样,必须及时地用肉眼进行简单鉴别,初步确定土的名称、颜色、状态、湿度、密度、包含物、工程地质特征等,作为划分土层、进行岩性描述的依据,从而进一步为土的工程地质分析和评价打好基础。

土的简易鉴别方法有多种,有目测法鉴别、手捻试验、搓条试验、干强度试验、韧性试验和摇振反应试验。目测法代替筛分析法,以确定土颗粒组成及其特征;用干强度、手捻、搓条、韧性和摇振反应等定性方法,代替用仪器测定土的塑性。

1. 目测法

确定土粒粒组含量时,可将研散的风干试样摊成一薄层,凭目测估计土中漂(块)粒、卵(碎)粒、圆(角)粒、砂粒、粉黏粒组所占的比例。再按土的分类中的有关规定确定其为碎石土(漂石、块石、卵石、碎石、圆砾、角砾)、砂土(砾砂、粗砂、中砂、细砂、粉砂)或细粒土。

2. 手捻试验

将稍湿或硬塑的小土块在手中捻捏,然后用拇指和食指将土捏成片状,并应根据手感和土片光滑度进行下列区分:

(1)手滑腻,无砂,捻面光滑为塑性高。

(2)稍有滑腻,无砂粒,捻面稍有光滑者为塑性中等。

(3)稍有黏性,砂感强,捻面粗糙为塑性低。

3. 搓条试验

将含水率略大于塑限的湿土块在手中揉捏均匀,再在手掌上搓成土条,并应根据土条不断裂而能达到的最小直径进行下列区分:

(1)能搓成直径小于 1 mm 的土条为塑性高。

(2)能搓成直径为 1~3 mm 的土条为塑性中等。

(3)能搓成直径大于 3 mm 的土条为塑性低。

4. 干强度试验

试验时,应将一小块土捏成土团,风干后用手指捏碎、掰断及捻碎。根据用力的大小区分为:

(1)很难或用力才能捏碎或掰断者为干强度高。

(2)稍用力即可捏碎或掰断者为干强度中等。

(3)易于捏碎和捻成粉末者为干强度低。

注意:当土中含碳酸盐、氧化铁等成分时,会使土的干强度增大,其干强度宜再用湿土作手捻试验,予以校核。

5. 韧性试验

试验时,应将含水率略大于塑限的土块在手中揉捏均匀,然后在手掌中搓成直径为3 mm的土条,再揉成土团,根据再次搓条的可能性,可区分为:

(1)能揉成土团,再搓成条,捏而不碎者为韧性高。

(2)可再揉成团,捏而不易碎者为韧性中等。

(3)勉强或不能再揉成团,稍捏或不捏即碎者为韧性低。

6. 摇振反应试验

试验时,应将软塑至流动的小土块捏成土球,放在手掌上反复摇晃,并以另一手掌振击此手掌,土中自由水将渗出,球面呈现光泽;用两手指捏土球,放松后水又被吸入,光泽消失。根据上述渗水和吸水反应快慢,可区分为:

(1)立即渗水及吸水者为反应快。

(2)渗水及吸水中等者为反应中等。

(3)渗水吸水慢及不渗不吸者为反应慢或无反应。

除应用以上方法进行鉴别外,还可以观察颗粒粗细状况、干燥时状况、黏着状态等方法鉴别土样,如表5-16~表5-18所示可以确定土的分类定名。表5-19可以确定碎石土的密实度。

表5-16　碎石土、砂土的野外鉴别方法

类别	土的名称	观察颗粒粗细	干燥时状态	湿润时用手拍击状态	黏着程度
碎石土	卵(碎)石	一半以上的颗粒超过20 mm	颗粒完全分散	表面无变化	无黏着感觉
	圆(角)砾	一半以上颗粒超过2 mm(小高粱粒大小)	颗粒完全分散	表面无变化	无黏着感觉
砂土	砾砂	约有1/4以上的颗粒超过2 mm(小高粱粒大小)	颗粒完全分散	表面无变化	无黏着感觉
	粗砂	约有一半以上的颗粒超过0.5 mm(细小米粒大小)	颗粒完全分散,但有个别胶结在一起	表面无变化	无黏着感觉
	中砂	约有一半以上颗粒超过0.25 mm(砂糖大小)	颗粒基本分散,局部胶结,但一碰即散	表面偶有水印	无黏着感觉
	细砂	大部分颗粒与玉米粒近似	颗粒大部分分散,少量胶结,胶结部分稍加碰撞即散	表面有水印(翻浆)	偶有轻微黏着感
	粉砂	大部分颗粒与小米粒近似	颗粒少部分分散,大部分胶结,稍加压力可分散	表面有显著翻浆现象	有轻微黏着感觉

表 5-17 粉土、黏性土鉴别方法

土的名称	湿润时用刀切	湿土用手捻摸时的感觉	土的状态		湿土搓条情况
			干土	湿土	
黏土	切面光滑,有黏刀阻力	有滑腻感,感觉不到有砂粒,水分较大时很黏手	土块坚硬,用锤才能打碎	易黏着物体,干燥后不易剥去	塑性大,能搓成直径小于 0.5 mm 的长条(长度不短于手掌),手持一端不易断裂
粉质黏土	稍有光滑面,切面平整	稍有滑腻感,有黏滞感,感觉到有少量黏粒	土块用力可压碎	能黏着物体,干燥后较易剥去	有塑性,能搓成直径为 0.5~2 mm 的土条
粉土	无光滑面,切面稍粗糙	有轻微黏滞感或无黏滞感,感觉到砂粒较多,粗糙	土块用手捏或抛扔时易碎	不易黏着物体,干燥后一碰就掉	塑性小,能搓成直径为 2~3 mm 的短条

表 5-18 新近沉积黏性土的野外鉴别方法

沉积环境	颜色	结构性	含有物
河漫滩和山前洪、冲积扇(锥)的表层,古河道;已填塞的湖、塘、沟、谷;河道泛滥区	颜色较深而暗,呈褐、暗黄或灰色,含有机质较多时带灰黑色	结构性差,用手扰动原状土时极易变软,塑性较低的土还有振动析水现象	在完整的剖面中无原生的粒状结核体,但可能含有圆形的钙质结构体(如姜结石)或贝壳等,在城镇附近可能含有少量碎砖、陶片或朽木等人类活动的遗物

表 5-19 碎石土密实程度的野外鉴别

密实程度	骨架和填充物	天然坡和开挖情况	钻探情况
密实	骨架颗粒交错紧贴连续接触,空隙添满密实	天然陡坡稳定,坎下堆积物较少,镐挖掘困难,用撬棍方能松动,坑壁稳定,从坑壁取出大颗粒处,能保持凹面形状	钻进困难,冲击钻探时,钻杆、吊锤跳动剧烈,孔壁比较稳定
中密	骨架颗粒疏密不匀,部分不连续,空隙填满但不甚密实	天然陡坡不易陡立或坎下堆积物较多,但大于粗颗粒的安息角,镐可挖掘,坑壁有掉块现象,从坑壁取出大颗粒处,砂类土不易保持凹面形状	钻进困难,冲击钻探时,钻杆、吊锤跳动不剧烈,孔壁有坍塌现象
稍密	多数骨架颗粒疏密不接触,充填物较多,但较松散	不易形成陡坎,天然坡接近颗粒的安息角,镐可挖掘,坑壁易坍塌,从坑壁取出大颗粒后即落塌	钻进较容易,冲击钻探时,钻具有跳动,孔壁易坍塌
松散	骨架颗粒有较大空隙,充填物少	天然坡多为主要颗粒的安息角,坑壁易坍塌	钻进中孔壁易坍塌

(二)土的描述

在现场对土样鉴别的基础上,要对土样进行描述,记录于地质记录本内。同时,在采样

和实验室开启试样时,也要对试样进行描述。土的描述应符合下列规定:

(1)碎石土应描述颗粒级配、颗粒形状、颗粒排列、母岩成分、风化程度、充填物的性质和充填程度、密实度等。

(2)砂土应描述颜色、矿物组成、颗粒级配、颗粒形状、黏粒含量、湿度、密实度等。

(3)粉土应描述颜色、包含物、湿度、密实度、摇振反应、光泽反应、干强度、韧性等。

(4)黏性土应描述颜色、状态、包含物、光泽反应、摇振反应、干强度、韧性、土层结构等。

(5)特殊性土除应描述上述相应土类规定的内容外,尚应描述其特殊成分和特殊性质;如对淤泥尚需描述嗅味,对填土尚需描述物质成分、堆积年代、密实度和厚度的均匀程度等。

(6)对具有互层、夹层、夹薄层特征的土,尚应描述各层的厚度和层理特征。

【小贴士】

《岩土工程勘察规范(2009年版)》(GB 50021—2001)中提出的地基土的分类方案,目前在工程建设中广泛使用,因此应重点掌握。《土的工程分类标准》(GB/T 50145—2007)中提出的土的工程分类方案,仅在学术研究与交流中使用,所以只要一般了解即可。

【阅读与应用】

本项目所采用的国家标准有《岩土工程勘察规范(2009年版)》(GB 50021—2001)、《建筑地基基础设计规范》(GB 50007—2011)、《土的工程分类标准》(GB/T 50145—2007)等。

项目小结

一般土包括粗粒土和细粒土两大类,其中粗粒土又分为碎石土和砂土两类。细粒土分为粉土和黏性土两类,其中黏性土分为粉质黏土和黏土两种。

土常用的工程分类方法为地基土分类,其主要内容有:

(1)根据土的形成时代分为老沉积土、新近沉积土。

(2)按土的地质成因可划分为残积土、坡积土、洪积土、冲积土、淤积土、冰积土、风积土等类型。

(3)土按有机质含量分类,分为无机土、有机质土、泥炭质土和泥炭。

(4)土按颗粒级配或塑性指数分类,可将土分为碎石土、砂土、粉土、黏性土四类土。

土的野外鉴别和现场描述,是专业工作者的基本功,在学习过程中要经常练习对比,熟练掌握鉴别和描述的方法。

思考题及习题

1. 简述一般土的工程地质特征。
2. 土的工程分类目的是什么?
3. 土常用的分类方法有哪些? 可分为哪些类别?
4. 土根据地质成因可分为哪些类型?
5. 土按颗粒级配或塑性指数可分为哪些类型?
6. 土的野外鉴别的方法有哪些? 如何进行鉴别?
7. 土的描述内容有哪些? 如何进行描述?

■ 技能训练　工程地质野外实训

实习 2　土的野外鉴定定名

1. 实习目的

在实习教师指导下学会认识土，掌握土的分类命名，学会土的描述方法。

2. 实习任务

在野外指定地段完成以下任务：

(1)对指定地段的土进行观察，并鉴别，对土进行分类定名。

(2)描述指定地段的土的工程地质特征。

(3)评价土的工程地质性质。

3. 实习准备

野外寻找一天然土的露头，出露面积至少为 $5\times10\ m^2$，最好有揭露；实习学生 3~5 人为一组，配备罗盘(手持 GNSS)、卷尺、放大镜、野外记录本、记录表、小铲、铁锹等物品。

4. 实习过程

(1)定点：在指定实习地段用罗盘(手持 GNSS)定点，并记录。

(2)观察：对指定地点土的出露条件、分布情况、地形地貌特征进行观察。

(3)鉴别：利用学过的简易方法对土进行鉴别，然后分类定名，并说明分类依据。

(4)描述：对土的岩性成分、结构、工程地质特征按要求进行描述，并记录。

(5)评价土的工程地质性质，对土可能产生的建筑危害进行分析。

5. 实习要求

鉴别要求如下：

(1)对取样土层的宏观情况作出较详细的描述和记录，并对其土层的基本性质作出初步判别。

(2)对所取土样应直观地作出肉眼描述和鉴别，并定出土名，以供室内试验后定名参考。

现场记录如下：

(1)取样日期、地点、沉积环境。

(2)土层的地质年代、成因及地貌特征。

(3)取样深度及层位、阶地等级、阴阳边坡。

(4)地下水位、季节和天气。

(5)取样土层的结构、构造、密实和潮湿程度等。

(6)取样土层中夹杂物含量及分布。

(7)取样时土的状态。

描述要求：根据描述的土的类别分别按要求进行描述。

6. 实习时间安排

本次实习时间安排 2~4 学时，可在学完相关课程后进行。

7. 提交的实习成果

本次实习结束后提交实习记录、实习报告，作为评定实习成绩的依据。

项目六　岩石的工程地质性质

学习目标

理解岩石的物理、水理性质指标及其评价方法。理解岩石变形及强度特征、掌握岩石的变形和强度指标及其评价方法。

【学习导入】

岩石的工程地质性质包括岩石的物理性质、水理性质和力学性质三个主要方面。岩石的物理性质是岩石的基本工程地质性质,主要是密度性质和空隙性。岩石的水理性质是指岩石与水作用时的性质,包括吸水性、透水性、软化性、抗冻性等。岩石的力学性质指岩石在各种静力、动力作用下所表现的性质,主要包括变形和强度。表征岩石变形的指标主要有弹性模量、变形模量和泊松比;岩石的强度可分抗压强度、抗拉强度及抗剪强度。影响岩石工程地质性质的因素是多方面的,但归纳起来,主要有两个方面:一个是岩石的地质特征,如岩石的矿物成分、结构、构造及成因等;另一个是岩石形成后所受外部因素的影响,如水的作用及风化作用等。

单元一　岩石与土的工程地质性质的差别

岩石和土都是矿物的集合体,是自然地质作用的产物,并在地质作用下相互转化。土在一定温度和压力下,经过压密、脱水、胶结及重结晶等成岩作用形成岩石;岩石经风化作用,又可变成土。岩石与土之间既存在多方面的共性和密切联系,又有明显的不同。一般来说,岩石的力学性能、抗水性以及完整性都比土好得多,也有些岩石与土很难区别,如某些固结程度较差的黏土岩、泥灰岩、凝灰岩等,颗粒间的连接弱,强度低,抗变形性能差,其工程地质性质与土接近,可作为岩石与土的过渡类型。但总的说来,岩体的建筑条件比起土体来要优越得多。

岩石与土之间的差别,主要表现在如下几方面:

首先,岩石矿物颗粒间具有牢固的连接,这是岩石的重要结构特征,而土体仅有微弱的连接,这也是岩石区别于土而具有优良工程地质性质的主要原因。

其次,岩石虽然与土相比具有强度高、不易变形以及整体性和抗水性好的优点,但作为建筑物地基或建筑物环境的岩体,也具有缺陷,这就是岩体中存在着断层、节理等结构面(带),使岩体受到不同程度的切割,完整性遭到破坏,导致岩石物理、力学性质变差和严重不均匀。岩体中的这种结构面分割情况,在土中是见不到的,只有在某些裂隙黏土或老黄土中才有微弱的裂隙分布。

最后,岩体与土体的重要差别是岩体具有较高的地应力,而土体中仅有自重应力存在。

地应力的存在,使岩石的物理、力学性质变得更为复杂。

单元二　岩石的物理、水理性质

岩石和土一样,也是由固体、液体和气体组成的。岩石由于三相组成的相对比例关系不同所表现的物理状态,被称为物理性质;岩石在水溶液作用下表现出来的性质,称为水理性质。岩石的物理性质有密度性质和空隙性质;水理性质有岩石的吸水性、软化性、透水性和抗冻性等。

一、岩石的密度性质

岩石的密度性质是岩石最基本的物理性质之一。岩石密度是指单位体积内岩石的质量,单位为 g/cm³。它是研究岩石风化、岩体稳定性、围岩压力和选取建筑材料等必需的参数。岩石密度又分为颗粒密度和块体密度。

(一)颗粒密度

岩石的颗粒密度(ρ_s)是指岩石固相部分的质量与其体积的比值。它不包括空隙在内,因此其大小仅取决于组成岩石的矿物密度及其含量。例如基性、超基性岩浆岩,含密度大的矿物比较多,岩石颗粒密度也偏大,一般为 2.7~3.2 g/cm³;酸性岩浆岩含密度小的矿物较多,岩石颗粒密度也小,其 ρ_s 值多在 2.5~2.85 g/cm³ 变化;而中性岩浆岩则介于上两者之间。又如硅质胶结的石英砂岩,其颗粒密度接近于石英密度;石灰岩和大理岩的颗粒密度多接近于方解石密度。

岩石的颗粒密度属实测指标,常用比重瓶法进行测定。

(二)块体密度

块体密度(或岩石密度)是指岩石单位体积内的质量,按岩石试件的含水状态,又有干密度(ρ_d)、饱和密度(ρ_{sat})和天然密度(ρ)之分,在未指明含水状态时一般是指岩石的天然密度。

岩石的块体密度除与矿物组成有关外,还与岩石的空隙性及含水状态密切相关。致密而裂隙不发育的岩石,块体密度与颗粒密度很接近,随着空隙、裂隙的增加,块体密度相应减小。常见岩石的颗粒密度和块体密度见表 6-1。

表 6-1　常见岩石的颗粒密度和块体密度　(单位:g/cm³)

岩石类型	颗粒密度	块体密度
花岗岩	2.50~2.84	2.30~2.80
闪长岩	2.60~3.10	2.52~2.96
辉绿岩	2.60~3.10	2.53~2.97
辉长岩	2.70~3.20	2.55~2.98
安山岩	2.40~2.80	2.30~2.70
玢岩	2.60~2.84	2.40~2.80
玄武岩	2.60~3.30	2.50~3.10

续表 6-1

岩石类型	颗粒密度	块体密度
凝灰岩	2.56~2.78	2.29~2.50
砾岩	2.67~2.71	2.40~2.66
砂岩	2.60~2.75	2.20~2.71
页岩	2.57~2.77	2.30~2.62
石灰岩	2.48~2.85	2.30~2.77
泥灰岩	2.70~2.80	2.10~2.70
白云岩	2.60~2.90	2.10~2.70
片麻岩	2.63~3.01	2.30~3.00
石英片岩	2.60~2.80	2.10~2.70
绿泥石片岩	2.80~2.90	2.10~2.85
千枚岩	2.81~2.96	2.71~2.86
泥质板岩	2.70~2.85	2.30~2.80
大理岩	2.80~2.85	2.60~2.70
石英岩	2.53~2.84	2.40~2.80

【小贴士】

岩石的颗粒密度与土粒密度的定义、表示式、单位、试验方法基本相同，在数值上与比重相同，区别在于颗粒密度或土粒密度的单位为 g/cm^3，比重无量纲。岩石的块体密度与土的密度在定义、表示式、单位方面基本相同，同样分为天然密度、干密度、饱和密度等。

二、岩石的空隙性

岩石空隙性是指岩石中孔隙性、裂隙性、溶隙性的统称，用空隙率表示，反映岩石中各种空隙的发育程度，在数值上等于岩石中各种空隙的总体积与岩石总体积的比，以百分数计。空隙性对岩石的强度和稳定性产生重要的影响。岩石空隙率的大小，主要取决于岩石的结构和构造，同时也受外力因素的影响。未受风化或构造作用的侵入岩和某些变质岩，其空隙率一般是很小的，而砾岩、砂岩等一些沉积岩类的岩石，则经常具有较大的空隙率。

岩石是有较多缺陷的矿物材料，在矿物间往往留有空隙。同时，由于岩石又经受过多种地质营力作用，往往发育有不同成因的结构面，如原生裂隙、风化裂隙及构造裂隙等。所以，岩石的空隙性比土复杂得多，即除孔隙外，还有裂隙、溶隙存在。另外，岩石中的空隙有些部分往往是互不连通的，而且与大气也不相通。因此，岩石中的空隙有开口型空隙和闭合型空隙之分，开口型空隙按其开启程度又有大、小开口型空隙之分。与此相对应，可把岩石的空隙率分为总空隙率(n)、总开空隙率(n_0)、大开空隙率(n_b)、小开空隙率(n_a)和闭合空隙率(n_c)几种，其中总空隙率(n)为岩石空隙总体积与岩石体积之比；总开空隙率(n_0)为总开口空隙体积与岩石体积之比；大开空隙率(n_b)为大开口空隙体积与岩石体积之比；小开空隙率(n_a)为小开口空隙体积与岩石体积之比；闭合空隙率(n_c)为闭合空隙体积与岩石体积之比。具体见下式：

$$n=\frac{V_V}{V}\times 100\%=(1-\frac{\rho_d}{\rho})\times 100\% \tag{6-1}$$

$$n_0=\frac{V_{V0}}{V}\times 100\% \tag{6-2}$$

$$n_b=\frac{V_{Vb}}{V}\times 100\% \tag{6-3}$$

$$n_a=\frac{V_{Va}}{V}\times 100\%=n_0-n_b \tag{6-4}$$

$$n_c=\frac{V_{Vc}}{V}\times 100\%=n-n_0 \tag{6-5}$$

式中　V_V、V_{V0}、V_{Vb}、V_{Va}、V_{Vc}——岩石中空隙的总体积、总开口空隙体积、大开口空隙体积、小开口空隙体积及闭合空隙体积；

其他符号意义同前。

一般提到的岩石空隙率系指总空隙率，常见岩石的空隙率见表6-2。空隙率的大小受岩石的成因、时代、后期改造及其埋深的影响，其变化范围很大。一般新鲜结晶岩类的空隙率一般小于3%；沉积岩的空隙率较高，为1%~10%；而一些胶结不良的砂砾岩，其空隙率可达10%~20%，甚至更大。

表6-2　常见岩石的空隙率

岩石类型	空隙率(%)	岩石类型	空隙率(%)	岩石类型	空隙率(%)
花岗岩	0.4~0.5	凝灰岩	1.5~7.5	片麻岩	0.7~2.2
闪长岩	0.2~0.5	砾岩	0.8~10.0	石英片岩	0.7~3.0
辉绿岩	0.3~5.0	砂岩	1.6~28.0	绿泥石片	0.8~2.1
辉长岩	0.3~4.0	页岩	0.4~10.0	千枚岩	0.4~3.6
安山岩	1.1~4.5	灰岩	0.5~27.0	泥质板岩	0.1~0.5
玢岩	2.1~5.0	泥灰岩	1.0~10.0	大理岩	0.1~6.0
玄武岩	0.5~7.2	白云岩	0.3~25.0	石英岩	0.1~8.7

岩石的空隙性对岩石及岩体的水理性质、热学性质影响很大。一般来说，空隙率愈大，岩石的强度愈低，反之亦然。同时岩石由于空隙的存在，更易遭受各种风化营力作用，导致岩石的工程地质性质进一步恶化。对可溶性岩石来说，空隙率大，可以增强岩体中地下水的循环与联系，使岩溶更加发育，从而降低了岩石的力学强度并增强其透水性。当岩体中的空隙被黏土等物质充填时，则又会给工程建设带来诸如泥化夹层或夹泥层等岩体力学问题。因此，对岩石空隙性的全面研究，是岩体力学性质研究的基本内容之一。

岩石的空隙性指标一般不能实测，只能通过密度与吸水性等指标换算求得，其计算方法将在下面讨论。

三、岩石的吸水性

岩石的吸水性是指岩石在一定条件下(在通常大气压下)的吸水能力,在数值上等于岩石的吸水质量与同体积干燥岩石质量的比,也可以百分数计。一般用吸水率、饱和吸水率和饱水系数等指标表示。

(一)吸水率

岩石的吸水率(ω_a)是指岩石试件在大气压力条件下自由吸入水的质量($m_{\omega1}$)与岩样干质量(m_s)之比,用百分数表示,即

$$\omega_a = \frac{m_{\omega1}}{m_s} \times 100\% \tag{6-6}$$

实测时先将岩样烘干并称干质量,然后浸水饱和。由于试验是在常温常压下进行的,岩石浸水时,水只能进入大开口空隙,而小开口空隙和闭空隙水不能进入,因此可用吸水率来计算岩石的大开空隙率(n_b),即

$$n_b = \frac{V_{Vb}}{V} = \frac{\rho_d \omega_a}{\rho_w} = \rho_d \omega_a \tag{6-7}$$

式中 ρ_w——水的密度,取 $\rho_w = 1\ g/cm^3$;

其他符号意义同前。

岩石的吸水率大小主要取决于岩石中孔隙和裂隙的数量、大小及其开裂程度,同时受到岩石成因、时代及岩性的影响。大部分岩浆岩和变质岩的吸水率多为0.1%~2.0%,沉积岩的吸水性较强,其吸水率多在0.2%~7.0%变化。常见岩石的吸水率列于表6-3中。

表6-3 几种岩石的吸水性指标值

岩石名称	吸水率(%)	饱和吸水率(%)	饱水系数
花岗岩	0.46	0.84	0.55
石英闪长岩	0.32	0.54	0.59
玄武岩	0.27	0.39	0.69
基性斑岩	0.35	0.42	0.83
云母片岩	0.13	1.31	0.1
砂岩	7.01	11.99	0.6
石灰岩	0.09	0.25	0.36
白云质灰岩	0.74	0.92	0.8

(二)饱和吸水率

岩石的饱和吸水率(ω_p)是指岩石在高压(一般压力为15 MPa)或真空条件下吸入水的质量($m_{\omega2}$)与岩样干质量(m_s)之比,用百分数表示,即

$$\omega_p = \frac{m_{\omega2}}{m_s} \times 100\% \tag{6-8}$$

在高压(或真空)条件下,一般认为水能进入所有开口型空隙中,因此岩石的总开空隙率可表示为

$$n_0 = \frac{V_{V0}}{V} = \frac{\rho_d \omega_p}{\rho_w} = \rho_d \omega_p \tag{6-9}$$

岩石的饱和吸水率也是表示岩石物理性质的一个重要指标。由于它反映了岩石总开口空隙率的发育程度,因此亦可间接地用它来判定岩石的风化能力和抗冻性。常见岩石的饱和吸水率见表 6-3。

(三)饱水系数 K_ω

岩石的吸水率(ω_a)与饱和吸水率(ω_p)之比称为饱水系数。它反映了岩石中大、小开口空隙的相对比例关系。常见岩石的饱水系数见表 6-3。一般来说,饱水系数愈大,岩石中的大开口空隙相对愈多,而小开口空隙相对愈少。另外,饱水系数愈大,说明常压下吸水后余留的空隙就愈少,岩石愈容易被冻胀破坏,因而其抗冻性愈差。

四、岩石的软化性

岩石浸水饱和后强度降低的性质称为软化性,用软化系数(K_R)表示。软化系数(K_R)定义为岩石试件的饱和抗压强度($R_{c\omega}$)与干抗压强度(R_c)的比值,即

$$K_R = \frac{R_{c\omega}}{R_c} \tag{6-10}$$

显然,K_R 愈小则岩石软化性愈强。研究表明,岩石的软化性取决于岩石的矿物组成与空隙性。当岩石中含有较多的亲水性和可溶性矿物,且含大开口空隙较多时,岩石的软化性较强,软化系数较小。如黏土岩、泥质胶结的砂岩、砾岩和泥灰岩等岩石,软化性较强,软化系数一般为 0.4~0.6,甚至更低。一般认为,当软化系数 $K_R>0.75$ 时,岩石的软化性弱,同时也说明岩石的抗冻性和抗风化能力强。而 $K_R<0.75$ 的岩石则是软化性较强和工程地质性质较差的岩石。

软化系数是评价岩石力学性质的重要指标,特别是在水工建设中,对评价坝基岩体稳定性具有重要意义。

五、岩石的透水性

岩石能被水透过的性质,称为岩石的透水性,用渗透系数表示。岩石的透水性对岩石的溶蚀速度和地下岩溶的发育有着重大影响。透水性不良的岩石,溶蚀作用只限于岩石表面,很难深入岩石内部。透水性好的岩石,地表和地下溶蚀都很强,地貌发育也好。透水性强弱取决于岩石的孔隙和裂隙大小及多少。

一般认为,水在岩石中的流动,如同水在土中流动一样,也服从线性渗流规律——达西定律,即

$$V = KI \tag{6-11}$$

式中　V——渗流速度,m/d;

K——渗透系数,m/d 或 cm/s;

I——水力坡度。

渗透系数是表征岩石透水性的重要指标,其大小取决于岩石中孔隙、裂隙的数量、规模及连通情况等,并可在室内根据渗透试验测定。岩石的渗透系数一般都很小,远小于相应岩体的渗透系数,见表 6-4。新鲜致密岩石的渗透系数一般均小于 10^{-7} cm/s 量级。同一种岩

石，有裂隙发育时，渗透系数急剧增大，一般比新鲜岩石大4~6个数量级，甚至更大，说明空隙性对岩石透水性的影响是很大的。

表6-4 岩石的渗透系数 （单位：cm/s）

岩石名称	空隙情况	渗透系数
花岗岩	较致密、微裂隙	$1.1\times10^{-12}\sim9.5\times10^{-11}$
	微裂隙	$1.1\times10^{-11}\sim2.5\times10^{-11}$
	微裂隙及部分粗裂隙	$2.8\times10^{-9}\sim7\times10^{-8}$
灰岩	致密	$3\times10^{-12}\sim6\times10^{-10}$
	微裂隙、孔隙	$2\times10^{-9}\sim3\times10^{-6}$
	空隙较发育	$9\times10^{-5}\sim3\times10^{-4}$
片麻岩	致密	$<10^{-13}$
	微裂隙	$9\times10^{-8}\sim4\times10^{-7}$
	微裂隙发育	$2\times10^{-6}\sim3\times10^{-5}$
辉绿岩、玄武岩	致密	$<10^{-13}$
砂岩	较致密	$10^{-13}\sim2.5\times10^{-10}$
	空隙发育	5.5×10^{-6}
页岩	微裂隙发育	$2\times10^{-10}\sim8\times10^{-9}$
片岩	微裂隙发育	$10^{-9}\sim5\times10^{-5}$
石英岩	微裂隙	$1.2\times10^{-10}\sim1.8\times10^{-10}$

六、岩石的抗冻性

岩石孔隙中的水结冰时体积膨胀，会产生巨大的压力。岩石抵抗冻结时产生的膨胀压力作用的能力，称为岩石的抗冻性。在高寒冰冻地区，抗冻性是评价岩石工程性质的一个重要指标，常用冻融系数和质量损失率等直接指标来表示。

冻融系数（R_d）是指岩石试件经反复冻融后的干抗压强度（R_{c2}）与冻融前干抗压强度（R_{c1}）之比，用百分数表示，即

$$R_d = \frac{R_{c2}}{R_{c1}} \times 100\% \tag{6-12}$$

质量损失率（K_m）是指冻融试验前后干质量之差（$m_{s1}-m_{s2}$）与试验前干质量（m_{s1}）之比，以百分数表示，即

$$K_m = \frac{m_{s1} - m_{m2}}{m_{s1}} \times 100\% \tag{6-13}$$

试验时，要求先将岩石试件浸水饱和，然后在−20~20 ℃反复冻融25次以上。冻融次数和温度可根据工程地区的气候条件选定。

通常认为冻融系数 $R_d<25\%$，质量损失率 $K_m>2\%$时，为抗冻的岩石。

岩石的抗冻性还可以通过间接指标来确定。一般认为 $\omega_a<5\%$、$K_R>0.75$ 和饱水系数小

于 0.8 的岩石,其抗冻性相当高。

用软化系数(K_R)作为评价岩石抗冻性的指标,其值越小,表示岩石的强度和稳定性受水作用的影响越大。未受风化作用的岩浆岩和某些变质岩,其软化系数大都接近 1,是弱软化的岩石,其抗水、抗风化和抗冻性强。软化系数小于 0.75 的岩石,是软化性较强的岩石,工程性质比较差。

岩石的抗冻性取决于造岩矿物的热物理性质和强度、粒间连接、开口空隙的发育情况以及含水率等因素。由坚硬矿物组成,且具强的结晶连接的致密状岩石,其抗冻性较高;反之,则抗冻性低。

单元三　岩石的力学性质

岩石在外力作用下所表现出来的性质,称为岩石的力学性质。岩石在外力作用下首先发生变形,外力持续增加,达到或超过某一极限时,便开始破坏。岩石破坏时的强度,称为岩石的极限强度。岩石的力学性质有岩石的变形性质、强度性质等方面。

一、岩石的变形性质

岩石的变形是指在荷载作用下岩石形状和大小的变化性质。在建筑荷载作用下,岩石过量的位移变形,不但使建筑物开裂错位,而且危及建筑物的整体安全,最终导致建筑物的破坏。因此,岩石的变形性质具有重要的理论与实际意义。

(一)岩石的应力与应变关系

岩石的变形性质,可以通过对岩块进行室内变形试验来确定。试验时,把岩石加工成一定形状的试块(圆柱体、方柱体),通过材料试验机对岩石施加单向压力,在试块侧面贴上应变片测量其轴向应变(ε_L)和横向应变(ε_d),根据各级压力和测量的应变,即可绘出以压应力 σ 为纵坐标,以轴向应变(ε_L)和横向应变(ε_d)为横坐标的应力-应变曲线,通过曲线可以反映岩石在单向压缩条件下的变形特征。图 6-1 所示为岩石典型的应力-应变曲线。

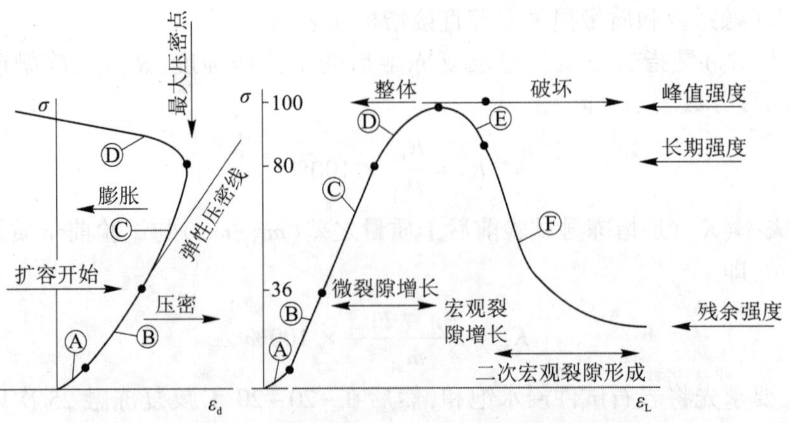

图 6-1　岩石典型的应力-应变曲线

自然界中的一般岩石,其结构内部或多或少有一些微裂隙存在,通过压缩试验,可将岩石的变形过程分为 6 个阶段。

1. 微裂隙及孔隙的闭合阶段(见图 6-12Ⓐ)

在荷载作用初期,曲线呈上凹形,表明岩石中的裂隙和孔隙逐渐被压密,本阶段对裂隙化岩石来说比较明显,但对坚硬少裂隙的岩石来说则不明显。曲线终点对应的压力为岩石的初始强度。

2. 可恢复的弹性变形阶段(见图 6-1Ⓑ)

随着荷载的增加,轴向变形成比例增长,曲线呈直线段,表明岩石处在可恢复的弹性变形阶段。曲线终点对应的压力为岩石的弹性极限强度,其值相当于峰值强度的 30%~40%。

3. 部分弹性变形至微裂隙的扩展阶段(见图 6-1Ⓒ)

这一阶段 $\sigma-\varepsilon_L$ 曲线仍呈近似的直线, $\sigma-\varepsilon_d$ 曲线则明显地偏离直线达到最大值,表明岩石连续压缩逐渐至最密实状态,体积应变趋于零。曲线终点对应的压力为岩石的屈服极限强度,其值相当于峰值强度的 80%。

4. 非稳定裂隙扩展至岩石结构破坏阶段(见图 6-1Ⓓ)

这一阶段微裂隙迅速增加并不断扩展,形成局部拉裂面或剪裂面,岩石体积变形由压缩转为膨胀,最终导致岩石结构完全破坏,曲线表现为明显的下凹形至曲线峰值。曲线终点对应的压力为岩石的峰值强度或单轴抗压强度。

5. 微裂隙聚集与扩展阶段(见图 6-1Ⓔ)

岩石经过峰值强度后,虽然内部结构完全破坏,但岩体仍呈整体,裂隙扩展形成宏观断裂面,曲线呈现度过峰值的下凹状。曲线终点对应的压力为岩石的长期强度。

6. 沿破裂面滑移阶段(见图 6-1Ⓕ)

本阶段岩石已基本分离成碎块体,并在外力作用下相互滑移,曲线呈现上凹形并逐渐达到稳定。曲线终点对应的压力为岩石的残余强度。

图 6-1 是一般岩石的典型应力-应变曲线,自然界中的岩石因矿物组成和结构的不同,应力-应变曲线的特征也不相同。1965 年美国学者米勒对不同的岩石试验结果,归纳成 6 种曲线类型,见图 6-2。类型Ⅰ[见图 6-2(a)]表现为近似直线的特点,是坚硬无裂隙岩石的

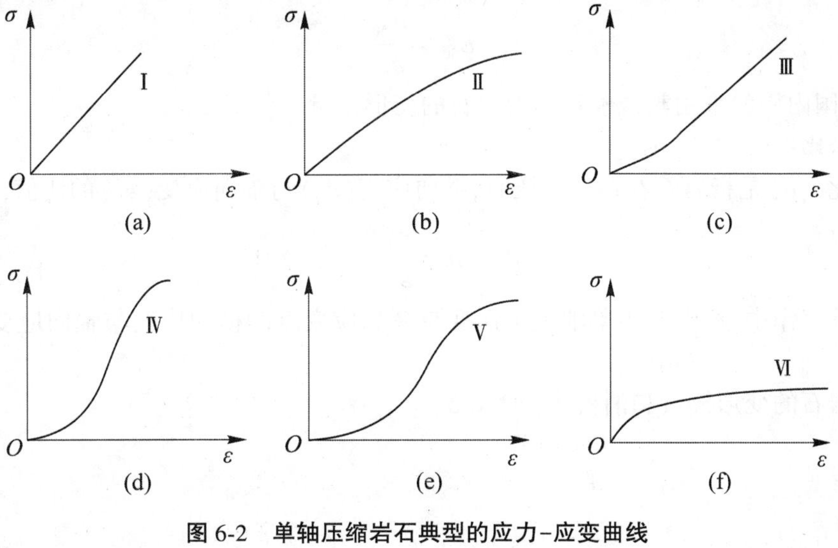

图 6-2　单轴压缩岩石典型的应力-应变曲线

变形曲线,如玄武岩、石英岩、白云岩等。类型Ⅱ[见图 6-2(b)]开始为直线末端向下弯曲,是较软而少裂隙岩石的变形曲线,如石灰岩、粉砂岩、凝灰岩等。类型Ⅲ[见图 6-2(c)]开始为上凹形曲线,然后转为直线,是坚硬而裂隙较发育岩石的变形曲线,如砂岩、花岗岩等。类型Ⅳ[见图 6-2(d)]和类型Ⅴ[见图 6-2(e)]为 S 形曲线,是岩性较软且含有微裂隙岩石的变形曲线,如片麻岩、大理岩、片岩等。类型Ⅵ[见图 6-2(f)]开始是下凹形,逐渐转为近似直线,是盐岩和其他蒸发岩的特征变形曲线。

(二)岩石的变形参数

在工程实践中,经常使用的岩石变形参数是变形模量和泊松比。

1. 变形模量

变形模量(E_0)是指岩石在单向受压时,轴向应力 σ 与轴向应变 ε_L 的比值。当应力-应变关系为直线时,变形模量为常量,数值上等于直线段斜率,由于其变形为弹性变形,所以该模量又称为弹性模量。

当应力-应变关系曲线为曲线关系时,变形模量为变量,即不同压力段上的模量不同。常用的有初始模量 E_i、切线模量 E_t 和割线模量 E_{50} 三种,见图 6-3。

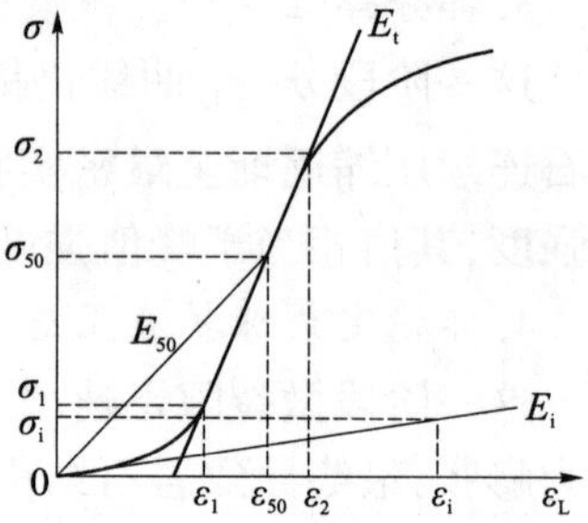

图 6-3　岩石变形模量的确定方法

初始模量(E_i):指应力-应变曲线原点处曲线的切线斜率,即

$$E_i = \frac{\sigma_i}{\varepsilon_i} \tag{6-14}$$

切线模量(E_t):指应力-应变曲线中直线段的斜率,即

$$E_t = \frac{\sigma_2 - \sigma_1}{\varepsilon_2 - \varepsilon_1} \tag{6-15}$$

割线模量(E_{50}):指应力-应变曲线上相当于单轴抗压强度 50%的应变点与原点连线的斜率,即

$$E_{50} = \frac{\sigma_{50}}{\varepsilon_{50}} \tag{6-16}$$

目前,国内一般采用割线模量作为岩石的变形模量。

2. 泊松比

泊松比(μ)是指岩石在单向受压时,横向应变(ε_d)与轴向应变(ε_L)的比值,即

$$\mu = \frac{\varepsilon_d}{\varepsilon_L} \tag{6-17}$$

在实际工作中,经常采用单轴抗压强度 50%的应变点的横向应变与轴向应变的比值计算泊松比。

常见岩石的变形模量和泊松比见表 6-5。

表 6-5 常见岩石的变形模量和泊松比

岩石名称	变形模量(万 MPa)		泊松比	岩石名称	变形模量(万 MPa)		泊松比
	初始	弹性			初始	弹性	
花岗岩	2~6	5~10	0.2~0.3	片麻岩	1~8	1~10	0.22~0.35
流纹岩	2~8	5~10	0.1~0.25	千枚岩、片岩	0.2~5	1~8	0.2~0.4
闪长岩	7~10	7~15	0.1~0.3	板岩	2~5	2~8	0.2~0.3
安山岩	5~10	5~12	0.2~0.3	页岩	1~3.5	2~8	0.2~0.4
辉长岩	7~11	7~15	0.12~0.2	砂岩	0.5~8	1~10	0.2~0.3
辉绿岩	8~11	8~15	0.1~0.3	砾岩	0.5~8	2~8	0.2~0.3
玄武岩	6~10	6~12	0.1~0.35	灰岩	1~8	5~10	0.2~0.35
石英岩	6~20	6~20	0.1~0.25	白云岩	4~8	4~8	0.2~0.35
大理岩	1~9	1~9	0.2~0.35				

(三)岩石变形的影响因素

1. 岩性

岩性是影响岩石形变特征的基本因素,石英砂岩、石英岩、花岗岩、玄武岩、片麻岩等岩石硬度大,弹性变形的屈服强度大,往往表现出脆性变形;而石灰岩、片岩、各种岩盐类岩石则往往表现出塑性变形。

2. 孔隙和裂隙

在荷载作用下岩石中的孔隙、裂隙易发生变形和压密,对岩石的变形有明显的影响,孔隙、裂隙发育则岩石的变形量大;反之,则岩石的变形量小。

3. 含水率

岩石孔隙、裂隙中的水可以减小裂隙内的摩擦力,因而饱水的岩石变形量大,而烘干岩石变形量小。

4. 地应力

天然岩体处于地应力的作用下,在长期地应力影响下,围压增高,岩石难于破裂,倾向于塑性变形。

5. 温度

温度升高,弹性极限降低,岩石很快进入塑性阶段,表现为塑性变形。塑性岩石如果放入冰箱冷冻室降温,则会变为脆性。当温度大于 0 ℃时,相对变形值随着温度上升而增加;当低于 0 ℃时,随着温度下降而增大。

6. 时间

岩石的脆、韧性因施力长短不同而不同,如果应力作用时间长,岩石应变率低,即便是坚硬的岩石,也可以转化为塑性变形。地质作用往往长期和缓慢,即便是脆性的岩石,也可以发生塑性变形。

7. 加荷速率

试验中加荷速率的影响主要在弹性变形阶段,当加荷速率缓慢时,岩石呈塑性破坏,当加荷速率很快时,岩石呈脆性破坏。只有当加荷速率相同时,以上变形参数才有可比性。

二、岩石的强度性质

岩石在外力作用下达到破坏时的强度,称为极限强度,简称强度。按照施加外力作用的方式不同,可分为抗压强度、抗拉强度、抗剪强度和长期强度几类。

(一)岩石的抗压强度

岩石的抗压强度是岩石试件在单轴压力下抵抗破坏的最大压应力。岩石的抗压强度一般是在室内压力机上进行测定的,试件采用圆柱形或立方柱形,试件两端应当平整光滑,两端面不平行度最大不超过0.05 mm,试验时以0.5~0.8 MPa/s的加荷速率加荷直至试件破坏,试验结果按下式计算抗压强度:

$$R_c = \frac{P}{A} \tag{6-18}$$

式中 R_c——岩石轴向抗压强度,MPa;

P——岩石试件破坏时的荷载,MN;

A——试件的横断面面积,m^2。

常见岩石的抗压强度参考值见表6-6。大量试验证明,影响岩石的抗压强度的因素很多,这些因素可分为两方面:一方面是岩石本身的因素,如矿物成分,结晶程度颗粒大小,以及颗粒连接及胶结情况密度和裂隙的特性和方向、风化程度和含水情况等;另一方面是试验方法上的因素或人为因素,如试件形状、尺寸、大小,试件加工情况和加荷速率等。

表6-6 常见岩石的抗压强度参考值 (单位:MPa)

岩石种类	抗压强度	岩石种类	抗压强度
粗玄岩	196~343	石英片岩	69~178
辉长岩	177~294	云母片岩	59~127
闪长岩	177~294	凝灰岩	59~167
玄武岩	147~294	千枚岩	49~196
石英岩	147~294	片麻岩	49~196
花岗岩	98~245	石灰岩	29~245
流纹斑岩	98~245	砂岩	19.6~196
大理岩	98~245	泥灰岩	12~98
板岩	98~196	页岩	9.8~98
白云岩	78~245	煤	4.9~49

(二)岩石的抗拉强度

岩石的抗拉强度是岩石试件在单轴拉力作用下抵抗破坏的最大拉应力。试验表明,岩石的抗拉强度比其抗压强度低得多。

测定岩石抗拉强度有两种方法,即直接拉伸法和间接拉伸法。由于直接拉伸法的试件制备的困难和试验条件的复杂性,目前多采用间接拉伸法,其中又以劈裂法最常用。

劈裂法是把圆柱体或立方体试样横置于压力机的承压板上,并在试件与上下承压板间各放一根垫条，然后以一定的速率加载，直至试件破坏。按下式计算岩样的抗拉强度：

$$R_t = \frac{2P}{\pi DL} \tag{6-19}$$

式中　R_t——试样的抗拉强度；

P——破坏时的极限压力，kN；

D——圆柱体或立方体试样的直径或宽度，mm；

L——圆柱体或立方体试样的长度，mm。

由试验可知，岩石的抗拉强度极限大致仅为同类岩石抗拉强度的1/10~1/30，最坚硬的岩石的抗拉强度也只有29.6 MPa左右，而许多岩石的抗拉强度小于1.96 MPa。表6-7为某些岩石的抗拉强度参考值。

表6-7　某些岩石的抗拉强度参考值　　（单位：MPa）

岩石种类	抗拉强度	岩石种类	抗拉强度
辉绿岩	7.85~11.77	粗砂岩	3.9~4.9
细砂岩	7.85~11.77	流纹岩	3.9~6.86
铁质砂岩	6.86~8.83	大理岩	3.9~5.88
石英岩	6.86~8.83	石灰岩	2.9~4.9
玄武岩	6.86~7.85	斑状花岗岩	2.9~4.9
中砂岩	4.90~6.86	页岩	1.96~3.9
花岗岩	3.90~9.81	白垩岩	0.9

影响岩石抗拉强度的因素与抗压强度影响因素相同，但起控制作用的因素是岩石的结构，尤其是岩石的裂隙影响最大。

（三）岩石的抗剪强度

岩石抗剪强度是岩石抵抗剪切破坏的最大剪应力，在数值上等于岩石受剪至破坏时剪切面上的极限剪应力值，常以黏聚力 C 和内摩擦角 φ 这两个剪切参数表示。由于岩石的抗剪强度指标在评价岩石稳定性中具有广泛用途，因此研究岩石的抗剪强度特性更具有实际意义。

岩石的抗剪强度可以通过室内外的剪切试验确定。岩石的剪切试验可分为抗剪断试验、抗剪试验（或称摩擦试验）和抗切试验（在剪切面上不加法向荷载的情况下剪切）三种，分别测定岩石的抗剪断强度、抗剪（摩擦）强度和抗切强度，见图6-4。

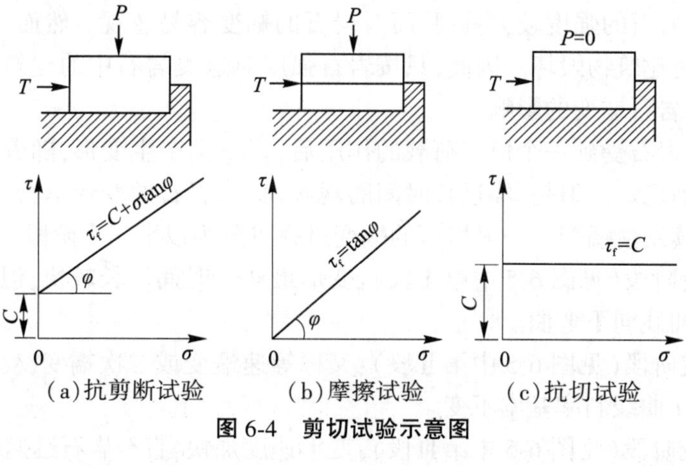

图6-4　剪切试验示意图

1. 抗剪断强度

抗剪断强度指在一定的法向应力作用下,沿预定剪切面剪断时的最大剪应力[见图 6-4(a)],它反映了岩石的黏聚力和内摩擦阻力之和。

2. 抗剪(摩擦)强度

抗剪(摩擦)强度指在一定的法向应力作用下,沿已有破裂面剪坏时的最大剪应力[见图 6-4(b)],它反映了岩石中微结构面(裂隙、层理等)或人工破裂面上的摩擦阻力。

3. 抗切强度

抗切强度指法向应力为零时,沿预定剪切面剪断时的最大剪应力[见图 6-4(c)],它反映了岩石的黏聚力。

常见岩石的内摩擦角和黏聚力见表 6-8。

表 6-8　常见岩石的内摩擦角和黏聚力

岩石种类	内摩擦角(°)	黏聚力(MPa)	岩石种类	内摩擦角(°)	黏聚力(MPa)
辉绿岩	55~60	24.5~58.8	大理岩	35~50	14.8~28.4
石英岩	50~60	19.6~58.8	石灰岩	35~50	9.8~49
辉长岩	50~55	9.8~49	白云岩	35~50	19.6~49
闪长岩	50~55	9.8~49	砾岩	35~50	7.85~49
花岗岩	45~60	13.7~49	砂岩	35~50	7.85~39.2
流纹岩	45~60	9.8~49	片麻岩	30~50	2.9~4.9
玄武岩	48~55	19.6~58.8	片岩	25~65	0.98~19.6
安山岩	45~50	9.8~39	页岩	15~30	2.9~19.6
板岩	45~60	1.96~19.6			

(四)岩石的长期强度

岩石在大小和方向都不改变的恒荷作用下,变形量随时间延续而不断增长的现象称为岩石的蠕变。蠕变现象常可以在斜坡和地下洞室围岩中直接观察到。在某些岩石中修建筑物时,人们往往对岩石的强度较为重视,而对岩石的蠕变容易忽视。然而,蠕变使岩体产生的过大变形也能使建筑物毁坏。因此,只按岩石强度对这类岩石中的建筑物进行设计是不安全的,应该考虑岩石蠕变的影响。

试验表明,当岩石受到一个恒定荷载的作用后,岩石会产生变形,随着时间的延续其变形过程会逐渐达到稳定。但是,经过长时间的观测表明,岩石的变形不会一直稳定不变,而是随着时间的延续发生蠕变。一般岩石的蠕变过程可分为以下三个阶段。

(1)初始蠕变阶段(见图 6-5 中第Ⅰ段):变形最初随时间增长较快,但变形速率随时间逐渐降低,$\varepsilon - t$ 曲线向下弯曲。

(2)稳定蠕变阶段(见图 6-5 中第Ⅱ段):又称等速蠕变或二次蠕变,变形随时间呈近于等速地增长,$\varepsilon - t$ 曲线斜率基本不变。

(3)加速蠕变阶段(见图 6-5 中第Ⅲ段):变形速度加快,直至岩石迅速破坏。

岩石的蠕变现象根据岩石的类型会有不同的形式,图 6-6 给出了岩石蠕变曲线的 3 种形式:花岗岩在较小的恒定荷载作用下,开始变形随时间而增长,但变形随时间很快趋于稳定;这种蠕变一般可以忽略不计;砂岩在较小恒荷下,变形随时间而增长,但变形速率随时间递减,最终趋于稳定,这种蠕变对工程建筑不会造成危害,称为趋于稳定的蠕变;页岩的蠕变变形达到一定值时,以常速无限地增长,最终导致岩石破坏,这种蠕变对工程建筑物构成危害,称为不趋于稳定的蠕变。

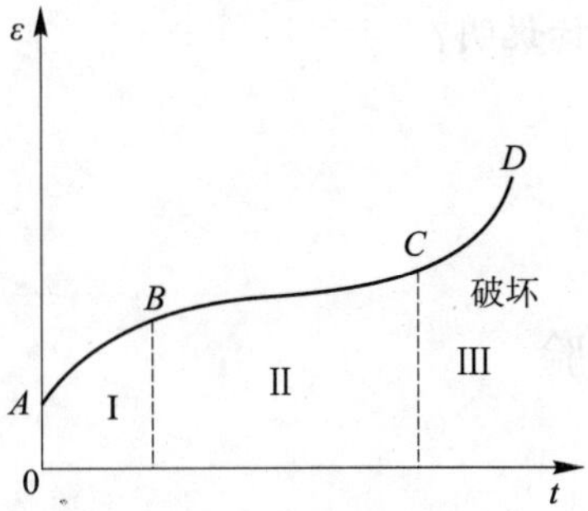

图 6-5　岩石典型蠕变曲线

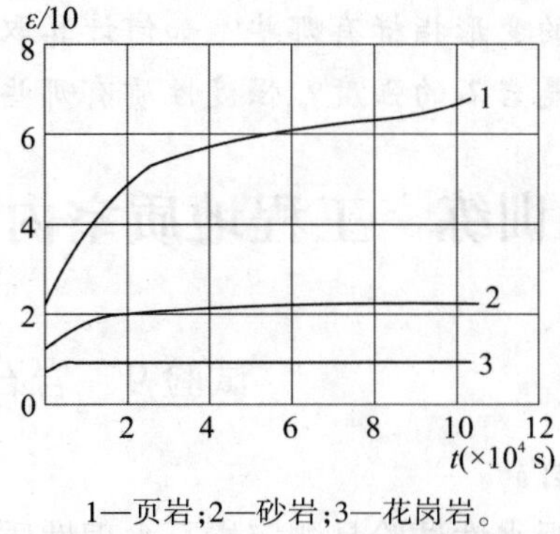

1—页岩;2—砂岩;3—花岗岩。

图 6-6　几种岩石在恒压 9.8 MPa 和室温下的蠕变曲线

另外,对于同一种岩石来说,应力越大,Ⅱ阶段蠕变持续的时间越短,Ⅲ阶段的破坏出现就越快。在应力很大时,几乎在加载后就立即产生破坏。而在应力较小时,则可能仅出现Ⅰ阶段或Ⅰ、Ⅱ阶段蠕变。使岩石仅产生蠕变变形而不产生破坏的最大应力,称为蠕变极限,也称为长期强度。

【小贴士】

掌握岩石的工程地质性质与掌握土的工程地质性质基本类似。首先要掌握组成岩石各项工程地质性质的基本概念,其次要掌握说明岩石各项工程地质性质指标的定义、定义式、单位及其应用。

【阅读与应用】

本项目所采用的都是目前正在实施的国家标准,主要有《工程岩体试验方法标准》(GB/T 50266—2013)等规范。

项目小结

(1)岩石由于三相组成的相对比例关系不同所表现的物理状态,称为物理性质;岩石在水溶液作用下表现出来的性质,称为水理性质。岩石的物理性质有密度性质和空隙性质;水理性质有岩石的吸水性、软化性、透水性和抗冻性等。

(2)岩石在外力作用下所表现出来的性质,称为岩石的力学性质。岩石的力学性质有岩石的变形性质、强度性质等方面。

(3)岩石的各项物理、水理、力学性质都有具体的指标进行说明,这些指标是定量评价岩石工程地质性质的主要依据。

思考题及习题

1. 什么是岩石的物理性质？有哪些指标说明？

2. 什么是岩石的水理性质？有哪些指标说明？

3. 岩石典型的应力-应变曲线分为几个阶段？各有什么特征？

4. 岩石的变形指标有哪些？如何计算取值？

5. 什么是岩石的强度？强度性质有哪些？各有什么指标说明？

■ 技能训练 工程地质室内实训

试验 9 岩石的吸水性试验

1. 试验目的

岩石的吸水性试验是测定岩石水理性质的主要试验方法。通过吸水性试验，主要测定岩石的吸水率、饱和吸水率，从而评定岩石的饱水系数。岩石的吸水率和饱和吸水率能有效地反映岩石微裂隙的发育程度，可用来判断岩石的空隙性、软化性、岩石的抗冻性和抗风化等性能。

2. 试验方法

岩石的吸水性试验应包括岩石的吸水率试验和岩石的饱和吸水率试验。岩石的吸水率采用自然浸水法测定。岩石的饱和吸水率采用煮沸法或抽真空法强制饱和后测定，岩石的饱和吸水率应在岩石的吸水率测定之后进行。在测定岩石吸水率和饱和吸水率的同时，应采用水中称量法测定岩石块体密度。

本试验适用于遇水不崩解的岩石试件。

3. 试验原理

岩石的吸水率是岩石在大气压力和室温条件下吸入水的质量与岩石固体颗粒质量的比值，以百分数表示。

岩石的饱和吸水率是岩石在强制条件下的最大吸入水的质量与岩石固体颗粒质量的比值，以百分数表示。

4. 试验准备

1）试样准备

（1）规则试样应符合下列要求：①试件尺寸应大于岩石最大颗粒的 10 倍，最小尺寸不宜小于 50 mm；②试件可用圆柱体、方柱体或立方体；③沿试件高度直径或边长的误差不得大于 0.3 mm；④试件两端面不平行度误差不得大于 0.05 mm；⑤端面应垂直于试件轴线，最大偏差不得大于 0.25°；⑥方柱体或立方体试件相邻两面应互相垂直，最大偏差不得大于 0.25°。

（2）不规则试样应采用 40~60 mm 的浑圆状岩块。

（3）每组试验试样的数量应为 3 个。

2)仪器设备

(1)钻石机、切石机、磨光机和砂轮机等。

(2)烘箱和干燥器。

(3)天平。

(4)水槽。

(5)真空抽气设备和煮沸设备。

(6)水中称量装置。

5. 试验过程

(1)将试件放在温度为105~110 ℃的烘箱内,12~24 h烘至恒量,取出置于干燥器内冷却至室温,称其质量M_d,精确至0.01 g。

(2)测定吸水率时,将称量后的试件放入水槽,先注水至试件高度1/4处,以后每隔2 h分别注水至试件高度1/2、3/4处,6 h后全部浸没试件后再吸水48 h,取出沾去表面水分后称量,其质量为M_{og}。

(3)测定饱和吸水率时,将称量后的试件放入水槽,注水至试件高度的一半,2 h后,再加水浸没试件,煮沸6 h。煮沸的试件在原水槽中冷却至室温,取出沾去试件表面的水分后称量,其质量为M_p。

(4)经煮沸(或抽真空饱和)的试件应在水中称量装置上称量试件的质量M_w。

6. 试验成果

成果整理如下:

岩石的吸水率

$$\omega_a = \frac{(M_1 - M_d)}{M_d} \times 100\% \tag{6-20}$$

岩石的饱和吸水率

$$\omega_p = \frac{(M_p - M_d)}{M_d} \times 100\% \tag{6-21}$$

岩石的块体干密度

$$\rho_d = \frac{M_d \rho_w}{M_p - M_w} \tag{6-22}$$

岩石的密度(颗粒密度)

$$\rho_s = \frac{M_d \rho_w}{M_d - W_w} \tag{6-23}$$

式中　M_1——试件浸水48 h后的质量,g;

M_d——烘干试件的质量,g;

M_p——试件经强制饱和后的质量,g;

M_w——强制饱和试件在水中称量的质量,g;

ρ_w——洁净水的密度,取1.00 g/cm^3。

试验结果应精确至0.01%。

岩石的饱水系数$K_w = \omega_a/\omega_p$,精确至0.01。

岩石的饱水系数是评价岩石抗冻性的一种指标,一般在0.5~0.8。岩石的饱水系数愈大,说明常压下吸水后留余的空间有限,岩石更容易被冻胀破坏,因而岩石的抗冻性就差。

7. 记录表格

试验记录格式见表6-9。

表 6-9　岩石吸水性试验记录表

实验室名称				记录编号		
工程部位/用途				委托单编号		
试验依据				样品编号		
样品描述				样品名称		
试验条件						
主要仪器设备						
试件编号						
烘至恒重时的试件质量	(g)					
吸水至恒重时的试件质量	(g)					
经强制饱和后的质量	(g)					
岩石吸水率值	(%)					
岩石吸水率平均值	(%)					
岩石饱和吸水率值	(%)					
岩石饱和吸水率平均值	(%)					
饱水系数						
备注						

试验者：　　　　　　　　　　　　校核者：　　　　　　　　　　　　试验日期：　年　月　日

8. 注意事项

(1)试件加工尺寸一定要准确,试件加工要避开岩石微裂隙面。

(2)吸水率测定时浸水时间一定要足够。

(3)测定饱和吸水率时应严格按试件制备要求进行。

9. 思考题

(1)试件测定吸水率时,测定的是什么空隙率?

(2)试件测定饱和吸水率时,测定的是什么空隙率?

(3)分析试验误差产生的原因,如何提高试验精度?

试验 10　岩石的单轴抗压强度试验

1. 试验目的

通过岩石的单轴抗压强度试验测定岩石在单向受压条件下,能够承受的极限应力值,也即岩石的单轴抗压强度,用于评定岩石的力学性质。

2. 试验方法

本方法采用单轴压力机法测定岩石的单轴抗压强度,试验时试件含水状态还可根据需要选择天然状态、烘干状态或冻融循环后状态。试件的含水状态要在试验报告中注明。本方法采用饱和状态下的岩石立方体(或圆柱体)试件进行试验。

单轴抗压强度试验适用于能制成规则试件的各类岩石。

3. 试验原理

岩石单轴抗压强度的测定，一般采用直接压坏标准试件的方法，常与岩石的变形试验同步进行。

4. 试验准备

1) 试样制备

(1) 试样加工：锯切试样时，试样可用岩芯或岩块，制成圆柱标准试样，直径为 5 cm，允许变化范围为 4.8~5.2 cm；也可采用 5 cm×5 cm×10 cm 的方柱体。非均质的粗粒结构岩石，或取样尺寸小于标准尺寸者，允许采用非标准试样，但高径比值必须保持 2∶1。试样最好锯取天然产状的，若岩样具层理、片理，最好切取垂直和平行层理、片理的两组试样，用红漆编号并以箭头标明方向。

(2) 试样数量：视所要求的受力方向（垂直和平行层理）或含水状态（干燥、饱水、天然和冻融）而定，每种制备 3 个。

(3) 试样制备的精度：在试样整个高度上，直径误差不得超过 0.3 mm；两端面的平行度最大误差不得超过 0.05 mm；端面应垂直于试样轴线，最大偏差不得超过 0.25°。

(4) 制备试样时采用冷却水，必须洁净，不许使用油液。

(5) 遇水崩解、溶解和干缩湿胀的岩石，应采用干法制样。

2) 仪器设备

(1) 压力机：应具足够加载量（1 000~2 000 kN），能在总加载量的 10%~90%进行试验，且能连续加荷没有冲击。压力机承压板应不小于试样直径或边长，也不宜大于试样直径或边长的 2 倍。

(2) 试样加工设备，如钻石机、切石机、磨光机、卡尺、角尺、测量平台、放大镜、金刚砂、玻璃板、烘箱、干燥器等。

(3) 天平：称量大于 500 g，感量 0.01 g。

(4) 其他：水槽、煮沸设备、真空抽气设备、测径器等。

3) 试样描述

描述岩石名称、颜色、结构、矿物成分、颗粒大小、胶结物性质等特征；描述节理发育程度及分布，并记录受载方向与层理、片理及节理裂隙间的关系；测量试样尺寸，检查试样加工精度，并记录试样加工过程中的缺陷。

5. 试验过程

(1) 试样安装：将试样置于压力机承压板的中心，调整有球形座的承压板，使之均匀受压。

(2) 调整零点：使压力表读盘、平衡锤及油门一致，调整压力表指针至零点。

(3) 加荷观测：以 0.5~0.8 MPa/s 的加荷速度加压，直至试件破坏，记录最大的破坏荷载并观察压力表指针移动，直至指针停止移动、主动针回弹，记录此时压力表指针读数。此值即为岩石破坏时的极限荷载。

(4) 试件描述：升起压力机上压板，取出被压坏的试样，描述岩石破裂形式、外貌与构造面的关系。

6. 试验成果

按下式计算岩石单轴抗压强度 R（单位：MPa）：

$$R = \frac{P}{A} \tag{6-24}$$

式中　P——最大破坏荷载，N；

　　A——垂直于加荷方向的试件断面面积，mm^2。

7. 试验记录

记录格式见表 6-10。

表 6-10　岩石单轴抗压试验记录表

工程名称________　　试验者________

试验日期________　　校核者________

试样编组号	试样编号	岩石名称	受力状态	含水状态	试样尺寸			破坏的最大荷载（N）	单轴抗压强度（MPa）	备注
					平均直径（或边长）（mm）	平均高度（mm）	断面面积（mm^2）			

8. 注意事项

（1）试件可用岩芯或岩块加工制成。

（2）试件在采取、运输和制备过程中应避免产生裂缝。

（3）试件加工尺寸一定要准确，试件加工要避开岩石微裂隙面。

9. 思考题

（1）测定岩石单轴抗压强度时，为什么要采用不同的含水状态的试件？

（2）分析试验误差产生的原因，如何提高试验精度？

试验 11　岩石的直剪试验

1. 试验目的

岩石的抗剪强度是岩石对剪切破坏的极限抵抗能力。通过岩石的直剪试验测定岩石在各种试件条件下的抗剪断强度指标，以评价岩石的力学性质。

2. 试验方法

本试验采用直剪试验测定岩石的抗剪强度。此试验一般可测定混凝土与岩石胶结面的抗剪强度、岩石软弱结构面（包括夹泥和不夹泥的层面、节理裂缝面和断层带等）的抗剪强度、岩石本身的抗剪强度。试验时岩石的含水状态可根据需要采用天然含水状态、饱和状态或其他含水状态，本次试验测定天然含水状态下岩石本身的抗剪强度。

3. 试验原理

岩石抵抗剪切破坏的最大能力称为抗剪强度。测定岩石抗剪强度是采用对5个以上的试件,施加不同的法向荷载,用平推法施加水平剪切力,直至试件被剪坏,计算抗剪强度,根据莫尔理论,求得抗剪强度参数内摩擦角(φ)和黏聚力(C)。

4. 试验准备

1)试样制备

试件尺寸应符合下列要求:

(1)岩块直剪试验试件的直径或边长不得小于50 mm,试件高度应与直径或边长相等。

(2)岩石结构面直剪试验试件的直径或边长不得小于50 mm,试件高度与直径或边长相等,结构面应位于试件中部。

(3)混凝土与岩石胶结面直剪试验试件宜为正方体,其边长不宜小于150 mm,胶结面应位于试件中部,浇筑前岩石接触面的起伏差应为边长的1%~2%,混凝土应按预定的配合比浇筑,骨料的最大粒径不得大于边长的1/6。

(4)含水状态可根据需要,采用天然含水状态、饱和状态或其他含水状态。

(5)每组试验试件的数量不应少于5个。

2)仪器设备

(1)试样制备设备,如锯石机、磨光机、卡尺、角尺、金刚砂、玻璃板、烘箱等。

(2)试样饱和与养护设备。

(3)应力控制式平推法直剪试验仪。

(4)位移测表等。

3)试件描述

试件描述应包括下列内容:

(1)岩石名称、颜色、矿物成分、结构、风化程度、胶结物性质等。

(2)层理、片理、节理、裂隙的发育程度及其与剪切方向的关系。

(3)结构面的充填物性质、充填程度以及试件在采取和制备过程中受扰动的情况。

5. 试验过程

1)试件安装

(1)将试件置于金属剪切盒内,试件与剪切盒内壁之间的间隙以填料填实,使试件与剪切盒成为一个整体。预定剪切面应位于剪切缝中部。

(2)安装试件中,法向荷载和剪切荷载(或两者的合力)应通过预定剪切面的几何中心。若测剪切位移,法向位移测表和水平位移测表应对称布置,各测表数量不宜少于2只。

2)法向荷载的施加

(1)在每个试件,首先应分别施加不同的法向应力,所施加的最大法向应力不宜小于预定的法向应力。(预定的应力或预定的压力,一般是指工程设计应力或工程设计压力。在确定试验应力或试验压力时,还应考虑岩石或岩体的强度、岩体的应力状态以及设备精度和出力。)

(2)对于岩石结构面中具有充填物的试件,最大法向应力应以不挤出充填物为宜。

(3)不需要固结的试件,法向荷载一次施加完毕,即测读法向位移,5 min后再测读一次,即可施加剪切荷载。

(4)需固结的试件,在法向荷载施加完毕后的第一小时内,每隔 15 min 读数一次,然后每半小时读数一次,当每小时法向位移不超过 0.05 mm 时,即认为固结稳定,可施加剪切荷载。

(5)在剪切过程中,应使法向荷载始终保持为常数。

3)剪切荷载的施加方法

剪切荷载的施加方法应符合下列规定:

(1)按预估最大剪切荷载分 8~12 级施加。每级荷载施加后,即测读剪切位移和法向位移,5 min 后再测读一次,即可施加下一级剪切荷载直至破坏,当剪切位移量增幅变大时,可适当加密剪切荷载分级。

(2)加荷速度应控制在 0.5~0.8 MPa/s。

(3)试样破坏后,应继续施加剪切荷载,直至测出趋于稳定的剪切荷载值。

(4)应将剪切荷载退荷至零,根据需要,待试件充分回弹后,调整测表,按上述步骤进行摩擦试验。

4)剪切破坏标准

(1)剪切载荷加不上或无法稳定。

(2)剪切位移明显变大,在剪应力与剪切位移关系曲线上出现明显突变段。

(3)剪切位移增大,在剪应力与剪切位移曲线上未出现明显突变段,但总剪切位移已达到试件边长的 10%。

5)描述剪切面

试验结束后,应对试件剪切面进行描述:

(1)准确量测剪切面面积。

(2)详细描述剪切面的破坏情况,以及擦痕的分布、方向和长度。

(3)测定剪切面的起伏差,绘制沿剪切方向断面高度的变化曲线。

(4)当结构面内有充填物时,应准确判断剪切面的位置,并记述其组成成分、性质、厚度、构造。根据需要测定充填物的物理性质。

6. 试验成果

(1)按下式计算法向荷载下的法向应力和剪应力:

$$\sigma = P/A \tag{6-25}$$

$$\tau = Q/A \tag{6-26}$$

式中　τ——作用于剪切面上的剪应力,MPa;

P——作用于剪切面上的法向荷载,N;

Q——作用于剪切面上的剪切荷载,N;

A——剪切面积,mm。

(2)根据各剪切阶段特征点的剪应力和法向应力绘制关系曲线,按库仑表达式确定相应的岩石抗剪强度参数。

7. 试验记录

试验记录见表 6-11。

表 6-11 岩石直剪试验原始记录表

项目编号: 仪器编号: 试验日期:______

岩石名称	含水状态	试样编号	试样直径(cm)				垂向荷载(kN)	垂向应力(MPa)	剪向荷载(kN)	剪向应力(MPa)	备注
			测定值			平均值					
试件描述											

试验者: 计算者: 校核者:

8. 注意事项

(1)应在现场采取试件,在采取、运输和制备过程中应防止产生裂缝和扰动。

(2)试样受剪切方向应与工程岩体受力方向一致。在现场取样时,一定要标注每个取样点的工程位置,根据岩体的受力方向确定每组试件的剪切方向。

9. 思考题

(1)试件加工制备如何影响试验精度?

(2)试件的含水状态对测试结果有何影响?

项目七　岩体的工程地质性质

学习目标

掌握岩体结构面的成因及评价特征,理解岩体结构体的评价特征,了解岩体结构对岩体力学性质的影响。

【学习导入】

岩体是指在地质历史形成过程中形成的,具有一定的岩石成分、结构特征及赋存于一定地应力环境中的地质体。岩体在大范围岩石的内部由连接力较弱的层理、片理和节理、断层等切割下,具有明显的不连续性。这是岩体的重要特点,使岩体结构的力学效应减弱和消失,岩体强度远远低于岩石强度,岩体变形远远大于岩石本身,岩体的渗透性远远大于岩石的渗透性。

岩石与大范围天然岩体的力学性质有很大差别。概括来说,天然岩体与实验室内制作的岩石试件(岩石)有显著不同:①作为建筑物地基或围岩介质的不是单块岩石,而是岩体。岩体是地质体的一部分,内部包含着各种宏观的地质界面(如层面、节理、破碎带、不整合面、接触带、片理、断层等),以及由这些界面分割的大小不等、形状各异、多有一定规律排列的许多岩块。这些地质界面统称为结构面,被结构面切割而成的岩块,称为结构体或简称岩石。因此,岩体和岩石是两个不同的概念,岩石只是组成岩体的最小物质单元,岩体则除了岩石还包含各种结构面。②岩体在自然状态下经历了漫长的地质作用过程,赋存于一定地质环境之中,地应力、地温、地下水等因素对其物理力学性质有很大影响,其中存在着各种地质构造和软弱面,如不整合、褶皱、断层、节理、裂隙等。而岩石试件只是为实验室试验而加工的岩块,已完全脱离了原有的地质环境。③岩体具有地质的不连续性、非均质性、各向异性以及存在于不同的天然应力场中的特点,地质的不连续包括岩性的不连续和结构的不连续两个方面;而岩石则相反,具有地质上连续的、均质的、各向同性的特点。因此,岩体的工程地质性质首先取决于结构面的性质,其次取决于组成岩体的岩石的性质。

单元一　岩体的结构特征

岩体的结构,包括结构面和结构体两部分,它们的结构特征对岩体的工程地质性质有很大的影响。下面就岩体的结构面和结构体对岩体工程地质性质的影响作一介绍。

一、结构面的工程地质特征

结构面是指发育于岩体内,具有一定的方向和延展性,工程地质性质相对比较薄弱,厚度较小的各种地质界面,如层面、不整合面、节理面、断层、片理面等。这些结构面中,规模较大、强度低、易变形的结构面又称为软弱结构面。此类结构面是工程地质研究的重点。

(一)结构面的成因类型

根据地质成因的不同,可将结构面划分为原生结构面、构造结构面和次生结构面三类。

1. 原生结构面

原生结构面是岩体在成岩过程中形成的结构面,其特征与岩体成因密切相关,因此又可分为沉积结构面、岩浆结构面和变质结构面三类。

沉积结构面是沉积岩在沉积和成岩过程中形成的,包括层理面、软弱夹层、沉积间断面和不整合面等。沉积结构面的特征与沉积岩的成层性有关,一般延伸性较强,常贯穿整个岩体,产状随岩层产状而变化,如在海相沉积岩中分布稳定而清晰,在陆相岩层中常呈透镜状。

岩浆结构面是岩浆侵入及冷凝过程中形成的结构面,包括岩浆岩体与围岩的接触面、各期岩浆岩之间的接触面和原生冷凝节理等。

变质结构面可分为残留结构面和重结晶结构面。残留结构面主要是沉积岩经变质后,在层面上绢云母、绿泥石等鳞片状矿物富集并呈定向排列而形成的结构面,如千枚岩的千枚理面和板岩的板理面等。重结晶结构面主要有片理面和片麻理面等,它是岩石在发生深度变质和重结晶作用下,片状矿物和柱状矿物富集并呈定向排列形成的结构面,它改变了原岩的面貌,对岩体的物理力学性质常起控制性作用。

原生结构面中,除部分经风化卸荷作用裂开者外,多具有不同程度的连接力和较高的强度。

2. 构造结构面

构造结构面是岩体形成后在构造应力作用下形成的各种破裂面,包括断层、节理、劈理和层间错动面等。构造结构面除被胶结者外,绝大部分都是脱开的。规模大者如断层、层间错动等,多数有厚度不等、性质各异的充填物,并发育有由构造岩组成的构造破碎带,具多期活动特征。在地下水的作用下,有的已泥化或者已变成软弱夹层。因此,这部分构造结构面(带)的工程地质性质很差,其强度接近于岩体的残余强度,常导致工程岩体的滑动破坏。规模小者如节理、劈理等,多数短小而密集,一般无充填或只具薄层充填,主要影响岩体的完整性和力学性质。

3. 次生结构面

次生结构面是岩体形成后在外营力作用下产生的结构面,包括卸荷裂隙、风化裂隙、泥化夹层和次生夹泥层等。

卸荷裂隙是因表部被剥蚀卸荷造成应力释放和调整而产生的,产状与临空面近于平行,并具张性特征。如河谷岸坡内的顺坡向裂隙及谷底的近水平裂隙等,其发育深度一般达基岩面以下 5~10 m,局部可达数十米,甚至更大。谷底的卸荷裂隙对水工建筑物危害很大,应特别注意。

风化裂隙一般仅限于地表风化带内,常沿原生结构面和构造结构面叠加发育,使其性质进一步恶化。新生成的风化裂隙,延伸短、方向紊乱、连续性差。

泥化夹层是原生软弱夹层在构造及地下水共同作用下形成的;次生夹泥层则是地下水挟带的细颗粒物质及溶解物沉淀在裂隙中形成的。它们的性质一般都很差,属软弱结构面。

各类结构面的主要特征如表 7-1 所示。

表 7-1　岩体结构面的类型及其特征(张咸恭,1979)

成因类型		地质类型	主要特征			工程地质评价
			产状	分布	性质	
原生结构面	沉积结构面	1. 层理层面 2. 软弱夹层 3. 不整合面、假整合面 4. 沉积间断面	一般与岩层产状一致,为层间结构面	海相岩层中此类结构面分布稳定,陆相岩层中呈交错状,易尖灭	层面、软弱夹层等结构面较为平整;不整合面及沉积间断面多由碎屑泥质物构成,且不平整	国内外较大的坝基滑动及滑坡很多由此类结构面所造成,如奥斯汀、圣·弗朗西斯、马尔帕塞坝的破坏,瓦依昂水库附近的巨大滑坡、岩浆结构面、侵入体与围岩接触面
原生结构面	岩浆岩结构面	1. 侵入体与围岩接触面 2. 岩脉岩墙接触面 3. 原生冷凝节理	岩脉受构造结构面控制,而原生节理受岩体接触面控制	接触面延伸较远,比较稳定,而原生节理往往短小密集	与围岩接触面可具熔合及破碎两种不同的特征,原生节理一般为张裂面,较粗糙不平	一般不造成大规模的岩体破坏,但有时与构造断裂配合,也可形成岩体的滑移,如有的坝肩局部滑移
原生结构面	变质结构面	1. 片理 2. 片岩软弱夹层	产状与岩层或构造方向一致	片理短小,分布极密,片岩软弱夹层延展较远,具固定层次	结构面光滑平直,片理在岩层深部往往闭合成隐蔽结构面,片岩软弱夹层具片状矿物,呈鳞片状	在变质较浅的沉积岩,如千枚岩等路堑边坡常见塌方。片岩夹层有时对工程及地下洞体稳定也有影响
构造结构面		1. 节理(X 形节理、张节理) 2. 断层(冲断层、捩断层、横断层) 3. 层间错动 4. 羽状裂隙、劈理	产状与构造线呈一定关系,层间错动与岩层一致	张性断裂较短小,剪切断裂延展较远,压性断裂规模巨大,但有时被横断层切割成不连续状	张性断裂不平整,常具次生充填,呈锯齿状,剪切断裂较平直,具羽状裂隙,压性断层具多种构造岩,呈带状分布,往往含断层泥、糜棱岩	对岩体稳定影响很大,在上述许多岩体破坏过程中,大都有构造结构面的配合作用。此外常造成边坡及地下工程的塌方、冒顶
次生结构面		1. 卸荷裂隙 2. 风化裂隙 3. 风化夹层 4. 泥化夹层 5. 次生夹泥层	受地形及原结构面控制	分布上往往呈不连续状,透镜状,延展性差,且主要在地表风化带内发育	一般为泥质物充填,水理性质很差	在天然及人工边坡上造成危害,有时对坝基、坝肩及浅埋隧洞等工程亦有影响,但一般在施工中予以清基处理

(二)结构面的描述内容

在进行结构面的野外调查中,除了要了解结构面的成因类型,更重要的是要对结构面的特征进行观察、描述、记录。结构面的观察描述内容如下。

1. 结构面的规模

结构面的规模大小不仅影响岩体的力学性质,而且影响工程岩体力学作用及其稳定性。按结构面延伸长度、切割深度、破碎带宽度及其力学效应,可将结构面的规模分为如下五级。

Ⅰ级:指大断层或区域性断层,一般延伸数千米至数十千米以上,破碎带宽数米至数十米乃至几百米以上。有些区域性大断层往往具有现代活动性,给工程建设带来很大的危害,直接关系着建设地区的地壳稳定性,影响山体稳定性及岩体稳定性。所以,一般的工程应尽量避开,当不能避开时,也应认真进行研究,采取适当的处理措施。

Ⅱ级:指延伸长而宽度不大的区域性地质界面,如较大的断层、层间错动、不整合面及原生软弱夹层等。其规模贯穿整个工程岩体,长度一般为数百米至数千米,破碎带宽数十厘米至数米。常控制工程区的山体稳定性或岩体稳定性,影响工程布局,具体建筑物应避开或采取必要的处理措施。

Ⅲ级:指长度数十米至数百米的断层、区域性节理、延伸较好的层面及层间错动等。宽度一般数厘米至1 m左右。它主要影响或控制工程岩体,如地下硐室围岩及边坡岩体的稳定性等。

Ⅳ级:指延伸较差的节理、层面、次生裂隙、小断层及较发育的片理、劈理面等。长度一般数十厘米至20~30 m,小者仅数厘米至十几厘米,宽度为零至数厘米不等。它是构成岩块的边界面,破坏岩体的完整性,影响岩体的物理力学性质及应力分布状态。该级结构面数量多,分布具有随机性,主要影响岩体的完整性和力学性质,是岩体分类及岩体结构研究的基础,也是结构面统计分析和模拟的对象。

Ⅴ级:又称微结构面。指隐节理、微层面、微裂隙及不发育的片理、劈理等,其规模小、连续性差,常包含在岩块内,主要影响岩块的物理力学性质。

上述五级结构面中,Ⅰ级结构面控制工程建设地区的地壳稳定性,直接影响工程岩体稳定性;Ⅱ、Ⅲ级结构面控制着工程岩体力学作用的边界条件和破坏方式,它们的组合往往构成可能滑移岩体(如滑坡、崩塌等)的边界面,直接威胁工程的安全稳定性;Ⅳ级结构面主要控制着岩体的结构、完整性和物理力学性质,是岩体结构研究的重点,也是难点,因为相对于工程岩体来说Ⅲ级以上结构面分布数量少,甚至没有,且规律性强,容易搞清楚,而Ⅳ级结构面数量多且具随机性,其分布规律不太容易搞清楚,需用统计方法进行研究;Ⅴ级结构面控制岩块的力学性质等。但各级结构面互相制约、互相影响,并非是孤立的。这些特点在实际工作中应予注意。

2. 结构面的产状

结构面的产状常用走向、倾向和倾角表示。结构面与最大主应力间的关系控制着岩体的破坏机制与强度。如图7-1所示,当结构面与最大主平面的夹角β为锐角时,岩体将沿结构面滑移破坏,见图7-1(a);当$\beta=0°$时,表现为横切结构面产生剪断岩体破坏,见图7-1(b);当$\beta=90°$时,则表现为平行结构面的劈裂拉张破坏,见图7-1(c)。随着破坏方式不同,岩体强度也发生变化。

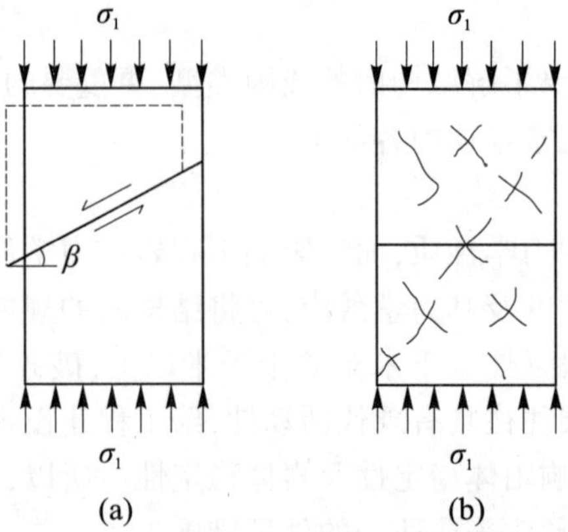

图 7-1　结构面产状对破坏机制的影响示意图

3. 结构面的连续性

结构面的连续性反映了结构面的贯通程度,常用线连续性系数、迹长和面连续性系数表示。

线连续性系数(K_1)是指沿结构面延伸方向上,结构面各段长度之和($\sum a$)与测线长度的比值(见图 7-2),即

$$K_1 = \frac{\sum a}{\sum a + \sum b} \tag{7-1}$$

式中　$\sum a, \sum b$——结构面各段长度及完整岩石长度之和。

K_1 在 0~1 之间变化,K_1 值愈大说明结构面的连续性愈好,当 $K_1 = 1$ 时,结构面完全贯通。

结构面的连续性对岩体的变形、变形破坏机制、强度及渗透性都有很大的影响。

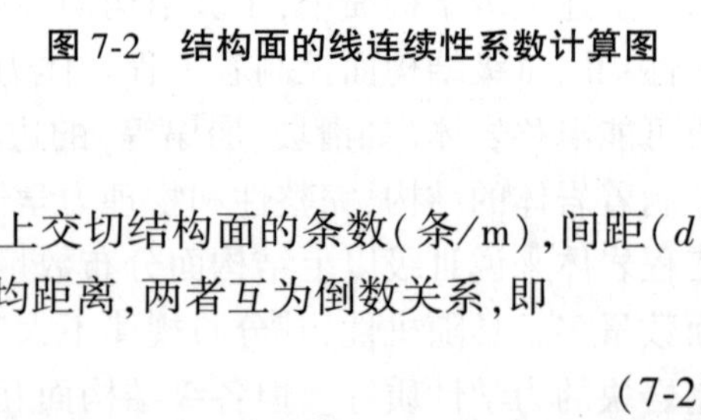

图 7-2　结构面的线连续性系数计算图

4. 结构面发育的密度

结构面发育的密度反映结构面发育的密集程度,常用线密度、间距等指标表示。

线密度(K_d)是指结构面法线方向单位测线长度上交切结构面的条数(条/m),间距(d)则是指同一组结构面法线方向上两相邻结构面的平均距离,两者互为倒数关系,即

$$K_d = \frac{1}{d} \tag{7-2}$$

裂隙率是指单位体积(或面积、长度)内的结构面数量,以百分率表示。如面裂隙率 $n_{面}$ 为节理面积与测量面积的比值,以百分数表示。

按以上定义,则要求测线沿结构面法线方向布置,但在实际结构面量测中,由于露头条件的限制,往往达不到这一要求。如果测线是水平布置的,且与结构面法线的夹角为 α,结构面的倾角为 β 时,则 K_d 可用下式计算:

$$K_d = \frac{n}{L\sin\beta\cos\alpha} \tag{7-3}$$

式中　L——测线长度，一般应为 20~50 m；

K_d——测线方向某组结构面的线密度；

n——结构面条数。

当岩体中包含有多组结构面时，可用叠加方法求得水平测线方向上的结构面线密度。

结构面的密度控制着岩体的完整性和岩块的块度。一般来说，结构面发育愈密集，岩体的完整性愈差，岩块的块度愈小，进而导致岩体的力学性质变差，渗透性增强。

5. 结构面的张开度

结构面的张开度是指结构面两壁面间的垂直距离。结构面两壁面一般不是紧密接触的，而是呈点接触或局部接触，接触点大部分位于起伏或锯齿状的凸起点。在这种情况下，由于结构面实际接触面积减少，必然导致其黏聚力降低。当结构面张开且被外来物质充填时，则其强度将主要由充填物决定。结构面张开度分级见表 7-2。

表 7-2　结构面张开度分级

描述	结构面张开度（mm）	结构面类型
很紧密	<0.1	闭合结构面
紧密	0.1~0.25	
部分张开	0.25~0.5	
张开	0.5~2.5	裂开结构面
中等宽度的	2.5~10	
宽的	>10	
很宽的	10~100	张开结构面
极宽的	100~1 000	
似洞穴的	>1 000	

6. 结构面的形态

结构面的形态对岩体的力学性质及水力学性质存在明显的影响，结构面的形态可以从侧壁的起伏形态及粗糙度两方面进行研究。

据统计，结构面侧壁的起伏形态可分为平直的、波状的、锯齿状的、台阶状的和不规则状的等几种，见图 7-3。而侧壁的起伏程度可用起伏角（i）表示如下（见图 7-4）：

$$i = \arctan\left(\frac{2h}{L}\right) \tag{7-4}$$

式中　h——平均起伏差；

L——平均基线长度。

结构面的粗糙度可用粗糙度系数 JRC 表示，随粗糙度的增大，结构面的摩擦角也增大。据巴顿（Barton，1977）的研究可将结构面的粗糙度系数划分为如图 7-5 所示的 10 级。在实际工作中，可用结构面纵剖面仪测出所研究结构面的粗糙剖面，然后与图 7-5 所示的标准剖

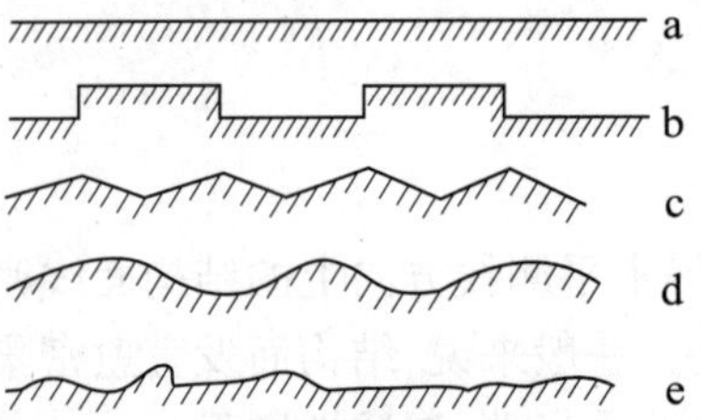

a—平直的；b—台阶状的；c—锯齿状的；
d—波状的；e—不规则状的。

图 7-3　结构面的起伏形态示意图

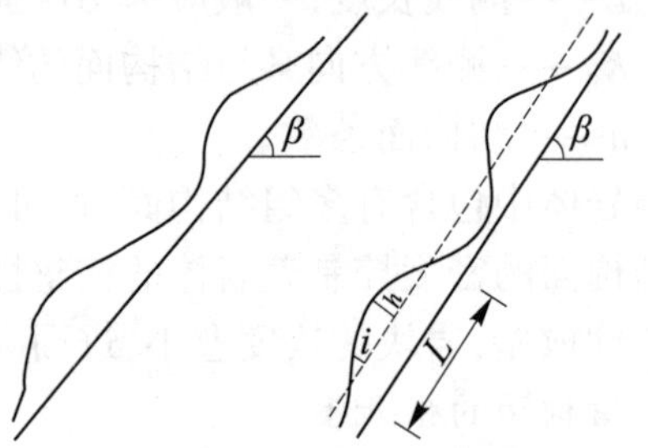

图 7-4　结构面的起伏角计算图

面进行对比，即可求得结构面的粗糙度系数 JRC。

7. 结构面的充填胶结特征

1) 充填程度

按充填物厚度和连续性，结构面的充填可分为干净的、薄膜充填、夹泥充填、薄膜夹泥充填及厚层充填五类。干净的是无充填的结构面，其力学性质取决于结构面两侧的岩石性质及结构面的粗糙度。薄膜充填是结构面两壁附着一层极薄的矿物膜，厚度多小于 1 mm，多为应力矿物和蚀变矿物等。这种充填厚度虽薄，但因多是性质不良矿物，因而明显地降低了结构面的强度。夹泥充填的充填物不连续且厚度小于结构面的起伏差，结构面的力学性质与充填物性质、壁岩性质及结构面的形态有关。薄层夹泥充填的充填物分布连续，且厚度大于结构面的起伏差，结构面的力学性质主要取决于充填物性质。厚层充填的充填物厚度远大于结构面的起伏差，大者可达数十厘米以上，结构面的力学性质很差，岩体往往易于沿这种结构面滑移而失稳。

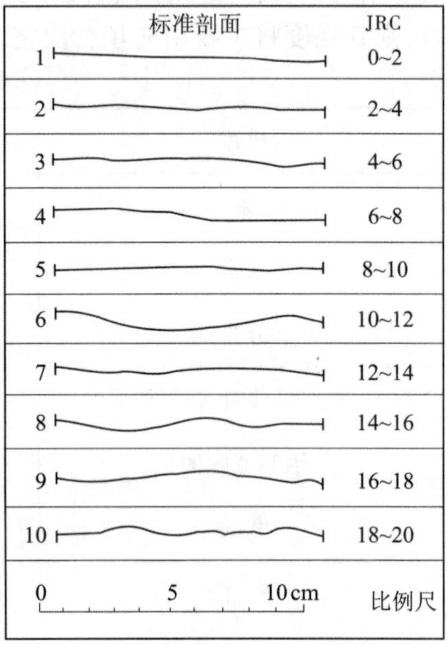

图 7-5　标准粗糙度剖面及其 JRC 值
(Barton，1977)

2) 充填成分

未胶结具一定张开度的结构面往往被外来物质所充填，其力学性质取决于充填物成分、厚度、含水性及壁岩的性质等。按充填成分分类有砾质充填、砂质充填、黏土质充填和易溶盐类充填。就充填来说，以砾质、砂质等粗粒充填的结构面性质最好，黏土质（如高岭石、绿泥石、水云母、蒙脱石等）和易溶盐类充填的结构面性质最差。

3) 胶结程度

结构面的胶结程度直接影响结构面的力学强度。按结构面的胶结程度分类有不胶结、半胶结、全胶结等。从胶结程度来说，全胶结结构面性质最好，不胶结结构面性质最差。

4) 胶结成分

结构面经胶结后，总的来说，力学性质有所改善。改善的程度因胶结物成分不同而异。按胶结物成分分类有铁质胶结、硅质胶结、钙质胶结、泥质胶结、易溶盐类胶结等几种。以铁硅质胶结的强度最高，往往与岩石强度差别不大，甚至超过岩石强度，这类结构面一般不予研究。而泥质与易溶盐类胶结的结构面强度最低，且抗水性差。

8. 结构面的组合关系

结构面的组合关系控制着可能滑移岩体的几何边界条件、形态、规模、滑动方向及滑移破坏类型，它是工程岩体稳定性预测与评价的基础。

任何坚硬岩体的块体滑移破坏，都必须具备一定的几何边界条件。因此，在研究岩体稳定性时，必须研究结构面之间及其与临空面之间的组合关系，确定可能失稳块体的形态、规模和可能滑移方向等。结构面组合关系的分析可用赤平投影、立体投影和三角几何计算法等进行。

【小贴士】

结构面的特征是野外调查的重要内容，《岩土工程勘察规范（2009 年版）》（GB 50021—2001）中对结构面的描述提出了具体要求，如何按规范要求进行描述，则是以上部分的主要内容。

（三）软弱夹层

软弱夹层就其物质组成及微观结构而言，主要包括原生软弱夹层、构造及挤压破碎带、泥化夹层及其他夹泥层等。它们实际上是岩体中具有一定厚度的软弱带（层），与两盘岩体相比具有高压缩和低强度等特征，在产状上多属缓倾角结构面。因此，软弱结构面在工程岩体稳定性中具有很重要的意义，往往控制着岩体的变形破坏机制及稳定性，如我国葛洲坝电站坝基及小浪底水库坝肩岩体中都存在着泥化夹层问题，极大地影响着水库大坝的安全，需特殊处理。其中最常见危害较大的是泥化夹层。

泥化夹层是含泥质的软弱夹层经一系列地质作用演化而成的。它多分布在上下相对坚硬而中间相对软弱刚柔相间的岩层组合条件下。在构造运动作用下产生层间错动、岩层破碎、结构改组，并为地下水渗流提供了良好的通道。水的作用使破碎岩石中的颗粒分散、含水量增大，进而使岩石处于塑性状态（泥化），强度大为降低，水还使夹层中的可溶盐类溶解，引起离子交换，改变了泥化夹层的物理化学性质。

泥化夹层具有以下特性：①由原岩的超固结胶结式结构变成了泥质散状结构或泥质定向结构；②黏粒含量很高；③含水量接近或超过塑限，密度比原岩小；④常具有一定的胀缩性；⑤力学性质比原岩差，强度低，压缩性高；⑥由于其结构疏松，抗冲刷能力差，因而在渗透水流的作用下，易产生渗透变形。以上这些特性对工程建设，特别是对水工建筑物的危害很大。

对泥化夹层的研究，应着重于其成因类型、存在形态、分布、所夹物质的成分和物理力学性质以及这些性质在条件改变时的变化趋势等。

二、结构体的工程地质特征

结构体是指岩体中被结构面切割围限的岩石块体。

（一）结构体的大小

结构体不同于岩块是因为不同级别的结构面所切割围限的岩石块体（结构体）的规模是不同的，一般将结构体划分为四级。

1. 一级结构体（地块或断块）

一级结构体是由Ⅰ级结构面所切割的一级地质体，其规模可达数平方千米，甚至更大。

在区域范围内,由区域性大断裂相互组合包围形成地块或断块。一般工程总是置于一级结构体范围内的某个区域,一级结构体的稳定性实际上是区域的稳定性,也就是区域地质构造特征和深大断裂特征的研究。

2. 二级结构体(山体)

二级结构体是由Ⅱ级结构面相互切割包围的山体,它由不同时代、不同特征的工程地质岩组所组成,其内部发育有褶皱和断裂,以及众多的更次级结构面。一般工程多坐落在同一山体,所以研究二级结构体实际就是研究山体结构的特征及其稳定性问题。

3. 三级结构体(块体)

三级结构体是由Ⅲ级结构面所切割包围的岩体,内部可发育更小的结构面。许多大小不等的块体构成了山体,因此各个块体是否稳定实际上就是岩体稳定性的问题。对块体的研究,主要研究软弱结构面的特征及组合,同时还要研究块体的大小、形状、组合以及地下水活动情况对各级结构面的软化、泥化、潜蚀等作用。

4. 四级结构体(岩块)

四级结构体是由Ⅳ级结构面切割的结构体,又称为岩块,它是组成岩体最基本的单元体。其内部还包含微裂隙、隐节理等Ⅴ级结构面。通常,它岩性单一,内部仅可能存在细微的结构面,其物理力学性质就是岩石(岩块)的物理力学性质。

(二)结构体的形状

结构体的形态极为复杂,常见的形状有柱状、板状、楔形及菱形等(见图 7-6)。

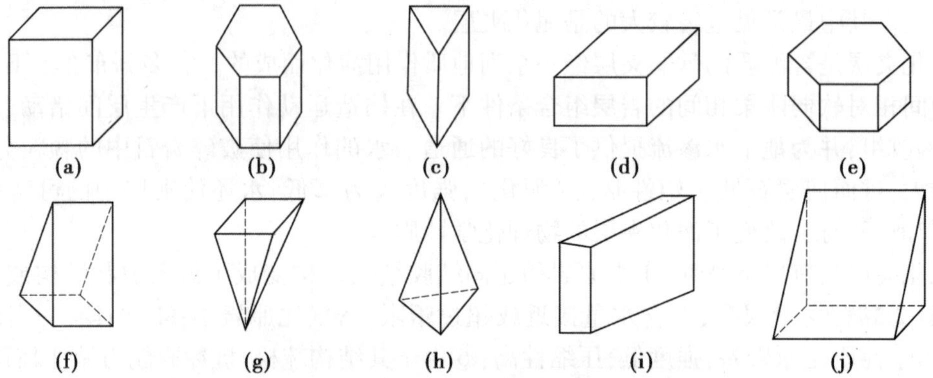

(a),(b)—柱状结构体;(d),(e)—菱形或板状结构体;

(c),(f),(g),(h),(j)—楔、锥形结构体;(i)—板状结构体

图 7-6 结构体形状典型类型示意图(孙广忠,1983)

在强烈破碎的部位,还有片状、鳞片状、碎块状及碎屑状等形状。结构体的形状不同,其稳定性也不同。一般来说,板状结构体比柱状、菱形状结构体更不容易滑动,而楔形结构体比锥形结构体稳定性差。

研究结构体形状的意义在于:结构体的形状影响岩体的稳定程度;当结构体可能沿结构面做整体滑动时,为了计算岩体稳定性,需求得滑动体的体积,为此必须了解结构体的形状。

(三)结构体的产状

结构体的稳定性往往还需结合其产状及其与工程作用力方向和临空面间的关系作具体分析。结构体的产状一般用结构体的长轴方向表示。它对工程岩体稳定性的影响需结合临空面及工程作用力方向来分析。比如,一般来说,平卧的板状结构体与竖直的板状结构体的稳定性不同,前者容易产生滑动,后者容易产生折断或倾倒破坏;又如,在地下硐室中,楔形结构体尖端指向临空方向时,稳定性好于其他指向;其他形状的结构体也可作类似的分析。

三、岩体结构类型的划分与评价

为了概括地反映岩体结构面和结构体的成因、特征及排列几何关系,《岩土工程勘察规范(2009 年版)》(GB 50021—2001)中,根据岩体的地质类型、结构体的形状、结构面发育情况、岩土工程特征和可能发生的岩土工程地质问题等五个依据将岩体结构类型划分为五大类型,详见表 7-3。

表 7-3 岩体按结构类型划分

岩体结构类型	岩体地质类型	结构体形状	结构面发育情况	岩土工程特征	可能发生的岩土工程问题
整体状结构	巨块状岩浆岩和变质岩,巨厚层沉积岩	巨块状	以层面和原生、构造节理为主,多呈现闭合型,间距大于 1.5 m,一般为 1~2 组,无危险结构	岩体稳定,可视为均质弹性各向同性体	局部滑动或坍塌,深埋硐室的岩爆
块状结构	厚层状沉积岩,块状岩浆岩和变质岩	块状 柱状	有少量贯穿性节理裂隙,结构面间距 0.7~1.5 m。一般为 2~3 组,有少量分离体	结构面互相牵制,岩体基本稳定,接近弹性各向同性体	
层状结构	多韵律薄层、中厚层状沉积岩,副变质岩	层状 板状	有层理、片理、节理,常有层间错动	变形和强度受层面控制可视为各向异性弹塑性体,稳定性较差	可沿结构面滑塌,软岩可产生塑性变形
碎裂状结构	构造影响严重的破碎岩层	碎块状	断层、节理、片理、层理发育,结构面间距 0.25~0.50 m,一般 3 组以上,有许多分离体	整体强度很低,并受软弱结构面控制,呈弹塑性体,稳定性很差	易发生规模较大的岩体失稳,地下水加剧失稳
散体状结构	断层破碎带,强风化及全风化带	碎屑状	构造和风化裂隙密集,结构面错综复杂,多充填黏性土,形成无序小块和碎屑	完整性遭极大破坏,稳定性极差,接近松散体介质	易发生规模较大的岩体失稳,地下水加剧失稳

整体状结构岩体多是岩性单一的巨型块状的岩体,岩体结构面不发育,可看作均质各向同性的弹性体。岩体完整、力学强度高,工程地质性质稳定。

块状结构岩体多是岩性单一的厚层状的块状、柱状岩体组成,岩体结构面发育较少,可近似看作各向同性均质体,岩体较完整、力学强度较高,工程地质性质较稳定。

层状结构岩体主要发育于层状岩体内,为中厚层状、板状结构体,岩体结构面发育,软弱结构面主要为层间错动面或块状原生结构岩体内的似层间错动面,可看作各向异性的弹塑性体，工程地质性质稳定性较差。

碎裂结构岩体特点是结构面不连续，对岩体切而不断，个别部分亦有连续贯通结构，多数为不连续切割，形成各种形状的分离体，为各向异性的弹塑性体，力学强度很低，工程地质性质稳定性很差。

散体结构岩体是碎屑状，岩性复杂，基本上为散体状，结构无序分布，结构面中有软弱的，也有坚硬的。结构体主要为角砾，力学强度低，工程地质性质稳定性极差。

单元二　岩体的力学性质

岩体中由于存在各种结构面，岩体的力学性质很复杂，在大多数情况下，岩体的力学性质首先取决于结构面的性质，其次取决于组成岩体的岩石的性质。岩体的力学性质与岩石相差很大，只有对少数新鲜完整的岩体，岩体与岩石的性质相接近。目前，岩体的力学性质主要根据现场试验来分析研究。岩体的力学性质主要分岩体的变形性质和强度性质，下面分别介绍。

一、岩体的变形性质

岩体变形是评价工程岩体稳定性的重要指标，也是岩体工程设计的基本准则之一。例如在修建拱坝和有压隧洞时，除研究岩体的强度外，还必须研究岩体的变形性能。当岩体中各部分岩体的变形性能差别较大时，将会在建筑物结构中引起附加应力；或者虽然各部分岩体变形性质差别不大，但如果岩体软弱抗变形性能差，将会使建筑物产生过量的变形等。这些都会导致工程建筑物破坏或无法使用。

由于岩体中存在大量的结构面，结构面中还往往有各种充填物。因此，在受力条件改变时，岩体的变形是岩块材料变形和结构变形的总和，而结构变形通常包括结构面闭合、充填物压密及结构体转动和滑动等。在一般情况下，岩体的结构变形起着控制作用。目前，岩体的变形性质主要通过现场岩体变形试验进行研究。

（一）岩体的变形试验

原位岩体变形试验，按其原理和方法不同可分为静力法和动力法两种。静力法的基本原理是：在选定的岩体表面、槽壁或钻孔壁面上施加法向荷载，并测定其岩体的变形值；然后绘制出压力-变形关系曲线，计算出岩体的变形参数。根据试验方法不同，静力法又可分为承压板法、狭缝法、钻孔变形法等。动力法是用人工方法对岩体发射（或激发）弹性波（声波或地震波），并测定其在岩体中的传播速度，然后根据波动理论求岩体的变形参数。根据弹性波激发方式的不同，又分为声波法和地震波法两种。这里主要介绍静力承压板法变形试验方法。

按承压板的刚度不同可分为刚性承压板法和柔性承压板法两种。刚性承压板法试验通常是在平巷中进行的，其装置如图 7-7 所示。先在选择好的具代表性的岩面上清除浮石，平整岩面。然后依次装上承压板、千斤顶、传力柱和变形量表等。将硐顶作为反力装置，通过油压千斤顶对岩面施加荷载，并用百分表测记岩体变形值。

试验点的选择应具有代表性，并避开大的断层及破碎带。受荷面积可视岩体裂隙发育情况及加荷设备的出力大小而定，一般以 0.25～1 m^2 为宜。承压板尺寸与受荷面积相同并具有足够的刚度。试验时,先将预定的最大荷载分为若干级,采用逐级一次循环法加压。在加压过程中,同时测记各级压力(P)下的岩体变形值(W),绘制 $P-W$ 曲线(见图 7-8)。

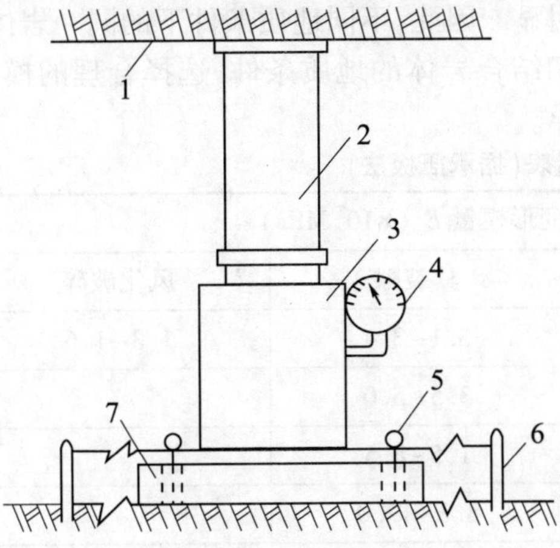

1—硐顶;2—传力系统;3—千斤顶;4—压力表;
5—百分表;6—支架;7—承压板。

图 7-7　承压板法装置图

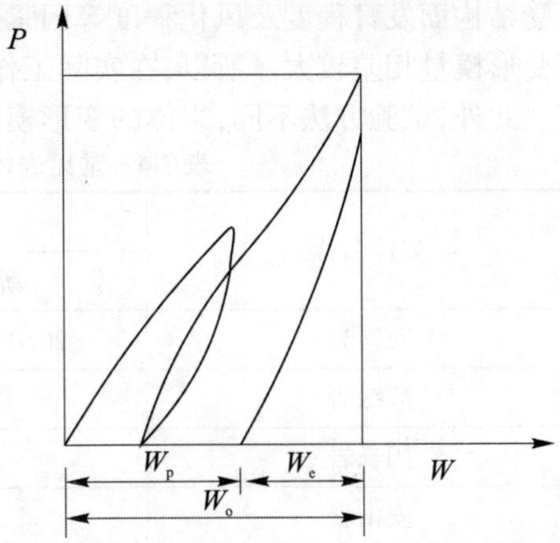

W_p—塑性变形;W_e—弹性变形;W_o—总变形。

图 7-8　岩体的 $P-W$ 曲线

(二)岩体的变形指标

根据岩体压力-变形($P-W$)曲线,得到岩体的弹性变形 W_e 和残余变形 W_p,可以计算出岩体的变形指标。

1. 变形模量 E_m

变形模量为岩体在无侧限受压时应力与总应变之比。通过某级压力下的变形值,用式(7-5)计算岩体的变形模量 E_m(MPa)。

$$E_m = \omega \frac{(1-\mu^2)PD}{W_o} \tag{7-5}$$

式中　P——承压板单位面积上的压力,MPa;
　　D——承压板的直径或边长,cm;
　　W_o——相应于 P 下岩体的总变形,cm;
　　ω——与承压板形状和刚度有关的系数,对圆形板 $\omega = 0.785$,方形板 $\omega = 0.886$;
　　μ——岩体的泊松比。

2. 弹性模量 E_e

弹性模量为岩体在无侧限受压时应力与弹性应变之比,计算公式为

$$E_e = \omega \frac{(1-\mu^2)PD}{W_e} \tag{7-6}$$

式中　W_e——相应于 P 下岩体的弹性变形,cm;
　　其他符号意义同前。

3. 变形系数 D

变形系数为岩体的残余变形(W_p)与总变形(W_e)之比,计算公式为

$$D = \frac{W_p}{W_e} \tag{7-7}$$

试验中若用柔性承压板，则岩体的变形模量应按柔性承压板法公式进行计算。

常见岩体的变形模量如表 7-4 所示。从表 7-4 可知，岩体的变形模量都比岩块的小，而且受结构面发育程度及风化程度等因素影响十分明显。因此，不同地质条件下的同一岩体，其变形模量相差较大。所以，在实际工作中，应密切结合岩体的地质条件，选择合理的模量值。此外，试验方法不同，岩体的变形模量也有差异。

表 7-4　常见岩体的变形模量表(据承压板法)

岩体名称	变形模量 E_m(×10^3 MPa)		
	新鲜	具裂隙	风化破碎
花岗岩	20.0~20.5	3.1~3.4	1.3~1.6
辉绿岩		3.5~5.0	
闪长岩		1.5~8.5	
安山岩		8.3~12.0	
粗面岩	8.9	3.1~8.0	
凝灰岩	2.8~3.2		
砂岩	9.7		
石英岩	38.0~45.0	16.0	
石英千枚岩	10.0		
片麻岩	30.0~40.0	8.0~15.0	
板岩	5.0		
片岩	4.5~7.3		
云母片岩	1.3~3.0		
石灰岩	32.0~39.0	9.0~20.0	1.5~6.0
泥灰岩	1.3~2.6		
白云岩	6.7~32.0	6.7~17.5	1.3~2.6
泥质页岩	1.2~2.5		
钙质页岩	7.9		
砾岩	6.7~16.2		

(三)岩体的压力-变形(P-W)曲线类型

岩体的变形特征概括起来按 P-W 曲线的形状可将其分为如图 7-9 所示的三类。

1. 直线型

此类为一通过原点的直线，见图 7-9(a)，反映岩体在加压过程中 W 随 P 成正比增加。岩性均匀且结构面不发育或结构面分布均匀的岩体多呈这类曲线。说明岩体刚度大，不易变形。卸压后变形几乎恢复到原点，以弹性变形为主，反映出岩体接近均质弹性体。较坚硬、完整、致密均匀、少裂隙的岩体，多具这类曲线特征。

2. 上弯型

曲线呈上凹型，见图 7-9(b)。反映岩体坚硬，裂隙发育且充填不好。在荷载作用初期，

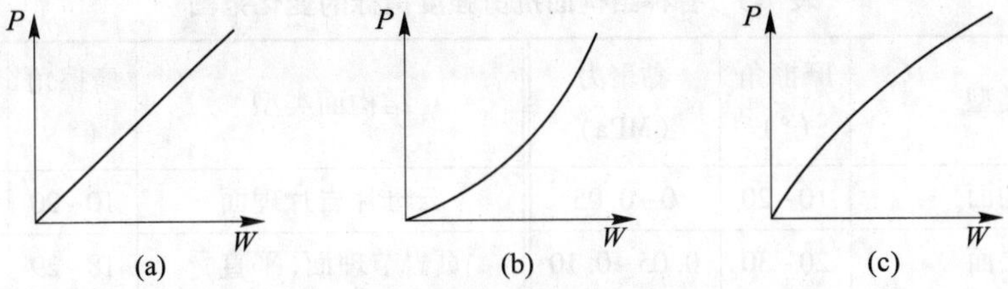

图 7-9 岩体变形曲线的三种基本类型

裂隙逐渐闭合,曲线较缓,随着荷载的增加,曲线斜率增大,塑性变形趋于稳定。这种曲线多出现于垂直层面加压的较坚硬层状岩体中。

3. 下弯型

曲线呈上凸型,见图 7-9(c)。结构面发育且有泥质充填的岩体,较深处埋藏有软弱夹层或岩性软弱的岩体(黏土岩、风化岩)等常呈这类曲线。

二、岩体的强度性质

岩体强度是指岩体抵抗外力破坏的能力。岩体是由结构体(岩块)和结构面组成的地质体。为了确保工程的安全,需对工程岩体进行稳定性评价,因此要确定岩体强度(一般指岩体的抗压强度和抗剪强度)。通常确定岩体强度的方法有三种:①通过现场岩体力学试验测定,称为“岩体的试验强度”;②根据岩块的室内试验强度推断岩体强度,称为“准岩体强度”;③通过所测定的岩块和结构面的力学参数,用图解和计算的方法求得岩体的强度,称为“岩体的计算强度”。第一种方法代表性较好,但工程量大、投资多、周期长,一般只有重要的大型工程才采用这种方法,如大型水利水电工程和国防工程;第二种方法虽简便,但精度不够,只能作一般性使用,或用于节理发育的岩体;第三种方法既简便,又可满足精度要求。

和岩块一样,岩体也有抗压强度、抗拉强度和剪切强度之分。但对于裂隙岩体来说,其抗拉强度很小,工程设计上一般不允许岩体中有拉应力出现;加上岩体抗拉强度测试技术难度大,所以目前对岩体抗拉强度的研究很少。抗压强度在实际工程中,采用上述三种强度中的一种。因此,本单元主要讨论岩体的剪切强度。一般情况下,岩体的抗剪强度既不同于结构面的抗剪强度,又不同于岩块的抗剪强度,下面分别予以介绍。

(一)结构面的抗剪强度

试验研究表明:结构面抗剪强度的影响因素是非常复杂而多变的,从而致使结构面的抗剪强度特性也很复杂,抗剪强度指标较分散,见表 7-5。影响结构面抗剪强度的因素主要包括结构面的形态、连续性、胶结充填特征及壁岩性质、次生变化和受力历史(反复剪切次数)等。根据结构面的形态、充填情况及连续性等特征,将其划分为平直无充填的结构面、非贯通断续结构面、粗糙起伏无充填的结构面及具有充填的软弱结构面四类,各自的强度特征分述如下。

表 7-5　各种结构面抗剪强度指标的变化范围

结构面类型	摩擦角(°)	黏聚力(MPa)	结构面类型	摩擦角(°)	黏聚力(MPa)
泥化结构面	10~20	0~0.05	云母片岩片理面	10~20	0~0.05
黏土岩层面	20~30	0.05~0.10	页岩节理面(平直)	18~29	0.10~0.19
泥灰岩层面	20~30	0.05~0.10	砂岩节理面(平直)	32~38	0.05~1.0
凝灰岩层面	20~30	0.05~0.10	灰岩节理面(平直)	35	0.2
页岩层面	20~30	0.05~0.10	石英闪长岩节理面(平直)	32~35	0.02~0.08
砂岩层面	30~40	0.05~0.10	粗糙结构面	40~48	0.08~0.30
砾岩层面	30~40	0.05~0.10	辉长岩、花岗岩节理面	30~38	0.20~0.40
石灰岩层面	30~40	0.05~0.10	花岗岩节理面(粗糙)	42	0.4
千板岩千枚理面	28	0.12	石灰岩卸荷节理面(粗糙)	37	0.04
滑石片岩、片理面	10~20	0~0.05	(砂岩、花岗岩)岩石/混凝土接触面	55~60	0~0.48

1. 平直无充填的结构面

平直无充填的结构面包括剪应力作用下形成的剪性破裂面，如剪节理、剪裂隙等，发育较好的层理面与片理面。其特点是面平直、光滑，只具微弱的风化蚀变。坚硬岩体中的剪性破裂面还发育有镜面、擦痕及应力矿物薄膜等。这类结构面的抗剪强度大致与人工磨制面的摩擦强度接近，即

$$\tau = \sigma \tan\varphi \tag{7-8}$$

式中　τ——平直无充填的结构面的抗剪强度，MPa；

σ——法向应力，MPa；

φ——结构面的摩擦角，(°)。

研究表明，结构面的抗剪强度主要来源于结构面的内摩擦力，且与结构面的壁岩性质及其平直光滑程度密切相关。若壁岩中含有大量片状或鳞片状矿物，如云母、绿泥石、黏土矿物、滑石及蛇纹石等矿物，其摩擦强度较低。摩擦角一般为 20°~30°，小者仅 10°~20°。而壁岩为硬质岩石如石英岩、花岗岩及砂砾岩和灰岩等时，其摩擦角可达 30°~40°。结构面愈平直，擦痕愈细腻，其抗剪强度愈接近于下限值，反之，其抗剪强度就接近于上限值(参见表 7-4)。

2. 非贯通断续的结构面

这类结构面由裂隙面和非贯通(岩桥)的岩石组成。在剪切过程中，一般认为抗剪强度由各段贯通结构面的摩擦强度和非贯通段岩石的抗剪断强度两部分组成。剪切面所通过的裂隙面和岩桥都起抗剪作用。假设沿整个剪切面上的应力分布是均匀的，结构面的线连续性系数为 K_1，则整个结构面的抗剪强度为

$$\tau = [K_1 C_j + (1 - K_1) C_m] + \sigma[K_1 \tan\varphi_j + (1 - K_1)\tan\varphi_m] \tag{7-9}$$

式中　C_j、φ_j——裂隙面的黏聚力与摩擦角；

C_m、φ_m——岩石的黏聚力与内摩擦角。

由式(7-9)可知,非贯通断续结构面的抗剪强度要比贯通结构面的抗剪强度高,这和人们的一般认识是一致的,也是符合实际的。然而,这类结构面的破坏机制比较复杂,应予以注意。

3. 粗糙起伏无充填的结构面

这类结构面的基本特点是具有明显的粗糙起伏度,这是影响结构面抗剪强度的一个重要因素。在无充填的情况下,由于起伏度的存在,结构面的剪切破坏机制因法向应力大小不同而异,其抗剪强度也相差较大。当法向应力较小时,在剪切过程中,上盘岩体主要是沿结构面产生滑动破坏,这时由于剪胀效应(或称爬坡效应),增加了结构面的摩擦强度。随着法向应力增大,剪胀越来越困难。当法向应力大于岩体上盘重量后,其破坏将由沿结构面滑动转化为剪断凸起面而破坏,引起所谓的"啃断效应",从而也增大了结构面的抗剪强度。据试验资料统计,粗糙起伏无充填结构面在干燥状态下的摩擦角一般为40°~48°,黏聚力为0.1~0.55 MPa。

为了便于讨论,下面分规则锯齿形和不规则起伏形两种情况来讨论结构面的抗剪强度。

1)规则锯齿形结构面

这类结构面可概化为如图7-10所示的模型。在法向应力 σ 较小的情况下,上盘岩体在剪应力作用下沿齿面向右上方滑动。当滑移一旦出现时,其背坡面即被拉开,因而不起抗滑作用,法向应力也全部由滑移面承担。

如图7-11所示,设结构面的起伏角为 i,起伏差为 h,齿面内摩擦角为 φ_b,且黏聚力 $C=0$。在法向应力(σ)和剪应力(S)作用下,滑移面上受到的法向应力(σ_n)和剪应力(S_n)为

$$\left.\begin{aligned}\sigma_n &= S\sin i + \sigma\cos i\\ S_n &= S\cos i - \sigma\sin i\end{aligned}\right\}\tag{7-10}$$

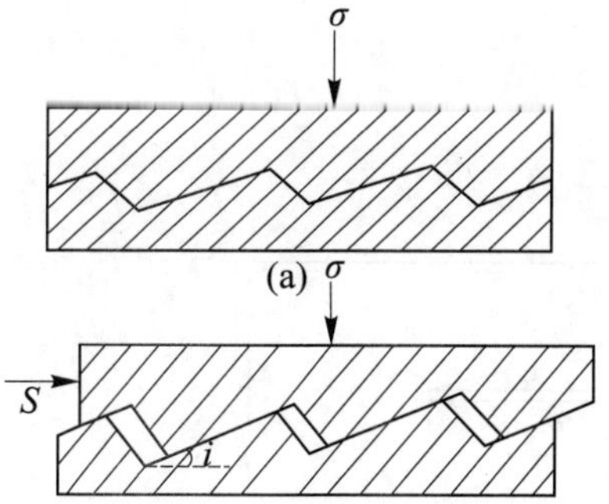

图7-10　结构面的剪切滑动示意图

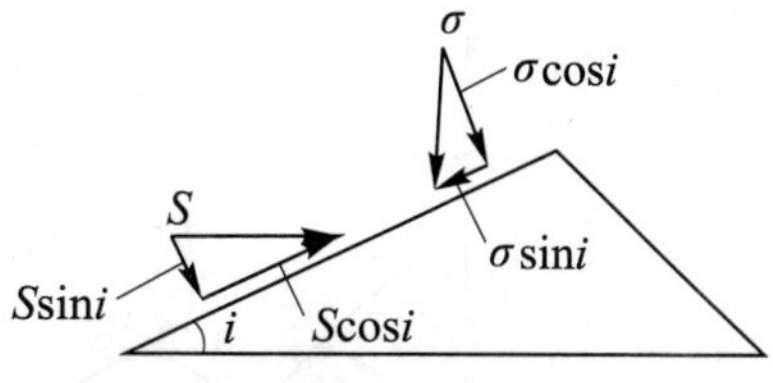

图7-11　齿状凸起体受力情况

当试块处于极限平衡状态时,抗滑力=滑动力,且 $S=\tau$(抗剪强度),整理简化后得

$$\tau = \sigma\tan(\varphi_b + i)\tag{7-11}$$

式(7-11)在图7-12中以线段(2)表示,即当法向应力较小,$\sigma < \sigma_a$(σ_a 为试块上盘岩体重量)时,试块沿齿面滑动,由于滑动,结构面向上张开,产生膨胀,这种现象称为剪胀。岩体沿剪切面发生剪胀的性能称为剪胀性,可以用剪胀量 δ_h 表示。

当法向应力加大,$\sigma > \sigma_a$ 时,剪切破坏机制不再是沿锯齿表面滑动,而是沿着剪切平面将锯齿切断。这时,抗剪强度不再取决于锯齿表面的内摩擦角 φ_b 和起伏角 i,而是由结构面

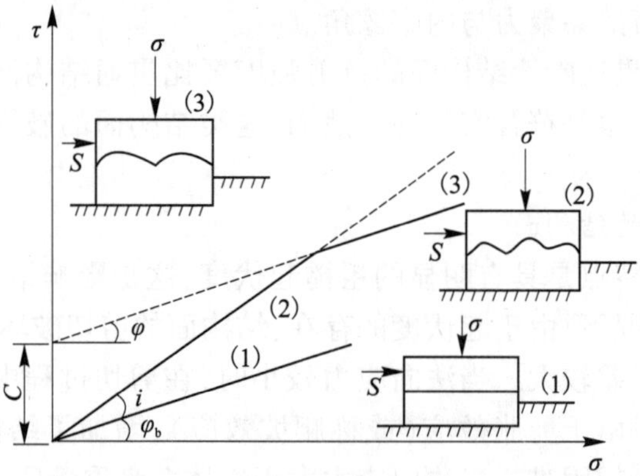

图 7-12 结构面的 $\tau-\sigma$ 关系

两盘岩石的抗剪强度决定的,如图 7-12 线段(3)表示,即

$$\tau = \sigma\tan\varphi' + C' = \sigma f' + C' \tag{7-12}$$

式中 f' ——两盘岩石的内摩擦系数,$f' = \tan\varphi'$;

C' ——两盘岩石的黏聚力。

2)不规则起伏结构面

上面的讨论是在将结构面简化成规则锯齿形这种理想模型下进行的。但自然界岩体中绝大多数结构面的粗糙起伏形态是不规则的,起伏角也不是常数。因此,其强度包络线不是如图 7-12 所示的折线,而是曲线形式。对于这种情况,有许多人进行过研究和论述,下面主要介绍巴顿等的研究成果。

巴顿(Barton,1973)对 8 种不同粗糙起伏的结构面进行了试验研究,提出了剪胀角的概念并用以代替起伏角,剪胀角 α_d 为剪切时剪切位移的轨迹线与水平线的夹角(见图 7-13),即

$$\tan\alpha_d = \frac{\delta_h}{\delta_l} \tag{7-13}$$

式中 δ_h ——垂直位移分量(剪胀量);

δ_l ——水平位移分量。

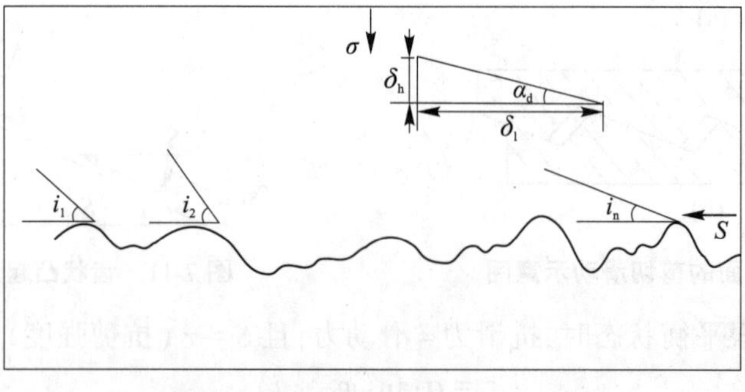

图 7-13 不规则粗糙结构面的剪胀角

通过对试验资料的统计发现,其峰值剪胀角不仅与凸起高度(起伏差)有关,而且与作用于结构面上的法向应力 σ、结构面的抗剪强度 τ 及壁岩强度 JCS 之间也存在良好的统计关系。巴顿通过对剪胀角和抗剪强度关系的总结得出

$$\tau = \sigma \tan\left[\mathrm{JRC}\lg\left(\frac{\mathrm{JCS}}{\sigma}\right) + \varphi_b\right] \tag{7-14}$$

式中 JRC——结构面粗糙度系数,可通过实测的粗糙度剖面与图 7-5 标准剖面比较求得;

JCS——结构面壁岩的抗压强度,可用回弹仪测定;

σ——法向应力;

φ_b——结构面的摩擦角。

4. 具有充填物的软弱结构面

具有充填物的软弱结构面包括泥化夹层和各种类型的夹泥层,其形成多与水的作用和各类滑错作用有关。这类结构面的力学性质常与充填物的物质成分、结构及充填程度和厚度等因素密切相关。

按充填物的颗粒成分,可将具有充填的软弱结构面分为泥化夹层、夹泥层、碎屑夹泥层及碎屑夹层等几种类型。充填物的颗粒成分不同,结构面的抗剪强度及变形破坏机制也不同。表 7-6 为不同充填夹层的抗剪强度指标值,说明了结构面的抗剪强度随黏粒含量增加而降低,随粗碎屑含量增多而增大的规律。

表 7-6 不同夹层物质成分的结构面抗剪强度(孙广忠,1988)

夹层成分	抗剪强度系数	
	摩擦系数 f	黏聚力 C(kPa)
泥化夹层和夹泥层	0.15~0.25	5~20
碎屑夹泥层	0.3~0.4	20~40
碎屑夹层	0.5~0.6	0~100
含铁锰质角砾碎屑夹层	0.6~0.85	30~150

充填物厚度对结构面抗剪强度的影响较大。充填物较薄时,随着厚度的增加,摩擦系数迅速降低,而黏聚力开始时迅速升高,升到一定值后又逐渐降低。当充填物厚度达到一定值后,摩擦系数和黏聚力都趋于某一稳定值。这时,可用充填物的抗剪强度来代替结构面的抗剪强度。对于平直的黏土质夹泥层来说,充填物的临界厚度为 0.5~2 mm。

结构面的充填程度可用充填物厚度 d 与结构面的平均起伏差 h 之比来表示,d/h 称为充填度。一般情况下,充填度愈小,结构面的抗剪强度愈高;反之,随充填度的增加,其抗剪强度降低。当充填度小于 100%时,充填度对结构面强度的影响很大,摩擦系数 f 随充填度 d/h 增大而迅速降低。当 d/h 大于 200%时,结构面的抗剪强度才趋于稳定,这时结构面的强度达到最低点且其强度主要取决于充填物性质。

由上述可知,当充填物厚度及充填度达到某一临界值后,结构面的抗剪强度最低且取决于充填物强度。在这种情况下,可将充填物的抗剪强度视为结构面的抗剪强度,而不必再考虑结构面粗糙起伏度的影响。

此外,充填物的结构特征及含水率对结构面的强度也有明显的影响。一般来说,充填物结构疏松且具定向排列时,结构面的抗剪强度较低;反之,抗剪强度较高。含水率的影响也是如此,即结构面的抗剪强度随充填物含水率的增高而降低。

我国一些工程中的泥化夹层的抗剪强度指标列于表 7-7。

表 7-7　某些工程中泥化夹层的抗剪强度参数值

工程	岩性	摩擦角(°)		黏聚力(MPa)	
		室内	现场	室内	现场
青山	F_4 夹层泥化带	10.8	9.6	0.010	0.060
葛洲坝	202 夹层泥化带	13.5	13	0.021	0.063
铜子街	C_5 夹层泥化带	17.7	16.7	0.010	0.018
升中	泥岩泥化	13.5	11.8	0.009	0.100
朱庄	页岩泥化	16.2	13	0.003	0.033
盐锅峡	页岩泥化	17.2	17.2	0.025	0
上犹江	板岩泥化	15.6	15.1	0.042	0.051
五强溪	板岩泥化	17.7	15.1	0.021	0.018
海州露天矿	页岩泥化 炭质页岩泥化		18 15		0.05~0.07 0.016
平庄西露天矿	页岩泥化		22		0.106
抚顺西露天矿	凝灰岩泥化 页岩泥化		27 22		0.029 0.035

(二)岩体的剪切强度

岩体内任一方向剪切面,在法向应力作用下所能抵抗的最大剪应力,称为岩体的剪切强度。

为了确定岩体的剪切强度参数,国内外开展了大量的原位岩体剪切试验。目前普遍采用的方法是双千斤顶法直剪试验。该方法是在平巷中制备试件,并以两个千斤顶分别在垂直方向和水平方向施加外力而进行的直剪试验。其装置如图 7-14 所示。试件尺寸视裂隙发育情况而定,但其断面面积不宜小于 50 cm×50 cm,试件高一般为断面边长的 0.5 倍。如果岩体软弱破碎,则需浇筑钢筋混凝土保护罩。每组试验需 5 个以上试件,各试件的岩性及结构面等情况应大致相同,避开大的断层和破碎带。试验时,先施加垂直荷载,待其变形稳定后,再逐级施加水平剪力直至试件破坏。

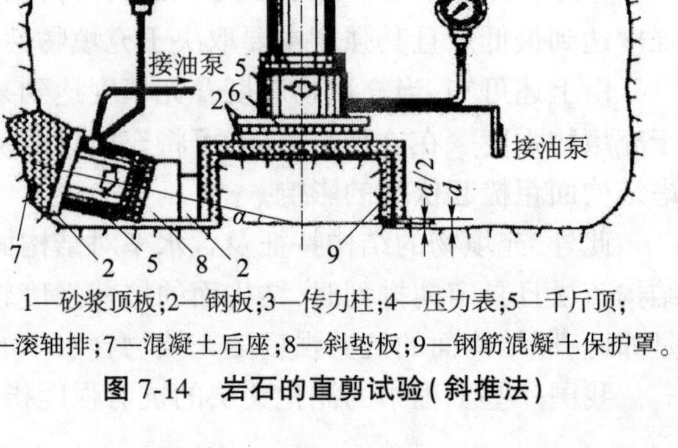

1—砂浆顶板;2—钢板;3—传力柱;4—压力表;5—千斤顶;6—滚轴排;7—混凝土后座;8—斜垫板;9—钢筋混凝土保护罩。

图 7-14　岩石的直剪试验(斜推法)

通过试验可获取如下资料:岩体剪应力(τ)-剪位移(Δu_j)曲线,如图 7-15 所示。通过剪应力-剪位移曲线的分析,岩体的剪切破坏有脆性破坏和塑性破坏两种类型。

1. 脆性破坏型

坚硬完整岩体多属此种类型，其剪应力-剪位移曲线的主要特征是岩体在破坏前剪位移较小，破坏后有明显的应力降，变形曲线可分为如下三个阶段：第一阶段应力-应变呈线性关系，剪力如果继续施加，即进入第二阶段。此时岩体部分出现微裂隙，位移曲线开始向横轴弯曲。第三阶段位移速度明显增加，当剪应力达到峰值点后，试件全部剪断，应力骤然下降直至趋于一个定值。峰值点的应力值称为破坏极限或峰值强度。下降趋于的定值点的应力值称残余强度。

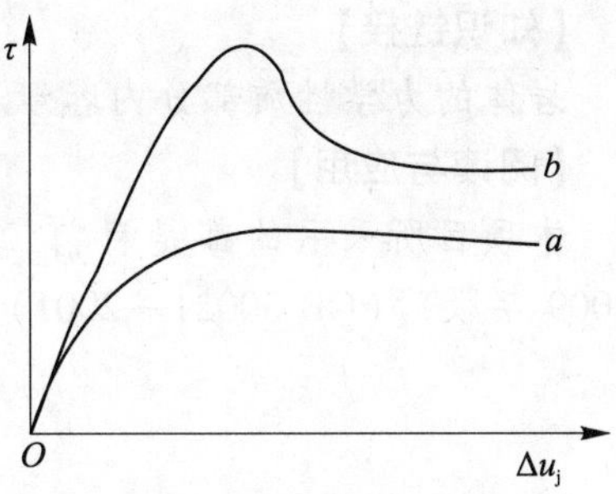

a—塑性变形型；b—脆性变形型。

图 7-15　结构面剪切变形特征

2. 塑性破坏型

半坚硬或软弱破碎岩体多数属此种类型，其剪应力—剪位移曲线的主要特征是在峰值破坏前剪位移较大，过峰值后剪应力基本保持不变，试件以一定的位移速率沿剪切面滑移。

上述的峰值强度及残余强度为岩体的特征强度值。

和岩块一样，岩体剪切强度也有抗剪强度、抗剪断强度和抗切强度之分。岩体中结构面的存在，致使岩体一般都具有高度的各向异性，即沿结构面产生剪切破坏（重剪破坏）时，岩体剪切强度最小，等于结构面的抗剪强度；而横切结构面剪切（剪断破坏）时，岩体剪切强度最高。因此，一般情况下，岩体的剪切强度不是一个单一值，而是具有一定上限和下限的值域，其强度包络线也不是一条简单的曲线，而是有一定上限和下限的曲线簇。其上限是岩体的剪断强度，一般可通过原位岩体剪切试验或经验估算方法求得，在没有以上资料时，可用岩块剪断强度来代替；下限是结构面的抗剪强度，见图 7-16。由图 7-16 可知，当应力 σ 较低时，强度变化范围较大，随着应力增大，范围逐渐变小。当应力 σ 高到一定程度时，包络线变为一条曲线，这时，岩体强度将不受结构面影响而趋于各向同性体。

在剧风化岩体和软弱岩体中，剪断岩体时的内摩擦角多在 30°～40°变化，黏聚力多在 0.01～0.5 MPa，其强度包络线上、下限比较接近，变化范围小，且其岩体强度总体上比较低。

在坚硬岩体中，剪断岩体时的内摩擦角多在 45°以上，黏聚力为 0.1～4 MPa。其强度包络线的上、下限差值较大，变化范围也大。在这种情况下，准确确定工程岩体的剪切强度困难较大。一般需依据原位剪切试验和经验估算数据，并结合工程荷载及结构面的发育特征等综合确定。

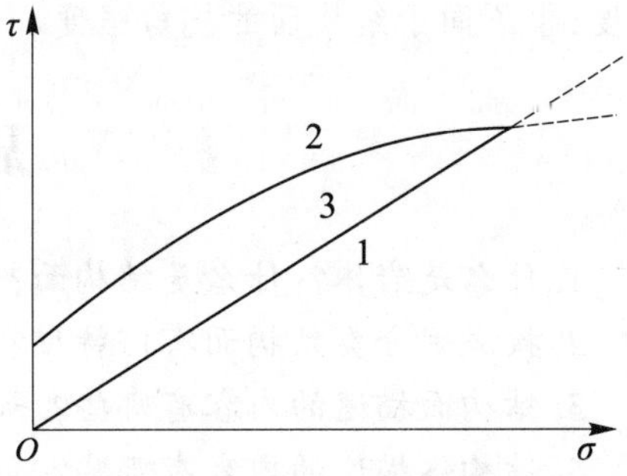

1—结构面强度包络线；2—岩块强度包络线；3—裂隙岩体强度包络线范围。

图 7-16　岩体抗剪强度包络线变化范围

【小贴士】

岩体的力学性质与岩石、土的力学性质类似，最基本的有变形性质和强度性质，但涉及的对象有所不同，其内容也各不相同。学习时应注意通过对比找出共同点和不同点，以加强理解。

【知识链接】

岩体的力学性质部分内容涉及《岩体力学》,若想进一步学习,请参考有关教材。

【阅读与应用】

本项目所采用的都是目前工程中正在实施的国家标准,主要有《岩土工程勘察规范(2009 年版)》(GB 50021—2001)、《工程岩体分级标准》(GB 50218—2014)等。

项目小结

(1)岩体是指在地质历史形成过程中形成的,具有一定的岩石成分、结构特征及赋存于一定地应力环境中的地质体。岩体的结构,包括结构面和结构体两部分。结构面是指发育于岩体内,具有一定的方向和延展性,工程地质性质相对比较薄弱,厚度较小的各种地质界面。根据地质成因的不同,可将结构面划分为原生结构面、构造结构面和次生结构面三类,不同类型结构面有不同的特征。

(2)对结构面的观察描述内容有结构面的规模、产状、连续性、发育的密度、张开度、形态、充填胶结特征、组合关系等。

(3)结构体是指岩体中被结构面切割围限的岩石块体。从结构体的大小、形状、产状来描述其特征。

(4)岩体结构类型划分为整体状结构、块状结构、层状结构、碎裂状结构和散体状结构等五大类型。

(5)岩体的力学性质分为变形性质和强度性质。岩体的变形指标主要有变形模量、弹性模量和变形系数,岩体的压力-变形曲线类型主要有直线型、上弯型和下弯型。

(6)岩体强度是指岩体抵抗外力破坏的能力。岩体的抗剪强度,既不同于岩块的抗剪强度,也不同于结构面的抗剪强度。

思考题及习题

1. 什么是岩体?什么是结构面?什么是结构体?各有什么区别?
2. 按成因分类结构面有何特征?
3. 结构面描述的内容有哪些?如何进行描述?
4. 结构体描述的内容有哪些?如何进行描述?
5. 岩体结构如何分类?各类型岩体结构有何特征?如何评价?
6. 什么是泥化夹层?它有何特征?
7. 岩体的变形指标有哪些?如何定义?有何区别?
8. 岩体的压力-变形曲线类型有哪些?各有何特征?岩体的特征有哪些?
9. 不同类型结构面的抗剪强度如何确定?有何不同?
10. 岩体的抗剪强度如何确定?

技能训练　工程地质野外实训

实习 3　岩体结构面的野外鉴定描述

1. 实习目的

在实习教师指导下学会认识岩体结构面、结构体的特征，掌握岩体结构面的描述内容和方法，掌握岩体结构分类方法。

2. 实习任务

在岩体指定地段完成以下任务：

(1)对指定地段的岩体结构面进行地质成因分类。

(2)对指定地段的岩体结构面的特征进行描述。

(3)对指定地段的岩体的结构类型进行划分。

(4)对指定地段的岩体结构体的特征进行描述。

(5)描述评价指定地段的岩体的工程地质特征。

3. 实习准备

寻找一岩石露头，出露面积至少为 $20\times20\ m^2$；实习学生 3~5 人为一组，配备罗盘(手持 GNSS)、卷尺、放大镜、地质锤、野外记录本、记录表等物品。

4. 实习过程

(1)定点描述：在指定实习地段用罗盘(手持 GNSS)定点，并对指定地点进行位置描述。

(2)对岩体的岩石类型、岩性进行观察描述并定名。

(3)对岩体的结构面的成因类型进行划分，并描述分类依据，总结其特征。

(4)对岩体结构面的规模、产状、连续性、发育的密度、张开度、形态、充填胶结特征、组合关系等进行划分、描述，并描述划分依据。

(5)对岩体结构体规模、形状、产状进行划分、描述，并描述划分依据。

(6)对岩体的结构类型进行划分，并描述分类依据。

(7)对岩体的工程地质性质进行评价。

5. 实习时间安排

本次实习时间安排 2~4 学时，可在学完相关课程后进行实习。

6. 提交的实习成果

本次实习结束后提交实习记录、实习报告作为评定实习成绩的依据。

项目八 岩体的工程地质分类

学习目标

本项目重点阐述了目前国内有关岩体工程地质分类的主要方法及其分类标准，论述了不同成因岩体的工程地质特征、岩体结构类型的划分方法和风化岩体的分类，对国内所使用的岩体工程分类进行了论述。要求掌握岩体的工程地质分类方法，能对岩体进行正确的分类和划分，掌握岩体的工程地质特征和风化分级及特征。

【学习导入】

作为各种工程建筑物地基、围岩或建筑材料的岩体，在进行工程建筑时，首先要选择建筑场地或选择岩体作为建筑材料时，总要评价岩体的质量，作为选择依据，为了对岩体质量好坏有一个综合、明确的概念，就必须对岩体进行工程地质分类。

岩体的工程地质分类是从工程角度出发，根据岩体的内在特性，将工程地质性质相类似的岩体归并划分出不同的岩体类别，并对各类岩体的质量给予定性及定量的评价。这样，就可针对岩体质量进行工程部署或采取相应措施，使工程达到安全、经济的目的。

岩体的工程地质分类是工程地质中的一个重要研究课题。它既是工程岩体稳定性分析的基础，也是岩体工程地质条件定量化的一个重要途径。岩体工程地质分类是通过岩体的一些简单和容易实测的指标，把工程地质条件和岩体力学性质参数联系起来，并借鉴已建工程设计、施工和处理等成功与失败方面的经验教训，对岩体进行归类的一种工作方法。

单元一 不同成因岩体的工程地质特征

岩石按其成因类型分为岩浆岩、沉积岩、变质岩三大类，由于各类岩石的成岩过程不同，岩石的成分和结构等也不同，故其工程地质性质也不一样。

一、岩浆岩体的工程地质特征

岩浆岩体按其形成条件可分成深成岩、浅成岩和喷出岩三类，岩浆岩的工程地质性质，一方面与岩浆岩的成分有关，另一方面与岩浆凝结时的条件有关。

（一）深成岩体的主要工程地质特征

深成岩体常形成巨大的侵入体，如岩基及岩株等，岩性较均一，变化较小，岩体结构呈典型的块状结构，结构体多呈六面体和八面体。但在岩体边缘部分也常有流线、流面和各种原生节理，使之结构相对比较复杂。

深成岩的颗粒均匀，以中-粗粒结晶为主，致密坚硬、孔隙极少、力学强度高、透水性弱、抗水性强，故新鲜的深成岩具有优良的工程地质性质。如花岗岩、闪长岩、花岗闪长岩、石英闪长岩等常被选作大型建筑物地基或建筑装饰石材。但深成岩也有不足的方面：首先，深成岩体易风化，风化壳的厚度一般较大，因深成岩是在高温、高压环境下生成的，与它现在所处的常温常压的环境差别较大，矿物的化学稳定性较小，风速度较快、风化深度较大，如花岗岩分布地段，风化壳厚度一般可达 50 m 左右，而在构造破碎地段产生深风化槽，夹层风化，深度可达 100 m，使工程地质条件大为复杂化，作为坝基和隧洞围岩常需进行人工加固处理。其次，当深成岩受同期或后期构造运动影响，断裂破碎剧烈，构造结构面很发育时，其性质将大为复杂化。这时，岩体完整性和均一性被破坏，强度降低，尤其是长石风化成高岭石，使某些结构面常有次生夹泥、泥化夹层等，其亲水性大为增加，强度很低，须慎重对待。再次，深成岩体常被后期小侵入体、岩脉穿插，这些不同时期、不同岩性的岩脉侵入体对深成岩的影响也不同，有时对岩体或先期断裂起胶结作用，有的引起进一步分割作用，使岩体性质复杂化，破坏了它的均一性，岩体强度降低。

深成岩与围岩接触，常形成很厚的接触变质带，其成分复杂，有时易风化，往往形成软弱岩带或软弱结构面，工程地质性质更差，应加以特别注意。

(二)浅成岩体的主要工程地质特征

浅成岩体成分一般与深成岩相似，多为岩床、岩墙、岩脉等小侵入体，岩性均一性差，岩体结构常呈层状或碎裂状结构，而岩石多呈斑状结构和均粒中-细粒结构，细粒结构的岩石强度比深成岩高，抗风化能力强，斑状结构岩石则差些。与其他类型岩体相比，浅成岩一般工程地质性质较好，在工程建设中应尽量利用。

花岗斑岩、闪长玢岩和伟晶岩等中-酸性浅成岩性质与花岗岩类似，细晶岩强度较高，但产出范围较小，岩性变化比较大，岩体均一性较差。辉绿岩为常见的基性浅成岩，岩性致密坚硬，强度较高，抗风化能力较强，但岩性均一性较差；煌斑岩常为岩脉产出，含暗色矿物多，风化剧烈。

(三)喷出岩体的主要工程地质特征

喷出岩体为火山喷出的熔岩流冷凝而成，由于火山喷发的多期性，火山熔岩和火山碎屑岩往往相间，使喷出岩具类似层状的构造。

喷出岩是岩浆喷出后的产物，岩石中含有较多的玻璃质及气孔构造、杏仁构造，岩石颗粒很细，多呈致密结构，酸性熔岩在流动过程中形成流纹构造。另外，由于喷出岩是在急骤冷却的条件下凝结的，所以原生节理比较发育，如玄武岩的柱状节理、流纹岩的板状节理等。

以上特征，使喷出岩体结构比较复杂，岩性非均一、各向异性显著，岩体的连续性较差，透水性较强，软弱夹层或软弱结构面比较发育，成为控制岩体稳定的主要因素。厚层的熔岩岩体呈块状结构，一般呈层状结构或碎裂状结构。

喷出岩以玄武岩最为常见，其次是安山岩和流纹岩。

玄武岩的密度较大，强度高，抗风化力强，是很好的块石料。玄武岩具气孔构造和原生柱状节理，因此透水性强。第四系玄武岩常覆盖在松散沉积物之上，应特别注意下伏松散层的影响。由玄武岩构成的斜坡地段，因玄武岩柱状节理发育，易引起斜坡失稳。流纹岩结晶较细，含玻璃质，多呈流纹构造，原生节理发育，在垂直方向和水平方向上岩性不均一，强度变化大，尤其常与凝灰岩互层或有岩脉穿插时，岩层破碎，风化带较深，易形成软弱夹层，使工程地质条件复杂化。如浙江某坝址，左岸有一层厚约 2 m 的凝灰质页岩，以很缓的倾角倾向河谷，受地下水浸润局部泥化，上覆流纹岩体下滑，后经查明处理，才保证了大坝的安全。

二、沉积岩体的工程地质特征

沉积岩的最大特征是具层理构造，岩性有明显的各向异性。按形成条件及结构特点，沉积岩可分为火山碎屑岩、胶结碎屑岩、黏土岩、化学和生物化学岩等。

（一）火山碎屑岩的主要工程地质特征

火山碎屑岩具有岩浆岩和普通沉积岩的双重特性和过渡关系，包括火山集块岩、火山角砾岩、凝灰岩等，各类火山碎屑岩的性质差别很大，与火山碎屑物、沉积物和熔岩的相对含量、层理及胶结压实程度有关。在火山碎屑岩地区筑坝，要查明有无易崩解和易风化的岩石以及黏土夹层。大多数凝灰质岩石，结构疏松和易风化，强度较低，但也并非均不能作为建筑场地和坝基。如我国浙江某些水坝就建造在凝灰岩体上。实践证明，只要经过详细调查，试验研究，采取相应措施，仍可保证大坝的使用和安全。

（二）胶结碎屑岩的主要工程地质特征

胶结碎屑岩是沉积物经胶结、硬化而成的岩石，包括各种砾岩、砂岩、粉砂岩等。胶结碎屑岩的性质主要取决于胶结物的成分、胶结形式和碎屑物成分与特点。如硅质胶结的岩石强度最高，抗水性强；而钙质胶结、石膏质和泥质胶结的岩石强度较低，抗水性弱，在水作用下，可被溶解或软化，使岩石性质变坏。此外，基底式胶结的岩石较坚硬，透水性较弱；而接触胶结形式的岩石强度较低，透水性较强。

在胶结碎屑岩中，一般粉砂岩的强度比砂砾岩差，其中硅质胶结石英砂岩强度比一般砂岩高，我国南方各省分布的中生界红色砂岩，多为钙质泥质胶结，胶结程度较古生界砂岩差。

（三）黏土岩的主要工程地质特征

黏土岩主要由两种岩石组成，即页岩和泥岩。黏土岩的工程地质性质较差，特别是红色岩层中的泥岩，厚度薄，抗水性差，强度低，易软化和泥化。

（四）化学岩和生物化学岩的主要工程地质特征

化学岩和生物化学岩最常见的是碳酸盐类岩石，以石灰岩分布最广。石灰岩和白云岩结构致密，坚硬，强度较高，但它们在地下水作用下易被溶蚀，形成溶蚀裂隙、溶洞、暗河等，成为渗漏的通道，是不利的工程地质条件。泥灰岩是黏土岩和石灰岩之间的过渡类型，强度低，遇水易软化，但当石灰岩中夹有薄层泥灰岩或黏土岩时，可能产生滑动问题，对工程不利，但当石灰岩中夹有泥灰岩及黏土岩时，可起阻水或隔水作用，对防止渗漏与涌水问题是有利的，故应结合工程地质条件分析。如我国西南、中南及华东一些省区，在岩溶地区修建了大量的中小型水库，不少工程就是利用黏土岩或泥灰岩起隔水作用的。

三、变质岩体的工程地质特征

变质岩体的性质与变质作用的特点和原岩成分均有关。但其工程地质特性差别很大，大多数变质岩经过重结晶作用，具有一定的结晶联结，结构一般较紧密，抗水性较强，孔隙较小，透水性弱，强度较高。如黏土质岩石经过变质后，黏土矿物重结晶，使页岩变质为板岩、角岩，岩石性质大大改善，亲水性降低，强度提高，抗风化性能增强。又如岩浆岩经变质作用，岩体中产生的片理或片麻理，往往使岩石的联结减弱，力学性质呈现各向异性，强度降低，受到某些矿物成分的影响，变质岩容易风化。此外，变质岩一般年代较老，经受地质构造变动较多，断裂多、风化剧烈，破坏了变质岩体的完整性，使岩体性质呈现不均匀变化。因此，对变质岩的工程地质性质应从母岩性质、变质类型和变质程度等方面进行综合考虑，才能作出正确的评价。

（一）接触变质岩体的主要工程地质特征

接触变质岩体出现在侵入岩体的周围，其范围和性质取决于侵入体大小、类型和原岩性质。这种岩石主要受重结晶作用，故其强度一般比原来岩体高。但由于侵入体的挤压，接触带附近易发生断裂，使岩体透水性增加，抗风化能力降低，因此对接触变质岩体应着重研究其构造特征。

（二）动力变质岩体的主要工程地质特征

动力变质岩是构造作用形成的断裂带及其附近受影响的岩石。这类岩石包括压碎岩、角砾岩、糜棱岩、断层泥等。

动力变质岩体的性质取决于破碎物质成分、颗粒大小和压密胶结程度。通常，这类岩石胶结不好，裂隙、孔隙发育，强度低，透水性强，在岩性中常形成软弱结构面、软弱夹层或软弱岩体。

（三）区域变质岩体的主要工程地质特征

区域变质岩是受区域变质作用而形成的岩石，这类变质岩分布范围较广，岩体厚度较大，变质程度较为均一，最常见的有片麻岩、片岩、千枚岩、板岩、石英岩和大理岩，混合岩是介于片麻岩与岩浆岩之间的一种岩石。一般来说，块状岩石性质较好，而层状、片状岩石，尤其是千枚岩性质较差。

片麻岩随着黑云母含量的增多和片麻理的发育，其强度和抗风化能力明显降低，故角闪石片麻岩、角闪岩、变粒岩的强度较黑云母片麻岩要高。花岗片麻岩的分布最广，其性质近似花岗岩，但岩体性质较不均一，抗风化能力较花岗岩低。

片岩包括很多类型，由于岩石的矿物成分、结晶程度、片理构造的不同，岩石性质差别很大，其中以石英片岩和角闪石片岩性质较好，岩石强度和抗滑稳定性相对较高，云母片岩、绿泥石片岩、滑石片岩、石墨片岩等性质较差，其强度和抗滑稳定性较低。

千枚岩和板岩是浅变质岩石。千枚岩和板岩性脆，板理明显且平整光滑，裂隙比较发育，易于沿板理方向滑动。

石英岩性质均一，致密坚硬，强度极高，抗水性好且不易风化，但性脆，受地质构造变动破坏后，裂隙发育，石英岩中夹有软弱泥质板岩时，由于岩性软硬相间，易沿软弱面发生层间错动。

大理岩的强度较高，但具可溶性，因此岩溶是其主要的工程地质问题。

【小贴士】

掌握不同成因岩体的工程地质特征有助于在实际工作中的初期，大致了解岩体的工程地质特征及存在的工程地质问题，为其后的工作指明勘察的重点和方向。

单元二　岩体结构类型的划分

岩体的工程地质特征在很大程度上受岩体结构的影响，岩体是地质体的一部分，在各种结构面（不连续面）的切割下，形成了一定的岩体结构，并赋存于一定的地质环境之中。岩体结构包括岩体结构体和岩体结构面两大要素。对于新鲜而完整的岩石，岩石间具牢固的联结，结构较致密，具有较低的透水性和较高的力学强度，此时由于岩体结构面发育较少而对岩体的工程地质性质影响不大，更多地体现的是岩石的性质，也就是结构体的性质。然而，大多数岩石生成后在漫长地质发展时期中形成了各种结构面,破坏了岩石的完整性。岩体的工程地质性质受多方面因素影响,不仅体现了岩石的性质,更多地体现了岩体结构面的性质。所以,岩体的工程性质首先取决于岩体结构类型与特征,其次才是组成岩体的岩石的性质。

国家标准《岩土工程勘察规范(2009 年版)》(GB 50021—2001)中,根据岩体的地质类型、结构体的形状、结构面发育情况、岩土工程特征和可能发生的岩土工程地质问题等五个依据,将岩体结构类型划分为整体状结构、块状结构、层状结构、碎裂状结构和散体状结构五大类型,详见项目七表 7-3,其力学特性与岩体稳定性依次由好变差。

【小贴士】

岩体的工程地质分类应着重掌握各分类方法的适用范围、分类的依据、分类的方法、分类的结果及分类的应用。就岩体按结构类型分类而言,应着重掌握岩体的分类方法,即在野外正确地划分岩体地质类型和结构面发育情况,它是准确划分岩体结构类型的关键,而分类的应用则是根据表 7-3 中划分的结构类型准确判断岩体的岩土工程特征和可能发生的岩土工程问题。

单元三　岩体按风化程度分类

岩体在各种风化营力,如太阳能、大气、水和动植物有机体的作用下,发生的物理化学变化的过程,称为岩体的风化。而岩体风化程度则是指岩体的风化现状。岩体在风化过程中的风化的程度、深度、速度和风化壳的厚度,除了与风化营力的强弱有关,还与地区的气候、岩性、地质构造、地貌、水文地质条件和人类活动等因素有关。在自然条件下,岩体风化的过程十分复杂,在广泛而持续的风化作用下,地表岩体的工程地质特征将发生如下变化:

(1)岩体的完整性进一步遭到破坏。风化不仅使岩体原有的裂隙扩大,还产生很多新的风化裂隙,使岩体逐渐破碎,分裂成碎块、碎片,进而分解成砂粒、粉粒甚至黏粒。这种变化削弱了岩石原有的结晶联结,以致完全丧失联结力,致使完整坚硬的岩体,往往变成强度低、细分散状态的松散土。

(2)岩石的矿物成分和化学成分发生改变。在化学风化的作用下,岩石中原生矿物经水解、溶解及氧化等反应,形成新的次生矿物,如绿泥石、绢云母、高岭石、伊利石、蒙脱石等黏土矿物,从根本上改变了岩石的组成部分。

(3)岩体的工程地质性质发生变化。岩体经风化后,由于其完整性和牢固性遭到削弱和破坏,原岩矿物和化学成分的变化导致岩体一系列性质产生变化。首先,岩石的抗水性降低而亲水性增强,如膨胀、崩解、软化及泥化等性质不同程度地显现出来,使岩体具有了黏性土的一些特征。其次,由于岩体破碎,空隙增加,因而透水性增强。以上两方面的变化,最终影响到力学性质的变化,使得岩体力学性质降低,压缩性增大,抗压强度大大降低,由基本上不可压缩的基岩变成压缩性很大的松软土。

总之,从工程建筑的角度来看,岩体经过风化后,其优良性质减弱了,不良性质增强了,甚至丧失了原有的牢固的连接和完整性,从根本上改变了岩体的性质,从而使建筑物的场地条件大大恶化,尤其对重要建筑物来说,风化岩体一般不能满足要求,必须进行处理。

遭受风化的岩石圈表层称为风化壳,这是原岩在一定地质历史时期各种因素综合作用下的产物,岩体风化总是由地表向岩体内部不断深入的,而风化程度也是在地表最为强烈、向岩体深部不断减弱直至新鲜岩石,即岩体风化具有垂直分带性。这对工程建筑的安全和经济都是很重要的，因为对一般建筑物来说，并不是所有的风化岩体都不能满足要求，而只是那些风化比较强烈、物理力学性质较差的部分不能满足要求，必须加以处理。而那些风化程度较轻微、物理力学性质还不太差的部分经研究证明能够满足建筑物要求的部分，就不必进行处理，这样区别对待，既能保证建筑物的安全，又符合经济合理的原则，所以有必要对岩体的风化程度进行分带，以满足建筑物的设计使用需要。

为工程建筑目的而进行的岩体风化壳垂直分带，能反映原岩性质的变化规律，反映各带岩体因风化阶段的不同所具有的不同特征，同时也要考虑工程上的实际需要。分带所使用的依据既要有代表性，又要明确。根据我国的实践经验，考虑的分带依据有：风化岩石的颜色；岩体的破碎程度；原生矿物的变异和蚀变矿物的出现；物理性质的变化；锤击、钻进和开挖的情况；声波特征及其变化等。

表 8-1 为《水利水电工程地质勘察规范》（GB 50487—2008）对岩体风化程度的划分。这种分类方案依据的定性指标有：岩石颜色、光泽；岩石结构、裂隙；蚀变矿物的出现；锤击情况。定量指标：风化岩与新鲜岩纵波速之比，虽然方法简单，但有一定使用价值。

表 8-1　岩体风化程度的划分

风化带		主要地质特征	风化岩与新鲜岩纵波速之比
全风化		·全部变色，光泽消失； ·岩石的组织结构完全破坏，已崩解和分解成松散的土状或砂状，有很大的体积变化，但未移动，仍残留有原始结构痕迹； ·除石英颗粒外，其余矿物大部分风化蚀变为次生矿物； ·锤击有松软感，出现凹坑，矿物手可捏碎，用锹可以挖动	<0.4
强风化		·大部分变色，只有局部岩块保持原有颜色； ·岩石的组织结构大部分已破坏，小部分岩石已分解或崩解成土，大部分岩石呈不连续的骨架或心石，风化裂隙发育，有时含大量次生夹泥； ·除石英外，长石、云母和铁镁矿物已风化蚀变； ·锤击哑声，岩石大部分变酥，易碎，用镐撬可以挖动，坚硬部分需爆破	0.4~0.6
弱风化（中等风化）	上带	·岩石表面或裂隙面大部分变色，断口色泽较新鲜； ·岩石原始组织结构清楚完整，但大多数裂隙已风化，裂隙壁风化剧烈，宽一般 5~10 cm，大者可达数十厘米； ·沿裂隙铁镁矿物氧化锈蚀，长石变得浑浊、模糊不清； ·锤击哑声，用镐难挖，需要爆破	0.6~0.8
	下带	·岩石表面或裂隙面大部分变色，断口色泽新鲜； ·岩石原始组织结构清楚完整，沿部分裂隙风化，裂隙壁风化较剧烈，宽一般 1~3 cm； ·沿裂隙铁镁矿物氧化锈蚀，长石变得浑浊、模糊不清； ·锤击发音较清脆，开挖需用爆破	

续表 8-1

风化带	主要地质特征	风化岩与新鲜岩纵波速之比
微风化	·岩石表面或裂隙面有轻微褪色； ·岩石组织结构无变化，保持原始完整结构； ·大部分裂隙闭合或为钙质薄膜充填，仅沿大裂隙有风化蚀变现象，或有锈膜浸染； ·锤击发音清脆，开挖需用爆破	0.8~0.9
新鲜	·保持新鲜色泽，仅大的裂隙面偶见褪色； ·裂隙面紧密，完整或焊接状充填，仅个别裂隙面有锈膜浸染或轻微蚀变； ·锤击发音清脆，开挖需用爆破	0.9~1.0

注：遇有下列情况之一时，岩体风化带的划分可适当调整：

1. 除弱风化带外，当其他风化岩体厚度较大时，也可根据需要进一步划分。
2. 选择性风化作用地区，当发育囊状风化、隔层风化、沿裂隙风化等特定形态的风化带时，可根据岩石的风化状态确定其等级。
3. 某些特定地区，岩体风化剖面呈非连续性过渡时，分级可缺少一级或二级。

《岩土工程勘察规范（2009 年版）》（GB 50021—2001）提出，在定性指标的基础上，用岩体纵波速度（v_p）、波速比（K_v）及风化系数来定量评价、划分岩体的风化程度，这是一种较完整的分类方案（见表 8-2）。

表 8-2 岩体按风化程度分类

风化程度	野外特征	风化程度参数指标	
		波速比 K_v	风化系数 K_f
未风化	岩质新鲜，偶见风化痕迹	0.9~1.0	0.9~1.0
微风化	结构基本未变，仅节理面有渲染或略有变色，有少量风化裂隙	0.8~0.9	0.8~0.9
中等风化	结构部分破坏，沿节理面有次生矿物，风化裂隙发育，岩体被切割成岩块。用镐难挖，岩芯钻方可钻过	0.6~0.8	0.4~0.8
强风化	结构大部分破坏，矿物成分显著变化，风化裂隙很发育，岩体破碎，用镐可挖，干钻不易钻进	0.4~0.6	<0.4
全风化	结构基本破坏，但尚可辨认，有残余结构强度，可用镐挖，干钻可钻进	0.2~0.4	—
残积土	组织结构全部破坏，已风化成土状，锹镐易挖掘，干钻易钻进，具可塑性	<0.2	—

注：1. 波速比 K_v 为风化岩石与新鲜岩石压缩波速度之比。

2. 风化系数 K_f 为风化岩石与新鲜岩石饱和单轴抗压强度之比。
3. 岩石风化程度，除按表列野外特征和定量指标划分外，也可根据当地经验划分。
4. 花岗岩类岩石，可采用标准贯入试验划分，$N \geqslant 50$ 为强风化；$30 \leqslant N < 50$ 为全风化；$N < 50$ 为残积土。
5. 泥岩和半成岩，可不进行风化程度划分。

【知识链接】

岩石按风化程度分类，本书中引用的两个分类方案详见《水利水电工程地质勘察规范》(GB 50487—2008)和《岩土工程勘察规范(2009 年版)》(GB 50021—2001)。在其他行业和地方标准中也有类似的分类方案，在使用中应以所在部门应用的行业和地方标准为准，并参考国家标准《岩土工程勘察规范(2009 年版)》(GB 50021—2001)。

单元四　岩体的工程分类

在工程建设的实践中，除要定性地评价岩体的工程地质特征，对岩体的结构和风化进行评价外，更重要的是对岩体质量进行定量的评价，以便依据评价结果进行建筑工程的设计或施工处理。岩体的工程分类的方法很多，这里重点介绍目前国内经常使用的国家标准和有影响的重要行业标准推荐的岩体的工程分类方法。

一、RQD 分类

岩石质量指标 RQD 是用直径为 75 mm 的金刚石钻头和双层岩芯管在岩石中钻进，连续取芯，回次钻进所取岩芯中，长度大于 10 mm 的岩芯段长度之和与该回次进尺的比值，用百分数表示。该分类是美国伊利诺斯大学发展起来的，是用来表示岩体质量的一种指标，即

$$\mathrm{RQD}=\frac{L_{\mathrm{p}}}{L_{\mathrm{t}}}\times 100\% \tag{8-1}$$

岩石质量指标 RQD 是根据修正的岩芯采取率来决定的。所谓修正的岩芯采取率，就是钻孔中直接获取的岩芯总长度扣除破碎岩芯和软弱夹泥的长度后，与钻孔总进尺之比。因此，规定在计算岩芯长度时，只计算大于 10 cm 的坚硬的和完整的岩芯。图 8-1 表示一个进尺为 150 cm 时所采取的岩芯情况。图 8-1 中岩芯的实际长度为 125 cm，岩芯采取率为 83%；经修正后的岩芯有效长度为 95 cm，由此算出的 RQD 值为 63%。

RQD 分类法适用于野外钻探施工中对钻探的岩体质量进行分类，目前已积累了大量的经验，被较多的工程单位采用。

《岩土工程勘察规范(2009 年版)》(GB 50021—2001)中，用岩石质量指标对岩体质量进行 RQD 分类(见表 8-3)。

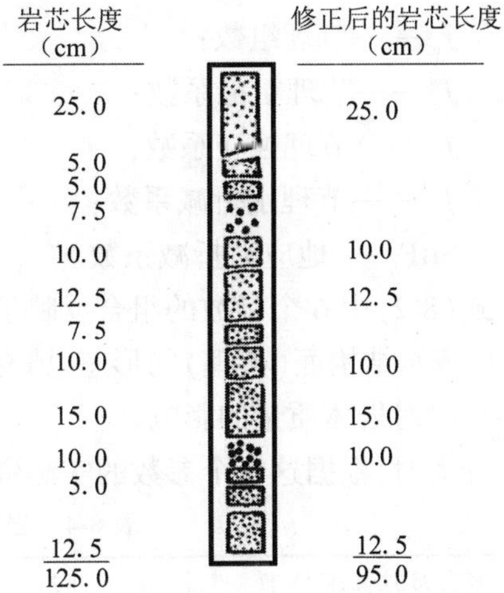

钻孔总长（cm）	150
岩芯采取率（%）	125/150×100=83
RQD (%)	95/150×100=63

图 8-1　RQD 和岩芯采取率的关系

(徐志英，1986)

表 8-3　岩体质量分类

岩体分类	RQD(%)	岩体分类	RQD(%)
好的	>90	差的	25~50
较好的	75~90	极差的	<25
较差的	50~75		

注:RQD 指钻孔中用 N 型(75 mm)二重管金刚石钻头获取的大于 10 cm 的岩芯段长度与该回次钻进深度之比。

应当指出,RQD 在反映硬质岩中的裂隙和软质岩的岩质易碎性方面很明显,但不能反映出与剪切强度有关的结构面粗糙度和充填物的性质方面问题。因此,在下面将要介绍的分类法中,使用 RQD 指标时,只是把 RQD 看作是一项分类的重要因素,而不是分类考虑的唯一因素。

二、巴顿岩体分类

挪威学者巴顿(Barton)于 1974 年通过对 200 多座已建隧道的实测资料分析,为隧道支护设计提出了有名的岩体工程分类。该分类用岩石质量指标 RQD、节理组数 J_n、节理面粗糙系数 J_r、节理面蚀变系数 J_a、节理水折减系数 J_w、地应力折减系数 SRF 等 6 个因素,以下述表达式来算出围岩岩体质量 Q:

$$Q = \frac{\mathrm{RQD}}{J_n} \cdot \frac{J_r}{J_a} \cdot \frac{J_w}{\mathrm{SRF}} \tag{8-2}$$

式中　RQD——岩石质量指标,定义为大于 10 cm 的岩芯累计长度与钻孔进尺长度之比的百分数;

J_n——节理组数;

J_r——节理粗糙系数;

J_a——节理蚀变系数;

J_w——节理水折减系数;

SRF——地应力折减系数。

式(8-2)中 6 个参数的组合反映了岩体质量的 3 个方面,即 RQD/ J_n 为岩体的完整性;J_r / J_a 表示结构面(节理)的形态、填充物特征及其次生变化程度;J_w /SRF 表示水与其他应力存在时对岩体质量的影响。

分类时,根据这 6 个参数的实测资料,查表 8-4~表 8-9 确定各自的数值。

表 8-4　岩石质量指标 RQD 描述及权值

参数及其详细分类		权值	备注
序号	岩石质量指标	RQD(%)	
A	很差	0~25	(1)在实测或报告中,若 RQD≤10(包括 0),则 RQD 名义上取 10; (2)RQD 隔 5 选取就足够满足精度要求,例如 100、95、90…
B	差	25~50	
C	一般	50~75	
D	好	75~90	
E	很好	90~100	

表 8-5　节理组数(J_n)描述及权值

参数及其详细分类		权值	备注
序号	节理条件	J_n	
A	整体性岩体，含少量节理或不含节理	0.5~1.0	(1)对于巷道交叉口，取 $3.0J_n$； (2)对于巷道入口处，取 $2.0J_n$
B	一组节理	2	
C	一组节理再加些紊乱的节理	3	
D	两组节理	4	
E	两组节理再加些紊乱的节理	6	
F	三组节理	9	
G	三组节理再加些紊乱的节理	12	
H	四组或四组以上的节理，随机分布特别发育的节理，岩体被分成“方糖”块等	15	
I	粉碎状岩石，泥状物	20	

表 8-6　节理粗糙度系数(J_r)描述及权值

参数及其详细分类			权值	备注
序号	节理粗糙度条件		J_r	(1)若有关的节理组平均间距>3 m，J_r 按左行数值再加 1.0； (2)对于具有线理且带擦痕的平面状节理，若线理倾向最小强度方向，则可取 $J_r=0.5$
a. 节理壁完全接触				
A	b. 节理面在剪切错动 10 cm 以前是接触的	不连续的节理	4	
B		粗糙或不规则的波状节理	3	
C		光滑的波状节理	2	
D		带擦痕的波状节理	1.5	
E		粗糙或不规则的平面状节理	1.5	
F		光滑的平面状节理	1.0	
G		带擦痕的平面状节理	0.5	
H	c. 剪切错动时岩壁不接触	节理中含有足够厚的黏土矿物，足以阻止节理壁接触	1.0	
I		节理含砂、砾石或岩粉夹层，其厚度足以阻止节理壁接触	1.0	

表 8-7　节理蚀变系数(J_a)描述及权值

参数及其详细分类			权值		备注
序号		节理蚀变条件	J_a	φ_r(近似值)	
A	a. 节理完全闭合	节理壁紧密接触,坚硬,无软化、填充物,不透水	0.75	—	如果存在蚀变产物,则残余摩擦角 φ_r 可作为蚀变产物的矿物化学性质的一种近似标准
B		节理壁无蚀变,表面只有污染物	1.0	25°~35°	
C		节理壁轻度蚀变,不含软矿物覆盖层、砂粒和无黏土的解体岩石等	2.0	25°~35°	
D		含有粉砂质或砂质黏土覆盖层和少量黏土细砂(非软化的)	3.0	20°~25°	
E		含有软化或摩擦力低的黏土矿物覆盖层,如高岭土和云母。它可以是绿泥、滑石和石墨等,以及少量的膨胀性黏土(不连续的覆盖层,厚度≤1~2 mm)	4.0	8°~16°	
F	b. 节理壁在剪切错动 10 cm 前是接触的	含砂粒和无黏土的解体岩石等	4.0	25°~30°	
G		含有高度超固结的、非软化的黏土质矿物填充物(连续的厚度<5 mm)	6.0	16°~24°	
H		含有中等(或轻度)固结的软化的黏土矿物填充物(连续的厚度<5 mm)	8.0	12°~16°	
I		含膨胀性黏土填充物,如蒙脱石(连续的厚度<5 mm),J_a 值取决于膨胀性黏土颗粒所占的百分数以及含水量	8.0~12	6°~12°	
J		含有解体岩石或岩粉以及黏土的夹层(见关于黏土条件的 G、H 和 J 款)	6.0	—	
K	c. 剪切错动时节理壁不接触	含有解体岩石或岩粉以及黏土的夹层(见关于黏土条件的 G、H 和 J 款)	8.0	—	
L		含有解体岩石或岩粉以及黏土的夹层(见关于黏土条件的 G、H 和 J 款)	13.0~20.0	6°~24°	
M		由粉砂质或砂质黏土和少量黏土微粒(非软化的)构成的夹层	5.0	—	
N		含有厚而连续的黏土夹层(见关于黏土条件的 G、H 和 J 款)	10.0~13.0		
O		含有厚而连续的黏土夹层(见关于黏土条件的 G、H 和 J 款)		6°~24°	
P		含有厚而连续的黏土夹层(见关于黏土条件的 G、H 和 J 款)	13.0~20.0		

表 8-8　节理水折减系数(J_ω)描述及权值

参数及其详细分类		权值		备注
序号	节理水折减条件	J_ω	水压力的近似值(kg/cm^2)	
A	隧道干燥或只有极少量的渗水,即局部地区渗流量<5 L/min	1.0	<1.0	(1)C~F 款的数值均为估计值,如采取疏干措施,J_ω 可取大一些; (2)由结冰引起的特殊问题本表没有考虑
B	中等流量或中等压力,偶尔发生节理填充物被冲刷现象	0.66	1.0~2.5	
C	节理无充填物,岩石坚固,流量大或水压高	0.5	2.5~10	
D	流量大或水压高,大量填充物均被冲出	0.33	2.5~10	
E	爆破时,流量特别大或压力特别高,但随时间增长而减弱	0.2~0.1	>10	
F	持续不衰减的特大流,或特高水压	0.1~0.05	>10	

表 8-9　应力折减系数(SRF)描述及权值

参数及其详细分类			权值			备注
序号	应力折减条件		SRF	σ_c/σ_1	σ_t/σ_1	
A	a. 软弱区穿切开挖体,当隧道掘进时开挖体可能引起岩体松动	含黏土或化学分解的岩石的软弱区多处出现,围岩十分松散(深浅不限)	10.0			(1)如果有关的剪切带仅影响到开挖体,而不与之交叉,则 SRF 值减小 25%~50%; (2)对于各向应力差别甚大的原岩应力场(若已测出):当 $5 \leqslant \sigma_t/\sigma_1 \leqslant 10$ 时,σ_c 减小为 $0.8^2\sigma_c$,当 $\sigma_1/\sigma_3 > 10$ 时,σ_c 减小为 $0.6\sigma_c$,σ_t 减为 $0.6\sigma_t$;这里 σ_c 表示单轴抗压强度,σ_t 表示抗拉强度(点荷载试验),σ_1 和 σ_3 分别为最大主应力和最小主应力;
B		含黏土或化学分解的岩石的单一软弱区(开挖深≤50 m)	5.0			
C		含黏土或化学分解的岩石的单一软弱区(隧道深度>50 m)	2.5			
D		岩石坚固、不含黏土,但多处出现剪切带,围岩松散(深度不限)	7.5			
E		不含黏土的坚固岩石中的单一剪切带(开挖深≤50 m)	5.0			
F		不含黏土的坚固岩石中的单一剪切带(开挖深>50 m)	2.0			
G		含松软的张开节理,节理很发育或像"方糖"块(深度不限)	5.0			

续表 8-9

序号	参数及其详细分类		权值			备注
	应力折减条件		SRF	σ_c/σ_1	σ_t/σ_1	
H	b. 坚固岩石，岩石应力问题	低应力，接近地表	2.5	>200	>13	
I		中等应力	1.0	200~10	13~0.66	
J		高应力，岩体结构非常紧密(一般有利于稳定性，但对侧帮稳定性可能不利)	0.5~2	10~5	0.66~0.33	(3)可以找到几个地下深度小于跨度的实例记录。对于这种情况，建议将 SRF 从 2.5 增加至 5(见 H 款)
K		轻微岩爆(整体岩石)	5~10	5~2.5	0.33~0.16	
L		严重岩爆(整体岩石)	10~20	<2.5	<0.16	
M	c. 挤压性岩石，在很高的应力影响下不坚固岩石的塑性流动	挤压性微弱的岩石压力	5~10			
N		挤压性很强的岩石压力	10~20			
O	d. 膨胀性岩石，化学膨胀活性取决于水的存在与否	膨胀性微弱的岩石压力	5~10			
P		膨胀性很强的岩石压力	10~20			

根据这 6 个参数的实测资料，查表 8-4~表 8-9 确定各自的数值后，代入式(8-2)求得岩体的质量指标 Q 值；以 Q 值为依据将岩体分为 9 类(见表 8-10)，各岩体与地下开挖当量尺寸(D_e)间的关系如图 8-2 所示。

表 8-10 按 Q 值岩体分级

Q 值	0.001~0.01	0.01~0.1	0.1~1	1~4.5	4.5~10	10~50	50~100	100~500	≥500
分级	异常差	极差	很差	差	一般	好	很好	极好	异常好

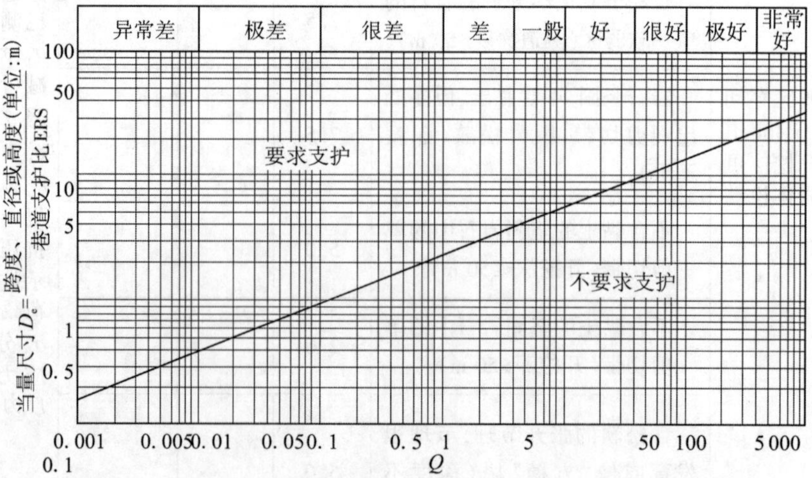

图 8-2 无支护地下硐室最大当量尺寸 D_e 与质量指标 Q 的关系

巴顿岩体分类法考虑的地质因素较全面,而且把定性分析和定量评价结合起来了,因此是目前比较好的岩体分类方法,且对各类软、硬岩体均适用。

三、岩体基本质量等级分类

《岩土工程勘察规范(2009 年版)》(GB 50021—2001)中提出岩体基本质量等级分类,该分类适用于各类岩体,其分类方法是分三步进行划分的,首先岩石按坚硬程度进行划分,其次岩体按完整程度进行划分,最后对岩体基本质量等级进行划分。

(一)岩石按坚硬程度分类

《岩土工程勘察规范(2009 年版)》(GB 50021—2001)中提出用新鲜岩块的饱和单轴抗压强度值来对岩石的坚硬程度进行分类。

(1)岩石坚硬程度按饱和单轴抗压强度定量划分如表 8-11 所示。

表 8-11 岩石按坚硬程度分类

坚硬程度	坚硬岩	较硬岩	较软岩	软岩	极软岩
饱和单轴抗压强度(MPa)	$f_r > 60$	$60 \geqslant f_r > 30$	$30 \geqslant f_r > 15$	$15 \geqslant f_r > 5$	$f_r \leqslant 5$

注:1. 当无法取得饱和单轴抗压强度数据时,可用点荷载试验强度换算,换算方法按现行国家标准《工程岩体分级标准》(GB 50218—2014)执行。

2. 当岩体完整程度为极破碎时,可不进行坚硬程度分类。

(2)岩石坚硬程度定性划分如表 8-12 所示。

表 8-12 岩石按坚硬程度的定性分类

坚硬程度		定性鉴定	代表性岩石
硬质岩	坚硬岩	锤击声清脆,有回弹,震手,难击碎,基本无吸水反应	未风化—微风化的花岗岩、闪长岩、辉绿岩、玄武岩、安山岩、片麻岩、石英岩、石英砂岩、硅质砾岩、硅质石灰岩等
	较硬岩	锤击声较清脆,有轻微回弹,稍震手,较难击碎,有轻微吸水反应	(1)微风化的坚硬岩; (2)未风化—微风化的大理岩、板岩、石灰岩、白云岩、钙质砂岩等
软质岩	较软岩	锤击声不清脆,无回弹,较易击碎,浸水后指甲可刻出印痕	(1)中等风化—强风化的坚硬岩或较硬岩; (2)未风化—微风化的凝灰岩、千枚岩、泥灰岩、砂质泥岩等
	软岩	锤击声哑,无回弹,有凹痕,易击碎,浸水后手可掰开	(1)强风化的坚硬岩或较硬岩; (2)中等风化—强风化的较软岩; (3)未风化—微风化的页岩、泥岩、泥质砂岩等
	极软岩	锤击声哑,无回弹,有较深凹痕,手可捏碎,浸水后可捏成团	(1)全风化的各种岩石; (2)各种半成岩

(二)岩体按完整程度分类

(1)岩体完整程度的定量划分如表 8-13 所示。

表 8-13　岩体按完整程度分类

岩体完整性指数	>0.75	0.75~0.55	0.55~0.35	0.35~0.15	<0.15
完整程度	完整	较完整	较破碎	破碎	极破碎

注:完整性指数为岩体压缩波速度和岩块压缩波速度之比的平方,选定岩体和岩块测定波速时,应注意其代表性。

(2)岩体完整程度的定性划分如表 8-14 所示。

表 8-14　岩体完整程度的定性分类

<table>
<tr><th rowspan="2">完整程度</th><th colspan="2">结构面发育程度</th><th rowspan="2">主要结构面的结合程度</th><th rowspan="2">主要结构面类型</th><th rowspan="2">相应结构类型</th></tr>
<tr><th>组数</th><th>平均间距(m)</th></tr>
<tr><td>完整</td><td>1~2</td><td>>1.0</td><td>结合好或结合一般</td><td>裂隙、层面</td><td>整体状或巨厚层状结构</td></tr>
<tr><td rowspan="2">较完整</td><td>1~2</td><td>>1.0</td><td>结合差</td><td rowspan="2">裂隙、层面</td><td>块状或厚层状结构</td></tr>
<tr><td>2~3</td><td>1.0~0.4</td><td>结合好或结合一般</td><td>块状结构</td></tr>
<tr><td rowspan="3">较破碎</td><td>2~3</td><td>1.0~0.4</td><td>结合差</td><td rowspan="3">裂隙、层面、小断层</td><td>裂隙块状或中厚层状结构</td></tr>
<tr><td rowspan="2">≥3</td><td rowspan="2">0.4~0.2</td><td>结合好</td><td>镶嵌碎裂结构</td></tr>
<tr><td>结合一般</td><td>中、薄层状结构</td></tr>
<tr><td rowspan="2">破碎</td><td rowspan="2">≥3</td><td>0.4~0.2</td><td>结合差</td><td rowspan="2">各种类型结构面</td><td>裂隙块状结构</td></tr>
<tr><td>≤0.2</td><td>结合一般或结合差</td><td>碎裂状结构</td></tr>
<tr><td>极破碎</td><td>无序</td><td>—</td><td>结合很差</td><td>—</td><td>散体状结构</td></tr>
</table>

注:平均间距指主要结构面(1~2 组)间距的平均值。

(三)岩体基本质量等级分类

岩体基本质量划分如表 8-15 所示。

表 8-15　岩体基本质量等级划分

坚硬程度	完整	较完整	较破碎	破碎	极破碎
坚硬岩	Ⅰ	Ⅱ	Ⅲ	Ⅳ	Ⅴ
较硬岩	Ⅱ	Ⅲ	Ⅳ	Ⅳ	Ⅴ
较软岩	Ⅲ	Ⅳ	Ⅳ	Ⅴ	Ⅴ
软岩	Ⅳ	Ⅳ	Ⅴ	Ⅴ	Ⅴ
极软岩	Ⅴ	Ⅴ	Ⅴ	Ⅴ	Ⅴ

四、岩体质量分级

《工程岩体分级标准》(GB 50218—2014)提出了岩体质量定级标准,该标准适用于各类型岩石构成,如矿井、巷道,水工、铁路和公路隧洞,地下厂房、地下采场、地下仓库等各种地下硐室工程;闸坝、桥梁、港口、工业与民用建筑的岩石地基,以及坝肩、船闸、渠道、露天矿、路堑、码头等各类地面岩石开挖形成的岩石边坡。针对地下工程施工,对地下工程岩体质量进行了分类，并对施工中的岩体的物理力学参数和岩体自稳能力提出建议，以供地下工程施工时作为参考。该方法采用两步分级方法。首先，按岩体基本质量指标 BQ 进行初步定级；然后，针对各类工程岩体的特点考虑其他影响因素，如天然应力、地下水及结构面方位等，对 BQ 进行修正，再按修正后的[BQ]进行详细定级。

（一）初步定级

按岩体基本质量指标 BQ 对岩体初步定级，岩体基本质量指标 BQ 表达式为

$$BQ = 90 + 3R_c + 250K_v \tag{8-3}$$

当 $R_c>90K_v+30$ 时，以 $R_c=90K_v+30$ 和 K_v 代入式(8-3)计算 BQ 值；当 $K_v>0.04R_c+0.4$ 时，以 $K_v=0.04R_c+0.4$ 和 R_c 代入式(8-3)式计算 BQ 值。在式(8-3)中，R_c 为岩石单轴饱和抗压强度(MPa)；K_v 为岩体完整性系数，可用声波试验资料按式(8-4)确定

$$K_v=(V_{pm}/V_{pr})^2 \tag{8-4}$$

式中 V_{pm}——岩体的纵波速度；

V_{pr}——岩块的纵波速度。

当无声波试验资料时，也可用岩体单体积内的结构面条数 J_v，查表 8-16 求得 K_v 值。

表 8-16 J_v 与 K_v 对照

J_v(条/m³)	<3	3~10	10~20	20~35	>35
K_v	>0.75	0.75~0.55	0.55~0.35	0.35~0.15	<0.15

岩体的基本质量指标，主要考虑了组成岩体岩石的坚硬程度和岩体的完整性。按 BQ 值和岩体质量定性特征，将岩体划分为如表 8-17 所示的 5 级。

表 8-17 岩体质量分级

基本质量级别	岩体质量的定性特征	岩体基本质量指标(BQ)
Ⅰ	坚硬岩，岩体完整	>550
Ⅱ	坚硬岩，岩体较完整； 较坚硬岩或软硬岩，岩体完整	550~451
Ⅲ	坚硬岩，岩体较破碎； 较坚硬或软硬岩互层，岩体较完整； 较软岩，岩体完整	450~351
Ⅳ	坚硬岩，岩体破碎； 较坚硬岩，岩体较破碎—破碎； 较软岩或软硬岩互层，且以软岩为主，岩体较完整—较破碎； 软岩，岩体完整—较完整	350~251
Ⅴ	较软岩，岩体破碎； 软岩，岩体较破碎—破碎； 全部极软岩及全部极破碎岩	<250

注：表中岩石坚硬程度的定量划分按表 8-18，定性划分按表 8-19。其中，岩体完整程度的定量划分按表 8-21，定性划分按表 8-22。

表 8-18 岩石坚硬程度的定量划分

岩石饱和单轴抗压强度 R_c(MPa)	>60	60~30	30~15	15~5	<5
坚硬程度	坚硬岩	较坚硬岩	较软岩	软岩	极软岩

表 8-19 岩石坚硬程度的定性划分

名称		定性鉴定	代表性岩石
硬质岩	坚硬岩	锤击声清脆,有回弹,震手,难击碎;浸水后,大多无吸水反应	未风化—微风化的。 花岗岩、正长岩、闪长岩、辉绿岩、玄武岩、安山岩、片麻岩、石英; 片岩、硅质板岩、石英岩、硅质胶结的砾岩、石英砂岩、硅质石灰岩等
	较坚硬岩	锤击声清脆,有轻微回弹,稍震手,较难击碎;浸水后,有轻微吸水反应	(1)弱风化的坚硬岩; (2)未风化—微风化的。 熔结凝灰岩、大理岩、板岩、白云岩、石灰岩、钙质胶结的砂岩等
软质岩	较软岩	锤击声不清脆,胸回弹,较易击碎;浸水后,指甲可刻出印痕	(1)强风化的坚硬岩; (2)弱风化的较坚硬岩; (3)未风化—微风化的。 凝灰岩、千枚岩、砂质泥岩、泥灰岩、泥质砂岩、粉砂岩、页岩等
	软岩	锤击声哑,无回弹,有凹痕,易击碎;浸水后,手可掰开	(1)弱风化的坚硬岩; (2)未风化—强风化的较坚硬岩; (3)弱风化的较软岩; (4)未风化的泥岩等
	极软岩	锤击声哑,无回弹,有较深凹痕,手可捏碎;浸水后,可捏成团	(1)全风化的各种岩石; (2)各种半成岩

表 8-20 岩石风化程度的划分

名称	风化特征
未风化	结构构造未变,岩质新鲜
微风化	结构构造、矿物色泽基本末变,部分裂隙面有铁锰质渲染
弱风化	结构构造部分破坏,矿物色泽较明显变化,裂隙面出现风化矿物或存在风化夹层
强风化	结构构造大部分破坏,矿物色泽明显变化,长石、云母等多风化成次生矿物
全风化	结构构造全部破坏,矿物成分除石英外,大部分风化成土状

表 8-21　岩体完整程度的定量划分

岩体完整性系数 K_v	>0.75	0.75~0.55	0.55~0.35	0.35~0.15	<0.15
完整程度	完整	较完整	较破碎	破碎	极破碎

表 8-22　岩体完整程度的定性分类

完整程度	结构面发育程度		主要结构面的结合程度	主要结构面类型	相应结构类型
	组数	平均间距(m)			
完整	1~2	>1.0	结合好或结合一般	节理、裂隙、层面	整体状或巨厚层状结构
较完整	1~2	>1.0	结合差	节理、裂隙、层面	块状或厚层状结构
	2~3	1.0~0.4	结合好或结合一般		块状结构
较破碎	2~3	1.0~0.4	结合差	节理、裂隙、层面、小断层	裂隙块状或中厚层状结构
	≥3	0.4~0.2	结合好		镶嵌碎裂结构
			结合一般		中、薄层状结构
破碎	≥3	0.4~0.2	结合差	各种类型结构面	裂隙块状结构
		≤0.2	结合一般或结合差		碎裂状结构
极破碎	无序		结合很差		散体状结构

结构面的结合程度,应根据结构面的特征,按表 8-23 确定。

表 8-23　结构面结合程度的划分

名称	结构面特征
结合好	张开度小于 1 mm,无充填物
结合好	张开度 1~3 mm,为硅质或铁质胶结; 张开度大于 3 mm,结构面粗糙,为硅质胶结
结合一般	张开度 1~3 mm,为钙质或泥质胶结; 张开度大于 3 mm,结构面粗糙,为铁质或钙质胶结
结合差	张开度 1~3 mm,结构面平直,为泥质或泥质和钙质胶结; 张开度大于 3 mm,多为泥质或岩屑充填
结合很差	泥质充填或泥夹岩屑充填,充填物厚度大于起伏差

(二)详细定级

对工程岩体进行详细定级时,应在岩体基本质量分级的基础上,结合不同类型工程的特点,考虑地下水状态、初始应力状态、工程轴线或走向线的方位与主要软弱结构面产状的组合关系等必要的修正因素,其中边坡岩体还应考虑地表水的影响。岩体基本质量指标修正值[BQ]按下式计算:

$$[BQ] = BQ - 100(K_1 + K_2 + K_3) \tag{8-5}$$

式中　K_1——地下水影响修正系数,按表 8-24 确定;

K_2——主软弱结构面产状影响修正系数,按表 8-25 确定;

K_3——初始应力状态影响修正系数,按表 8-26 确定。

无表 8-24~表 8-26 中所列情况时,修正系数取零。[BQ]出现负值时,应按特殊问题处理。

表 8-24　地下工程地下水影响修正系数 K_1

地下水状态	K_1				
	BQ>550	BQ=550~451	BQ=450~351	BQ=350~251	BQ≤250
潮湿或点滴状出水, $p \leqslant 0.1$ 或 $Q \leqslant 25$	0	0	0~0.1	0.2~0.3	0.4~0.6
淋雨状或线流状出水, $0.1 < p \leqslant 0.5$ 或 $25 < Q \leqslant 125$	0~0.1	0.1~0.2	0.2~0.3	0.4~0.6	0.7~0.9
涌流状出水, $p > 0.5$ 或 $Q > 125$	0.1~0.2	0.2~0.3	0.4~0.6	0.7~0.9	1.0

注:1. p 为地下工程围岩裂隙水压,MPa;

2. Q 为每 10 m 洞长出水量,L/(min · 10 m)。

表 8-25　地下工程软弱结构面产状影响修正系数 K_2

结构面产状及其与硐轴线的组合关系	结构面走向与硐轴线夹角 $\alpha<30°$,倾角 $\beta = 30°\sim75°$	结构面走向与硐轴线夹角 $\alpha <60°$,倾角 $\beta°>75°$	其他组合
K_2	0.4~0.6	0~0.2	0.2~0.4

表 8-26　初始应力状态影响修正系数 K_3

围岩深度应力比 $\left(\frac{R_c}{\sigma_{max}}\right)$	修正系数 K_3				
	BQ>550	BQ=550~451	BQ=450~351	BQ=350~251	BQ≤250
<4	1.0	1.0	1.0~1.5	1.0~1.5	1.0
4~7	0.5	0.5	0.5	0.5~1.0	0.5~1.0

(三)方法应用

根据岩体分级的结果,各级岩体的物理力学参数可按表 8-27 确定,岩体结构面抗剪断峰值强度参数可按表 8-28 选用,地下工程岩体自稳能力应按表 8-29 确定。

表 8-27　岩体物理力学参数

岩体基本质量指标	重度 (kN/m^3)	抗剪断峰值强度		变形模量 E(GPa)	泊松比 υ
		内摩擦角 φ(°)	黏聚力 C(MPa)		
Ⅰ	>26.5	>60	>2.1	>33	>0.2
Ⅱ		60~50	2.1~1.5	33~20	0.2~0.25
Ⅲ	26.5~24.5	50~39	1.5~0.7	20~6	0.25~0.3
Ⅳ	24.5~22.5	39~27	0.7~0.2	6~1.3	0.3~0.35
Ⅴ	<22.5	<27	<0.2	<1.3	<0.35

表 8-28 岩体结构面抗剪断峰值强度

序号	两侧岩体的坚硬程度及结构面的结合程度	内摩擦角 φ(°)	黏聚力 C(MPa)
1	坚硬岩,结合好	>37	>0.22
2	坚硬—较坚硬岩,结合一般;较软岩,结合好	37~29	0.22~0.12
3	坚硬—较坚硬岩,结合差;较软岩—软岩,结合一般	29~19	0.12~0.08
4	较坚硬—较软岩,结合差—很差;软岩,结合差;软质岩的泥化面	19~13	0.08~0.05
5	较坚硬岩及全部软质岩,结合很差;软质岩泥化层本身	<13	<0.05

表 8-29 地下工程岩体自稳能力

岩体级别	自稳能力
Ⅰ	跨度≤20 m,可长期稳定,偶有掉块,无塌方
Ⅱ	跨度<10 m,可长期稳定,偶有掉块; 跨度 10~20 m,可基本稳定,局部可发生掉块或小塌方
Ⅲ	跨度<5 m,可基本稳定; 跨度 5~10 m,可稳定数月,可发生局部块体拉移及小、中塌方; 跨度 10~20 m,可稳定数日至 1 月,可发生小、中塌方
Ⅳ	跨度≤5 m,可稳定数日至 1 个月。 跨度>5 m,一般无自稳能力,数日至数月内可发生松动变形、小塌方,进而发展为中、大塌方。埋深小时,以拱部松动破坏为主;埋深大时,有明显塑性流动变形和挤压破坏
Ⅴ	无自稳能力

注:1. 小塌方:塌方高度<3 m,或塌方体积<30 m^3;

2. 中塌方:塌方高度 3~6 m,或塌方体积 30~100 m^3;

3. 大塌方:塌方高度>6 m,或塌方体积>100 m^3。

五、围岩岩体分类

《岩土锚杆与喷射混凝土支护工程技术规范》(GB 50086—2015)中提出的围岩岩体分级方法,适用于矿山井巷、交通隧道、水工隧洞和各类硐室等地下工程的围岩岩体,也适用于各类岩土边坡的岩体。该方法规定对围岩级别的划分,应根据岩石坚硬性、岩体完整性、结构面特征、地下水和地应力状况等因素综合确定,见表 8-30。

表 8-30 GB 50086—2015 围岩分级

围岩级别	主要工程地质特征							毛洞稳定情况
	岩体结构	构造影响程度、结构面发育情况和组合状态	岩石强度指标		岩体声波指标		岩体强度应力比	
			单轴饱和抗压强度（MPa）	点荷载强度（MPa）	岩体纵波速度（km/s）	岩体完整性指标		
Ⅰ	整体状及层间结合良好的厚层状结构	构造影响轻微，偶有小断层。结构面不发良，仅有2~3组，平均间距大于0.8 m，以原生的构造节理为主，多数闭合，无泥质充填，不贯通。层间结合良好，一般不出现不稳定块体	>60	>2.5	>5	>0.75	—	毛洞跨度为5~10 m时，长期稳定，无碎块掉落
Ⅱ	同Ⅰ级围岩结构	同Ⅰ级围岩特征	30~60	1.25~2.5	3.7~5.2	0.5~0.75	—	毛洞跨度为5~10 m时，围岩能较长时间（数月至数年）维持稳定，仅出现局部小块掉落
	块状结构和层间结合较好的中厚层或厚层状结构	构造影响较重，有少量断层。结构面较发育，一般为3组，平均间距0.4~0.8 m，以原生的构造节理为主，多数闭合，偶有泥质充填，贯通性较差，有少量软弱结构面。层间结合较好，偶有层间错动和层面张开现象	>60	>2.5	3.7~5.2	>0.5	—	
Ⅲ	同Ⅰ级围岩结构	同Ⅰ级围岩结构	20~30	0.85~1.25	3.0~4.5	0.5~0.75	>2	毛洞跨度为5~10 m时，围岩能维持一个月以上的稳定，主要出现局部掉块、塌落
	同Ⅱ级围岩块状结构和层间结合较好的中厚层或厚层状结构	同Ⅱ级围岩块结构和层间结合较好的中厚层或厚层状结构特征	30~60	1.25~2.50	3.0~4.5	0.5~0.75	>2	

续表 8-30

围岩级别	主要工程地质特征							毛洞稳定情况
	岩体结构	构造影响程度、结构面发育情况和组合状态	岩石强度指标		岩体声波指标		岩体强度应力比	
			单轴饱和抗压强度（MPa）	点荷载强度（MPa）	岩体纵波速度（km/s）	岩体完整性指标		
Ⅲ	层间结合良好的薄层和软硬岩互层结构	构造影响较重。结构面发育 一般为3组,平均间距0.2~0.4 m,以构造节理为主,节理面多数闭合,少有泥质充填。岩层为薄层或以硬岩为主的软硬岩互层,层间结合良好,少见软弱夹层、层间错动和层面张开现象	>60（软岩,>20）	>2.50	3.0~4.5	0.30~0.50	>2	毛洞跨度5~10 m时,围岩能维持一个月以上的稳定,主要出现局部掉块、塌落
Ⅲ	碎裂镶嵌结构	构造影响较重。结构面发育,一般为3组以上,平均间距0.2~0.4 m,以构造节理为主,节理面多数闭合,少数有泥质充填,块体可牢固咬合	>60	>2.50	3.0~4.5	0.30~0.50	>2	
Ⅳ	同Ⅱ级围岩块状结构和层间结构和层间结合较好的中厚层或厚层状结构	同Ⅱ级围岩块状结构和层间结合较好的中厚层或厚层状结构特征	10~30	0.42~1.25	2.0~3.5	0.50~0.75	>1	

续表 8-30

围岩级别	主要工程地质特征							毛洞稳定情况
	岩体结构	构造影响程度、结构面发育情况和组合状态	岩石强度指标		岩体声波指标		岩体强度应力比	
			单轴饱和抗压强度（MPa）	点荷载强度（MPa）	岩体纵波速度（km/s）	岩体完整性指标		
Ⅳ	散块状结构	构造影响严重，一般为风化卸荷带。结构面发育，一般为3组，平均间距0.4~0.8 m，以构造节理、卸荷、风化裂隙为主，贯通性好，多数张开，夹泥，夹泥厚度一般大于结构面的起伏高度，咬合力弱，构成较多的不稳定块体	>30	>1.25	>2.0	>0.15	>1	毛洞跨度为5 m时，围岩能维持数日至一个月的稳定，主要失稳形式为冒落或片帮
	层间结合不良的薄层、中厚层和软硬岩互层结构	构造影响严重。构造面发育，一般为3组以上，平均间距0.2~0.4 m，以构造、风化节理为主，大部分微张（0.5~1.0 mm），部分张开（>1.0 mm），有泥质充填，层间结合不良，多数夹泥，层间错动明显	>30（软岩，>10）	>1.25	2.0~3.5	0.20~0.40	>1	
	碎裂状结构	构造影响严重多数为断层影响带或强风化带。结构面发育，一般为3组以上。平均间距0.2~0.4 mm，大部分微张（0.5~1.0 mm），部分张开（>1.0 mm），有泥质充填，形成许多碎块体	>30	>1.25	2.0~3.5	0.20~0.40	>1	

续表 8-30

围岩级别	主要工程地质特征							毛洞稳定情况
	岩体结构	构造影响程度、结构面发育情况和组合状态	岩石强度指标		岩体声波指标		岩体强度应力比	
			单轴饱和抗压强度（MPa）	点荷载强度（MPa）	岩体纵波速度（km/s）	岩体完整性指标		
V	散体状结构	构造影响很严重，多数为破碎带、全强风化带、破碎带交会部位。构造及风化节理密集，节理面及其组合杂乱，形成大量碎块体。块体间多数为泥质充填，甚至呈石夹土状或土夹石状	—	—	<2.0	—	—	毛洞跨度为5 m时，围岩稳定时间很短，一般为数小时至数日

注：1. 围岩按定性分级与定量指标分级有差别时，一般应以低者为准。

2. 本表声波指标以孔测法测试值为准。如果用其他方法测试，可通过对比试验进行换算。

3. 层状岩体按单层厚度可分为：厚层大于 0.5 m；中厚层 0.1~0.5 m；薄层小于 0.1 m。

4. 一般条件下，确定围岩级别时，应以岩石单轴湿饱和抗压强度为准；对洞跨小于 5 m，服务年限小于 10 年的工程，确定围岩级别时，可采用点荷载强度指标代替岩块单轴饱和抗压强度指标，可不作岩体声波指标测试。

5. 测定岩石强度，做单轴抗压强度测定后，可不做点荷载强度测定。

其中，岩体完整性指标用岩体完整性系数 K_v 表示，K_v 可按下式计算

$$K_v = (V_{pm}/V_{pr})^2 \tag{8-6}$$

式中　V_{pm} ——隧洞岩体实测的纵波速度，km/s；

V_{pr} ——隧洞岩石实测的纵波速度，km/s。

当无条件进行声波实测时，也可用岩体体积节理数 J_v 确定 K_v 值，见表 8-31。

表 8-31　J_v 与 K_v 对照

J_v（条/m³）	<3	3~10	10~20	20~25	>25
K_v	>0.75	0.75~0.55	0.55~0.35	0.35~0.15	<0.15

围岩分级表（见表 8-30）中的岩体强度应力比的计算应符合下列规定：

（1）当有地应力实测数据时

$$S_m = \frac{K_v R_b}{\sigma_1} \tag{8-7}$$

式中　S_m ——岩体强度应力比；

R_b ——岩石单轴饱和抗压强度，MPa；

K_v ——岩体完整性系数；

σ_1——垂直硐轴线的较大主应力，kN/m²。

（2）当无地应力实测数据时

$$\sigma_1 = \gamma H \tag{8-8}$$

式中　γ ——岩体重度，kN/m³；

H——隧洞顶覆盖层厚度，m。

对Ⅲ、Ⅳ级围岩，当地下水发育时，应根据地下水类型、水量大小、软弱结构面多少及其危害程度，适当降级。

对Ⅱ、Ⅲ、Ⅳ级围岩，当硐轴线与主要断层或软弱夹层的夹角小于 30°时，应降一级。

【小贴士】

岩体的工程分类在工程建设中应用很广，尤其以规范推荐的几个分类方法，它们有很强的针对性，是野外工作的依据。而巴顿岩体分类则是要了解国际上岩体工程分类的多指标分类的方法，在我国的工程实际中则应用不多。

【知识链接】

本项目所采用的都是目前工程中正在实施的国家标准，主要有《岩土工程勘察规范（2009 年版）》（GB 50021—2001）、《水利水电工程地质勘察规范》（GB 50487—2008）、《工程岩体分级标准》（GB 50218—2014）、《岩土锚杆与喷射混凝土支护工程技术规范》（GB 50086—2015）等。

项目小结

（1）岩体的工程地质性质在很大程度上是在其形成过程中所决定的，不同成因类型岩体因而具有不同的工程地质特征，也就具有不同的工程地质性质，了解不同成因岩体的工程地质特征有助于定性地掌握岩体工程地质性质的好坏。

(2)岩体是由结构面和结构体组合而成的地质体,对结构类型的划分是《岩土工程勘察规范(2009年版)》(GB 50021—2001)所提出的要求,不同的岩体结构类型在岩体稳定性评价和岩体力学运用力学理论方面都有明显差异。岩体是非常复杂的地质体,影响岩体强度和稳定性的因素也是多方面的。应当明确影响岩体工程地质性质的主要因素中,除结构面和结构体类型影响外,岩石的矿物成分、结构类型、地下水的作用以及风化程度也对岩体的工程性质有重要影响。弄清这些因素有助于全面客观地对岩体进行类型划分及正确地评价岩体的工程特性。

(3)地表岩体的性质受风化程度影响很大,岩石按风化程度分类则是定量地划分岩体在不同埋藏深度上的风化程度,有助于工程中对不同风化程度的岩体进行不同的加固处理,以满足建筑工程的要求。

(4)岩体的工程分类既是对工程岩体进行评价的需要,也是对岩体进行科学研究和技术交流的需要。岩体质量指标和巴顿岩体分类,较早地引入我国并有重要影响,学生应当理解有关概念和分类方法。

(5)我国对岩体的分类方法中,对岩体除按岩石的坚硬程度、完整程度分类外,还有按岩石的基本质量分级,所论述的对岩体的分类中,有按岩体质量指标对岩体质量分级的方法,也有硐室围岩分类方法及坝基岩体质量分类方法,学会这些分类方法,是在岩体地区开展工程地质工作的基本要求,也是对岩体进行工程评价的重要基础。

思考题及习题

1. 不同成因岩体的工程地质性质如何?各自容易出现哪些工程地质问题?

2. 岩体结构类型有哪些?它们各自的岩土工程特征及可能发生的岩土工程问题是什么?

3. 风化作用对岩体工程性质有什么影响?物理风化和化学风化对岩体性质有哪些方面的影响?

4. 岩体按风化程度划分为几级?各有什么地质特征?

5. 什么是岩石质量指标?如何用岩体质量指标RQD对岩石进行分类?

6. 巴顿岩体分类方法中,用哪些因素组合对岩体分类?用Q值把岩体分为几个类别?

7. 对岩石按坚硬程度分类时,定量划分分为几类?定性划分分为哪些类别?

8. 对岩体的按完整程度分类时,定量划分分为几类?用哪些因素对岩体完整程度进行定性划分?定性划分分为几类?

9. 对岩体进行质量分级的步骤是什么?用BQ值将岩体分为哪些质量级别?

10. 围岩岩体分级所考虑的定性因素有哪些?使用哪几个定量指标分类?将围岩分为哪几个级别?

技能训练　工程地质野外实训

实习4　岩体工程地质的野外分类描述

1. 实习目的

在实习教师的指导下学会认识岩体的工程地质特征，掌握岩体的工程地质分类方法，学会岩体的描述方法。

2. 实习任务

在岩体指定地段完成以下任务：

(1)对指定地段的岩体结构进行分类。

(2)对指定地段的岩体的风化程度进行分类。

(3)对指定地段的岩体的质量进行定性分类。

(4)描述评价指定地段的岩体的工程地质特征。

3. 实习准备

寻找一岩石露头，出露面积至少 $20\times20\ m^2$；实习学生3~5人为一组，配备罗盘(手持GNSS)、卷尺、放大镜、地质锤、野外记录本、记录表等物品。

4. 实习过程

(1)定点描述：在指定实习地段用罗盘(手持GNSS)定点，并对指定地点进行位置描述。

(2)对岩体的岩石类型、岩性进行观察描述并定名。

(3)对岩体的结构进行类型划分，并描述分类依据。

(4)对岩体的风化程度进行分级划分，并描述分级依据。

(5)对岩体的基本质量依据《岩土工程勘察规范(2009年版)》(GB 50021—2001)进行定性分类，并描述分类依据。

(6)对岩体的工程地质特征进行评价。

5. 实习时间安排

本次实习时间安排2~4学时，可在学完相关课程后进行实习。

6. 提交的实习成果

本次实习结束后提交实习记录、实习报告作为评定实习成绩的依据。

项目九 活断层和地震

学习目标

本项目主要论述了活断层和地震的工程地质研究,包括活断层的概念、基本特征以及一些参数和鉴别特征;地震的基本概念、分布特征、破坏效应以及场地条件对震害的影响。要求学生理解并掌握活断层、地震等工程地质问题的类型,了解其特征及对工程建筑的影响因素,理解其评价防治措施及方法。

【学习导入】

活断层和地震是两种密切相关的工程动力地质作用,它们对工程建筑物的影响范围较大,是区域性的。在工程地质学科领域,将由活断层和地震活动所产生的工程地质问题称为区域稳定性问题。并且活断层和地震往往发生突然,会造成严重的地质灾害。断层活动不仅可以引起地震,而且还会导致工程建筑物的直接损害;而地震活动,特别是强烈地震,往往会造成灾害性损失。

为了保证建筑物的安全和正常运用,工程场地应尽可能选择在地壳区域稳定性较好的地方,应尽量避开那些断裂、地震活动影响强烈的地带。因此,活断层和地震是工程地质研究的重要课题之一。

单元一 活断层

一、活断层的概念与研究意义

活断层,是指在全新地质时期(1万年)内有过地震活动或近期正在活动,在将来(今后100年)可能继续活动的断裂。全新活动断裂中,近期(近500年来)发生过地震震级大于或等于5级的断裂,或在今后100年内,可能发生大于或等于5级的断裂,为发震断裂。活断层是深大断裂复活运动产物,国内外大量的研究结果表明,活断层往往是地质历史时期产生的深大断裂,在挽近期及现代地壳构造应力条件下重新活动而产生的。

对活断层进行工程地质研究的意义在于两个方面:一方面是活断层的地面错动及其附近伴随的地面变形,往往会直接损害跨断层修建或建于其邻近的建筑物;另一方面是活断层多伴有地震,而强烈地震又会使建于活断层附近的较大范围内的建筑物受到损害。活断层的活动可视为一类地质病害,可以对建筑物产生破坏作用而致害。从这个意义上讲,活断层的工程地质研究就是要研究活断层与工程建筑的关系,评价其对建筑物的破坏作用;研究活断层错动变形对建筑物的直接破坏以及活断层对区域地质环境的影响,如地震、区域地壳稳定、水库地震等。

二、活断层的基本特征

研究活断层的基本特征，需要从活断层类型、规模、错动速率和活动周期等方面进行。

（一）活断层的活动特点

1. 活断层是深大断裂复活的产物

大量研究表明，活断层往往是地质历史时期产生的深大断裂，在古近纪以来及现代地壳运动下重新活动而产生的，深大断裂是指切穿岩石圈、地壳或基底的断裂，其延伸长度达数十、数百甚至数千千米，切割深度数千米至百余千米。复活运动的标志是地震活动和地热流异常等。

2. 活断层的继承性与反复性

活断层的继承性是指继承老的断裂活动的历史而继续发展的，活断层的反复性是指发震断层往往总是沿着某一活动断裂有规律地重复分布。一些构造活动带的古地震震中总是沿着活动性断裂有规律地分布，岩性和地貌反复发生，累计叠加，说明该断裂在相当长的地质历史时期内，发生错动的断裂带持续活动。

（二）活断层的活动方式

活断层有以下两种基本活动方式：

（1）以地震方式产生间歇性的突然滑动，这种断层称发震断层或黏滑型断层。黏滑型断层的围岩强度高，两盘粘在一起，不产生或仅有极其微弱的相互错动，从而不断积累应变能，当应力达到围岩锁固段的强度极限后，较大幅度的相互错动在瞬间突然发生，易造成大的地震。

（2）断层两侧岩层连续缓慢地滑动，称为蠕变断层或蠕滑型断层。蠕滑型断层围岩强度低，断裂带内含有软弱充填物或孔隙水压、地温高的异常带内，断裂锁固能力弱，不能积累较大的应变能，在受力过程中会持续不断地相互错动而缓慢地滑动。断层活动一般无地震发生，有时可伴有小震。

三、活断层的参数

活断层在时空域内活动的参数有活断层的规模、错动速率、错动周期、产状和活动年龄等。这些参数是在活断层区进行地震预报和设防的重要资料，对它们的了解和分析有助于把握活动断裂的活动规律性，也是评价建设场地区域地壳稳定性的重要依据。

（一）活断层规模

活断层的规模主要通过其长度和断距来评价。活断层的长度与断距主要是研究发生强震时地震断层的位错长度和位错距离，是活断层区建设时场地评价、设防和地震预报的重要资料。一般来说，地震震级愈大，震源深度愈浅，则地表断层长度愈大，断层位移量也愈大。

断层长度可从 1 km 到数百千米不等，错距一般几米。一般 7.5 级的浅源地震均伴有地表错断，小于 5.5 级地震很少产生地表错动。地表所见断层长度是地下的 1/5～1/2。活断层地震活动是否在地表显现形迹，与地表覆盖层厚度、震源深度及震级有关，一般在覆盖层厚度大于 30～50 m、震源深度大于 10～30 km、地震震级小于 6 级条件下，很少出现地表断裂现象。

(二)错动速率和错动周期

活断层错动速率及错动周期是表明活断层的活动强度的重要指标,是地震强度的重要资料。

1. 错动速率

错动速率是反映活断层活动强弱、断层所在地区应变速率大小的重要数据。它指断层年错动位移量,一般用若干年总的错动量计算得到,因而也称平均错动速率,分为水平分量和垂直分量。断层的滑动速率,即单位时间内的断层滑动量,常以 mm/年表示。断层错动速率从两个方面获得:一是通过精密地形变测量来获得;二是根据第四纪地层、地质的年代及错动量来获得。

活断层的错动速率是不均匀的,临震前往往加速,地震后又逐渐减缓。根据错动速率大小,可将活断层划分为 AA、A、B、C、D 共 5 个等级,见表 9-1。

表 9-1 活断层按错动速率分级

级别	错动速率(mm/年)	活动性
AA	>10	极高速率活动断层
A	1~10	高速率活动断层
B	0.1~1	中速率活动断层
C	0.01~0.1	低速率活动断层
D	<0.01	基本上不活动

2. 错动周期

断层两次突然错动之间的时间间隔,即定义为活断层的错动周期 R。

断层运动是地质体能量积累释放的结果,显然能量积累要经历一个时期,积累的过程断层处于平静期(休眠期),释放的过程为活动期。断层表现为活动—平衡—再活动的周期循环。断层应变速率、锁固段深度等不同,表现了不同的错动周期。对于黏滑型断层,一次错动对应的是一次地震活动。

活断层发生大地震的重复周期往往长达数百年至数千年,有的已经超出地震记录的时间。可以利用古地震保存在近代沉积物中的地质证据及地貌记录确定断层错动周期。

(三)活断层的产状

活断层的产状,包括断层面的走向、倾向和倾角。可通过遥感影像判读、宏观地质调查、震源机制断层面解,以及对等震线几何特征、地表地震断层和裂缝带、大地测量资料的分析等多种途径获取。

(四)活断层的活动年龄

确定活断层最新一次活动的地质年代和绝对年龄,对工程建设至关重要。活断层的年龄判断,要以第四纪地质学和地层学研究等为基础,来判定活断层的地质年代或年代范围。

在此基础上,应用现代测试技术,取样测定绝对年龄。所以,年龄判断方法可分为两大类:错断地层年龄法(间接法)和断层物质绝对年龄法(直接法)。

错断地层年龄法适用于错断断层带及其所在地质体上覆盖第四纪沉积物的条件下,根据断层与沉积物的接触关系判定。

断层物质绝对年龄法,是从断层带内采取样品,并用专门仪器测定样品中某些矿物、岩石、化石的物理、化学和显微结构的变化等。这些方法精度高,结果可靠,但取样有特殊要求。

若将上述两种方法结合起来使用,活断层年龄判断的可信度是很高的。

四、活断层的鉴别

由于活断层是第四纪以来构造运动的反映,它便显示出新的构造活动形迹。所以,可以借助地质学、地貌学、地震地质学以及现代测试技术等方法和手段,定性和定量地鉴别它,以便对其进行工程地质评价。

(一)地质、地貌和水文地质特征

1. 地质特征

从地层、岩性特征,最容易判断活断层的存在。

(1)最新沉积物被错断。一般来说,只要是见到第四纪中、晚期的沉积物被错断,无论是老断层的复活还是新断层的出现,均视断层为活断层。鉴别时需注意与地表滑坡产生的地层错断相区别。

(2)断层破碎带构造形迹。一般活断层的破碎带因其形成时间较晚,由松散的破碎物质所组成,而老断层的破碎带均有不同程度的胶结。所以,松散、未胶结的断层破碎带,也可作为判别活断层的地质特征。另外,表现出脉体变形被切断,构造岩片理化、透镜化,断面新鲜无风化,第四系物质牵引弯折等。

(3)第四纪堆积物厚度的变化也可作为判别活断层的地质特征。

(4)古老岩层与全新世以后最新岩层呈断层接触,或古老岩层断层上覆全新世岩层,并沿古断层线发生变形,均可判别为活断层。

(5)地表疏松土层出现大面积有规律分布的地裂缝,其总体延展方向与基地断层的方向大体一致,也可作为判别活断层的标志。

2. 地貌特征

由于活断层在地层中或地表面留下断层错动,因而活断层的构造地貌格局清晰,所以许多方面可作为其鉴别特征。主要地貌证据有:

(1)断崖。如果在松散沉积中容易被侵蚀所破坏,在基岩中则多被侵蚀成三角面。活断层往往构成两种截然不同的地貌单元的分界线,并加强各地貌单元之间的差异性。典型的情况是:一侧为断陷区,堆积了很厚的第四纪沉积物;而另一侧为隆起区,高耸的山地,叠次出现的断层崖、三角面、断层陡坎等呈线状分布。两者界线截然分明。

(2)溪流错开。相邻溪流沿同一条线作方向相同的肘状转折。走滑型活断层可使穿过它的河流、沟谷方向发生明显变化;当一系列的河谷向一个方向同步移错时,即可作为鉴别活断层位置和性质的有力佐证。根据水系移错的距离和堆积物的绝对年龄,还可推算该活断层的平均错动速率。

(3)封闭洼陷或下陷池塘。应与岩溶塌陷形成的下陷池塘相区别。通常活动的走向错动或正断层往往有下陷池塘。

(4)冲积层中的活断层带经常构成地下水的障壁,这是活断层的特有现象。往往沿活断层出露一系列泉或断层两侧地下水位高程不同,致使地面的色调或植被不同,所以也就成为判定活断层的有力标志之一。

(5)滑坡分布线,由于活断层错动形成的陡崖常发育一系列滑坡。

(6)错开的阶地或错开的冲积扇。

(7)活断层经常造成同一地貌单位或地貌系统的分解和异常。如同一夷平面或阶地被活断层错断,造成高差和位错。

此外,在活断裂带上滑坡、崩塌和泥石流等动力地质现象常呈线状密集分布。

3. 水文地质特征

活动断裂带的透水性和导水性较强,因此当地形、地貌条件合适时,沿断裂带泉水常呈线状分布,且植被发育。此外,许多活断层沿线常有温泉出露。它们均可作为活断层的判别标志。但需注意的是,有些老断层沿线泉水也有线状分布的特征,判别时要慎重,应结合其他特征与之区别。

地质、地貌和水文地质特征地表迹象明显的活断层,在遥感图像中的信息极为丰富,即使是隐伏的活断层,也可提供一定的信息量。因此,利用遥感图像判释来鉴别活断层,是一种很有效的手段。尤其是研究大区域范围内的活断层,利用遥感图像判释更有明显的优越性。

(二)历史地震和历史地表错断资料

我国历史悠久,典籍丰富,所以历史上有关地震和地表错断的记录是十分丰富的。这些记录,也是鉴别活断层的证据。一般来说,老的历史记载往往没有确切的震中位置,又无地表错断的描述,所以只能用以证实有活断层存在,而难以确切判定活断层的位置。而较新的历史记载,震中位置、地震强度以及断裂方向、长度与地表错距等,都较为具体、详细。因此,对历史记载要加以分析。

利用考古学的方法,可以判定某些断陷区的近期下降速率。这种方法主要的依据是古代文化遗迹被掩埋于地下的时间和深度。例如,山西省山阴县城南公元1214年的金代文物被埋于地下1.5~1.8 m处,由此可估算汾渭地堑北端的雁同盆地近800多年平均下降速率是2.2 mm/年。

在某些较早的记录中,也可能有关于地表错断的某些记录,如记录有地面高程发生变化、开口裂缝、新泉形成等,但必须小心地排除其他作用如滑坡、震陷等造成这些现象的可能性,才能作为活断层的可信标志。

(三)使用仪器测定

利用密集的地震台网能确切地测定小地震震中位置,并可以确定断层的存在。但是,有些活动性较强的蠕滑断层,并不发生地震。所以,单纯依靠它来鉴别活断层,就不会获得满意的效果。采用重复精密水准测量和三角测量所获得的地形变的证据,能判定无震蠕滑断层或地震断层的活动性。它可求算活断层不同地段两盘相对活动的趋势和幅度。

大地测量所取得的地形变资料可以是断层活动的证据,这种证据通常能表明断层活动是无震的错动,亦即断层蠕动,或是伴有地震的迅速错动。大地测量资料还可以表明应变的积累情况。例如我国京津地区的一些活断层活动测量资料表明,这些断层的活动速率一般属 B 级,在 1976 年唐山地震孕育过程中,这些断层的错动方式一般较以前的错动方式有所变化。1966 年 3 月邢台地震也有类似情况,位于活动断层不同部位的观测点,震前 1920~1964 年有的持续下降,有的持续上升,升降速率平均为 4~6 mm/年。自 1964 年以后各观测点的运动方向产生突变,1966 年 3 月发震。

(四)地震标志

经地震台网仪器记录确定大地震震中沿一定断层线分布,则表明此断层曾经错动并发震,将来也会错动和发震。观测表明我国西南地区地震震中分布与活断层之间具有明显的关系。近年来有人主张以密集的地震台网确切测定小地震震中位置,以它们沿一定断层线分布作为判定活断层的一种地震标志,但这种活断层是否会产生大地震或地表错动还不能确定。我国进行此项工作较迟,尚未取得足够资料。

(五)地球化学及地球物理标志

断层的现代活动,必然导致断层带内产生物理、化学变化,如断层气、放射性异常,重力、磁力、地温等物理异常。通过测量分析,可以间接作为活断层的佐证。

单元二　地　震

一、基本概念

地震是地壳的岩层在内、外营力作用下,集聚的构造应力突然释放,产生震动弹性波,向四周传播引起的地面振动作用或现象,在古代又称为地动。广义地说,地震是地球表层的震动。狭义而言,人们平时所说的地震是指能够形成灾害的天然地震。

地震可以造成地层错动,地面倾斜、升降和变形,以及建筑物的破坏或倒塌,山崩、滑坡、泥石流、地裂缝、地基沉陷、喷水冒砂现象等,还会引发海啸、火灾、水灾等次生灾害,引发大量人员伤亡,使社会经济遭受损失。

首先,我国的地震频繁发生,强度大,而且绝大多数是发生在大陆地区的浅源地震,震源深度大多只有十几至几十千米。其次,我国许多人口稠密地区,如台湾、福建、四川、云南等,都处于地震的多发地区。再次,我国经济不够发达,广大农村和相当一部分城镇,建筑物质量不高,抗震性能差,抵御地震的能力低。所以,我国地震灾害十分严重。20 世纪以内,我国已有 50 多万人死于地震,约占同期全世界地震死亡人数的一半。

下面,介绍与地震有关的几个基本概念:

震源:地球内部直接产生破裂的地方。

震中:地面上正对着震源的那一点,实际上是震源在地面上的投影。

震中距:地面上任何一点到震中的距离。

震源深度:将震源视为一点,此点到地面的垂直距离

极震区:地面上受破坏最严重的地区,也称为宏观震中。

地震的分类有以下几种。

(一)按成因分类

地震按成因可分为构造地震、火山地震、塌陷地震、诱发地震、人工地震5类。

构造地震:由于地下深处岩层错动、破裂所造成的地震称为构造地震。这类地震发生的次数最多,破坏力也最大,约占全世界地震的90%以上。

火山地震:由于火山作用,如岩浆活动、气体爆炸等引起的地震称为火山地震。只有在火山活动区才可能发生火山地震,这类地震只占全世界地震的7%左右。

塌陷地震:由于地下岩洞或矿井顶部塌陷而引起的地震称为塌陷地震。这类地震的规模比较小,次数也很少,即使有,也往往发生在溶洞密布的石灰岩地区或大规模地下开采的矿区。

诱发地震:由于水库蓄水、油田注水等活动而引发的地震称为诱发地震。这类地震仅仅在某些特定的水库库区或油田地区发生。

人工地震:地下核爆炸、炸药爆破等人为活动引起的地面振动称为人工地震。

通常,我们所说的地震是指构造地震。它是在构造力的作用下,当岩石圈某处岩层发生突然破裂、错动时,便把长期积累起来的能量在瞬间急剧释放出来,巨大的能量以地震波的形式由该处向四面八方传播出去,一直传到地球表面,引起地表的震动,便造成地震。

(二)按震级分类

地震按震级可分为弱震、有感地震、中强震、强震4类。

弱震:震级小于3级。如果震源不是很浅,人们一般不易觉察这种地震。

有感地震:震级大于或等于3级,且小于或等于4.5级。这种地震人们能够感觉到,但一般不会造成破坏。

中强震:震级大于4.5级,且小于6级,属于可造成损坏或破坏的地震,但破坏轻重还与震源深度、震中距等多种因素有关。

强震:震级大于或等于6级,是能造成严重破坏的地震。其中,震级大于或等于8级的又称为巨大地震。

(三)按震源深度分类

地震按震源深度可分为浅源地震、中源地震、深源地震3类。

浅源地震:震源深度在60 km以内的地震为浅源地震。

中源地震:震源深度为60~300 km的地震为中源地震。

深源地震:震源深度超过300 km的地震为深源地震。

二、地震带的分布与基本特征

(一)全球地震带分布

地震的地理分布受一定的地质条件控制,具有一定的规律。地震大多分布在地壳不稳定的部位,特别是板块之间的消亡边界,形成地震活动活跃的地震带。全世界主要有以下三个地震带:

一是环太平洋地震带,包括南、北美洲太平洋沿岸,阿留申群岛,堪察加半岛,千岛群岛,日本列岛,经中国台湾再到菲律宾转向东南直至新西兰,是地球上地震最活跃的地区,集中了全世界80%以上的地震。本带是在太平洋板块和美洲板块、亚欧板块、印度洋板块的消亡边界,以及南极洲板块和美洲板块的消亡边界上。

二是欧亚地震带,大致从印度尼西亚西部、缅甸经中国横断山脉、喜马拉雅山脉,越过帕米尔高原,经中亚细亚到达地中海及其沿岸。本带是在亚欧板块和非洲板块、印度洋板块的消亡边界上。

三是洋中脊地震带,包含延绵世界三大洋(太平洋、大西洋和印度洋)和北极海的洋中脊。洋中脊地震带仅含全球约5%的地震,此地震带的地震几乎都是浅层地震。

(二)我国的地震带分布与基本特征

我国地处欧亚大陆东南部,位于环太平洋地震带和欧亚地震带之间,有些地区本身就是这两个地震带的组成部分。受太平洋板块、印度洋板块和菲律宾板块的挤压作用,我国地质构造复杂,地震断裂带十分发育,地震活动的范围广、强度大、频率高。在全球大陆地区的大地震中,有1/4~1/3发生在我国。自1900年至20世纪末,我国已发生6~6.9级地震460余次,7~7.9级地震99次,8级以上地震9次。

我国的地震活动主要分布在5个地区的23条地震带上,这5个地区是:

(1)台湾省及其附近海域。

(2)西南地区,包括西藏、四川中西部和云南中西部。

(3)西部地区,主要在甘肃河西走廊、青海、宁夏以及新疆天山南北麓。

(4)华北地区,主要在太行山两侧、汾渭河谷、阴山—燕山一带、山东中部和渤海湾。

(5)东南沿海地区,广东、福建等地。

我国位于世界两大地震带,即太平洋地震带和亚欧地震带之间,是全球大陆地区最严重的地震区之一。我国地震的基本特征有:

(1)我国地震活动具有频率高、强度大、分布广的基本特点。

(2)我国地震活动具有起伏式发展的韵律特征。

(3)未来我国进入第五个活跃期的末期,其活跃水平较低。

总体上,未来几十年我国境内发生8级以上地震会非常少,但是期间震级较小的地震也时常会发生,为了避免类似于汶川地震、东日本大地震的损失,我们更加应该做好防震、抗震工作。

三、地震波、地震震级与地震烈度

地震所造成的破坏主要是依靠地震波在地面上引起的振动所造成的。地震波是地下岩层断裂错位伴随产生大量的能量释放,造成周围弹性介质的强烈振动,这种振动以波的方式向外传播,即为地震弹性波,又称为地震波。

地震波按照振动方向和传播方向又分为以下三种类型:

纵波:又称P波,是振动方向和波的传播方向一致的波。在地壳中传播速度快,到达地面时人感觉颠簸,物体上下跳动。

横波:又称S波,是振动方向和波的传播方向垂直的波。在地壳中横波传播的速度较慢,到达地面时人感觉摇晃,物体摆动。

面波:又称L波,是纵波、横波传到地面后,沿着地面传播成为面波。其特点与横波近似,但速度更慢。

地震的大小及所造成的破坏由震级和烈度来衡量。震级是衡量地震本身大小的一把"尺子",它与震源释放出来的弹性波能量有关。震级越高,表明震源释放的能量越大;震级相差一级,能量相差30多倍。

震级通常是通过地震仪记录到的来测定的,地震所释放的能量大小,是通过地震仪记录的地面运动的振动所产生的最大幅度来确定的。C. F. 李希特在1935年给震级(M)下的定义是:距震中100 km处的标准地震仪在地面所记录的以微米表示的最大振幅A的对数值,即

$$M = \lg A \tag{9-1}$$

由于地震波传播路径、地震台台址条件等的差异,不同台站所测定的震级不尽相同,所以常常取各台的平均值作为一次地震的震级。

地震烈度:是衡量地震影响和破坏程度的一把"尺子",简称烈度。烈度与震级不同。震级反映地震本身的大小,只与地震释放的能量多少有关;而烈度则反映的是地震的后果,一次地震后不同地点烈度不同。一次地震只有一个震级,而烈度则各地不同。一般而言,震中地区烈度最高,随着震中距加大,烈度逐渐减小。例如,1976年唐山地震,震级为7.8级,震中烈度为11度;受唐山地震影响,天津市区烈度为8度,北京市多数地区烈度为6度,再远到石家庄、太原等地烈度就更低了。

地震烈度是以人的感觉、器物反应、房屋等结构和地表破坏程度等进行综合评定的,反映的是一定地域范围内(如自然村或城镇部分区域)地震破坏程度的平均水平,须由科技人员通过现场调查予以评定。

我国地震烈度的评定见表9-2。它是将烈度划分为12度,其评定依据之一是:1~5度以地面上人的感觉为主;6~10度以房屋震害为主,人的感觉仅供参考;6、7度以房屋破坏和地表破坏现象为主。按这个烈度表的评定标准,一般而言,烈度为3~5度时人们有感,6度以上有破坏,8~10度破坏严重,11度以上为毁灭性破坏。

震源深度对地震的破坏程度影响很大。同样大小的地震,震源越浅,造成的破坏越重。据统计,当震源深度从20 km减小到10 km,或从10 km减小到5 km时,震中烈度均可提高1度。这常常是有些地震震级并不太高,但破坏较严重的原因之一。

我国在建筑工程上制定了一般工程抗震的烈度标准,把地震烈度划分为基本烈度和抗震设防烈度。基本烈度是指某地区在今后一定时期内(一般按100年考虑)和一般场地条件下可能遭受的最大地震烈度,作为工程防震抗震的基础。抗震设防烈度是指按国家规定的权限批准的作为一个地区抗震设防依据的地震烈度,主要考虑政治、经济的重要性,在基本烈度基础上进行调整。作为建筑工程的场地勘察和建筑设计,还需确定场地烈度和设计烈度。场地烈度是指工程群体所在地,其范围相当于厂区、居民小区和自然村或不小于1.0 km^{2}的平面面积中,根据建筑场地的具体的地质条件,在抗震设防烈度的基础上经过调整后的建筑物抗震设防烈度。设计烈度则是在场地烈度的基础上,衡量建筑物抗震设防要求的尺度,由场地烈度和建筑物使用功能的重要性确定,是建筑抗震设计所采用的烈度。

表 9-2　我国地震烈度

地震烈度	人的感觉	房屋震害：类型	房屋震害：震害程度	房屋震害：平均震害指数	其他震害现象	水平向地震动参数：峰值加速度（m/s²）	水平向地震动参数：峰值速度（m/s）
1	无感	—	—	—	—	—	—
2	室内个别静止中的人有感觉	—	—	—	—	—	—
3	室内少数静止中的人有感觉	—	门、窗轻微作响	—	悬挂物微动	—	—
4	室内多数人、室外少数人有感觉，少数人梦中惊醒	—	门、窗作响	—	悬挂物明显摆动，器皿作响	—	—
5	室内绝大多数、室外多数人有感觉，多数人梦中惊醒	—	门窗、屋顶、屋架颤动作响，灰土掉落，个别房屋抹灰出现细微细裂缝，个别屋顶烟囱掉砖	—	悬挂物大幅度晃动，不稳定器物摇动或翻倒	0.31(0.22~0.44)	0.03(0.02~0.04)
6	多数人站立不稳，少数人惊逃户外	A	少数中等破坏，多数轻微破坏和/或基本完好	0~0.11	家具和物品移动；河岸和松软土出现裂缝，饱和砂层出现喷砂冒水；个别独立砖烟囱轻度裂缝	0.63(0.45~0.89)	0.06(0.05~0.09)
		B	个别中等破坏，少数轻微破坏，多数基本完好				
		C	个别轻微破坏，大多数基本完好	0~0.08			
7	大多数人惊逃户外，骑自行车的人有感觉，行驶中的汽车驾乘人员有感觉	A	少数中等破坏和/或严重破坏，多数中等破坏和/或轻微破坏	0.09~0.31	物体从架子上掉落；河岸出现塌方，饱和砂层常见喷水冒砂，松软土地上地裂缝较多；大多数独立砖烟囱中等破坏	1.25(0.90~1.77)	0.13(0.10~0.18)
		B	少数中等破坏，多数轻微破坏和/或基本完好				
		C	少数中等和/或轻微破坏，多数基本完好	0.07~0.22			

续表 9-2

地震烈度	人的感觉	房屋震害			其他震害现象	水平向地震动参数	
		类型	震害程度	平均震害指数		峰值加速度(m/s^2)	峰值速度(m/s)
8	多数人摇晃颠簸,行走困难	A	少数毁坏,多数严重和/或中等破坏	0.29~0.51	干硬土上亦出现裂缝,饱和砂层绝大多数喷砂冒水;大多数独立砖烟囱严重破坏	2.50(1.78~3.53)	0.25(0.19~0.35)
		B	个别毁坏,少数严重破坏,多数中等和/或轻微破坏				
		C	少数严重和/或中等破坏,多数轻微破坏	0.20~0.40			
9	行动的人摔倒	A	多数严重破坏或/和毁坏	0.49~0.71	干硬土上多处出现裂缝,可见基岩裂缝、错动,滑坡、塌方常见;独立砖烟囱多数倒塌	5.00(3.54~7.07)	0.50(0.36~0.71)
		B	少数毁坏,多数严重和/或中等破坏				
		C	少数毁坏和/或严重破坏,多数中等和/或轻微破坏	0.38~0.60			
10	骑自行车的人会摔倒,处不稳状态的人会摔离原地,有抛起感	A	绝大多数毁坏	0.69~0.91	山崩和地震断裂出现;基岩上拱桥破坏;大多数独立砖烟囱从根部破坏或倒毁	10.00(7.08~14.14)	1.00(0.72~1.41)
		B	大多数毁坏				
		C	多数毁坏和/或严重破坏	0.58~0.80			
11	—	A	绝大多数毁坏	0.89~1.00	地震断裂延续很大,大量山崩滑坡	—	—
		B					
		C		0.78~1.00			
12	—	A	几乎全部毁坏	1.00	地面剧烈变化,山河改观	—	—
		B					
		C					

注:1. 表中的数量词:“个别”为10%以下;“少数”为10%~45%;“多数”为40%~70%;“大多数”为60%~90%;“绝大多数”为80%以上。

2. 房屋类型:A类:木架构和土、石、砖墙建造的旧式房屋;B类:未经抗震设防的单层或多层砖砌体房屋;C类:按照7度抗震设防的单层或多层砖砌体房屋。

3. 表中给出的“峰值加速度”和“峰值速度”是参考值,括号内给出的是变动范围。

四、地震的破坏效应

在地震影响范围内所出现的各种震害或破坏,称为地震效应。地震效应首先取决于震级大小、震源深度和震中距离,也与场地工程地质条件和建筑物的类型及结构有关,分为振动破坏效应和地面破坏效应两个方面。

(一)振动破坏效应

地震波传播引起强烈的地面运动,使地基、基础和上部结构都发生振动而直接引起建筑物破坏的作用,称为振动破坏效应。在场地地震效应中振动破坏效应是最主要的。

地震动作为一种特殊的地震荷载,对于工程有重要意义的是估计地震动特征并给出场地的地震动设计参数。

《建筑抗震设计规范》(GB 50011—2010)考虑到场地岩土特征周期和结构自震周期的作用,给出了水平地震力的计算公式

$$F_{EK} = \alpha G_{eq} \tag{9-2}$$

式中 F_{EK}——结构总水平地震作用标准值;

α——相应于结构基本自振周期的水平地震力影响系数;

G_{eq}——结构等效总重量。

式(9-2)中的水平地震力影响系数为一无量纲参数,表示弹性结构在地震作用下的最大加速度与重力加速度的比值,即$\alpha = a_{Emax}/g$。其值的大小根据烈度、场地类别、设计地震分组和结构自振周期以及阻尼比确定,取决于地震加速度记录 $a(t)$ 和建筑物结构的动力特性(自振周期 T 和阻尼比 ζ)。由于预测给定地区在未来地震发生时可能的加速度记录 $a(t)$ 有困难,规范规定按图 9-1 采用,进行抗震验算时 α_{max} 的值按表 9-3 采用。

表 9-3 水平地震影响系数最大值

地震影响	6 度	7 度	8 度	9 度
多遇地震	0.04	0.08(0.12)	0.16(0.24)	0.32
罕遇地震	—	0.50(0.72)	0.90(1.20)	1.40

注:括号中数值分别用于设计基本地震加速度为 0.15g 和 0.30g 的地区。

图 9-1 中的岩土特征周期(T_g),也称为卓越周期。地震发生时,地震发出的地震波传至地表岩土体,迫使其振动。由于地表岩土体对不同周期的地震波有选择放大作用,某种岩土体总是将某种周期的波放大得尤为明显而突出,使地震记录图上的这种波记录得多而好,这种周期即为该岩土的特征周期。特征周期的实质是波的共振,即地震波周期与地表岩土体的自振周期相同的共振作用,而使地表振动加强。一般来说,土质愈松软,表土层愈厚,则特征周期值愈大。我国现行抗震规范中,根据场地类别和设计地震分组给出特征周期的经验值见表 9-4。

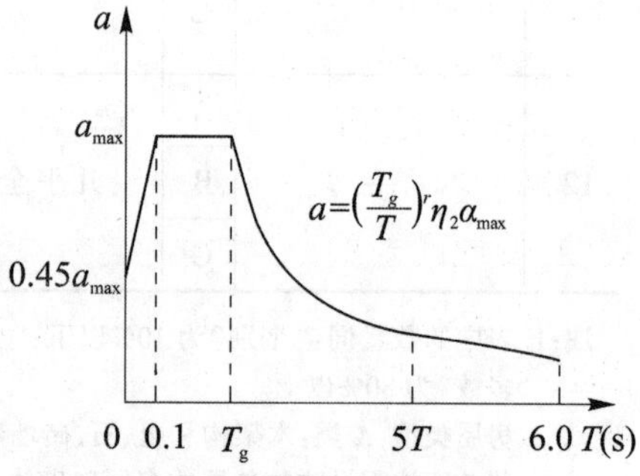

图 9-1 地震影响系数曲线

表 9-4 岩土特征周期值 （单位:s）

设计地震分组	场地类别				
	I_0	I_1	Ⅱ	Ⅲ	Ⅳ
第一组	0.20	0.25	0.35	0.45	0.65
第二组	0.25	0.30	0.40	0.55	0.75
第三组	0.30	0.35	0.45	0.65	0.90

建筑地基的岩土特征周期应根据其所在地的设计地震分组和场地类别确定。规范中规定的设计地震共分为三组,可在有关规范中查得。

建筑场地的工程地质条件勘察中确定建筑场地的设计基本地震加速度是指 50 年设计基准期超越概率 10%的地震加速度的设计取值,按规范要求应符合表 9-5 依据抗震设防烈度确定。其中,抗震设防烈度 7 度和 8 度的地区,设计基本地震加速各有 0.10g、0.15g 和 0.20g、0.30g 的分区。一般情况下,抗震设防烈度和设计基本地震加速度可按《建筑抗震设计规范》(GB 50011—2010)附录确定或查中国地震动参数区划图确定。

表 9-5 抗震设防烈度和设计基本地震加速度值的对应关系

抗震设防烈度	6	7	8	9
设计基本地震加速度值	0.05g	0.10(0.15)g	0.20(0.30)g	0.40g

注:g 为重力加速度。

我国主要城镇(县级及县级以上城镇)中心地区的抗震设防烈度、设计基本地震加速度值和所属的设计地震分组,可按《建筑抗震设计规范》(GB 50011—2010)附录采用。

(二)地面破坏效应

地面破坏效应可分为地面破裂效应和地基失效以及斜坡破坏效应三个方面。地面的破坏效应指的是强震导致地面出现的断层和地裂缝,从而引起跨越破裂带及其附近的建筑变形或破坏。地基失效是指地震使软土震陷、砂土液化及其淤泥塑流变形等,从而导致地基失效。斜坡破坏效应是指地震荷载作用所导致的边坡岩土体失稳破坏。

1. 地面破裂效应

强震时地面出现的地震断层和地裂缝,按形成机制又可分为构造性的和非构造性的两种。构造性地裂缝对应于一定的震源机制,具有明显的力学机制和一定的方向性,且分布受地震断层控制。构造性地裂缝的形成机制是:当震源断层发生地震时,由深部向上传播的地震波,使地面土层产生大幅度振动,当质点位移超过其弹性极限时,便产生永久性的塑性变形。非构造地裂缝是由于地震力作用而使某一部分岩土体沿重力方向产生的相对位移,所以也叫重力性地裂缝。重力性地裂缝多出现在土质较软弱的斜坡地段或下卧层倾斜的平坦地段。

2. 地基失效

强震时的地震加速度很大,如果建筑物地基受地震荷载作用后产生强烈的变形以致破坏,危及建筑物的稳定,即为地基失效。按形成机制分为地基震陷、地基水平滑移和地震液化等。

地基震陷一般产生于沉积年代较新的淤泥质土等软土地基，是软土在地震力的周期作用下突然产生固结下沉的现象。其机制是饱水软土在振动力作用下触变，土体突然液化而变为塑流甚至悬液状态。

我国《软土地区岩土工程勘察规程》(JGJ 83—2011)规定，在基本烈度≥7度的软土场地，采用天然地基的建筑物，符合下列条件时应对其地震震陷进行分析计算：①甲级建筑物和对沉降有严格要求的乙级建筑物应进行专门的震陷分析计算；②对沉降无特殊要求的乙级建筑物和对沉降敏感的丙级建筑物，可按表9-6的参考值或地区经验确定；③当地基土实际条件与表9-6中的两项条件相比，只有一项不符合时，应按实际条件的变化大小和建筑物性质和结构类型，适当地减少震陷值，当条件都不符合时，可不考虑震陷对建筑物的影响。

表9-6 建筑物震陷估算值

地基土条件	不同设防烈度震陷估算值(mm)		
	7(0.1g~0.15g)	8(0.2g)	9(0.4g)
地基主要受力层深度内软土厚度>3 m，地基土承载力标准值≤70 kPa	30~80	150	>350

地基水平滑移主要发生在较陡的斜坡地段，由于地震时附加水平地震力作用，斜坡失稳而危及斜坡上、下的建筑物。此外，斜坡半填半挖形成的地基也可能会发生水平滑移。

地震液化是发生在松散饱水的土体在地震和动力荷载作用下，受到强烈振动而丧失抗剪强度，土颗粒处于悬浮状态，致使地基失效的现象。这种现象多发生在砂土地基中，故也称为砂土液化。

地震液化造成了地面下沉、地表塌陷、地面流滑及地基土承载力丧失等宏观震害现象，它们对工程设施有很大的危害性。

【小贴士】

砂土液化对建筑工程影响很大，具体的评价见《岩土工程勘察》中的有关内容。

3. 斜坡的破坏效应

斜坡的破坏效应包括由地震导致的滑坡和泥石流等，主要发生在山岳和丘陵地区，可能导致严重的次生灾害。伴随着地震而产生的山崩、滑坡等，会酿成严重的灾害。对山体崩塌、滑坡、泥石流等地质灾害的调查评价，可参考本书其他项目的有关内容。

五、场地工程地质条件对震害的影响

场地工程地质条件包括近地表几十米至上百米内的地基岩土结构和特性、地形地貌、浅表断层、地下水位等工程地质要素。这些因素对地震动和地面破坏有强烈的影响，对建筑抗震有至关重要的作用。

(一)地形地貌条件

宏观震害经验表明：高突地形距基准面高度越大，高处地震反应越强烈；离陡坎和边坡顶部距离越大，反应相对减小；高突地形顶面越开阔，远离边缘中心部位的反应越明显减少；边坡越陡，其顶部的放大效应越大。

《建筑抗震设计规范》(GB 50011—2010)4.1.8 条文说明：当需要在条状突出的山嘴、高耸孤立的山丘、非岩石和强风化岩石的陡坡、河岸和边坡边缘等不利地段建造丙类及丙类以上建筑时，除保证其在地震作用下的稳定性外，尚应估计不利地段对设计地震动参数可能产生的放大作用，其水平地震影响系数最大值应乘以增大系数。

(二)构造条件

建筑施工场地若存在断层，场地和地基的整体性便会遭到破坏。由于断层软弱带常发育软弱的断层物质，从而在局部场地中形成不良地基，导致建筑物产生不均匀沉陷、倾斜或滑动。另外，由于断层的切割作用，常构成地下水通道，导致施工中突然出现涌水、流砂和地面沉陷等现象，严重影响场地岩土体的稳定性，并危及地面及地下工程的顺利进行。

对于断层问题，需要考虑发震断层的影响。发震断层在地震中的破坏行为主要表现在两方面：一方面是地震地表破裂造成横跨断层结构的损坏；另一方面是断层发震时两侧地震动强度不同，从而造成断层两侧一定范围内震害的显著差异。

(三)场地土质条件

土层结构对地震动的影响主要集中在基岩起伏和软弱夹层对地震动的影响两个方面。

研究结果表明，覆盖土层下伏基岩面的倾斜程度对地面峰值加速度有影响，基岩面的坡度越小，影响越大，但对地震动频谱特性的影响却很小。

软弱夹层对地震动的影响取决于软弱夹层本身的厚度、赋存的层位、覆盖土层的厚度以及基岩输入地震动的特征。通常情况下，软弱夹层埋深越深，厚度越大，隔震效果越显著，即地表峰值加速度越小，岩土的特征周期越大；当软弱夹层的厚度小于 0.1 m 时，对地表地震动的影响几乎可以忽略。

(四)场地覆盖层条件

土层厚度对地震动的影响早在 1923 年日本关东大地震时就已被发现，后来发生的一系列的破坏性地震的震例都体现了土层厚度对地震动的影响。通过破坏性地震的震害调查得出的结论是：覆盖土层越厚，岩土的特征周期越大，土体的自振周期也越大。

1967 年 7 月，委内瑞拉发生 6.5 级地震，距震中 60 km 的加拉斯加市，高层建筑物的严重震害主要集中在市区冲积土层地带。建在冲积层厚度 160～230 m 上的高层建筑有 75% 遭到破坏。建在 230～300 m 厚的冲积土之上的高层建筑，其破坏率竟达 80%。位于薄层冲积土和基岩上的高层建筑物，其破坏都较轻。

(五)地下水埋深条件

当其他条件相同时，地下水埋藏深浅也常造成震害的差异。宏观现象说明，水位越浅，震害越重。如 1954 年甘肃山丹地震时，8 度区的山丹县城地下水位深 20 m 左右，而城南 2 km 处的黄家庄，由于邻近山丹河，地下水位浅，形成一个 9 度的异常点。1970 年宁夏西吉地震时，7 度区内的大埂子村位于海原地震时形成的堰塞湖边、三面临水的黄土台地上，地震时所受的破坏较相邻的不在湖边的村庄为重。

由上述情况可知：在一定的土质条件下，地下水埋深对震害影响的总趋势是水位越浅，震害越重。在不同的地基土中，地下水位的影响程度也有所差别，对软弱土层的影响大，黏性土次之，对卵砾石、碎石、角砾的影响较小。地下水埋深在 1～5 m 时，对震害的影响最明显，烈度差值可达 1 度左右。地下水埋深深于 5 m 时，水位的影响已不明显了。需要说明的是，地下水的影响往往要和地基土的影响联系在一起全面考虑。

【小贴士】

在教室内的避震与撤离:在地震来临时要保持镇静,千万不要匆忙逃离教室,不可乱跑跳楼,要在教师的统一指挥下,迅速抱头闭眼躲到各自的课桌下,双手要紧紧抓住课桌的腿,以免震动将课桌震倒。地震后再有组织地迅速撤离教室。

在家时的避震与撤离:在家里遭遇地震时,应尽可能关掉家中电器,切断电源,关闭煤气,防止次生灾害发生。而后要躲在结实或不易倾倒的物体下或旁边,抓住身边牢固的物品,然后蹲下或坐下,把身体尽量蜷曲起来。也可以躲到卫生间、厨房等空间小的地方避震,千万不能到阳台或乘电梯进行避震。

【知识链接】

有关地震的基本概念的详细介绍等参见《灾害地质学》等有关内容,因由专门课程开出,在此不作介绍。

【案例】

河北唐山7.8级地震

1976年7月28日凌晨3时42分,河北省唐山市发生7.8级强烈地震,地震的能量相当于400颗日本广岛爆炸的原子弹,震源深度为11 km,震中烈度达11度。持续时间23 s的强烈地震使唐山市这座人口稠密、经济发达的工业城市遭到毁灭性的破坏,人民生命财产和经济建设遭到严重损失,地震造成24.2万余人死亡,16.4万人受伤,4 000多个孩子成为孤儿。地震瞬间,房屋倒塌、烟囱折断,全市93%的民用住宅、78%的工业厂房倒塌;公路路面开裂、铁轨变形;地面喷水冒砂、大量农田被淹;煤矿井架歪斜、矿井大量涌水;通信中断、交通受阻;供水、供电系统被毁,直接经济损失达30亿元人民币以上。昔日繁华闹市,震后成为废墟和瓦砾堆。地震罹难场面惨烈到极点,为世界罕见。这场地震从渤海湾到内蒙古、宁夏,从黑龙江以南到扬子江以北,这一华夏大地的人们都感到了异乎寻常的震感,有感范围广达14个省(直辖市、自治区),其中北京市和天津市受到严重波及。

在党和国家的正确领导下,在全国军民的无私援助下,唐山市人民依靠“唐山精神”的支撑,以最快的速度恢复了灾区生产生活。唐山大地震后经过30年的重建,重塑了一座城市,修筑了心灵的城墙。1986年7月28日,1万多名唐山各界人士聚集在纪念碑广场举行唐山抗震10周年纪念大会,正式宣告唐山重建基本结束。又一个10年,实现了国民经济的全面振兴;第三个10年,唐山跨入了经济社会快速、健康发展的新阶段。1990年11月,唐山市政府因为震后重建工作而获得了联合国人居奖。

【阅读与应用】

本项目所采用的都是目前正在实施的国家法律和标准,主要有《中华人民共和国防震减灾法》、《中国地震烈度表》(GB/T 17742—2020)、《建筑抗震设计规范》(GB 50011—2010)、《中国地震动参数区划图》(GB 18306—2015)等。

项目小结

活断层:是指现今在持续活动的断层,或在人类历史时期或近期地质时期曾经活动过,极有可能在不远的将来重新活动的断层。

(1)活断层的基本特征:需要从活断层的活动特点和活动方式方面进行研究。

(2)活断层的参数:活断层的规模、错动速率和活动周期、活断层的产状和活动年龄等。

(3)活断层的鉴别:地质、地貌和水文地质特征,历史地震和历史地表错断资料,使用仪器测定,地震标志,地球化学及地球物理标志等。

地震:

(1)基本概念:地震、震源、震中、震中距、震源深度等概念及地震分类。

(2)地震波、震级和烈度的概念,尤其是基本烈度、抗震设防烈度、场地烈度和设计烈度的基本概念。

(3)我国的地震分布与基本特征:

①全球地震带分布:全世界主要有环太平洋地震带、欧亚地震带和洋中脊地震带三个地震带。

②我国的地震分布与基本特征。

(4)地震的破坏效应:在地震影响范围内所出现的各种震害或破坏,称为地震效应。地震效应大致可分为振动破坏效应和地面破坏效应两个方面。

(5)场地工程地质条件对震害的影响:有地形地貌条件、构造条件、场地土质条件、场地覆盖层条件、地下水埋深条件等。

思考题及习题

1. 什么是地震?震级与烈度有何区别?
2. 什么是活断层?它与地震有关吗?
3. 试述活断层的类型。
4. 什么是活断层的错动速率和周期?
5. 论述活断层的鉴别方法。
6. 地震按成因、震级和震源深度如何进行分类?
7. 构造地震是怎样发生的?
8. 什么是地震带?世界上有几个主要地震带?
9. 我国为什么是多地震的国家?
10. 我国地震主要分布在哪些地方?
11. 我国地震的基本特征有哪些?
12. 场地工程地质条件对震害都有哪些影响?

项目十　斜坡变形与破坏

学习目标

理解斜坡变形破坏的类型及特征,理解崩塌形成条件及基本特征,掌握滑坡形态要素及分类、稳定性影响因素及评价,斜坡变形破坏防治措施。

【学习导入】

斜坡变形破坏是内、外动力地质作用下斜坡岩土体处于不稳定状态或失稳的一种现象。在各种地质营力作用下,斜坡坡体内应力发生变化,由此引起斜坡岩土体的位移,产生不同形式和规模的变形破坏。由于斜坡变形破坏常给人类经济活动带来巨大的损失,因此斜坡稳定性研究正日益受到重视,各国相继成立了专门研究机构。今天斜坡变形破坏已成为工程地质研究最重要的任务之一,也是环境地质学、灾害地质学等新兴学科的主要研究内容之一。

单元一　基本概念

斜坡是指地壳表部一切具有侧向临空面的地质体,是地表广泛分布的一种地貌形式。斜坡一般可分为自然斜坡和人工边坡,自然斜坡是指在自然地质作用下形成的山体斜坡、河谷岸坡、海岸陡崖等;而人工边坡是指人类工程活动形成的规模不同、陡缓不等的斜坡,如渠道边坡、基坑边坡、路堑边坡和露天矿边坡等。

天然斜坡或人工斜坡,在自然或人为营力作用下,斜坡的外形或内部结构发生变化,引起应力的重分布,以致破坏,统称斜坡的变形破坏。

引起斜坡变形破坏的营力归结起来有:斜坡岩土体的重力作用;风化剥蚀作用;水(包括降雨、地表水和地下水)的作用;地震作用;人类的工程活动等。这些营力都通过组成斜坡的岩土体本身的性质好坏、结构构造而起作用。

斜坡的变形破坏过程可对人类工程活动带来十分严重的危害,还可能引起生态环境的失调和破坏。1963 年 10 月 9 日发生的意大利瓦依昂水库侧岸大滑坡,是一次震惊世界的大坝失事,该水库库容 10 亿 m^3,坝高 267 m,是当时世界上最高的双曲拱坝。水库蓄水造成水库岸坡地下水位相应抬高,地质环境发生了急剧变化,2.6 亿 m^3 的石灰岩山体以 20 m/s 以上的速度滑入水库。最大涌浪高度 250 m,越过坝顶高度达 150 m,库水迅猛泄向下游。洪水摧毁了下游数千米以内的 5 个村庄,2 600 人在梦中死亡。该水库也因滑坡填入而报废。1980 年 7 月 3 日,成昆线铁西车站发生巨大滑坡,滑动岩体总最达 2.2×10^6 m^3,掩埋了铁路,堵塞了隧道入口,使铁路营运中断达 40 天之久,造成重大经济损失。

一、斜坡的形态要素

斜坡的形态要素有坡体、坡面、坡顶面、坡底面、坡肩、坡脚、坡角和坡高等。斜坡的临空斜面称为坡面;斜坡的顶部缓坡面或水平面称为坡顶面;坡面与坡顶面的转折部位称为坡肩;斜坡最下部与水平地面相接部位称为坡脚;坡面与水平地面的夹角称为坡角;坡肩与坡脚间的垂直高度一般称为坡高(见图 10-1)。

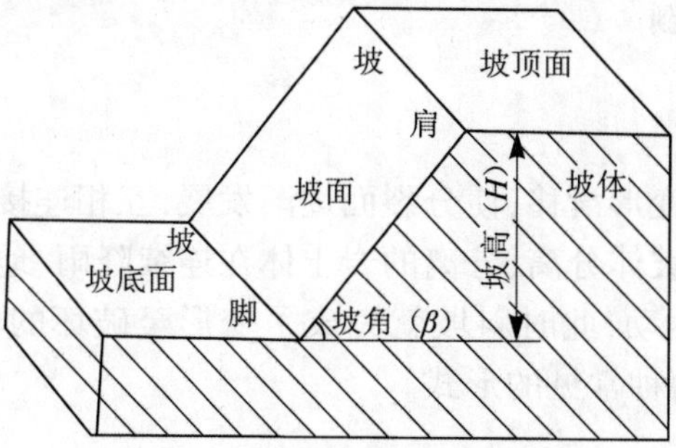

图 10-1 斜坡要素

二、斜坡变形的形式

斜坡变形主要有三种形式,即拉裂、蠕滑和弯曲倾倒。

(一)拉裂

斜坡岩土体在局部拉应力集中部位和张力带内,形成张裂隙的变形形式称为拉裂,见图 10-2。

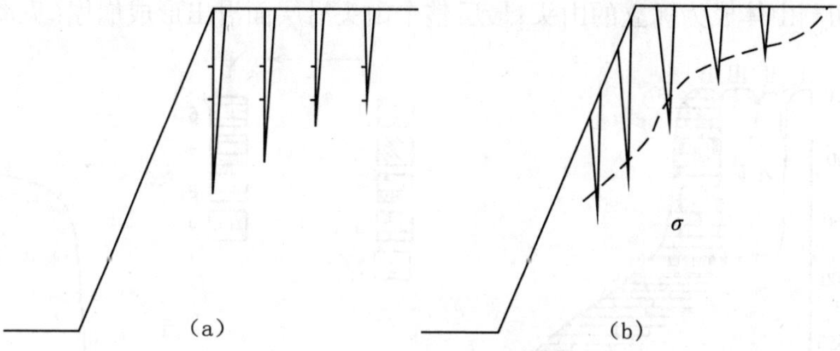

图 10-2 斜坡拉裂示意图

由于斜坡岩土体的拉裂,其原有的整体性和连续性受到破坏,强度降低,为雨水、地下水的渗入、运移提供了通道,使坡体进一步松弛,拉裂面逐渐扩展,与其他结构面形成贯通性破裂面,使斜坡产生各种不同形式的破坏。拉裂本身虽仅是一种变形,但却为斜坡破坏创造了条件。大规模的斜坡破坏无不与拉裂面的发育有关。

(二)蠕滑

斜坡岩土体沿软弱面(层)局部向临空方向的缓慢剪切变形称为蠕滑。

斜坡的蠕动变形,虽然位移较小,但由于实际上已成为斜坡失稳的初期阶段,在一定的触发因素条件下,如暴雨、地震、人类工程活动等,极易迅速转为加速蠕变直至破坏。所以,对斜坡蠕动变形应高度重视。

(三)弯曲倾倒

由陡倾或直立板状岩体组成的斜坡,当岩层走向与坡面走向大致相同时,在自重的长期作用下,由前缘开始向临空方向弯曲、折裂,并逐渐向坡内发展,这种变形通常称为弯曲倾倒。

这类变形岩层向临空方向弯曲，与岩层原有的层面成 20°~50°夹角；弯曲倾倒的程度自地面向深处逐渐减小，深度可达 40 m，但一般不低于坡脚高程；下部岩层折断，张裂隙发育，层序一般不乱，但岩层位移明显；常产生沿层面或反坡向裂隙，裂隙面闭合，有错动迹象，块体受重力作用向外弯曲倾倒。

三、斜坡破坏

斜坡岩土体中的局部变形滑移，使分裂面逐渐发展，互相连接，并与外界贯通，使部分岩土体沿一连续的分裂面与坡体分离，分离的岩土体在连续降雨、地震或坡脚淘空等触发因素影响下，以一定的加速度运动，此时斜坡就完成了变形至破坏的转变。斜坡破坏的形式很多，主要有崩塌和滑坡这两种常见的形式。

(一)崩塌

斜坡岩土体中被陡倾的张性破裂面分割的块体突然脱离母体并以垂直运动为主，翻滚跳跃而下，这种现象和过程称为崩塌。根据崩塌物质的不同，可分为土崩和岩崩；按其规模大小不同，又可分山崩和落石；若这种现象发生在海、湖、河岸边，则称为岸崩。

崩塌主要发生在坡度为 60°以上的高陡斜坡处。厚层脆性岩石中的陡倾张裂缝，将坡体切割成孤立块体，在一定条件配合下即可崩塌。湖北省远安县境内盐池河磷矿灾难性山崩即为典型实例。该区位于峡谷中，岩层中发育两组垂直节理，使崩塌山体三面临空；软弱的泥质白云岩及薄层板状白云岩，构成崩塌山体的追踪滑动面；地下采矿使地表开裂，沿两组垂直节理追踪发展，切割山体成为孤立的山头；最后整个山头沿层面滑出形成崩塌(见图 10-3)。

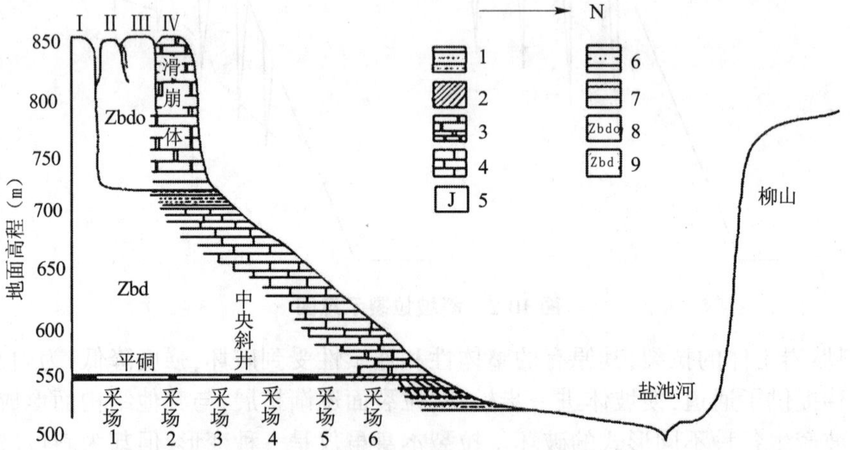

1—灰黑色粉砂质页岩；2—磷矿层；3—厚层块状白云岩；4—薄至中厚层白云岩；5—裂缝编号；
6—白云质泥岩及砂质页岩；7—薄至中厚层板状白云岩；8—震旦系上统灯影组；9—震旦系上统陡山沱组。

图 10-3　盐池河崩塌山体地质剖面图

(二)滑坡

斜坡上的岩土体，沿着贯通的剪切破坏面(带)，产生以水平运动为主的现象，称为滑坡。与崩塌相比，滑坡在运动过程中基本保持了岩土的完整性，且在较平缓的斜坡中仍可发生。

在斜坡破坏形式中，滑坡分布最广，危害最大，是山区主要的地质灾害。世界上多山国家的滑坡都很发育，如阿尔卑斯山区的瑞士、奥地利、意大利等国家；我国滑坡分布相当广泛，主要集中在西南、西北地区。

单元二 崩塌

崩塌是指高陡斜坡上的岩土体在重力作用下突然脱离母体，以滚动、跳跃、坠落等方式向下运动的过程。崩塌多发生在高陡的斜坡上，崩塌的物质称为崩塌体。崩塌体为土质者，称为土崩；崩塌体为岩质者，称为岩崩；大规模的岩崩称为山崩。崩塌可以发生在任何地带，山崩限于高山峡谷区内。崩塌体碎块在运动过程中滚动或跳跃，最后在坡脚处形成堆积地貌称为崩塌倒石锥。崩塌倒石锥结构松散、杂乱、无层理、多孔隙，在水平方向上有一定的分选性。

崩塌是山区常见的地质灾害之一。崩塌现象一般是急剧、短促、猛烈和突发性的，因而常具有灾难性的后果，规模小的崩塌崩落的土石方仅有数立方米到数十立方米，大者可达数百、数千立方米直至数万立方米。大型山崩如果发生在江河岸坡，有时会堵塞河道，形成堰塞湖，一旦堵塞体溃决便会造成重大灾难。1933 年 8 月 25 日，地震引起四川迭溪境内岷江岸坡山体大崩塌，崩落体使岷江堵塞，形成三个堰塞湖，致使 680 余人死亡，一个多月后，堵塞体被江流冲垮溃决成灾，泛滥的江水淹没了下游的大片农田和村庄，又造成 2 500 余人死亡。残留的崩塌岩堆至今仍保留在迭溪的岷江河谷中。

一、崩塌的形成条件

(一) 地形条件

斜坡高、陡是形成崩塌的必要条件。调查表明，规模较大的崩塌，一般多产生于高度大于 30 m，坡度大于 45°(大多数为 55°~75°)的陡峻斜坡上。斜坡的外部形状，对崩塌的形成也有一定的影响。一般在上缓下陡的凸坡和凹凸不平的陡坡上易发生崩塌。

(二) 岩性条件

坚硬的岩石(如厚层石灰岩、花岗岩、砂岩、石英岩、玄武岩等)具有较大的抗剪强度和抗风化能力，能形成高陡的斜坡，在外来因素影响下，一旦斜坡稳定性遭到破坏，即产生崩塌现象。所以，崩塌常发生在由坚硬、性脆的岩石构成的斜坡上。此外，由软硬互层(如砂页岩互层、石灰岩与泥灰岩互层、石英岩与千枚岩互层等)构成的陡峻斜坡，由于差异风化，斜坡外形凹凸不平，因而也容易产生崩塌。

(三) 构造条件

自然界的斜坡，经常由性质不同的岩层以各种不同的构造和产状组合而成，而且常常为各种构造面所切割，从而削弱了岩体内部的联结，为产生崩塌创造了条件。一般来说，岩层的层面、裂隙面、断层面、软弱夹层或其他的软弱岩性带都是抗剪性较弱的"软弱面"。如果这些软弱面倾向临空且倾角较陡，当斜坡受力情况突然变化时，被切割的不稳定岩块就可能沿着这些软弱面发生崩塌。

(四) 其他自然因素

岩石的强烈风化、裂隙水的冻融、植物根系的楔入等，都能促使斜坡岩体发生崩塌现象。但大规模的崩塌多发生在暴雨、久雨和强震之后。这是因为降雨渗入岩体裂隙后，一方面会增加岩体的重量，另一方面能使裂隙中的充填物或岩体中的某些软弱夹层软化，并产生静水压力及动水压力，使斜坡岩体的稳定性降低；或者由于流水冲淘坡脚，削弱斜坡的支撑部分等，都会促使斜坡岩体产生崩塌现象。地震能使斜坡岩体突然承受巨大的惯性荷载，因而往往能促成大规模的崩塌。

人类不合理的工程活动,如公路路堑开挖过深、边坡过陡,也常使边坡发生崩塌。开挖路基改变了斜坡外形,使斜坡变陡,软弱构造面暴露,部分被切割的岩体失去支撑,引起崩塌。此外,如坡顶弃方荷载过大或不妥当的爆破施工,也常促使斜坡发生崩塌现象。

二、崩塌的工程分类

《岩土工程勘察规范(2009 年版)》(GB 50021—2001)中根据崩塌的特征、规模及其危害程度,将其分为以下三类:

(1)规模大,破坏后果很严重,难于治理的,不宜作为工程场地,线路应绕避。

(2)规模较大,破坏后果严重的,应对可能产生崩塌的危岩进行加固处理,线路应采取防护措施。

(3)规模小,破坏后果不严重的,可作为工程场地,但应对不稳定危岩采取治理措施。

单元三 滑 坡

滑坡是斜坡上的岩土体沿着贯通的剪切破坏面所发生整体滑移的地质现象。滑坡是我国主要的地质灾害之一。西北、西南的山区为重灾区。最新研究资料表明,我国已发现新老滑坡近 30 万处,其中灾害性滑坡 1.5 万处,每年因滑坡灾害造成的经济损失达 10 多亿元。滑坡灾害的广泛发育和频繁发生使城镇建设、工矿企业、山区农村、交通运输、河运航道及水利水电工程等受到严重危害。因此,研究滑坡灾害的发生、发展规律及其预测预防,具有十分重要的意义。

一、滑坡的形态要素

自然界中的滑坡有各种各样的形态,一个发育完全的典型滑坡,其形态要素比较完备,是识别和判断滑坡的重要标志,如图 10-4 所示。

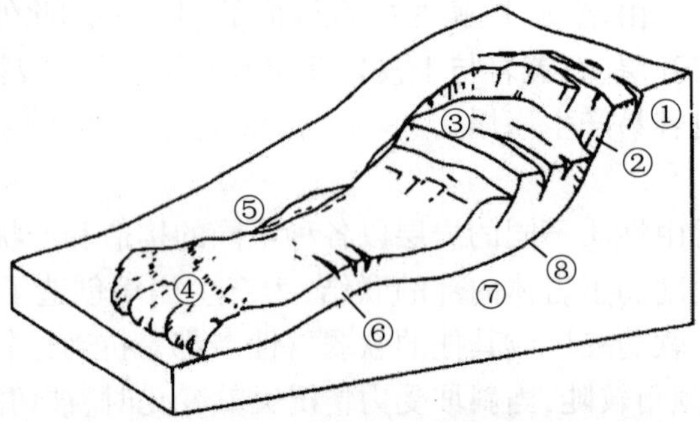

①—后缘弧状拉裂缝;②—滑坡后壁;③—滑坡台坎;④—滑坡舌及鼓胀裂缝;⑤—滑坡侧壁及羽状裂缝;⑥—滑坡体;⑦—滑坡床;⑧—滑动面。

图 10-4 滑坡形态要素示意图

滑坡体:指脱离母体、产生移动的岩土体,但不包括滑动后两侧壁和后壁再坍塌的岩土,简称滑体。

滑坡床:指滑坡体沿之滑动的稳定岩土体。

滑坡壁:指滑坡体下滑后,与周围坡面错动留下的断壁。后面的滑坡壁称后壁;左右两侧的滑坡壁称侧壁。滑坡壁上常可见到滑动擦痕。

滑动带和滑动面:滑坡体与下部稳定岩土体之间,因剪切作用而发生揉皱、错动等结构性破坏的层位,称为滑动带。滑坡体脱离母体、产生滑动的贯通剪切破裂面称为滑动面,它常因为上下岩土体错动摩擦而留下滑痕。滑动带和滑动面同时存在时,滑动面位于滑动带内部。滑动带的厚度从几厘米到几米不等。但有的滑坡只有滑动面,或者只有滑动带,因剪切带岩土性质而异。

滑坡舌:指滑坡体滑动后越出滑坡床,覆盖于前方坡面的部分。

滑动台地和滑坡坎:滑坡体在滑动过程中,前后速度的差异使不同的部位出现拉张或挤压。前部移动速度快,后部移动速度慢,则因受拉而形成台坎;前部移动速度慢,后部移动速度快,则因挤压而隆起形成缓坡台地。

滑坡洼地:指滑坡体移动与后壁之间拉张而形成的月牙形断陷洼地。滑坡洼地两端形成水流冲沟时,则出现"双沟同源"现象。如果滑坡洼地两端被滑坡壁坍塌岩土体阻塞,则形成封闭洼地、沼泽,甚至积水成湖塘。

滑坡埂垄:滑坡体因前端受阻而挤压形成的表面埂垄状隆起。

滑坡裂缝:指滑坡体表面的变形裂缝。滑坡后缘因拉张而形成弧状拉张裂缝;滑坡两侧因力偶作用而形成剪切裂缝;滑坡体前部因前方受阻,在挤压隆起的同时,形成鼓胀裂缝;在滑坡前缘没有横向约束的情况下,滑坡舌扩散而形成放射状裂缝。

以上滑坡诸形态要素只有在发育完全的新生滑坡才同时具备,并非任一滑坡都具有。

二、滑坡的发育阶段

滑坡从孕育、产生、发展到稳定,大致可分为以下四个阶段。

(一)蠕变挤压阶段

斜坡在外界因素长期作用下,斜坡体内应力改变,岩土体发生持续而缓慢的变形,通常称为蠕变。斜坡体随着蠕变发展结构不断地松弛,岩土体向前挤压,坡体后缘出现断续的张裂缝,斜坡中上部滑动面开始形成,此阶段整个斜坡尚且安全未失去稳定。

(二)滑动阶段

当坡体下滑力不断增大并超过抗滑阻力后,新的滑动面(带)逐渐贯通,两侧剪切裂缝形成羽状裂隙错开,中下部出现断续的鼓胀裂缝和不连续的放射状裂缝,前缘及两侧出现局部坍塌,这时斜坡正式发育形成并进入滑动阶段。有的滑坡在其后缘斜坡上还出现断续的弧形牵引裂缝。

(三)剧滑阶段

随着滑动距离的增加,滑带土的结构进一步破坏,含水量增大,滑动面上的土颗粒产生定向排列,强度进一步降低,滑动速度加快,后缘裂缝急剧张开并明显下错,两侧及前缘大量坍塌,滑体在短时间内以较高的速率向前滑动较大距离,此时滑坡进入剧滑阶段。在剧滑过程中,滑坡迅速滑动产生巨大的气浪和声响,有的滑带还流出大量泥水。

(四)稳定压密阶段

经过剧滑以后,滑体重心下降,能量消失。同时,由于滑带水排出强度增强,抗滑力增大,滑动速度大大减小,滑体在自重压力作用下逐渐压密稳定,地面裂缝逐渐消失。

并不是所有滑坡都按上述阶段滑动,有的滑坡阶段会出现合并。如果此时引起滑坡的主要因素并未消失或减弱，或又有新的不稳定因素出现，已经稳定的斜坡仍会活动，又开始新一轮的滑动阶段。

三、滑坡的分类

为了更好地对滑坡认识和分析，需要对滑坡进行分类。我国的滑坡可以划分如下类型，见表10-1。

表10-1 滑坡的分类

类型	亚类	特征描述
按滑坡物质组成成分分类	滑坡堆积体滑坡	由前期滑坡形成的块碎石堆积体，沿下伏基岩或体内滑动
	崩塌堆积体滑坡	由前期崩塌等形成的块碎石堆积体，沿下伏基岩或体内滑动
	崩滑堆积体滑坡	由前期崩滑等形成的块碎石堆积体，沿下伏基岩或体内滑动
	黄土滑坡	由黄土构成，大多发生在黄土体中，或沿下伏基岩面滑动
	黏土滑坡	黏土滑坡由具有特殊性质的黏土构成
	残坡积层滑坡	由基岩风化壳、残坡积土等构成，通常为浅表层滑动
	人工填土滑坡	由人工开挖堆填弃渣构成，次生滑坡
按滑动面通过各岩层情况分类	近水平层状滑坡	由基岩构成，沿缓倾岩层或裂隙滑动，滑动面倾角≤10°
	顺层滑坡	由基岩构成，沿顺坡岩层滑动
	切层滑坡	由基岩构成，常沿倾向山外的软弱面滑动。滑动面与岩层层面相切，且滑动面倾角大于岩层倾角
	逆层滑坡	由基岩构成，沿倾向坡外的软弱面滑动，岩层倾向山内，滑动面与岩层层面相反
	楔体滑坡	在花岗岩、厚层灰岩等整体结构岩体中，沿多组软弱面切割成的楔形体滑动
按滑坡体厚度分类	浅层滑坡	厚度小于6 m
	中层滑坡	厚度6~20 m
	厚层滑坡	厚度20~50 m
	巨厚层滑坡	厚度大于50 m
按引起滑动的力学性质分类	推落式滑坡	这种滑坡主要是由于斜坡上部张开裂缝发育或因堆积重物和在坡上部进行建筑等，引起上部失稳始滑而推动下部滑动
	牵引式滑坡	首先是在斜坡下部发生滑动，然后逐渐向上扩展，引起由下而上的滑动，这主要是斜坡底部受河流冲刷或人工开挖而造成的
按形成原因分类	工程滑坡	由于工程施工开挖山体引起的滑坡
	自然滑坡	由于自然地质作用而引起的滑坡
按发生后的活动性分类	活滑坡	滑坡发生后仍在继续活动的滑坡，后壁及两侧仍有新鲜擦痕，体内有开裂、鼓起，前缘有挤出等现象，山坡上有马刀树、醉汉林等
	死滑坡	滑坡发生后已停止发展，一般情况下不可能重新活动，坡体上植被茂盛，常有居民点
按滑体体积分类	小型滑坡	滑坡体积<5 000 m^3
	中型滑坡	滑坡体积为5 000~50 000 m^3
	大型滑坡	滑坡体积为50 000~100 000 m^3
	巨型滑坡	滑坡体体积>100 000 m^3

滑坡的分类方法很多，目前仍没有统一的规定，有待于进一步研究与完善。

四、滑坡的识别特征

滑坡的识别特征是野外滑坡调查的重要依据，要注意观察滑坡体、滑面、滑床等形态要素上的微地貌、裂缝发育特征及地形地物、水文地质等标志。

(一)微地貌及裂缝特征

新形成或正在活动的滑坡，滑坡形态要素清晰，后缘有滑坡壁，滑坡体上有滑坡阶地，在滑坡的中部阶面反倾，易积水形成滑坡湖或植被茂盛。滑坡裂缝明显可见。两侧冲沟和前缘剪出口可以看到滑带、擦痕、镜面、碾细的滑带土、侧向剪裂隙、滑坡舌岩层的反翘现象和挤压裂隙。

(二)特殊地形

对于不活动滑坡，滑坡要素已不清晰，但有一些特殊地形特征，可以帮助我们识别滑坡。

1. 圈椅状洼地

陡山坡间的洼地成圈椅状，上部常有第四系土层覆盖，有时厚达数十米，地表大部已辟为耕地，有时还有村庄。如太焦线的牛晶坪滑坡，南通亳州的冷泉滑坡，铁路施工前均为古滑坡；又如陇海线的华山滑坡，位于旧华阴县的华山北麓，十多里外就可看到圈椅状的滑坡壁。

2.“双沟同源”与“凹岸凸出”

斜坡上有圈椅状的陡坎或陡壁，陡壁的前方滑坡体两侧常形成冲沟，两沟的源头几乎连接在一起，但到下游却离得很远，呈“双沟同源”现象(见图 10-5)。“凹岸凸出”是在河流的凹岸地段，突然出现一段凸出的河岸，使河道骤然变窄，河水绕行，两侧有冲沟，后缘有张裂。

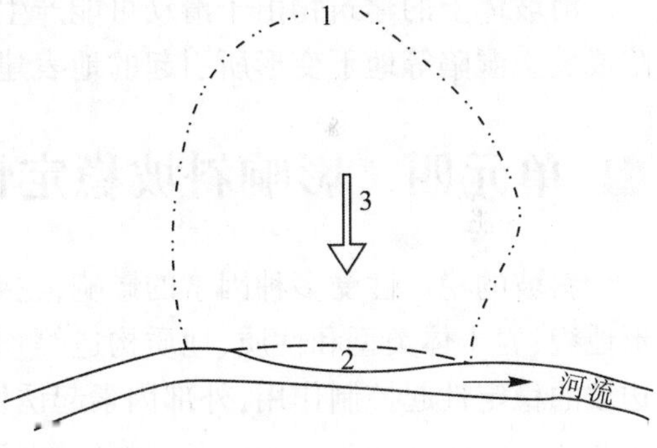

图 10-5　滑坡的“双沟同源”

3. 串珠状黄土陷穴

北方的一些古滑坡，地表常被黄土覆盖，当古滑坡发生间歇性蠕动时，沿蠕动的周界又发育成冲沟，并在冲沟中或滑体上发育许多黄土陷穴，分布于沟中的陷穴，从上到下构成串珠状。有时分布于滑体上的黄土陷穴成椭圆形，长轴平行排列成雁行式。

(三)岩层产状异常

斜坡地带岩层连续性被破坏，地层接触关系、产状出现异常变化，滑坡体与滑坡床岩层产状不连续。

(四)水文地质特征

滑坡前缘常可见泉点，称滑坡泉，有时多个泉点呈线状分布。滑坡体中部形成滑坡湖或植被茂盛。

(五)植物特征

1.“醉汉林”

近期产生滑动的滑坡，滑坡体上的树木亦随之产生歪斜(向后或向前)，有的甚至倒下，这类歪斜倾倒的树木称醉汉林(见图 10-6)。有时由于植物根部被破坏而造成枯萎。

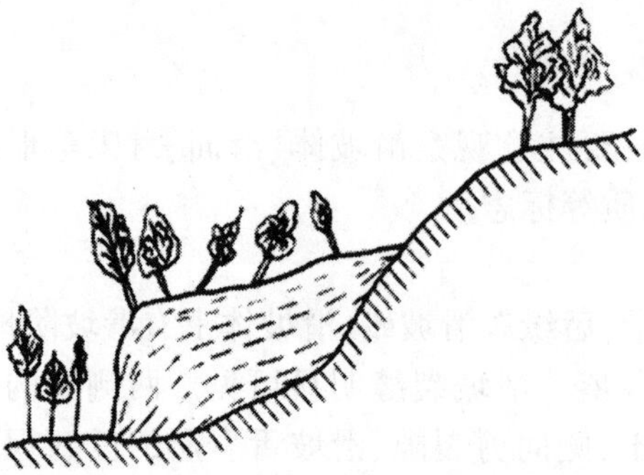

图 10-6　滑坡识别——醉汉林

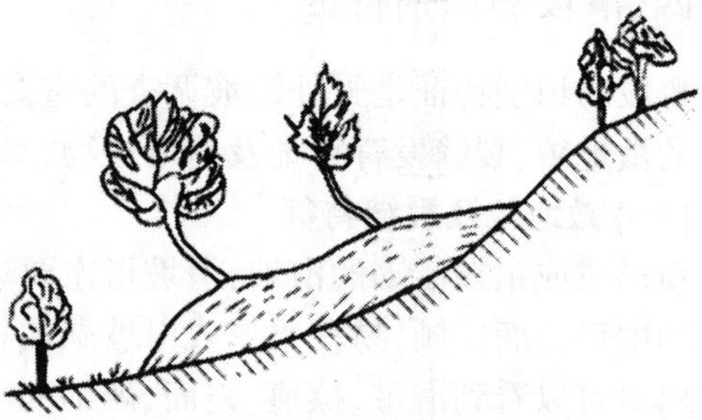

图 10-7　滑坡识别——马刀树

2."马刀树"

当滑坡暂时停止滑动后,滑坡时"醉汉林"树木又逐渐向上生长,而成为下部歪斜上部垂直生长的马刀树(见图 10-7)。马刀树的分布是山坡暂趋稳定古老滑坡存在的特征。

对中小型滑坡,根据以上微地貌特征,便可圈定滑坡周界。但对一些变形较缓慢的蠕动性滑坡,当上述特征不明显时,需通过位移观测才能确定。

(六)建筑物特征

滑坡体上的建筑物由于滑动可能产生变形、斜歪、位移直至倒塌。要注意其与采空区塌陷或黄土湿陷等地下变形所引起的地表建筑物变形相区别。

单元四　影响斜坡稳定性的因素

斜坡的稳定性受多种因素的影响,主要可分为内在因素和外部因素。内在因素包括地形地貌、岩土体类型和性质、地质构造等。外部因素包括水、地震、人类活动等。内在因素对边坡的稳定性起控制作用,外部因素起诱发破坏作用。

一、地形地貌

从区域地形地貌条件看,斜坡变形破坏主要集中发育于山地环境中,尤其在河谷强烈切割的峡谷地带。由于我国形成的西高东低的台阶状地形,可明显地划分出三个台阶。处于两个台阶转折地带的边缘山地,山谷狭窄、高耸陡峻,地面高低悬殊,因此斜坡变形破坏现象十分发育。

二、岩土体类型和性质

岩土类型和性质是影响斜坡稳定性的根本因素。在坡形(坡高和坡角)相同的情况下,显然岩土体愈坚硬,抗滑动能力愈强,则斜坡的稳定条件愈好;反之,则斜坡稳定条件愈差。所以,坚硬完整的岩石(如花岗岩、石英砂岩、灰岩等)能形成稳定的高陡斜坡,而软弱岩石和土体则只能维持低缓的斜坡。一般来说,岩石中含泥质成分愈多,抵抗斜坡变形破坏的能力则愈低。此外,岩性还制约着斜坡变形破坏的形式。一般来说,软弱地层常发生滑坡,而坚硬岩类形成高陡的斜坡,受结构面控制,其主要破坏形式是崩塌。顺坡向高陡斜坡上的薄板状岩石,则往往出现弯折倾斜以致发展成为滑坡。黄土因垂直节理发育,故常有崩塌发生。

三、地质构造

地质构造因素,包括区域构造、边坡地段的岩层产状、断层和节理裂隙发育特征以及区域新构造运动特点等,对边坡稳定,特别是岩质边坡稳定的影响是十分明显的。在区域构造比较复杂、褶皱比较强烈、新构造运动比较活跃的地区,边坡的稳定性较差,例如我国西南部横断山脉地区、金沙江地区的深切峡谷,边坡的崩塌、滑动、流动极其发育,常出现超大型滑坡及滑坡群。

四、水的作用

水不仅是流动体的组成部分,也是流动体的搬运介质,水对岩土体的浸泡使之成为流塑状态,减小与地面坡脚的摩擦力,对斜坡稳定产生显著影响,主要包括软化作用、冲刷作用等。水的软化作用指由于水的活动使岩土体强度降低的作用。当岩体或其中的软弱夹层亲水性较强,有易溶于水的矿物存在时,浸水后的岩石和岩体结构遭到破坏,发生崩解泥化现象,使之抗剪强度降低,影响斜坡的稳定性。河谷岸坡因水流冲刷而使斜坡变高、变陡,不利于斜坡的稳定性。冲刷还可使坡脚和滑动面临空,易导致滑动。水流冲刷也常是岸坡崩塌的原因。此外,大坝下游在高速水流冲刷下形成冲刷坑,其发展的结果会使冲刷边坡不断崩落,威胁大坝安全。

五、地震

地震对边坡稳定性的影响较大。在地震的作用下,首先使边坡岩体的结构发生破坏或变化,出现新结构面,或使原有结构面张裂、松弛,然后在地震力的反复振动冲击下,边坡岩体沿结构面发生位移变形,直至破坏。

六、人类活动

由于人类工程活动(比如人工的开挖和堆积)引起的边坡失稳相当多,随着国民经济和交通事业的迅速发展,人类工程活动已愈来愈成为造成斜坡失稳的重要因素。其主要原因如下:

(1)人为改变地下水文地质条件,如不合理开采地下水、沟中修建水库、坡体上拦坝建池塘、人工弃土堵塞地下水出口等都会改变地下水的条件,从而影响边坡的稳定性。

(2)坡脚处施工开挖容易在坡脚形成临空面,造成应力集中现象,威胁坡体稳定。

(3)施工爆破震动容易对边坡岩土体造成松动破坏作用,甚至在坡体内部形成裂缝,降低边坡的稳定条件。而频繁的爆破震动效应无疑会给边坡的稳定性带来不利的影响,这是露天矿边坡变形比较普遍,不稳定或潜在不稳定边坡占有相当大比例的主要原因之一。

单元五 斜坡的稳定性评价方法

斜坡稳定性评价的目的是合理设计人工边坡,使之既稳定安全,又不浪费开挖工作量,评定、核算与工程有关的天然斜坡稳定性现状及受工程影响后的稳定性状况;对已建成的人工边坡检查其稳定性状况，为斜坡整治提供设计依据。

斜坡稳定性评价方法有多种，常用的有自然历史分析法、力学计算法、图解法和工程地质类比法，大体上属定性评价和定量评价两大类。

一、自然历史分析法

自然历史分析法是一种定性评价的方法。主要通过研究斜坡形成的地质历史和所处的自然地理及地质环境、斜坡的地貌和地质结构、发展演化阶段及变形破坏形迹，来分析主要的和次要的影响因素，从而对斜坡稳定性作出初步评价。所以，这种方法实际上是通过追溯斜坡发生、发展演化的全过程，来进行稳定性评价的。它对研究斜坡稳定性的区域性规律尤为适用。

自然历史分析法主要包括以下三方面的研究内容：

(1)区域地质背景的研究，包括区域构造、地层岩性分布和地形地貌特点以及近期地壳运动强烈程度(如地壳运动形式、地应力状态、有否活断层分布及其特征等)，并结合斜坡变形破坏的分布和特征，就可以建立起斜坡变形破坏现象与区域地质背景间的相关关系。可由点到面来研究斜坡变形破坏的某些规律。这是一项基础性且带有全局意义的研究工作。例如，我国四川盆地主要由侏罗系红色砂、泥岩互层组成，近期江河强烈下切，在处于同向坡的背、向斜转折部位，尤其在河谷地带，斜坡变形破坏现象十分发育。

(2)分析促使斜坡演变的主导因素及触发因素。尤其是一些周期性因素(气候、水文、地震)与斜坡变形破坏间的相关性。

(3)预测斜坡所处的演化阶段和发展趋势，可能的破坏方式。可通过斜坡地质结构、外形及变形破坏形迹来进行，也可通过必要的监测手段来研究。

需要指出的是，自然历史分析法虽属初步的、定性的评价方法，但是它是其他各种评价方法的基础。没有这种评价方法，其他评价方法将难以进行。

二、力学计算法

力学计算法主要适用于滑坡类破坏形式，是一种定量评价的方法。常用的是刚体极限平衡法。采用这种方法的前提条件是：①只考虑破坏面上的极限平衡状态，而不考虑岩体上的变形，即视岩土体为刚体；②破坏面(滑动面)上的强度由黏聚力和内摩擦角(C、φ 值)控制，即遵循库仑定律；③滑体中的应力，以正应力与剪应力的方式，集中作用于滑面上，即均为集中力；④以平面(二维)课题来处理，这是为了求解方便而对实际情况的简化。

力学计算法表面上看来是一种严格的定量评价方法，但是由于上述的前提条件，以及边界条件确定和计算参数的取得都还存在不少问题，因此在实际工作中，常根据斜坡或边坡工程的重要性及具体情况，用一个安全稳定系数 K 来保证计算的安全度。安全稳定系数 K 值等于斜坡上的抗滑力(矩)与下滑力(矩)的比值。理论上，安全稳定系数 K 值大于1，斜坡或工程边坡就是安全稳定的，但考虑到一定的安全保障，一般规定 $K \geq 1.20 \sim 1.35$，即要求计算所得斜坡或工程边坡的安全稳定系数 K 大于等于这个数字才是安全稳定的，否则将是不安全的。

(一)土质斜坡稳定性计算

土质斜坡可分为无黏性土斜坡和黏性土斜坡，对这两种斜坡的稳定性计算方法是不同的。

1. 无黏性土斜坡

对于无黏性土来说，抗剪强度 $C=0$，只有内摩擦角 φ。在干燥条件下，假设坡角为 β，坡面上土体自重为 W，则 W 可分解为平行坡面的下滑力 T 和垂直坡面的法向力 N(见图 10-8)，其计算公式为

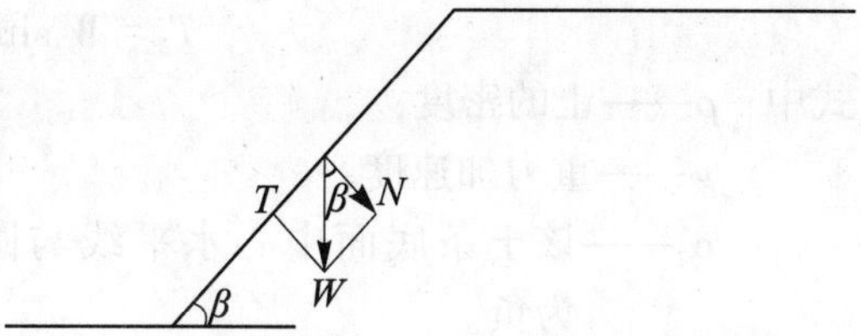

图 10-8 砂土斜坡的稳定性

$$\begin{cases}T = W\sin\beta \\ N = W\cos\beta\end{cases} \tag{10-1}$$

依照库仑定律，在斜坡上的抗滑力为颗粒间的摩擦力 $F = N\tan\varphi$，则砂土坡的稳定性系数 K 为

$$K = \frac{F}{T} = \frac{N\tan\varphi}{W\sin\beta} = \frac{\tan\varphi}{\tan\beta} \tag{10-2}$$

由式(10-2)可知，如果 $F>T$，$K>1$，斜坡稳定，此时 $\varphi>\beta$；如果 $F<T$，$K<1$，斜坡不稳定，此时 $\varphi<\beta$；如果 $F=T$，$K=1$，斜坡处于极限平衡状态，此时 $\varphi=\beta$。

一般粗、中砂的 φ 为 34°~40°，细砂和粉砂为 30°左右或更小，斜坡的坡角 β 要小于上述值时斜坡才能处于安全稳定状态。

2. 黏性土斜坡

由于黏性土具有黏聚力，所以斜坡稳定性计算与无黏性土不同。一般黏性土斜坡用圆弧条分法或折线条分法来评价斜坡的稳定性。

1) 圆弧条分法

圆弧条分法的计算原理是在均质黏性土斜坡中假定一系列圆弧，分别计算每一个圆弧的安全稳定系数 K_i，找出这一系列安全稳定系数的最小值 $K_{\min}$，它所对应的圆弧就是最危险的滑动弧，通过评价 $K_{\min}$ 来判断斜坡的稳定性。

圆弧条分法是假定滑动面的空间形状为一圆柱面，在剖面上则为一圆弧。因此，黏性土斜坡的滑动可以看作是一种沿弧面的旋转运动，其稳定性计算是以力矩平衡条件为基础的。

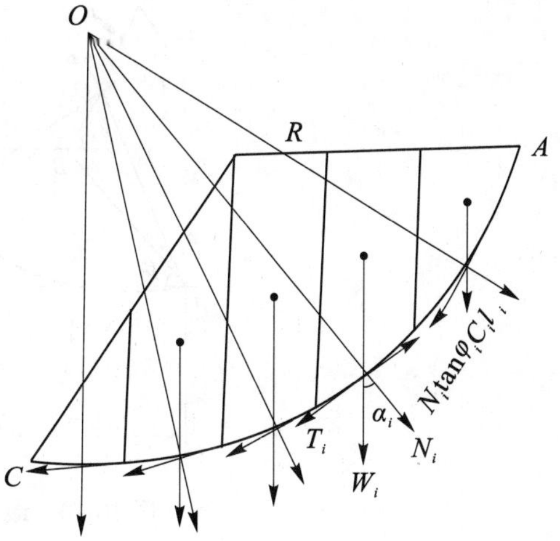

图 10-9 圆弧条分法分析

假设一简单均质黏性土斜坡，取一假定滑弧圆心为 O，半径为 R 和滑弧 AC，滑弧通过坡脚。将滑动土体沿铅直方向分成若干土条(常将土条分为 $R/20$~$R/10$ 宽)，从坡顶到坡脚分别为 1，2，⋯，i，⋯，n 块段。取其中第 i 块段进行受力分析，见图 10-9。土条自重以 W_i 表示，土条宽度以 b_i 表示，高度以块段中线高 h_i 表示。第 i 块段滑动面在中线上切线与水平面的夹角为 α_i。

受力分析时不考虑土条间的侧向作用力，则第 i 土条作用在滑弧面上的力有：

(1) 由土条自重 W_i 在滑弧上引起的下滑力为

$$T_i = W_i \sin\alpha_i = \rho g b_i h_i \sin\alpha_i \tag{10-3}$$

式中　ρ——土的密度；

g——重力加速度；

α_i——该土条底面中心水平线与圆弧切线间的夹角，此夹角顺坡向为正，逆坡向为负。

(2)由土条自重 W_i 在滑弧上引起的抗滑力为

$$F_i = N_i \tan\varphi = W_i \cos\alpha_i \tan\varphi = \rho g b_i h_i \cos\alpha_i \tan\varphi \tag{10-4}$$

式中　φ——滑动面上的内摩擦角；

其他符号意义同前。

在滑动面上的安全稳定系数 K 为滑动弧上所有抗滑力矩 M_r 与下滑力矩 M_s 的比值，即

$$K = \frac{M_r}{M_s} = \frac{\sum_{i=1}^{n} F_i R + \sum C l_i R}{\sum_{i=1}^{n} T_i R} = \frac{\sum_{i=1}^{n} W_i \cos\alpha_i \tan\varphi_i + \sum_{i=1}^{n} C_i l_i}{\sum_{i=1}^{n} W_i \sin\alpha_i} \tag{10-5}$$

式中　C——滑动面上的黏聚力；

l_i——第 i 土条的弧长。

以上仅是均质黏性土坡通过坡脚的一条滑弧，过坡脚可以有无数条滑弧，每一条滑弧都会有一个安全稳定系数 K_i，在这一系列滑弧所得到的安全稳定系数中找出最小的一个 K_{min}，它对应的滑弧就是最危险滑动面。

如果 $K_{min}>1$，土坡稳定；$K_{min}<1$，则土坡不稳定。为保证斜坡的安全性，一般取安全稳定系数 $K_{min}>1.2\sim1.3$，否则要对斜坡进行处理。

最危险的滑动面通过试算法来确定：

(1)根据坡角 β 值查表 10-2 得出 β_1 和 β_2，找出 O 点，见图 10-10。

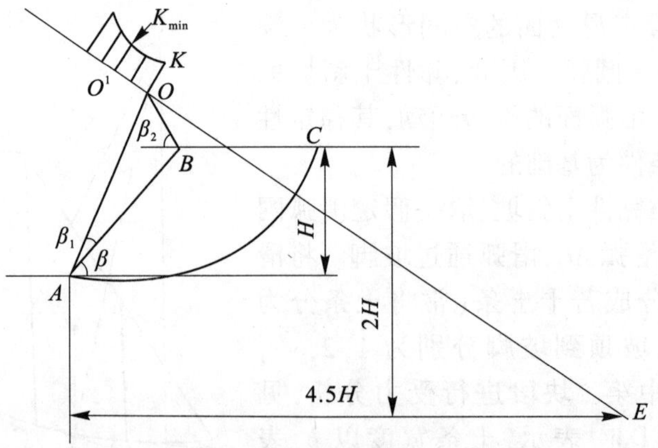

图 10-10　最危险滑动弧圆心位置的确定

(2)按图 10-10 所示确定 E 点。

(3)连接 EO 连线并延长，任意间隔取 $O_1, O_2, O_3, \cdots, O_n$。

(4)分别以 $O_1, O_2, O_3, \cdots, O_n$ 为圆心，以坡脚处为半径作一系列圆弧。

(5)分别计算这一系列圆弧的安全稳定系数，找出最小的一个就是 K_{min}，它所对应的圆弧就是最危险的滑动面。

表 10-2 β_1、β_2 值

坡度(铅直:水平)	坡角	β_1	β_2
1:0.58	60°	29°	40°
1:1	45°	28°	37°
1:1.5	33°47′	26°	35°
1:2	26°34′	25°	35°
1:3	18°26′	25°	35°
1:5	11°19′	25°	37°

2)折线条分法

折线条分法的计算原理是在实际勘探得到的折线形滑动面上垂直条分块段,从坡顶开始直到坡脚,分别计算每一块段的剩余下滑力,来评价斜坡的稳定性。

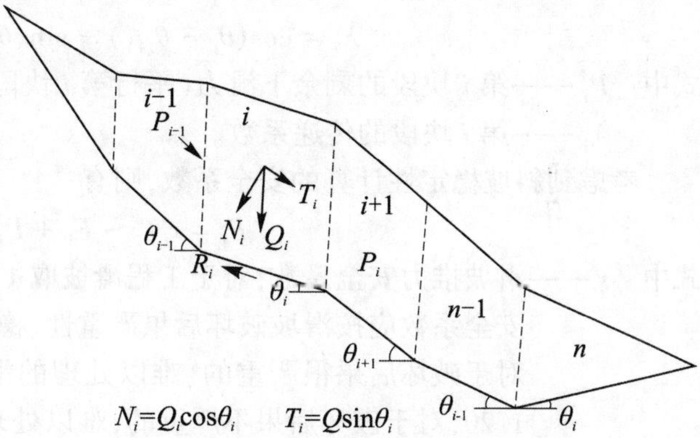

图 10-11 拆线滑动法的滑坡计算剖面

斜坡的滑动面不规则,在自然界中此类滑坡较多见。计算这类斜坡稳定性时,一般是根据实际勘探工程所查明的滑动面起伏情况,在滑动面的直线转折处垂直条分块段,每一块段底部滑面为平直的斜面,并确定各段的计算参数,见图 10-11。然后可根据剩余下滑力计算法来计算斜坡的稳定性。计算时假定滑坡作整体滑动,各段之间不考虑挤压和拉裂,所以可不考虑块段两侧的作用力。

计算时从坡顶第一块段开始,第一块段的剩余下滑力为

$$P_1 = T_1 - F_1 \tag{10-6}$$

$$T_1 = Q_1\sin\theta_1 \tag{10-7}$$

$$F_1 = N_1\tan\varphi_1 + C_1 l_1 = Q_1\cos\theta_1\tan\varphi_1 + C_1 l_1 \tag{10-8}$$

式中 P_1——第一块段的剩余下滑力(平行第一块段滑面);

T_1——第一块段下滑力;

Q_1——第一块段土条自重;

F_1——第一块段抗滑力;

l_1——第一块段的长度;

θ_1——第一块段滑动面与水平面的夹角,此夹角顺坡向为正,逆坡向为负;

其他符号意义同前。

第二块段剩余下滑力为

$$P_2 = T_2 - F_2 + P_1' \tag{10-9}$$

$$T_2 = Q_2\sin\theta_2 \tag{10-10}$$

$$F_2 = N_2\tan\varphi_2 + C_2 l_2 = Q_2\cos\theta_2\tan\varphi_2 + C_2 l_2 \tag{10-11}$$

$$P_1' = P_1[\cos(\theta_1 - \theta_2) - \sin(\theta_1 - \theta_2)\tan\varphi_1] \tag{10-12}$$

式中 P_2——第二块段的剩余下滑力(平行第二块段滑面);

T_2——第二块段的下滑力(不考虑第一块段剩余下滑力对第二块段的影响);

Q_2——第二块段土条自重;

F_2——第二块段的抗滑力(不考虑第一块段剩余下滑力对第二块段的影响);

P'_2——第一块段的剩余下滑力作用到第二块段的下滑力(平行第二块段滑面);

其他符号意义同前。

令 $\lambda_1 = \cos(\theta_1 - \theta_2) - \sin(\theta_1 - \theta_2)\tan\varphi_1$,称为传递系数,则有

$$P_2 = T_2 - F_2 + P_1\lambda_1 \tag{10-13}$$

同理,第 i 块段剩余下滑力为

$$P_i = T_i - F_i + P_{i-1}\lambda_{i-1} \tag{10-14}$$

$$\lambda_i = \cos(\theta_i - \theta_{i+1}) - \sin(\theta_i - \theta_{i+1})\tan\varphi_i \tag{10-15}$$

式中　P_i——第 i 块段的剩余下滑力(平行第 i 块段滑面);

λ_i——第 i 块段的传递系数。

考虑到斜坡稳定性计算的安全系数,则有

$$P_i = r_t T_i - F_i + P_{i-1}\lambda_{i-1} \tag{10-16}$$

式中　r_t——滑坡推力安全系数,对于工程滑坡取 1.25,对于自然滑坡和工程古滑坡的推力安全系数应按滑坡破坏后果严重性、稳定性状态和整治难度等因素综合考虑,对于破坏后果很严重的、难以处理的滑坡宜取 1.25,较易处理的取滑坡可取 1.20,对于破坏后果不严重的,难以处理的滑坡宜取 1.10,较易处理的取滑坡可取 1.05,对于破坏后果严重的滑坡可取 1.15 左右;

其他符号意义同前。

滑坡推力计算应符合下列规定:

(1)当滑体有多层滑面时,应取推力最大的滑动面进行计算,确定滑坡推力。

(2)选择平行于滑动方向的几个具有代表性的断面进行计算,计算断面不少于两个,其中一个是主滑断面。

(3)滑坡推力作用点,可取滑坡厚度的 1/2 处。

(4)剩余下滑力计算中,如果计算到第 i 块段剩余下滑力≤0,则说明计算块段没有剩余下滑力,块段稳定。此时,应从第 i+1 块段重新开始计算。

(5)滑坡推力安全稳定系数应该根据现状及对工程的影响等因素,对地基基础设计为甲级的建筑物宜取 1.25,设计等级为乙级的建筑物宜取 1.15,设计等级为丙级的建筑物宜取 1.05。

(6)根据岩土的性质和当地的经验,可采取试验和滑坡反分析相结合的手段,合理确定滑动面上的抗剪强度指标。

对于折线条分法,如果用安全稳定系数评价斜坡的稳定性,可采用下式计算稳定安全系数

$$K = \frac{\sum_{i=1}^{n}\left(R_i \prod_{j}^{n-i}\varphi_j\right) + R_n}{\sum_{i=1}^{n}\left(T_i \prod_{j}^{n-i}\varphi_j\right) + T_n} \tag{10-17}$$

式中符号意义同前。

(二)岩质斜坡稳定性计算

岩质斜坡的稳定性,一般取决于软弱结构面的特点及其组合关系。进行稳定性计算时应先确定可能的滑动面,即软弱结构面。其中比较简单的是单一同向结构面的斜坡,斜坡定

性计算采用平面滑动法。稳定安全系数可按下式确定

$$K_s = \frac{rV\cos\theta\tan\varphi + AC}{rV\sin\theta} \tag{10-18}$$

式中　r——岩土体的重度,kN/m^3;

C——结构面的黏聚力,kPa;

φ——结构面的内摩擦角,(°);

A——结构面的面积,m^2;

V——岩体的体积,m^3;

θ——结构面的倾角,(°);

边坡工程稳定性验算时,各种方法的稳定性应不小于表 10-3 规定的稳定安全系数要求,否则应对边坡进行处理。

表 10-3　边坡稳定安全系数 K

计算方法	安全系数 K		
	一级边坡	二级边坡	三级边坡
平面滑动法 折线滑动法	1.35	1.30	1.25
圆弧滑动法	1.30	1.25	1.20

注:对地质条件很复杂或破坏结果很严重的边坡工程,其稳定安全系数宜适当提高。

边坡工程应按其损坏后可能造成的破坏后果(危及人的生命,造成经济损失,产生社会不良影响)的严重性、边坡类型和坡高等因素根据表 10-4 确定安全等级。

表 10-4　边坡工程安全等级

边坡类型		边坡高度(m)	破坏后果	安全等级
岩质边坡	岩体类型为Ⅰ类或Ⅱ类	$H \geqslant 30$	很严重	一级
			严重	二级
			不严重	三级
	岩体类型为Ⅲ类或Ⅳ类	$15<H<30$	很严重	一级
			严重	二级
		$H \geqslant 15$	很严重	一级
			严重	二级
			不严重	三级
土质边坡		$10<H<15$	很严重	一级
			严重	二级
		$H \leqslant 10$	很严重	一级
			严重	二级
			不严重	三级

注:1. 一个边坡工程的各段,可根据实际情况采用不同的安全等级;

2. 对危害性严重、环境和地质条件复杂的特殊边坡工程,其安全等级应根据工程情况适当提高。

三、图解法

图解法是一种定性或半定量的评价方法,以赤平极射投影为基础,通过对斜坡岩体结构面的大量调查统计,掌握优势软弱结构面的产状特性,据以分析它们对斜坡稳定性的影响。

在斜坡稳定性评价中，一般采用两种图解法，即图表计算法和图解分析法。

图表计算法种类较多，其基本原理都是根据斜坡所处的条件来确定某一无因次量，并绘制不同坡角情况下无因次量与稳定系数关系曲线图，或不同系数情况下的无因次量与坡角关系曲线图。借助曲线图，在已知 C、$\tan\varphi$ 及斜坡岩土体的密度 ρ、斜坡结构面的倾角 α、斜坡的坡角 β、坡高 H 等参数后，即可直接从关系曲线上查得稳定系数。

图表计算法与力学计算法相比较，其结果精度差些。但是，在进行边坡初步设计时是可以满足要求的。

四、工程地质类比法

工程地质类比法就是将所要研究的斜坡或拟设计的人工边坡与已研究过的斜坡或人工边坡进行类比，以评价其稳定性或确定其坡角和坡高。类比时，必须全面分析研究工程地质条件和影响斜坡稳定性的各项因素，比较其相似性和差异性。相似性愈高，则类比依据愈充分，所得结果愈可靠。类比的基础是相似，只有相似程度较高才可进行类比。所以，类比法一定要充分做好工程地质调查工作，而且要有丰富的实践经验。

按《建筑边坡工程技术规范》(GB 50330—2013)的规定，边坡稳定性计算方法，根据边坡类型和可能的破坏形式，按下列原则确定：

(1)土质边坡和规模较大的碎裂结构的岩质边坡宜采用圆弧滑动法计算。

(2)对可能产生平面滑动的边坡宜采用平面滑动法进行计算。

(3)对可能产生折线滑动的边坡宜采用折线滑动法进行计算。

(4)对结构复杂的岩质边坡，可配合采用赤平极射投影法和实体比例投影法分析。

(5)当边坡破坏机制复杂时，宜结合数值分析法进行分析。

单元六　斜坡变形破坏的防治

一、崩塌的防治

只有小型崩塌，才能通过防治防止其发生崩塌，对于大的崩塌只好绕避。路线通过小型崩塌区时，防治的方法分防止崩塌产生的措施及拦挡防御措施。

防止崩塌产生的措施包括削坡、清除危石、胶结岩石裂隙、引导地表水流，以避免岩石强度迅速变化，防止差异风化以避免斜坡进一步变形及提高斜坡稳定性等。

崩塌拦挡防御措施主要有：

(1)爆破或打楔。将陡崖削缓，并清除易坠的岩石。

(2)堵塞裂隙或向裂隙内灌浆。有时为使单独岩坡稳定，可采用铁链锁绊、钢丝网或铁夹，以提高有崩塌危险岩石的稳定性。

(3)调整地表水流。在崩塌地区上方修截水沟，以阻止水流流入裂隙。

(4)为了防止风化，将山坡和斜坡铺砌覆盖起来，或在坡面上喷浆。

(5)修筑明硐或御塌棚。

(6)筑护墙及围护棚(木、石、铁丝网等)以阻挡坠落石块，并及时清除围护建筑物中的堆积物。

(7)在软弱岩石出露处修筑挡土墙，以支持上部岩石的质量(这种措施常用于修建铁路路基而需要开挖很深的路堑时)。

二、滑坡的治理

(一)治理原则

(1)滑坡的治理,要贯彻以防为主、整治为辅、及时治理的原则。

(2)尽量避开大型滑坡所影响的位置。

(3)对大型复杂的滑坡,应采用多项工程综合治理;对中小型滑坡,应注意调整建筑物或构筑物的平面位置,以求经济技术指标最优。

(4)对发展中的滑坡要进行整治,对古滑坡要防止复活。

(5)对可能发生滑坡的地段要防止滑坡的发生;整治滑坡应先做好排水工程,并针对形成滑坡的因素,采取相应措施。

(二)治理措施

1.排水

(1)地表排水主要是裂隙填堵、设置截水沟和排水明沟系统。裂隙填堵包括对滑坡体表面的裂缝进行封填、坡面封闭等措施。截水沟用来截排来自滑坡体外的坡面径流;在滑坡体上设置树枝状的排水明沟系统,以汇集滑坡范围内坡面径流并将其引导出滑坡体外。

(2)地下排水为了排除地下水,可设置各种形式的渗沟或盲沟系统,以截排来自滑坡体外的地下水流。滑坡体内的地下水可通过排水盲沟、廊道、排水钻孔、集水井等形式排出。

2.支挡

在滑坡体下部修筑挡土墙、抗滑桩或用锚杆加固等工程以增加滑坡下部的抗滑力。在使用支挡工程时,应该明确各类工程的作用。如滑坡前缘有水流冲刷,则应首先在河岸做支挡等防护工程,然后再考虑滑体上部的稳定。滑坡支挡设计时应保证支挡工程穿过滑动面的一定深度,坐于滑床之上。

3.刷方减重

刷方减重主要是通过削减坡度角或降低坡高,以减轻斜坡不稳定部位的重量,从而减小滑坡上部的下滑力。如拆除坡顶处的房屋和搬走重物等。使用中可采用上部减荷、下部反压及减荷与反压相结合的措施。刷方减重时应注意,应在滑坡的主滑段实施刷方,严禁在滑坡的抗滑段减重。

4.改善滑动面(带)的岩土性质

该方法主要是为了改良岩土性质、结构,以增加坡体强度。此类措施有:对岩质滑坡采用固结灌浆;对土质滑坡采用电化学加固、冻结、焙烧等。此外,还可针对某些影响滑坡滑动因素进行整治,如防水流冲刷、降低地下水位、防止岩石风化等具体措施。

5.其他

其他措施有:采用人工护坡和植物护坡的方法防止水流对坡面的冲刷和风化;线路工程的防御和绕避等措施。

【知识链接】

对滑坡的调查、评价、预测、防护和治理的内容,在岩土工程勘察、地质灾害调查与评价、地质灾害防护等课程中都有涉及,并且有国家标准《岩土工程勘察规范(2009年版)》(GB 50021—2001)、《建筑边坡工程技术规范》(GB 50330—2013)等,具体规范滑坡的调查、评价、预测、防护和治理的工作。具体内容参见有关教材与规范。

【小贴士】

滑坡的变形破坏一般要经历四个阶段，只要早期重视滑坡的调查观察，对于滑坡就可以作出正确的预测，避免造成重大损失。只要我们注意周边的变化，发现近期岩土体破坏的现象，尽早重视起来，就可以避免滑坡带来的直接损失。

【案例】

长江三峡地区鸡扒子老滑坡复活实例

1982 年 7 月，重庆云阳地区连降暴雨，月降雨量达 633.3 mm；17 日 20:00，位于云阳老县城下游 1 km 处鸡扒子长江左岸斜坡失稳；18 日 02:00，斜坡发生剧烈滑动，最大滑速达 12.5 m/s，滑体前缘推入江中并直达对岸，最大滑距达 200 m，最终形成西侧壁长 1.4 km，东侧壁长 1.6 km，面积 0.774 km^2，体积 $1.50\times10^7 m^3$ 的巨型滑坡，其中约 $1.80\times10^6 m^3$ 滑入长江航道。江床淤高 30 余 m，形成了 600 m 长的急流险滩。

鸡扒子滑坡虽未造成人身伤亡，但是滑坡毁坏房屋 1 730 间，造成的直接经济损失约 560 万元。更为严重的是，由于大量石块坠入长江中，河床淤高 40 m，形成 700 m 的急流险滩，长江航运被迫中断 7 天，航道整治费高达 8 000 余万元（当年价格），航道堵塞造成的间接经济损失约 50 亿元。

长江三峡地区滑坡颇多，有些新滑坡是老滑坡复活形成的，鸡扒子滑坡就是其中一例。

一、滑坡的地质背景

鸡扒子滑坡位于川东褶皱带北东端的故陵向斜轴部北侧，由上侏罗统遂宁组(J_3s)和蓬莱镇组(J_3p)组成的单面山斜坡上（见图 10-12）。

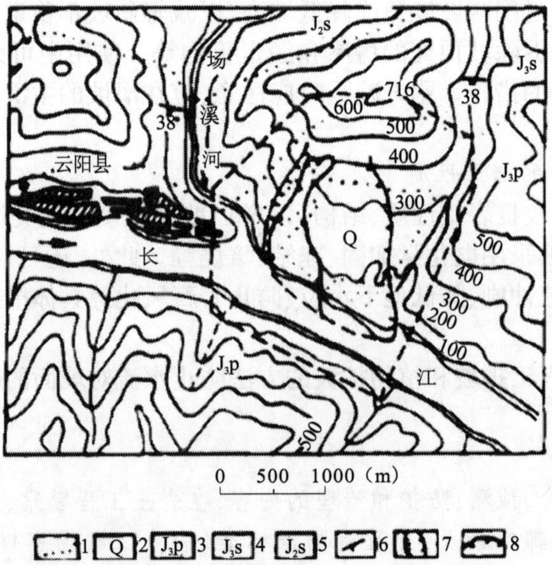

1—地层界线；2—第四纪；3—蓬莱镇组；4—遂宁组；5—上沙溪庙组；
6—地层产状；7—老滑坡范围；8—新滑坡范围。

图 10-12 鸡扒子滑坡区地形地质图

区内明显存在三级老滑坡，自上而下，最古老的是擂鼓台滑坡；较古老的是桐梓林滑坡；老的是宝塔滑坡，鸡扒子滑坡是宝塔老滑坡西侧的部分复活。宝塔老滑坡发育在蓬莱镇组下部灰白色长石石英砂岩和紫红色泥岩互层中。砂岩厚度大、较稳定，泥岩厚度小，横向变化较大。地层走向NE80°至NW，倾向南，倾角上陡下缓，由近山顶的40°渐变为20°，至长江岸边为10°左右。地层倾向与地形坡向一致，倾角也基本相同。岩层中NE45°~55°和NW20°~30°的近于直立的两组平面“X”扭性剪裂隙发育，NW80°的压性裂隙和NE20°的张性裂隙次之。宝塔老滑坡是斜坡岩体在上述有利的“靠椅”状构造条件下沿下部泥岩滑移-弯曲变形发展的结果。根据滑坡上覆黄色砂质黏土厚度及滑坡前缘砂岩破碎岩体的风化程度推断它形成于更新世末期。

宝塔老滑坡堆积物展布面积约2.0 km^2，坡面上冲沟发育。老滑坡滑床上陡下缓，滑面大部分顺砂岩与泥岩的接触界面发展，滑带土厚0.5~1.0 m，系泥岩被剪切破碎而形成，由紫红色黏土及砂质土夹砂岩泥岩角砾组成，具有清晰的滑坡擦痕，滑带土中黏粒的矿物成分以伊利石为主，绿泥石次之，有少量高岭土。滑体结构自上而下由砂岩和泥岩互层的层状碎裂岩体、碎块石夹土、土夹碎块石组成，地表普遍覆盖有厚约20 m的含钙质结核的黄色砂质黏土。滑体中岩石松动、破碎强烈，裂隙分十发育。滑体中地下水位在旱季时低于滑床或在滑床附近。

二、滑坡的复活过程及变形破坏机制分析

宝塔老滑坡复活后形成了新的鸡扒子滑坡，经调查，滑坡复活范围0.774 km^2，约占老滑坡的2/5，滑动的土石为$1.5×10^7$ m^3。滑坡复活发生在1982年7月中旬云阳地区特大暴雨期间，这场暴雨从7月16日4时开始，至17日4~8时，宝塔老滑坡西侧后缘出现地面开裂，与此同时，石板沟沟壁部分因饱水发生局部失稳向沟心滑动，造成沟床堵塞，致使石板沟下游断流而上游积水形成堰塞湖（标高254 m）。17日20时，石板沟东侧的整个宝塔老滑体开始自上而下蠕动。与此同时，石板沟沿岸发生泥状的塑性流动。18日2时，石板沟东侧老滑体开始剧烈滑动；2时15分，滑体前缘土体和建筑物被推入当时的长江洪水中（洪水位标高122 m）。18日2时30分至3时，更东部的老滑体亦跟随产生了滑动。

宝塔老滑坡复活的性质，仍属沿老滑床推移式滑动；而西区则是表层饱和土体的塑性流动，未涉及老滑体的底部。

三、滑坡复活的原因和触发因素

鸡扒子滑坡的主体部分是沿宝塔老滑坡滑床的滑动，老滑坡的存在为滑坡复活提供了基本内在条件。此外，老滑坡体遭受自然和人为的破坏是促使其复活的重要外部因素。

据调查，滑坡复活前，老滑体前缘因江水冲刷和取土采石形成了高达40余m的江边陡坎，而这次滑坡复活正好发生在这个遭受自然因素和人为因素破坏最严重的部位。

滑坡复活的触发原因是暴雨。1982年7月，云阳地区连降暴雨，月降雨量达633.3 mm，占多年平均降雨量1 093 mm的57.9%，是7月份多年平均月降雨量的4.03倍。据云阳县气象站和县志记载，这场暴雨的降雨量和强度是该地区1870年以来100多年中没有发生过的，这场暴雨为滑坡复活创造了有利条件，是滑坡复活的最主要触发因素。

据计算，自石板沟被堵塞至滑坡剧滑时的18 h内，滑坡后缘集雨形成的地表径流直接渗入滑体的水量约3.89万m^3。如此大量的地表水渗入老滑体，一方面，使老滑体土在地下水的强烈作用下，饱水软化，抗剪强度大大降低，为滑坡复活提供了潜在的滑动面,另一方面,老滑体中由于地表水的渗入，地下水位急剧抬升，孔隙水动水压力和静水浮托力猛增，为滑坡复活提供了充分的条件。据气象资料，滑坡复活前，该区降雨量少，老滑坡中的地下水位应接近枯水位(低于或接近于滑床)，可是在这场暴雨中滑体饱水，地下水位普遍上升了10~30 m,地下水的平均水力坡度为19.0%，其动水压力和静水浮托力都是很大的。这次暴雨过程中，老滑体上凡沟谷畅通未受地表水直接渗入的部分，则没有复活,仍然处于稳定状态，这就不难看出,暴雨是导致这次滑坡复活的触发因素，滑体饱水后造成的孔隙压力在复活中起了主导作用。滑坡西侧的石板沟在暴雨中被堵塞排水失效是招来这次灾害的直接原因。

四、滑坡的稳定性计算与评价

因滑坡复活部分的西区属表层塑性流动，故稳定性计算评价只针对中区和东区进行。稳定性计算按枯季和雨季作下列四种模拟计算方案：

第一种方案为枯季,长江水位按枯水位(84 m)；地下水位也按枯季水位(在滑床以下)。

第二种方案为雨季，长江上游降雨而当地无雨时，长江水位分别按105 m(平水位)、122 m(1982年滑坡复活时洪水位)、132 m(1982年最高洪水位)和137 m(1981年最高洪水位)计算；地下水位按不同江水位浸润高度计算。

第三种方案为雨季，长江上游和当地同时出现暴雨且滑体上排水设施充分有效时，长江水位分别按105 m、122 m、132 m和137 m计算，地下水位除考虑不同高度江水浸润外，还考虑大气降雨的正常渗入。

第四种方案为雨季，长江上游和当地同时出现暴雨且滑体上排水设施失效，长江水位分别按105 m、122 m、132 m和137 m计算，地下水位按滑体饱水考虑，以滑坡后沿最高点至计算水位的连线作为地下水位标高。

滑体岩土的密度分别取2.10~2.45 g/cm^3，滑面的抗剪强度根据试验资料和反算数据综合评价选择确定,见表10-5。

表10-5　鸡扒子滑坡滑带土抗剪强度指标

天然状态		饱水状态	
峰值	残余值	峰值	残余值
C=62.1 kPa	C=43.9 kPa	C=36.8 kPa	C=25.7 kPa
φ=17°07′	φ=13°06′	φ=12°48′	φ=9°29′

稳定性计算按折线条块法采用不平衡推力公式，雨季时滑体不同程度充水，在推力公式中叠加动水压力和静水浮托力,计算公式为

$$E_i = KG_i\sin\alpha_i - G_i\cos\alpha_i\tan\varphi_i - C_il_i + E_{i-1}\lambda_i$$

计算结果表明，鸡扒子滑坡在枯水季节是稳定的，且安全稳定系数较高,K=1.33~1.61,雨季在降水正常渗入和江水浸润的情况下,是基本稳定的,但安全储备不高,稳定性是逐渐降低的；当出现特大暴雨排水设施一旦失效，滑体发生强烈充水时,安全稳定系数就会

急剧下降到临界状态以下。

【阅读与应用】

本项目所采用的都是目前正在实施的标准,主要有《岩土工程勘察规范(2009 年版)》(GB 50021—2001)、《建筑边坡工程技术规范》(GB 50330—2013)等。

项目小结

(1)斜坡是指地壳表部一切具有侧向临空面的地质体。斜坡一般可分为自然斜坡和人工边坡。斜坡的形态要素有坡体、坡面、坡顶面、坡底面、坡肩、坡脚、坡角和坡高等。

(2)斜坡变形的基本形式有拉裂、蠕动和弯曲倾倒;破坏的基本形式有崩塌和滑坡。

(3)崩塌是指高陡斜坡上的岩土体在重力作用下突然脱离母体,以滚动、跳跃、坠落等方式向下运动的过程。崩塌的形成条件有地形条件、岩性条件、构造条件及其他自然因素等。

(4)滑坡是斜坡岩土体沿着贯通的剪切破坏面整体运动所发生的滑移地质现象。滑坡的形态要素是识别和判断滑坡的重要标志。滑坡的发育阶段大致可分为蠕变挤压阶段、滑动阶段、剧滑阶段、稳定压密阶段。滑坡的分类有按滑坡物质组成成分分类和按引起滑动的力学性质分类等分类方法。滑坡的识别特征是野外滑坡调查的重要依据,要注意观察滑坡体、滑面、滑床上的微地貌、裂缝发育特征及特殊地形地物、水文地质、植物等标志。

(5)斜坡的稳定性受多种因素的影响,主要有内在因素和外部因素。内在因素包括地形地貌、岩土体类型和性质、地质构造等。外部因素包括水、地震、人类活动等。内在因素对边坡的稳定性起控制作用,外部因素起诱发破坏作用。

(6)斜坡稳定性评价的目的是:合理设计人工边坡;评定、核算天然斜坡稳定性现状;对已建成的人工边坡检查其稳定性状况,为斜坡整治提供设计依据。斜坡稳定性评价方法有多种,常用的有自然历史分析法、力学计算法、图解法和工程地质类比法,大体上属定性评价和定量评价两大类。

(7)崩塌防治的方法分防止崩塌产生的措施及拦挡防御措施。滑坡的治理原则为以防为主、整治为辅、及时治理;治理措施有排水、支挡、刷方减重、改善滑动面(带)的岩土性质及其他措施。

思考题及习题

1. 简述斜坡的定义、斜坡的形态要素和变形破坏的形式。
2. 什么是崩塌? 崩塌的形成条件有哪些?
3. 滑坡如何分类? 滑坡的识别方法及标志有哪些?
4. 影响斜坡稳定性的因素有哪些?
5. 滑坡力学计算的基本原理有哪些?
6. 崩塌、滑坡变形破坏的防治措施有哪些?

技能训练　工程地质野外实训

实习 5　滑坡的野外调查

1. 实习目的

在实习教师指导下学会认识滑坡的形态要素,掌握滑坡的工程地质分类方法,学会分析滑坡的形成阶段影响滑动的主要因素。

2. 实习任务

在典型滑坡地段完成以下任务:

(1)对指定滑坡的形态要素进行观察。

(2)对指定滑坡的工程地质类型进行划分。

(3)对指定地段的滑坡的滑动阶段进行分析。

(4)对影响滑坡滑动的主要因素进行分析。

(5)描述评价指定滑坡的工程地质性质。

(6)对指定地段的滑坡的防治措施提出建议。

3. 实习准备

寻找一典型滑坡,实习学生 3~5 人为一组,配备罗盘(手持 GNSS)、卷尺、放大镜、地质锤、野外记录本、记录表等物品。

4. 实习过程

(1)定点描述:在指定实习地段用罗盘(手持 GNSS)定点,并对指定地点进行位置描述。

(2)对滑坡的形态要素进行观察描述,绘出滑坡周界,标出可见到的滑坡形态要素。

(3)对滑坡的工程地质类型进行划分,并描述分类依据。

(4)对滑坡的滑动阶段进行分析,并描述分析依据。

(5)对影响滑坡滑动的主要因素进行分析,并描述分析依据。

(6)对滑坡的工程地质特性质进行描述评价。

(7)对指定地段的滑坡的防治措施提出建议,并提出建议依据。

5. 实习时间安排

本次实习时间安排 2~4 学时,可在学完相关课程后进行实习。

6. 提交的实习成果

本次实习结束后提交实习记录、实习报告作为评定实习成绩的依据。

项目十一 岩 溶

学习目标

本项目主要介绍岩溶的概念、形成条件、分类,以及岩溶地区主要存在的工程地质问题,要求学生通过学习,熟悉我国岩溶的分布情况和地貌形态,掌握岩溶形成的基本条件及影响其发育的因素,并能够根据所学知识对工程中存在的各种岩溶造成的地质问题采取适当的施工方法和处理措施。

【学习导入】

岩溶是指水对可溶性岩石的溶蚀、潜蚀以及所形成的地表及地下各种岩溶形态与现象的总称。可溶性岩石包括碳酸盐岩、硫酸盐岩、卤化物盐等,其中硫酸盐岩和卤化物盐最易被水所溶蚀,而碳酸盐岩则相对难以溶蚀。但由于碳酸盐岩在我国分布范围很广,占有绝对优势,因此岩溶问题的研究主要集中于碳酸盐岩类岩石上。岩溶作用不仅包括水对岩石的溶解,还包括水的侵蚀、潜蚀、冲蚀、搬运、沉积作用以及水的崩解和生物作用等。岩溶塌陷是岩溶地区因岩溶作用而发生的一种地面变形破坏,是我国主要的地质灾害之一。它是岩溶洞隙上方的岩、土体在自然或人为因素作用下引起变形破坏,并在地面形成塌陷坑洞的一种岩溶动力地质作用与现象。在各种类型塌陷中,以碳酸盐岩塌陷最为常见;因排抽岩溶地下水而引发人为塌陷的概率最大。

单元一 基本概念

岩溶,又称喀斯特(Karst),是指地表水和地下水对可溶性岩石进行以溶蚀作用为主所形成的地表和地下形态的总称,又称岩溶地貌。它以溶蚀作用为主,还包括流水的冲蚀、潜蚀,以及坍塌等机械侵蚀过程。喀斯特原是南斯拉夫西北部沿海一带石灰岩高原的地名,那里发育着各种石灰岩地貌。19世纪末,南斯拉夫学者司威治研究了喀斯特高原的奇特地貌,并把这种地貌称为喀斯特。以后就借用喀斯特这个地名来称呼石灰岩地区一系列特殊的地貌过程和水文现象。

岩溶地貌在我国分布广、面积大。广西的桂林山水、云南昆明的路南石林、湖南张家界的黄龙洞、贵州的黄果树、四川的九寨沟等,皆闻名于世。这些奇特的景观都发育在碳酸盐类岩石分布地区。整个西南地下碳酸盐类岩石连成一片,面积共达55万km^2,全国碳酸盐类岩石分布面积约为130万km^2,约占全国总面积的13.5%。

在岩溶地区,地上、地下的岩溶形态复杂多变,给各种经济建设和生产活动都带来相当大的困难。现有的公路、铁路,会因地下水的涌出、地面水的泄水通道被阻塞而导致路基水毁,或因溶洞的坍顶引起地面路基坍陷、下沉或开裂。进行水库修建时要注意防止渗漏,开凿隧道和建设矿井时要注意涌水、排水问题。

单元二　岩溶的形成条件和分类

岩溶发育的基本条件是岩石的可溶性、透水性,水的溶蚀能力、流动性。此外,气候、地质构造、新构造运动、植被、地形等因素对岩溶的形成与发育也有不同的影响。石灰岩地层分布区岩溶地貌最为发育,地表和地下各有不同的地貌类型。

一、岩溶的形成

(一)岩溶形成的基本条件

岩溶发育必须具备以下四个条件。

1. 岩石的可溶性

可溶性岩体是岩溶形成的物质基础。岩石的可溶性主要取决于岩石的成分和结构。从岩石的成分来看,可溶性岩石有三类:碳酸盐类岩石(石灰岩、白云岩、泥炭岩等)、硫酸盐类岩石(石膏、硬石膏和芒硝)、卤素盐类岩石(钾、钠、镁盐岩石等)。在这三类岩石中,以卤盐类岩石的溶解度最大,其次为硫酸盐类岩石,溶解度最小的是碳酸盐类岩石。其中,碳酸盐类岩石分布最广,尽管它们的溶蚀速度慢,但其矿物成分均一,可以全部被含有 CO_2 的水溶解,经过长期溶蚀,在漫长的地质年代中也会产生十分显著的结果。在我国,凡是分布有碳酸盐类岩层的地方,都有岩溶发育。

2. 岩石的透水性

岩石的透水性是岩溶发育的另一个必要条件,岩层透水性越好,岩溶发育也越强烈。岩石的透水性取决于岩体的裂隙性、孔隙率及孔隙的连通情况。特别是裂隙性对岩体的透水性起着主要的作用。裂隙越发育,岩石的透水性越好,溶蚀作用越强烈,岩溶就越发育。因此,在断层破碎带、背斜轴部或近轴部的地段,岩溶比较发育。

3. 具有溶蚀能力的水

水的溶蚀能力主要取决于水中 CO_2 的含量。纯水几乎不能溶解石灰岩,当水中 CO_2 增加时,水才具有较强的溶蚀能力,含 CO_2 的水将 $CaCO_3$ 溶解,把不能溶解的残余物质留下,或呈悬浮状态带走。

在含 CO_2 的水中,CO_2 与 H_2O 化合成碳酸,碳酸又离解为 H^+ 和 HCO_3^-。水中 CO_2 含量越高,H^+ 就越多。与 $CaCO_3$ 中的 CO_3^{2-} 结合成 HCO_3^-,分离出 Ca^{2+},使 $CaCO_3$ 溶解于水。它的化学反应式如下:

$$CaCO_3 + CO_2 + H_2O \rightleftharpoons Ca(HCO_3)_2$$

该反应是可逆反应,反应达到平衡时的 CO_2 称为平衡 CO_2。当水中溶解 CO_2 的含量超过平衡 CO_2 时,反应才会向右进行。也就是说,水中溶解的 CO_2 量越大,岩溶的发育也就越剧烈,通常将超过平衡 CO_2 的那一部分与 $CaCO_3$ 发生反应的 CO_2 称为侵蚀性 CO_2。

4. 水的流动性

水的流动对于岩溶的发育有着重要影响。这是因为水的溶蚀能力与水的流动性密切相关。地下水和地表水主要依赖于大气降水的补充,而大气中所含有的 CO_2 会随着对这两类水体的补充而溶解到当中去,形成对岩石的溶蚀作用。但是,一旦水体停止流动,其中溶解的二氧化碳含量会随着溶蚀反应的不断进行而消耗,当水溶液达到饱和状态时,溶蚀反应就会停止。因此,只有当水体不断进行流动,将反应生成的物质带走,同时对周围的岩体产生冲刷时才会发生溶蚀。此外,不断补充溶解二氧化碳的水又促使岩溶的发育进一步加强。

(二)影响岩溶发育的因素

除上述基本条件外,气候、地质构造、岩层产状、地壳运动、地形等因素对岩溶发育也有不同的影响。

1. 气候因素

气候对岩溶发育的影响主要表现在降水量和气温的变化上。大气降水丰富、气候潮湿温热地区,越有利于岩溶作用,岩溶越发育。在温湿气候区,植被茂盛,生成大量的有机酸,可增加水的溶蚀能力,从而加强了岩溶的发育,因而普遍生成了以大型的溶蚀洼地、坡立谷、孤峰、峰林和洞穴系统为特点的岩溶地貌类型;内陆和高山、高纬度地区,由于其气候干燥或寒冷,所以不利于岩溶的发育。

2. 地质构造

地质构造对岩溶发育的影响主要取决于裂隙的发育程度、延伸方向、组合形式,以及地层的构成情况和产状等。在裂隙发育的岩体内,岩溶较发育。可溶性岩层的厚度及非可溶性夹层制约了岩溶发育的深度。具有不同地质构造类型的地区,岩溶发育的特征也不一样。

断层是地下水的良好通道,是控制岩溶形成的主要因素,其规模、性质、走向、断裂带的破碎及填实状态都和岩溶发育密切相关。一般来说,区域性的大断裂带宽度和深度都大,延伸很远,特别有利于岩溶的发育。在中、小型的断层构造中,正断层属于张性断层,岩体较破碎,断层裂隙较宽大,破碎带内多断层角砾岩,没有或很少有糜棱岩,透水性较强,有利于岩溶发育,其上盘的岩溶发育程度较下盘高;逆断层属压性断层,在强烈的挤压过程中,破碎带内生成大量的破裂岩和糜棱岩,其胶结好,孔隙率低,常呈致密状态,不利于岩溶发育。

3. 地壳运动

正如河流的侵蚀作用受侵蚀基准面控制一样,地下水对可溶岩的溶蚀作用同样受侵蚀基准面的控制。而侵蚀基准面的改变则是由地壳升降运动所决定的。因此,地壳相对上升、侵蚀基准面相对下降时,岩溶以下蚀作用为主,形成垂直的岩溶形态;而地壳相对稳定、侵蚀基准面一段时间也相对不变时,地下水以水平运动为主,形成较大的水平溶洞。地壳升降和稳定呈间歇交替变化,垂直和水平溶洞形态也交替变化。水平溶洞成层发育,每层溶洞的水平高程与当地河流阶地高程相对应,是该区地壳某个稳定时期的产物。

4. 地形

地形陡峻、岩石裸露的斜坡上,岩溶多呈溶沟、溶槽、石芽等地表形态;地形平缓,岩溶多以漏斗、落水洞、竖井、塌陷洼地、溶洞等形态为主。

二、岩溶的分类

按照不同的岩溶特征,可将岩溶分为各种类型。

(一)按形态大小分类

按形态及规模大小不同,可以将岩溶分为洞穴型、裂隙型、管道型和大型溶洞四个类别。

(二)按充填特征分类

根据岩溶的充填特征,可以将岩溶分为充填型岩溶、半充填型岩溶和无充填型岩溶三个类别。

（三）按充填物性质分类

根据岩溶内充填物的不同，可将岩溶分为充填黏土型、充填淤泥型、充填粉细砂型、充填块石土型、充水型五个类别。

（四）按岩溶水量分类

按岩溶涌水量大小可将岩溶分为特大涌水型、大量涌水型、中等涌水型、少量涌水型、微量涌水型。

（五）按涌水动态变化特点划分

根据涌水量动态变化特点，可将岩溶分为水文型、稳定型、突发型三个类别。

（六）按地质构造特征划分

根据地质构造特征，可将岩溶分为向斜轴部岩溶承压水型、背斜岩溶水型、多层岩溶含水层同时涌水型、单一岩溶含水层暗河涌水型、火山岩中灰岩包裹体封存水涌水型五个类别。

单元三　岩溶地区的主要工程地质问题

由于岩溶的发育致使建筑物场地和地基的工程地质条件大为恶化，因此在岩溶地区修建各类工程建筑物时必须对岩溶进行工程地质研究，以预测和解决因岩溶而引起的各种工程地质问题。归纳起来，岩溶区的工程地质问题主要有以下几类。

一、库坝渗漏

由于岩溶地区的岩体中有许多裂隙、管道和溶洞，在进行水库、大坝、隧道、基坑等施工工作时，若存在承压水并有富水优势的断裂作为通道，则可能因岩溶渗漏而造成水库无法蓄水。

因此，库区应选在地势低洼，四周地下水位较高，上游有泉水出露而下游无泉水出露，上下游流量没有显著差异的河段上，要避免邻区有深谷大河。如果发现库底有渗漏，可采用堵（堵落水洞）、铺（铺盖黏土）、截（筑截水墙）、围（在落水洞四周建围墙）、引（引入库内或导出库外）等方法进行处理。

二、隧道坍塌

岩溶对隧道的影响归纳起来主要是岩溶水的危害、岩溶洞穴及其充填物等方面的危害：一方面，隧道围岩范围内岩溶水的存在使得隧道工程地质和水文地质条件发生变化，造成围岩强度降低，渗透水压力增加；而岩溶水最直接的表现在于其易造成隧道的涌水、突泥等；另一方面，隧道围岩中溶洞的存在使得围岩物理、力学性质发生变化，进而引起隧道地层刚度和应力场的变化，导致隧道坍塌。

当前对施工中遇到的不同规模和性质的出露溶洞，预防和处置坍塌问题可采用的措施有：对大型出露溶洞可采用拱桥、大口径人工挖孔桩、高压灌浆方案；对中、小型出露溶洞可采用混凝土、片石混凝土回填或采用钢筋混凝土底板筏基；对小型出露溶洞可采用注浆加固或支护补强方式处理。对于地面以下不容易被发现的溶洞，在施工中对开挖围岩应进行动态监测，及时掌握围岩的变形规律和变形情况，准确预测溶洞的位置、大小，采取必要的加强措施,有效防止隧道工程出现塌方。

三、坑道涌水

岩溶地区有许多裂隙、暗河和溶洞,在工程中若暗河或地表水下渗通道被挖穿,则可能会遇到地下突然涌水而导致基坑、隧道等工程的排水困难甚至淹没。

对岩溶涌水的处理,原则上以疏导为主。对坑道中的岩溶水,可用水管引入边沟或排水沟排出。水量过大时,可用平行导坑排水或井点降水法。

四、地基稳定性

在岩溶地区,由于地表覆盖层下有石芽、溶沟,岩体内部有暗河、溶洞,建筑物的地基通常是很不均匀的。上覆土层还常因下部岩溶水的潜蚀作用而塌陷,形成土洞。在广西、贵州等地的城市建筑工地上,土洞现象非常普遍。土洞的塌陷常常是突然发生的,土洞出现的地区往往就是地下岩溶发育的区域。

一般建筑物的压力作用范围多在地面以下 10 m 左右。所以,建筑物的地基既涉及上覆土层,也涉及下伏基岩。岩溶区的土层特点是厚度变化大,孔隙比高。因此,地基很容易产生不均匀沉降,从而导致建筑物倾斜甚至破坏。这些在施工前都必须进行认真勘察。

单元四　岩溶地区的处理措施

在大量的路桥工程实践中积累了许多处理岩溶和岩溶水的宝贵经验,大体可归纳为堵塞、疏导、跨越、加固、钻孔充气与恢复水位等。

一、堵塞

对基本停止发展的干涸的溶洞,一般用块石、砂、混凝土、黏性土等材料,以堵塞为宜。如用片石堵塞路堑边坡上的溶洞表面,以浆砌片石封闭。对路基或桥基下埋藏较深的溶洞,一般可通过钻孔向洞内灌注水泥砂浆、混凝土、沥青等加以堵塞来提高其强度,如图 11-1 所示。

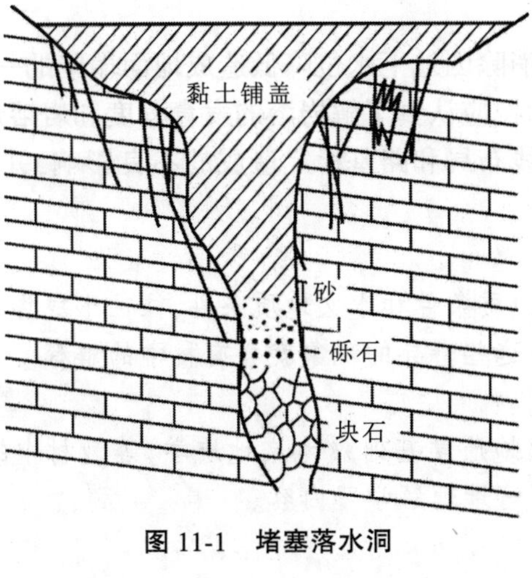

图 11-1　堵塞落水洞

二、疏导

对经常有水或季节性有水的溶洞，一般宜疏不宜堵，应采用因地制宜、因势利导的方法。对于路基上方的岩溶泉和冒水洞，宜采用排水沟将水截流至路基外。对于路基基底的岩溶泉和冒水洞，宜设置集水明沟或渗沟，将水排出路基。

三、跨越

对于位于路基基底的开口干溶洞，当洞的体积较大或深度较深时，可采用构造物跨越。对于有顶板但顶板强度不高的干溶洞，可炸除顶板后进行回填，或设构造物跨越。此外，还可以正确地利用“天生桥”跨越地表河流、沟谷和洼地，以及利用暗河、溶洞来扩建隧道等。

四、加固

(1)当洞径大、洞内施工条件好时，可采用浆砌片石支墙、支柱等加固。若需保持洞内水流畅通，可在支撑工程间设置涵管排水。

(2)当深而小的溶洞不能使用洞内加固办法时，可采用大块石或钢筋混凝土盖板跨越可能的破坏区。

(3)对洞径小、顶板薄或岩层破碎的溶洞，可采用爆破顶板用片石回填的办法。若溶洞较深或需要保持排水，则可采用拱跨或板跨的方法。

(4)对于有充填物的溶洞，宜优先采用注浆法、旋喷法进行加固，当这样做不能满足设计要求时宜用构造物跨越。

(5)利用溶洞、暗河作隧道时，可用衬砌加固等。

(6)若需保持洞内流水通畅，应设置排水通道。

五、钻孔充气

钻孔充气是为克服真空吸蚀作用所引起的地面塌陷而采取的一种措施。通过钻孔，可消除岩溶在封闭条件下所形成的真空腔的作用。

六、恢复水位

恢复水位是从根本上消除因地下水位降低造成地面塌陷的一种措施。

在岩溶地区修建公路时，应认真了解岩溶的发育程度和岩溶形态的空间分布规律，以便避让或防治岩溶病害对路线布局和路基稳定造成的不良影响，并充分利用某些可以利用的岩溶形态进行公路的布线。

【小贴士】

岩溶地区由于特殊的地质条件和水文地质条件，往往形成许多奇异的现象，只要掌握岩溶地区的工程地质条件，对这些奇异的现象就会有科学的解释。

【知识链接】

本项目的学习要结合《地质学基础》《水文地质学》等教材中的有关内容，并结合实际的岩溶地貌现象，这样可以更好地理解学习内容。

【案例】

岩溶对铁路建筑工程的影响实例

宜万铁路东起湖北宜昌东站，西至重庆万州站，全长377 km，绝大部分地域是喀斯特地貌山区，遍布岩溶、暗河等不良地质现象，是世界上最复杂的地质条件。然而，宜万铁路又是我国铁路网“八纵八横”主干线之一，也是沪—汉—蓉快速通道的重要组成部分，是连接我国东中部地区的重要交通纽带。2003年12月1日，宜万铁路正式动工修建，2010年12月22日10时，宜万铁路在恩施举行首发仪式，正式通车。

宜万铁路全线桥梁、隧道的总长度约308 km，有34座高风险的岩溶隧道，全球铁路独一无二，创下了我国铁路史上四大之最。

1. 造价最贵

宜万铁路总投资约为227亿元，其中，铁路建设基金89.18亿元，亚洲开发银行贷款5亿美元，国家开发银行贷款95.22亿元。曾担任青藏铁路建设指挥的朱鹏飞说，宜万铁路，在我国同类铁路建设中，道路造价创下中国之最，平均每千米耗资约6 000万元，而堪称“天路”的青藏铁路，平均每千米也只花了2 900万元。

2. 工程最难

宜万铁路因穿越喀斯特地貌地区，被誉为我国铁路史上施工难度最大的山区铁路工程。它集“西南山区铁路艰险之大成”，专家们称为“筑路禁区”。修建难，最难在隧道。宜万铁路的159座隧道中有70%位于石灰岩地区。在中国铁路建设史上，因为宜万铁路，第一次为铁路隧道按风险分为轻、中、高3个等级。

3. 隧道最多

宜万铁路被称为“桥隧博物馆”。全线共有隧道159座（其中一级风险隧道8座，二级风险隧道26座），其中10 km以上隧道5座，总长238.7 km；全线有桥梁253座，总长69.6 km，其中特殊结构桥梁29座，涵洞600多座；正线桥隧占线路总长的74%。据中铁四局宜万指挥部人士称，宜万铁路的桥隧占比为世界之最。

4. 历时最长

从2003年12月开工至2010年8月18日宜万铁路全线铺轨贯通，耗时近7年，377 km的宜万铁路平均每年建成里程仅50多km，成了国内修建时间最长的铁路。

宜万铁路开工以来，各路建设精英会师武陵，逢山凿隧，遇水架桥。位于湖北省长阳县贺家坪镇境内的五爪观隧道，是一座开凿在峭壁上的隧道。站在隧道进口，人们惊叹满目幽深的峡谷，更为建设者的智慧和勇敢所折服。暗河、溶洞、滑坡、崩塌、断层破碎带，犹如一个个变幻莫测的陷阱，成为施工的“拦路虎”。地质教科书上所称的不良地质现象，在此全部现形。

全线共有隧道159座，约占线路总长度的59%，其中多数隧道穿越碳酸盐岩地层，岩溶、岩溶水极其发育，这给隧道工程的安全施工以及工程建成后的运营安全造成十分严重的影响。施工中所遇到的岩溶按工程地质特征分为洞穴型、溶隙溶槽型、管道型、大型岩溶四大类，并按无充填型、半充填型、充填型、充水型、过水型、暗河型等水文地质特征进行次级分类，以便进行针对性治理。根据分类，针对岩溶洞穴型，主要采取回填、换填、注浆加固等措施；针对溶隙溶槽型，主要采取护拱回填、加强预支护开挖、注浆加固等措施；针对岩溶管道型,主要采取护拱回填、预引排、注浆加固及大管棚预支护、维持原排水通道等措施;针对大型岩溶型,上部主要采取护拱回填、注浆加固及大管棚预支护,基底主要采取钢管桩、板跨、梁跨、桩基承台、回填路基等措施。宜万铁路工程是一个集地质病害之全貌、总治理措施之大成的典型工程。

【阅读与应用】

本项目所采用的标准有《岩土工程勘察规范(2009 年版)》(GB 50021—2001)、《高层建筑岩土工程勘察标准》(JGJ/T 72—2017)等。

项目小结

地表水和地下水对可溶性岩石进行以溶蚀作用为主的地质作用所形成的地表形态和地下形态总称为岩溶。我国岩溶地貌分布广泛,其中在桂、黔、川东南、鄂西、湘西、粤北等地连片分布的就达55万 km^2。

岩溶发育必须具备四个基本条件:可溶岩石的存在、可溶岩必须是透水的、具有侵蚀能力的水、岩溶水的运动与循环。除上述基本条件外,岩溶发育还受岩层产状、地质构造和地壳运动的控制。

在岩溶地区,通常遇到的工程地质问题主要有库坝渗漏、隧道坍塌、坑道涌水、地基稳定性等,针对这些地质问题,可采用的处理措施归纳起来有堵塞、疏导、跨越、清基加固几个方面。

在进行工程施工前,应先将岩溶的位置勘察清楚,然后针对实际情况采取相应的防治措施。如果可以选择调整建筑物的位置,为了减少工程量和确保建筑物的安全,应首先设法避开有威胁的岩溶地区,实在不能避开时,再考虑处理方案。

思考题及习题

1. 什么是岩溶?岩溶作用的发生有哪些基本条件?
2. 试述岩溶发育的基本规律。
3. 岩溶区的主要工程地质问题有哪些?解决这些问题有哪些对策?

项目十二 泥石流

学习目标

掌握泥石流的基本概念、性质、形成条件、发生规律及泥石流的工程地质分类，了解泥石流灾害的防治措施，为今后泥石流的灾情调查、评估、预防打好基础。

【学习导入】

泥石流是指在山区或者其他沟谷深壑，地形险峻的地区，因为暴雨、积雪融化或其他自然灾害引发的水力作用下的山体滑坡并挟带大量泥沙以及石块的特殊洪流。泥石流发生后，常常会冲毁下游的公路、铁路等交通设施，淹没村庄、建筑等，造成巨大损失。泥石流是一种灾害性的地质现象，除与地形地貌、地层岩性、水文地质条件有关外，还与气象条件、地震作用、人类活动等多种诱因或突发事故密切相关。

单元一 基本概念

泥石流是指在山区由暴雨等暂时性水流引发的挟带大量泥沙以及石块的特殊洪流，它是一种灾害性的地质现象。通常泥石流暴发突然、来势凶猛，可挟带巨大的石块。因其高速前进，具有强大的能量，因而破坏性极大。

泥石流流动的全过程一般只有几个小时，短的只有几分钟，由暴雨、洪水将悬浮着粗大固体碎屑物并富含粉、砂粒及黏土的黏稠泥浆组成洪流，在适当的地形条件下，在自身重力作用下发生运动，就形成了泥石流。

泥石流一般发生在半干旱山区或高原冰川区。这里的地形十分陡峭，沟谷深壑，地形险峻，泥沙、石块等松散堆积物较多，树木很少，植被覆盖度很低，一旦暴雨来临或冰川解冻，松散的砂土体受水流冲击，顺着斜坡滑动起来，形成泥石流。

世界上发生泥石流的区域分布广泛。除南极洲外，各大洲都有泥石流的踪迹。泥石流最多的地区是欧洲阿尔卑斯山区、亚洲喜马拉雅山区、南北美洲太平洋沿岸山区和欧亚美各大洲内部的一些山区。我国是多山之国，受岩层断裂等地质构造的影响，许多山体陡峭，岩石结构不稳固，森林覆盖面积不多，遇到季风气候的连阴雨、大暴雨天气，常发生严重的泥石流灾害。我国有泥石流沟1万多条，活动区域面积达430多万 km^2。其中的大多数分布在西藏、四川、云南、甘肃，多是雨水泥石流，青藏高原则多是冰雪泥石流。

泥石流最常见的危害是冲进乡村、城镇，摧毁房屋、工厂、企事业单位及其他场所设施，淹没人畜、毁坏土地，甚至造成村毁人亡的灾难。泥石流可直接埋没车站、铁路、公路，摧毁路基、桥涵等设施，致使交通中断，还可引起正在运行的火车、汽车颠覆，造成重大的人身伤亡事故。有时泥石流汇入河道，引起河道大幅度变迁，间接毁坏公路、铁路及其他构筑物，冲毁水电站及引水渠道，淤埋水电站尾水渠，并淤积水库、磨蚀坝面等。摧毁矿山及其设施，淤埋矿山坑道,伤害矿山人员,造成停工停产,甚至使矿山报废。

泥石流灾害具有以下特点:

(1)季节性。我国泥石流的暴发主要受连续降雨、暴雨,尤其是特大暴雨集中降雨的激发。因此,泥石流发生的时间规律与集中降雨时间规律相一致,具有明显的季节性。不同地区因集中降雨时间的差异而有所不同。四川、云南等西南地区的泥石流多发生在6~9月;而西北地区的泥石流多发生在7、8月两个月。

(2)突发性。泥石流地质灾害暴发突然、历时短暂、预警预报和防治困难。

(3)群发性。暴雨笼罩范围内,物源条件相似的泥石流沟具有同时被暴雨激发的可能。

(4)周期性。泥石流的发生受暴雨、洪水的影响,而暴雨、洪水总是周期性地出现。因此,泥石流的发生和发展也具有一定的周期性,且其活动周期与暴雨、洪水的活动周期大体相一致。当暴雨、洪水两者的活动周期与季节性相叠加,常常形成泥石流活动的一个高潮。

(5)转化性。泥石流往往由滑坡或崩塌转化而成,形成滑坡泥石流。地震后,山区许多地方,产生泥石流的次生灾害。近年来,受人类工程活动的影响,产生的泥石流也越来越多。

单元二　泥石流的形成条件

泥石流多发生于山区坡面上,由暴雨、洪水、冰雪融化或其他速发的水源激发,形成含有大量泥砂石块的土、水、气混合流,居高临下,对下游产生强烈冲击和破坏,同时掩埋和堵塞有关通道。

泥石流形成必须具备地形地貌条件、地质条件、水源条件三个基本条件。

一、地形地貌条件

在地形上具备山高沟深,地形陡峻,沟床纵坡降大,流域形状便于水流汇集的特点。泥石流大多发生于陡峻的山岳地区,地面高差大,流域形状便于水流汇集。斜坡面的坡度一般大于25°。这种陡峻地形条件为泥石流发生、发展提供了充足的位能,赋予泥石流一定的侵蚀、搬运和堆积能量。一般情况下,泥石流多沿纵坡降较大的狭窄沟谷活动,每一处泥石流自成一个流域。

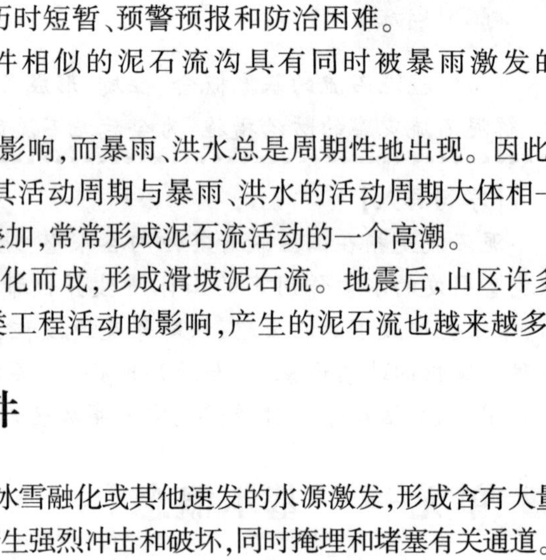

图 12-1　泥石流流域特征

地貌上,泥石流流域一般可分为形成区、流通区和堆积区三部分,见图12-1。一个完整、典型的泥石流流域包括上游形成区的地形多为三面环山,一面出口的漏斗状地形,地形比较开阔、周围山高坡陡、山体破碎、植被生长不良,这样的地形有利于水和碎屑物质的集中;中游流通区的地形多为狭窄陡深的峡谷,谷床纵坡降大,使泥石流能迅猛直泄;下游堆积区的地形为开阔平坦的山前平原或河谷阶地,使堆积物有堆积场所。其具体特征如下。

(一)形成区

形成区多为三面环山、一面出口的宽阔地段,周围山坡陡峻,地形坡度多为30°~60°。它的面积有时可达几十平方千米甚至几百平方千米。坡体往往光秃破碎,无植被覆盖。周围斜坡常为冲沟切割。泥石流形成区,又称泥石流物源区,是指泥石流主要水源、土源或砂石供给和起始源地。泥石流形成区位于泥石流流域上游。其基本特点是:地形起伏比较大,容易汇水;暴雨比较强烈,水源充分;岩土破碎或地表堆积有大量松散沉积物,碎屑物质丰富。

(二)流通区

流通区多系狭窄而深切的峡谷或冲沟,谷壁陡峻而纵坡降较大,且多陡坎和跌水,是泥石流搬运通过的地段,也是产生泥石流巨大能量的地段,所以泥石流物质进入本区后具极强的冲刷能力,除挟带形成区冲刷的大量松散物质外,还将流通区沟床和沟壁上冲刷下来的土石挟走。流通区是泥石流形成后,向下游集中流经的地段。地形多为沟谷,有时为山坡。泥石流流通区的沟谷与一般山洪沟谷相似,其主要差别是泥石流沟谷较宽,沟床碎屑物较厚,容易迁徙改道。

(三)堆积区

堆积区一般位于冲沟的出山口或山间盆地边缘,地形坡度通常较小。由于地形豁然开阔平坦,泥石流物质动能急剧降低,最终停积下来,形成扇形、锥形或带形堆积滩。典型的地貌形态为洪积扇。泥石流堆积区是泥石流碎屑物质大量淤积地区,位于泥石流中下游。堆积活动有时发生在泥石流沟谷坡度急剧减小或转折处,有时发生在泥石流沟谷前端的开阔地带。

二、地质条件

泥石流的流域往往是地质构造复杂、断裂褶皱发育、新构造活动强烈、地震烈度较高的地区,地表岩石破碎,崩塌、错落、滑坡等不良地质现象发育,为泥石流的形成提供了丰富的松散物质来源条件。另外,岩层结构松散、软弱、易于风化、节理发育或软硬相间成层,使岩层易受破坏,也能为泥石流提供丰富的碎屑物质。地震造成的滑坡体、斜坡上的松散土体等,都可能成为泥石流的物料来源。

一些人类工程活动如滥伐森林造成山体植被覆盖度降低,土质贫化和沙漠化;露天矿开采大量剥离地表,沿山坡随意堆放的排土场;选矿厂堆积在河道或山坡的尾矿砂等,往往也为泥石流提供大量的松散物质来源。

三、气象水文条件

水既是泥石流的重要组成部分,又是泥石流的激发条件和搬运介质(动力来源)。泥石流的水源有暴雨,高山冰雪强烈融化,水库、尾矿库溃决水体等形式,由此可划分为暴雨型、冰雪融化型和水体溃决型泥石流等类型。

我国泥石流的水源主要是暴雨、长时间的连续降雨等。在暴雨中心地带或冰雪融化季节,尤其持续小雨之后继之暴雨,最易触发泥石流。

沟谷上游,如有病害现象的水库和堰塘,大范围的冰川、积雪、冰川堰塞湖等,也是泥石流水的来源。

综上所述,泥石流形成的条件为丰富的松散物质来源、合适的地形地貌条件、瞬时大量水的来源。以上三者缺一不可。

单元三　泥石流的性质

泥石流的性质是由泥石流的形成条件所决定的,研究泥石流的性质,有助于搞清泥石流的活动规律,掌握泥石流的工程地质特征,为泥石流的预测、预报、预防、治理打好基础。

一、泥石流密度

泥石流中含有大量固体物质,所以它的密度较大,泥石流体一般的密度为 1.2~2.4 g/cm^3。泥石流密度的大小取决于固体物质和水的相对比例及细粒成分的多少,此外沟谷纵坡降越大,冲刷力越强,可促使越多的固体物质进入而加大泥石流的密度。

泥石流的密度对泥石流的性质有重要影响,其中主要影响如下:

(1)由于泥石流具有较大密度,其冲刷力很强,往往可将前进途中凸出物冲蚀并使之加入到泥石流体中。

(2)由于泥石流具有较大密度,具有很大的浮力,能够搬运巨大的石块于山口。因此,泥石流能以惊人的破坏力摧毁沿途障碍物,使工程设施和人民生命财产毁于一旦。

二、泥石流的结构

泥石流的结构是指其中黏粒、粉粒、砂粒、石块等土粒与含电解质水之间的各种联结和排列形式。

泥石流体中存在三类密切相关的结构——网格结构、网粒结构和格架结构。网格结构是由黏粒和水构成的细粒泥浆体;网粒结构是由砂粒与细粒泥浆构成的粗粒泥浆体;格架结构由石块与具有网粒结构的粗粒浆体所组成,是泥石流体最主要的结构类型。随着石块含量的增加和粒径的变化,可呈现出四种格架结构,星悬型中石块含量最少,接下来依次是支撑型和叠置型,镶嵌型的石块含量最多,几乎达到最紧密堆积状态。

具有格架结构泥石流体冲击力最强。尤其是镶嵌型结构泥石流体,整体性强,石块间不易发生强烈撞击,因而可以进行力的传递,危害最为严重。

三、泥石流的流态

泥石流的流态主要受泥石流的密度和固体物质的粒径大小所制约,一般有紊动流、扰动流和蠕动流三种。

(1)紊动流:是稀性泥石流所具有的流态,与挟砂水流的紊流类似。

(2)扰动流:是黏性泥石流最常见的一种流态,流速较大。

(3)蠕动流:当黏性泥石流流速较小时,流体中的石块运动缓慢,似层流运动。

泥石流含有大量石块,在流动中石块的作用一般有两种:一是滑动效应,石块参与格架结构的形成,一旦泥石流体内部抗剪强度接近或大于泥石流体与容器沟壁之间的摩擦阻力,流体出现沿沟壁的滑移,此时已不属于流动的范畴;二是扰动效应,处于流速梯度场中的石块,因其周围流速不同,出现压力差,当压力差大于石块表面与周围流体间的阻力时,石块发生转动和碰撞,致使流体发生强烈扰动,出现泥浆石块飞溅。

四、泥石流的直进性

由于泥石流挟带大量固体物质,流动途中遇到沟谷转弯、粗糙不平的沟床或其他障碍物时,因受阻而将部分物质堆积下来,沟床迅速抬高产生弯道超高或冲起爬高,猛烈冲击或摧毁障碍物甚至裁弯取直,冲出新道而向下游奔泻。这就是泥石流的直击性,一般流体愈黏稠,直进性愈强,冲击力愈大。

五、泥石流的脉动性

泥石流前进过程中的堵塞作用使泥石流的流动不均匀,显示出阵流特征,几乎以相等的时间间隔一阵一阵地流动,这就是泥石流的脉动性。

阵流性或脉动性的基本特征是两阵之间有断流现象,断流持续时间不等,可由几秒变化到几十分钟,前期断流时间短、阵流密,而后期断流时间长,流速也大,大股泥石流可赶上小股泥石流并合成一阵更大规模的泥石流。流域面积越大,泥石流流动过程历时越长,阵波的数量也越多。

单元四　泥石流的分类

为了系统、深入地了解泥石流的特征,总结泥石流的活动规律,以便于更好地预防与治理,对泥石流从不同的角度分类是非常有必要的。

一、按泥石流流域形态分类

按泥石流流域特征划分为标准型泥石流、沟谷型泥石流、山坡型泥石流。

(1)标准型(典型)泥石流:流域呈扇形,可明显划分出形成区、流通区和堆积区,属于典型的泥石流。

(2)沟谷型泥石流:形成区不明显且多为河流上游沟谷,流域呈狭长条形,固体物质主要来自沟谷中分散性的松散堆积物或两侧谷坡,流通区较长,见图 12-2。

(3)山坡型泥石流:山坡型泥石流的流域呈斗状,其面积一般小于 1 000 m^2,无明显流通区,形成区与堆积区直接相连,见图 12-3。

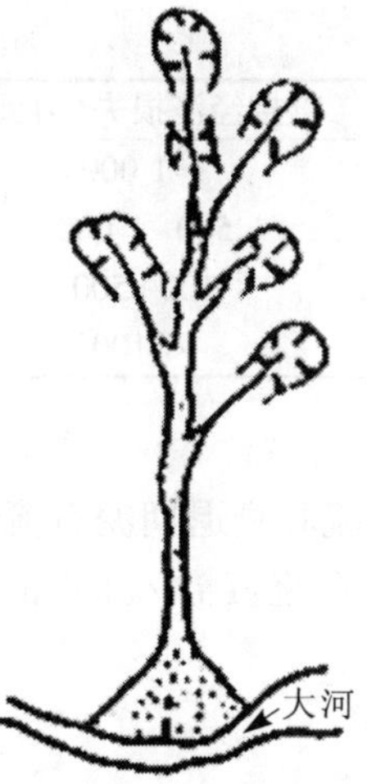

图 12-2　沟谷型泥石流

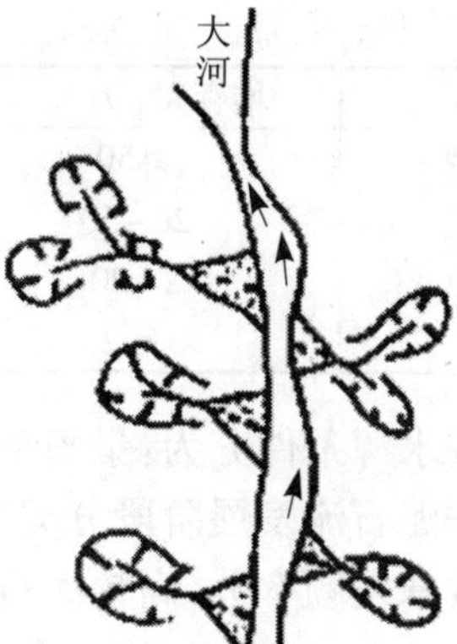

图 12-3　山坡型泥石流

二、按泥石流物质组成分类

按泥石流物质组成划分为泥流、水石流、泥石流。

(1)泥流:以黏土质土粒为主,含少量岩石碎屑或石块,黏度高,向两侧扩展力小。堆积物泥流表面多呈波浪状,前缘形成舌状或陇岗状,一般破坏力不大。西北黄土高原区多为泥流。

(2)水石流:以不均匀的石块或砂砾为主,并与水混合,含少量黏土,多为暴雨期陡坡岩体崩塌后顺狭窄沟谷流动形成。其堆积物多为具架空结构的极粗颗粒物质。

(3)泥石流:由黏土、砂土和石块组成,具有一定的黏结力,堆积物多为黏结牢固的土石混合物,是我国主要的泥石流类型。

三、按泥石流流体性质分类

按泥石流的密度和土水比例划分为黏性泥石流和稀性泥石流。

(1)黏性泥石流:固体物质含量大,尤其是含有大量黏土物质,固体物质总量可占40%~60%,高者达80%。密度为1.7~2.3 g/cm^3,土水比为0.3~0.75,整个流体由水、泥砂和石块凝聚成黏稠的浆体。浆体在砾石间形成润滑的泥膜,减小了相互间的阻力,运动速度较快。

(2)稀性泥石流:固体物质含量在10%~40%,密度一般为1.4~1.7 g/cm^3,土水比为0.2~0.5,且细粒物质较少,黏性低,接近水流特性。

四、泥石流的其他分类

(1)按成因分为自然泥石流、人为泥石流。

由自然原因引发的泥石流称为自然泥石流。由于人类不合理的开发而造成的泥石流称为人为泥石流。

(2)按规模分为特大型、大型、中型、小型,详见表12-1。

表12-1　泥石流类型划分

等别	堆存量(万 m^3)	死亡人数(人)	直接经济损失(万元)
特大型	≥50	≥30	≥1 000
大型	20~50	10~29	500~1 000
中型	2~20	3~9	100~500
小型	<2	<3	<100

(3)按水源条件分为:暴雨型、冰川融化型、水体溃决型。

(4)按泥石流发展阶段分类有:发展期泥石流、旺盛期泥石流和衰退期泥石流等。

(5)按暴发频率分:高频泥石流:1次/(0.2~5年);中频泥石流:1次/(5~20年);低频泥石流:1次/(20~50年);极低频泥石流:1次/(>50年)。

五、按工程分类

泥石流以上的工程地质分类都是单指标分类,这些分类繁杂,不便于工程的应用。《岩土工程勘察规范(2009年版)》(GB 50021—2001)中对泥石流提出了工程分类方案,划分依据如下:

(1)依据泥石流的特征和流域特征两个定性指标将泥石流分为高频率泥石流沟谷(Ⅰ)

和低频率泥石流沟谷(Ⅱ)两大类别。

(2)根据泥石流流域面积、固体物质一次冲出量、泥石流沟谷的暴发流量、泥石流堆积区的面积等四个定量指标,在泥石流类别的基础上又划分为三个发育严重程度亚类,即破坏程度为严重(1)、中等(2)、轻微(3)的泥石流。

由以上的分类方法,将泥石流分成不同的两类6种泥石流类型,见表12-2。

表12-2 泥石流的工程分类和特征

类别	泥石流特征	流域特征	亚类	严重程度	流域面积(km^2)	固体物质一次冲出量(万m^3)	流量(m^3/s)	堆积区面积(km^2)
高频率泥石流沟谷	基本上每年都有泥石流发生。固体物质主要来源于沟谷的滑坡、崩塌。暴发雨强小于2~4 mm/min。除岩性因素外,滑坡、崩塌严重的沟谷多发生黏性泥石流,规模大。反之,则发生稀性泥石流	多位于强烈抬升区。岩层破碎,风化强烈,山体稳定性差。泥石流堆积新鲜,无植被或仅有稀疏草丛。黏性泥石流沟中下游坡度大于4%	$Ⅰ_1$	严重	>5	>5	>100	>1
			$Ⅰ_2$	中等	1~5	1~5	30~100	<1
			$Ⅰ_3$	轻微	<1	<1	<30	—
低频率泥石流沟谷Ⅱ	暴发周期一般在10年以上,固体物质主要来源于沟床,泥石流发生时"揭床"现象明显。暴雨时坡面发生的前层滑坡往往是激发泥石流形成的重要因素。暴发雨强一般大于4mm/min。规模一般较大,性质有黏有稀	山体稳定性相对较好,无大型活动性滑坡、崩塌。沟床和扇形地上巨砾遍布。植被较好,沟床内灌木丛密布,扇形地多已被辟为农田。黏性泥石流沟中下游沟床坡度小于4%	$Ⅱ_1$	严重	>10	>5	>100	>1
			$Ⅱ_2$	中等	1~10	1~5	30~100	<1
			$Ⅱ_3$	轻微	<1	<1	<30	—

注:1. 表中流量对高频率泥石流指百年一遇,对低频率泥石流指历史最大流量。

2. 泥石流的分类宜采用野外特征与定量指标相结合的原则,定量指标满足其中一项即可。

单元五 泥石流的防治措施

一、泥石流防治的原则

泥石流防治的一般原则是全面规划,重点突出,以防为主,防治结合,经济合理,技术可靠。

泥石流的形成区是全流域防治的重点,一般采用生物措施,种草种树,加强水土保持,并修建坡面排水系统,调节地表径流,以防止沟源侵蚀。其目的是减少泥石流固体物质的来源，控制泥石流暴发。

在泥石流的流通区一般修筑拦挡工程。拦挡工程一般是拦挡坝和拦挡墙，目的是使泥石流的固体物质留下，泥石流的水排走。

泥石流的堆积区一般采用排导措施，以保证附近的居民区、企业、农田及交通线路安全。排导工程一般是泄洪道和导流渠，目的是让泥石流物质远离保护区停积下来，以确保被保护对象的安全。

二、泥石流治理的措施

泥石流治理的措施分工程措施和生物措施两类。

（一）工程措施

工程措施常采用跨越工程、穿过工程、防护工程、排导工程和拦挡工程。

（1）跨越工程：是指修建桥梁、涵洞，从泥石流沟的上方跨越通过，让泥石流在其下方排泄，用以避防泥石流。这是铁道和公路交通部门为了保障交通安全常用的措施。

（2）穿过工程：指修隧道、明硐或渡槽，从泥石流的下方通过，而让泥石流从其上方排泄。这也是铁路和公路通过泥石流地区的又一主要工程形式。

（3）防护工程：指对泥石流地区的桥梁、隧道、路基及泥石流集中的山区变迁型河流的沿河线路或其他主要工程措施，修建一定的防护建筑物，用以抵御或消除泥石流对主体建筑物的冲刷、冲击、侧蚀和淤埋等的危害。防护工程主要有护坡、挡墙等。

（4）排导工程：在泥石流中下游修筑导流堤、急流槽、排导沟和隧道等，将泥石流按指定方向排到远离城镇或道路的地区，避免危害。其作用是改善泥石流流势，使泥石流按设计意图顺利排泄。排导工程包括导流堤、急流槽、束流堤等。

（5）拦挡工程：在泥石流上游形成区，修筑格栅坝等，拦截泥石流中的固体物，排走流水，消耗下冲能量，减小流速。拦砂坝可分为重力坝及拱坝两大类型。重力坝又可分为土坝、干砌坝、石坝、浆砌石坝、土石混合坝、铁丝石笼坝、格栅坝、缝隙坝等坝型。坝型的选择取决于泥石流的类型及下游保护对象的重要性。

（二）生物措施

泥石流治理的生物措施有林业措施和农业措施。

（1）林业措施：平整山坡、植树造林、保护植被、减少水土流失，使洪水流经地区地表松散碎屑堆积物变少，具有最大的和最有效的生态平衡调节作用，控制泥石流发生。在泥石流地区营造森林，按其目的和作用可分为四类，即水源涵养林、水土保持林、护床防冲林和护堤固滩林。

（2）农业措施：山区必须建立相应的农业生态系统，从水土保持入手，谋划经济建设和资源开发的良性循环，提高土地资源生产力，防治泥石流灾害。宜采取等高耕作：山区应提倡梯田耕作，在尚未实行梯田化的陡坡耕地，可采用等高耕作、条带状耕作或垄作，也能使坡耕地起到一定的水土保持作用。立体种植：采用套种、间作或轮作措施，主要作用在于减缓坡耕地的侵蚀作用，间接地控制泥石流源地的范围。免耕种植：各地山区耕地宜实行精耕细作，增施有机肥料，促成雨水快速下渗，在保证土壤永久性疏松、湿润的基础上，尽量实行免耕、少耕和连续复种等耕作措施。另外，应根据山区地形、流域特征、坡度陡缓和雨量大小等特点，对山区农田、道路、水渠和居民点等做好全面规划，因地制宜，合理布局，并搞好农田基本建设，减少灾害发生。

【知识链接】

泥石流的调查、预测、评价、治理在相关的岩土工程勘察、地质灾害调查与评价、地质灾害防护等课程中都有涉及，并且有国家标准《岩土工程勘察规范(2009 年版)》(GB 50021—2001)、《泥石流灾害防治工程设计规范》(DZ/T 0239—2004) 等，具体规范泥石流的调查、评价、预测、防护和治理的工作。具体内容参见有关教材与规范。

【案例】

甘肃舟曲“8 · 7”特大泥石流灾害

一、灾害概况

2010 年 8 月 7 日 22 时左右，甘肃省甘南藏族自治州舟曲县城东北部山区突降特大暴雨，降雨量达 97 mm，持续 40 多分钟，半小时瞬时降水量达 77.3 mm。超强暴雨在三眼峪、罗家峪两个流域分别汇聚成巨大山洪，沿着狭窄的山谷快速向下游冲击，沿途挟带、铲刮和推移沟内堆积的大量土石，冲出山口后形成特大规模山洪泥石流。在向 2 000 m 外的白龙江奔流过程中，造成月圆村和椿场村几乎全部被毁灭，三眼峪村和罗家峪村部分被毁，数千亩良田被掩埋。山洪泥石流冲入舟曲县城区和白龙江后，造成 20 多栋楼房损毁，河道被淤填长度约 1 000 m，江面壅高回水使舟曲县城部分被淹，县城交通、电力和通信中断。三眼峪山洪泥石流前锋出山口的瞬时最大速度为 27 m/s(接近 100 km/h)，从出山口到达县城的运动时间为 2.1 min。罗家峪山洪泥石流前锋出山口的瞬时最大速度为 14.76 m/s(约 53 km/h)，从出山口到达县城的运动时间为 4.3 min，其航空照片见图 2-4。

(a)泥石流前的三眼峪与罗家峪　　(b)泥石流后的三眼峪与罗家峪

图 12-4 甘肃舟曲“8 · 7”特大山洪泥石流的航空照片

二、灾情状况

截至9月7日,舟曲特大山洪泥石流已造成1 481人遇难,1 824人受伤,284人失踪,累计门诊治疗2 315人。水毁房屋307户、5 508间,其中农村民房235户,城镇职工及居民住房72户;进水房屋4 189户、20 945间,其中农村民房1 503户,城镇民房2 686户,机关单位办公楼水毁21栋,损坏车辆38辆,其现场见图12-5。

(a)泥石流过后巨大的砾石

(b)泥石流后的县城

图12-5 甘肃舟曲"8·7"特大山洪泥石流现场

三、形成原因

造成灾害发生的原因主要有以下几个:

(1)地质地貌原因。舟曲是全国滑坡、泥石流、地震三大地质灾害多发区。舟曲一带是秦岭西部的褶皱带,区内构造十分复杂,断裂发育,褶曲强烈,岩体极为松动破碎,非常容易形成地质灾害。

(2)"5·12"汶川地震震松了山体。舟曲是"5·12"地震的重灾区之一,地震导致舟曲的山体松动,极易垮塌,而山体要恢复到震前水平至少需要3~5年时间。

(3)气象原因。国内大部分地方遭遇严重干旱,这使岩体、土体收缩,裂缝暴露出来,遇到强降雨,雨水容易进入山缝隙,形成地质灾害。

(4)瞬时的暴雨和强降雨。由于岩体产生裂缝,瞬时的暴雨和强降雨深入岩体深部,导致岩体崩塌、滑坡,形成泥石流。

(5)其他因素。在舟曲泥石流受灾严重的三眼峪排洪沟上游,正在修建拦洪坝,灾害发生前,包括4座拦渣坝在内的工程尚未完工。泥石流灾害发生后,工程终止;而在刚建完的4道拦洪坝中的1号坝,在其残体内部堆着石块、砂砾,稍微用些力便可徒手抽出石块。在灾害发生时,这些工程不仅没有发生其作用,反而还产生了不利影响。

【阅读与应用】

本项目所采用的都是目前正在实施的国家标准及行业标准,主要有《岩土工程勘察规范(2009年版)》(GB 50021—2001)、《泥石流灾害防治工程设计规范》(DZ/T 0239—2004)等。

项目小结

(1)泥石流是指在山区由暴雨等暂时性水流引发的挟带大量泥砂以及石块的特殊洪流。泥石流的灾害特点具有季节性、突发性、群发性、周期性和转发性等特点。

(2)泥石流形成必须具备地形地貌、地质、水源三个基本条件,三者缺一不可。泥石流流域一般可分为形成区、流通区和堆积区三部分。

(3)泥石流的性质有泥石流密度性质、泥石流的结构性质、泥石流的流态、泥石流的直进性、泥石流的脉动性等。

(4)泥石流的单指标分类有:按泥石流流域形态分类划分为标准型泥石流、沟谷型泥石流、坡面型泥石流;按泥石流物质组成划分为泥流、水石流、泥石流;按泥石流的密度和土水比例划分为黏性泥石流和稀性泥石流等。《岩土工程勘察规范(2009年版)》(GB 50021—2001)对泥石流提出了工程分类方案,将泥石流分成两类6种泥石流类型。

(5)泥石流防治的一般原则是全面规划,重点突出,以防为主,防治结合,经济合理,技术可靠。泥石流治理的措施分为工程措施和生物措施两类。工程措施常采用跨越工程、穿过工程、防护工程、排导工程、拦挡工程。泥石流治理的生物措施有林业措施和农业措施。

思考题及习题

1. 什么是泥石流?它的形成条件有哪些?
2. 泥石流的分类有哪几种?
3. 泥石流流域包括哪些?常见的松散物质来源有哪些?
4. 泥石流的防治原则和措施有哪些?

技能训练 工程地质野外实训

实习6 泥石流的野外调查

1. 实习目的

在实习教师指导下学会认识泥石流的流域特征,掌握泥石流的工程地质分类方法,学会分析泥石流的性质、泥石流的防治措施。

2. 实习任务

在典型泥石流地段完成以下任务:

(1)对指定泥石流的流域特征进行观察。

(2)对指定泥石流的工程地质类型进行划分。

(3)对指定地段的泥石流的性质进行分析观察。

(4)总结评价指定泥石流的工程地质性质。

(5)对影响泥石流产生的主要因素进行分析。

(6)对指定地段的泥石流的防治措施提出建议。

3. 实习准备

寻找一典型泥石流，实习学生 3~5 人为一组，配备罗盘（手持 GNSS）、卷尺、放大镜、地质锤、野外记录本、记录表等物品。

4. 实习过程

（1）定点描述：在指定实习地段用罗盘（手持 GNSS）定点，并对指定地点进行位置描述。

（2）对泥石流的形成条件进行观察描述，并画出泥石流形成区、流通区、堆积区的示意图。

（3）对泥石流的工程地质类型进行划分，并描述分类依据。

（4）对泥石流的性质进行分析，并描述分析依据。

（5）对影响泥石流的主要因素进行分析，并总结分析依据。

（6）对泥石流的工程地质特征、性质进行描述评价。

（7）对指定地段的泥石流的防治措施提出建议，并提出建议依据。

5. 实习时间安排

本次实习时间安排 2~4 学时，可在学完相关课程后进行实习。

6. 提交的实习成果

本次实习结束后提交实习记录、实习报告作为评定实习成绩的依据。

项目十三 渗透变形

学习目标

了解各种渗透变形的类型及对工程建筑的影响，掌握渗透变形产生的条件及预测方法，理解其防治措施与方法。

【学习导入】

在自然界中，由于人类工程活动使渗流加强，因而产生的渗透变形问题较多。如基坑开挖时的流砂现象、因矿山排水或汲取地下水而产生的地面塌陷、土石坝坝基的渗透稳定性问题等，同时影响到地面建筑物的安全。因而，渗透变形是一种可以影响建筑物和人民生命财产安全的工程动力地质作用，它也是工程地质研究的课题之一。

单元一 基本概念

地下水在岩土空隙中的运动称为渗流。地下水在渗流过程中对岩土体作用的力，称渗透力或动水压力。当此力达到一定值时，岩土中一些颗粒甚至整体就发生移动而被渗流带走，从而引起岩土体的结构变松，强度降低，产生变形甚至整体发生破坏。这种作用或现象，称为渗透变形或渗透破坏。由此产生的工程地质问题，就是渗透稳定性问题。

在自然界中，渗透变形现象一般发生在无黏性土和粉土中，由于人类工程活动使渗流加强，从而产生的渗透变形问题较多。如基坑开挖时的流砂现象、因矿山排水或汲取地下水而产生的地面塌陷、土石坝坝基的渗透稳定性问题等。这种现象不但在松散土体中发生，而且在基岩的断裂破碎带和风化壳中也可能发生。

渗透变形问题在坝工建设中尤为引人关注，这是因为在厚度很大的河流松散堆积层上兴建土石坝，渗透稳定性问题是土石坝的主要工程地质问题之一。据统计，在破坏的土石坝中，有40%~60%是坝基或坝体渗透变形造成的。

我国山西省东榆林水库副坝溃决事故，就是由于坝基渗透变形造成的。该副坝系均质土坝，最大坝高8.5 m，坝底标高1 035.0 m，大坝正常高水位1 042.0 m；坝基为由亚砂土和粉砂土等组合的多薄层结构，见图13-1。坝体上游未作防渗措施，坝下游排水沟也无反滤层保护。1979年2月中旬蓄水位达1 038.77 m，副坝下游排水沟渗水增加，沟坡流泥。4月上旬蓄水位1 039.25 m，副坝下游坝脚普遍渗水，排水沟流泥、塌坡。5月25日早晨，排水沟底部边坡集中渗出成股浑水，出水口直径有10~15 cm，当天晚上蓄水位1 039.18 m（水深4.18 m）时坝体溃决，决口底宽105 m。溃坝的原因是第二层透水性较强的粉质亚砂土出露于坝下游排水沟边坡，大部分渗水均从该排水沟边坡逸出；施工时库内取土，破坏了透水性较弱的表土层（亚砂土），使库水沿上游的取土槽及坝后下游地段附近以最短渗径向下游渗透。由于排水沟又无反滤层保护，破坏了渗流出口，粉质亚砂土在渗透力作用下被水流挟出，并不断向上游发展，最终沿该层底部与龟裂土的顶部形成集中渗流通道,发生严重的渗透变形而导致溃坝。

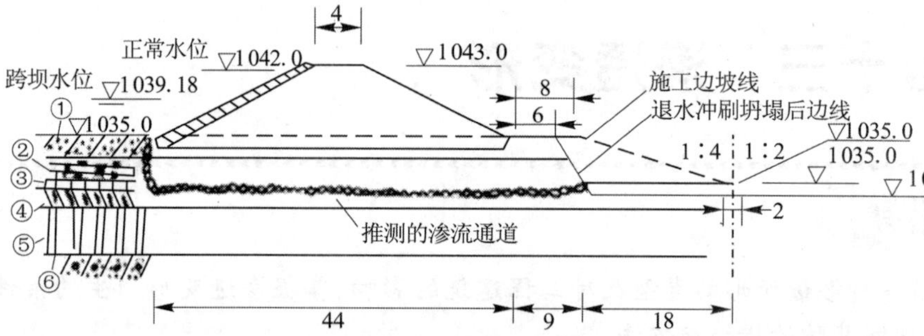

①—砂壤土(亚砂土),厚 1.3~1.5 m;②—粉质亚砂土,厚 2.5~3.0 m;③—砾状黏土,厚 0.1~0.8 m;④—龟裂土(亚砂土),厚 2.5 m;⑤—砂质黏土,厚 5 m;⑥—粉砂土。

图 13-1　东榆林水库副坝溃决段地质剖面图　(单位:m)(据张致仁,1982)

单元二　渗透变形的类型与特点

渗透变形可以分为潜蚀和流土两种基本形式。

一、潜蚀

岩土体中由于渗透水流的冲刷作用,将其中细小颗粒带出冲走的现象,叫潜蚀或管涌。潜蚀较普遍地发生在不均匀的砂层或砂卵(砾)石层中,细粒物质从粗粒骨架孔隙中被渗流挟走,使土体的孔隙和孔隙度都增大,强度降低,发展下去会使土体呈现"架空结构",甚至导致地面塌陷。

潜蚀应包括机械潜蚀和化学潜蚀两种。机械潜蚀是在地下水渗透力作用下,岩土的颗粒从土壤中的细小管道、洞穴被水流带走的现象。化学潜蚀是水流从岩土中溶滤并带走可溶盐类,削弱岩石内部联结,使岩土松散的现象。化学潜蚀为机械潜蚀创造了流通条件。

潜蚀在自然条件下和人为条件下均可产生,人们一般把人类工程活动产生的潜蚀称为管涌。

根据渗流方向与重力方向的关系,可将管涌分为垂直管涌和水平管涌。图 13-2 所示为土石坝坝基渗流示意图,其渗流方向在坝前(上游)由上向下,与重力方向一致;在坝底下为水平方向;在坝后(下游)由下向上,与重力方向相反。由于坝前的渗流对土层起压密作用,不致发生渗透变形现象。但是,在坝底下和坝后下游地段(称为坝踵)则可能发生渗透变形,尤其是坝后的渗流对土颗粒起上托作用,使之易于松动、悬浮,被挟出地表,即为垂直管涌。而坝底下的细粒物质从粗粒骨架孔隙中被渗流挟走的现象,即为水平管涌。

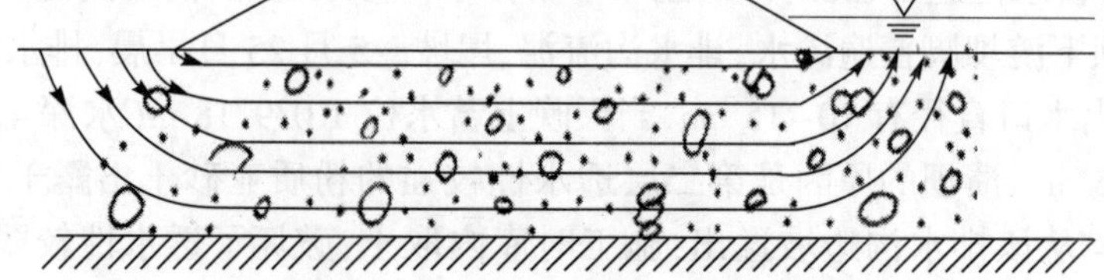

图 13-2　土石坝坝基渗流示意图

此外，在透水性相差较大的两种土层接触面上，在渗流作用下还会发生接触管涌。根据渗流方向与土层接触面的关系，接触管涌又可分为垂直接触管涌和平行接触管涌。在垂直于土层接触面的渗流作用下，细粒土层的单个颗粒向粗粒土层孔隙移动的现象，称为垂直接触管涌，如汲水井孔四周的砂土层颗粒向过滤管外反滤料的管涌（见图 13-3）。在平行于粗、细粒土层接触面的渗流作用下，由于粗粒土层的渗透速度较细粒土层大得多，而使接触面附近的细粒土层中的颗粒被挟走的现象，称为平行接触管涌，如双层结构坝基水平渗流段的管涌。

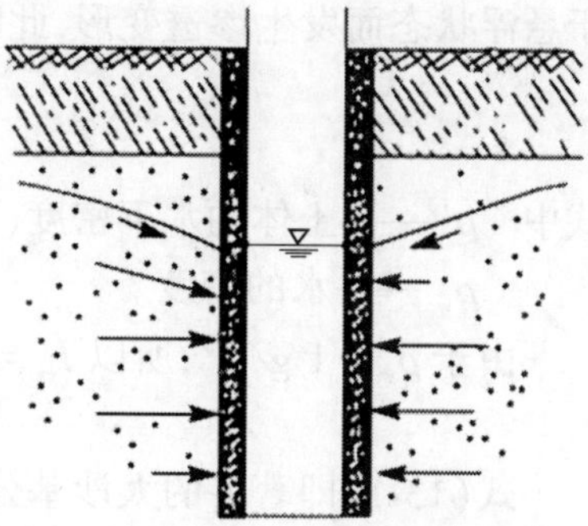

图 13-3　砂粒向井管外反滤料的管涌

二、流土

在渗流作用下，一定体积的土体同时发生移动的现象叫流土或流砂。流土经常发生在均质砂土层和粉土层中。在黏性土和无黏性土中也可以发生。黏性土发生流土破坏的外观表现为土体隆起、鼓胀、浮动、断裂等。无黏性土发生流土破坏的外观表现是泉眼（群）、砂沸、土体翻滚最终被渗透托起等。它可使土体完全丧失强度，而危及建筑物的安全，因此危害性较管涌大，如建筑物基坑开挖或地下巷道掘进时发生的流砂现象。

流土可分为接触冲刷和接触流土两种。渗流沿着两种不同介质的接触面流动并带走细颗粒的现象称为接触冲刷，如穿堤建筑物与堤身的结合面和裂缝的渗透破坏等。渗流垂直于两种不同介质的接触面运动，并把一层土的颗粒带入另一土层的现象称为接触流土。这种现象一般发生在颗粒粗细相差较大的两种土层的接触带，如反滤层的机械淤堵等。

对黏性土，只有接触冲刷或接触流土两种破坏形式，不可能产生管涌破坏。

对无黏性土，则管涌和流土均可发生。

管涌和流土虽为两种不同的渗透变形形式，但是管涌的发展、演化，往往会转化为流土。

单元三　渗透变形产生的条件

引起渗透变形的驱动力是动水压力，动水压力的大小主要取决于地下水的水力坡度。土体结构具有抵抗渗透变形的能力，其大小取决于土的颗粒组成、排列方式、物理力学性质及地下水流向等。在渗流作用下，土体的渗透稳定性取决于动水压力与土体结构之间矛盾的发展演化过程。当渗流的动水压力达到破坏土体结构的能力时，土颗粒才开始移动。所以说，渗透变形产生的必要条件是：渗透水流有足够大的动水压力且土体具有一定的结构特性。

一、渗流的动水压力及临界水力梯度

当地下水在松散土体的孔隙中渗流时，土颗粒与水流围绕接触。由于水流的摩擦阻力的作用，水流产生水头损失，因而渗流的水压力下降。此时每一个土颗粒在水头差作用下，承受了来自水流的渗透力，即动水压力。

当水流在土体中自下而上地渗流时，一旦动水压力与土体中土粒的重量相等，土粒将处

于悬浮状态而发生渗透变形，此时渗流的水力坡度即为临界水力梯度 I_{cr}，即

$$I_{cr} = \frac{\rho'}{\rho_w} \tag{13-1}$$

式中　ρ' ——土体的水下密度（浮密度）；

ρ_w ——水的密度。

由于 $\rho_w = 1\ g/m^3$，所以 $I_{cr} = \rho'$。由于 $\rho' = (\rho_s - 1)(1 - n)$，所以式(13-1)可写为

$$I_{cr} = (\rho_s - 1)(1 - n)$$

式(13-1)即著名的太沙基公式，它说明：土粒密度愈大，孔隙度愈小，则临界水力梯度愈大，也即土体愈不易发生渗透变形。

由于砂土和粉土的 $\rho_s = 2.66 \sim 2.68\ g/cm^3$，$n = 30\% \sim 50\%$，因而 I_{cr} 均为 0.8~1.2。

这就是太沙基采用的产生流土的临界水力梯度计算公式。但是需要指出的是，太沙基公式并未考虑到土体本身强度（内摩擦角和黏聚力）的影响。所以，实测的 I_{cr} 值往往较公式计算的大些；尤其当土的结构较紧密和黏粒含量较多时则更是如此。为此，我国某些水利部门考虑到土的抗剪强度，建议坝（闸）后地下水逸出段发生流土的临界水力梯度计算公式为

$$I_{cr} = \frac{\rho}{\rho_w}\left(1 + \frac{1}{2}\xi\tan\varphi\right) + \frac{C}{\rho_w + g} \tag{13-2}$$

式中　C、φ——土的黏聚力和内摩擦角；

ξ——侧压力系数；

其他符号意义同前。

对于砂土来说，因无黏聚力，故

$$I_{cr} = \frac{\rho}{\rho_w}\left(1 + \frac{1}{2}\xi\tan\varphi\right) \tag{13-3}$$

管涌土的水动力条件比较复杂，一般不采用公式计算其临界水力梯度，普遍采用的是图表法和直接试验法。

二、土的结构特征

由上述分析可知，渗透变形的实质就是土颗粒或一定体积的土体被渗流挟走。在一定的动水压力作用下，土体是否会发生渗透变形，是受其结构特性制约的，它包括土中粗细颗粒直径比例、细粒物质的含量和土的级配特征等方面。

（一）粗细粒径的比例

只有当细颗粒的粒径 d 小于粗颗粒的骨架孔隙直径 d_0 时，才能发生管涌。据研究其最优比值为：$d/d_0 = 8$。一般天然无黏性土均为混粒结构，其孔隙度多为 $n = 39.5\%$，大颗粒粒径 D 与其孔隙直径 d_0 的比值为：$D/d_0 = 2.5$。所以，有利于发生管涌的粗细粒径比例 D/d 应大于 20。

砂土颗粒粒径与其孔隙比值的大小，与土颗粒排列方式关系极大。假定土粒为等粒球体，当按立方体排列时最疏松，其孔隙度 $n = 47.6\%$，$D/d_0 = 2.4$（见图 13-4（a））；当按四面体排列时最紧密，$n = 25.9\%$，$D/d_0 = 6.4$（见图 13-4（b））。显然，土愈疏松，则细颗粒物质在孔隙中随渗流运动愈顺畅，粗细粒径比值就愈小。如果土愈紧密，只有愈细小的颗粒才能通过，因此粗细粒径的比值就愈大了。这也就是说，土粒愈疏松就愈易产生渗透变形。

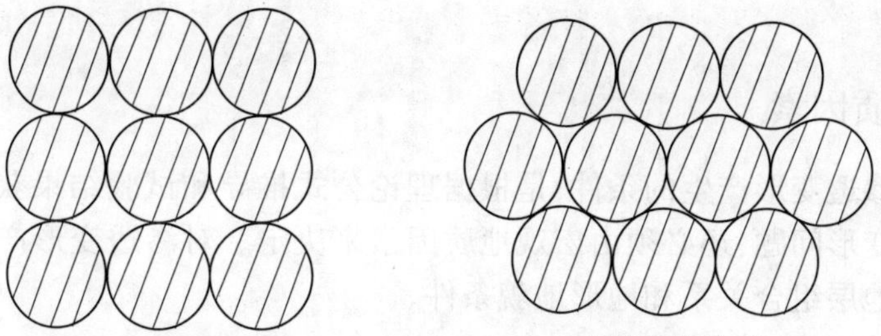

图 13-4　土粒的两种排列方式

(二)细颗粒的含量

试验表明,在由粗、细两组颗粒构成的土中,可以用细颗粒含量百分数来判别土的渗透变形:

当细颗粒含量>35%时,为流土;

当细颗粒含量<25%时,为管涌;

当细颗粒含量为 25%~35%时,流土和管涌均可能发生,主要取决于土的密实程度及细颗粒的组成,中等以上密实度(相对密度 D_r>0.33)、细颗粒成分不均匀系数较小的土,一般发生流土,反之则为管涌。

此外,细颗粒成分中黏粒含量增加可增大土的黏聚力,因而增大了土体的抗渗强度。

(三)土的级配特征

土的级配特征可用土的不均匀系数 C_u 表示,C_u 值愈大,说明土粒愈不均匀,级配愈好。试验表明,砂土的渗透变形与临界水力梯度都与土的不均匀系数有关。

当 C_u<10 时,主要形式是流土;

当 C_u>20 时,主要形式是管涌;

当 C_u 为 10~20 时,流土和管涌均可能发生。临界水力梯度与不均匀系数之间的关系,可用图 13-5 表示。需要指出的是,上述判别对碎石土不适用。

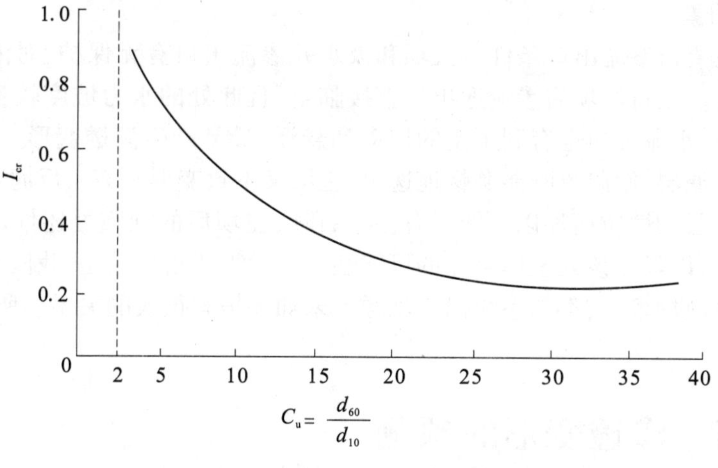

图 13-5　临界水力坡度与土不均匀系数关系曲线

实践表明:在渗流作用下,由于无黏性土的结构特性不同,有的首先表现为管涌,而后在更强的水动力条件下转化为流土。产生流土的水力坡度往往较管涌的水力坡度大。而有的无黏性土在足够的水动力条件下,便直接产生流土。它们主要受控于土的结构特性。

三、宏观地质因素

以上讨论的渗透变形产生的条件,是根据理论公式推导和试验结果获得的。在工程场地是否出现渗透变形问题,还必须由宏观地质因素来决定。对渗透变形产生有意义的宏观地质因素主要是地层组合关系和地形地貌条件。

(一)地层组合关系

地层组合关系对渗透变形的影响,在坝基下表现最为明显。松散土体坝基的地层结构,有单一型、双层型、多厚层型和多薄层型等,它们对渗透变形的影响各具特点。在单一结构的情况下,大多为砂卵(砾)石层,所以一般发生管涌型渗透变形,其强烈程度则取决于其中细颗粒成分的含量。当粗粒骨架孔隙中细粒成分较多,且被渗流不断挟走时,往往会发生强烈管涌,甚至转化为流土。在双层、多厚层和多薄层结构的情况下,是否会发生渗透变形,主要取决于表层黏性土的性质、厚度和完整程度。如果黏性土较厚而完整,且抗剪强度较大,即使下层砂砾石的水力坡度较大,也不易发生渗透变形。如果黏性土较薄或不完整,则在坝下游土层的某些部位会被顶鼓,产生裂缝,以致冲溃、浮动,发生流土而形成破坏区。

(二)地形地貌条件

地形地貌条件对渗透变形有一定的影响。例如沟谷切割会影响渗流的补给、渗流途径长度和出口条件。若坝体上、下游的沟谷将弱透水的表土层切穿的话,有利于渗流的补给,并使渗径缩短而加大水力坡度,下游地下水逸出段的渗流出口临空。这些都有利于渗透变形的发生。

此外,古河道分布控制了地层结构和岩性变化,对渗流补给和排泄条件有很大影响。因此,在古河道上建坝时,应充分注意渗透变形的可能性及其类型特征。

(三)工程因素

工程因素主要指渗流出口条件。大坝和汲水井渗流出口有无保护,对渗透变形的产生和发展意义重大。土石坝坝后渗流逸出口直接临空,且此处的水力坡度较整个渗径上的平均水力坡度为高,水流方向也有利于土的松动和悬浮,最易产生渗透变形。所以,在渗流出口处必须设置反滤层,使渗流既能顺畅地逸出,土层又不致变形破坏。反滤料的粒径大小要考虑到被保护土层的性质而加以选择。有些土石坝,在坝后的坝踵处还堆填碎石、块石料,起反压盖重作用,以降低该处土体悬浮的可能性。最后需要指出的是,我国几起严重的土石坝渗透变形以致溃坝事件,都与渗流出口坝踵处未加保护有很大的关系。所以,工程因素是不能忽视的。

单元四　渗透变形的预测

渗透变形预测是渗透稳定性评价的主要内容。在工程兴建以前,必须预测场地或地基渗透变形的可能性,以便采取相应的防治措施,保障建筑物安全。此项工作对于水工建筑物来说尤为重要。

渗透变形预测的步骤大体如下：①根据土体的类型和性质，判定是否产生渗透变形及渗透变形的类型；②确定坝基各点，主要是下游坝脚处的实际水力梯度；③确定临界水力梯度和允许水力梯度；④根据实际水力梯度与允许水力梯度的比较，圈定出可能发生渗透变形的范围。

一、判定渗透变形的可能性及类型

颗粒分析的结果绘制成累积曲线和分布曲线后，即可根据曲线的形状或计算的特征值来判定渗透变形的可能性及渗透变形的类型。从图 13-6 中累积曲线可知，凡属“瀑布式”曲线（Ⅰ）产生管涌；凡属“直线式”曲线（Ⅱ）不产生管涌，而在较高的水力坡度下产生流土；凡属“阶梯式”曲线（Ⅲ）多为管涌，有时为流土：曲线向细粒方向缓坡延长者为管涌，较大角度与横坐标相交者为流土。根据分布曲线，呈陡峭单峰的砂土一般不发生管涌，而双峰或多峰且缺乏中间粒径者为“危险性管涌土”。

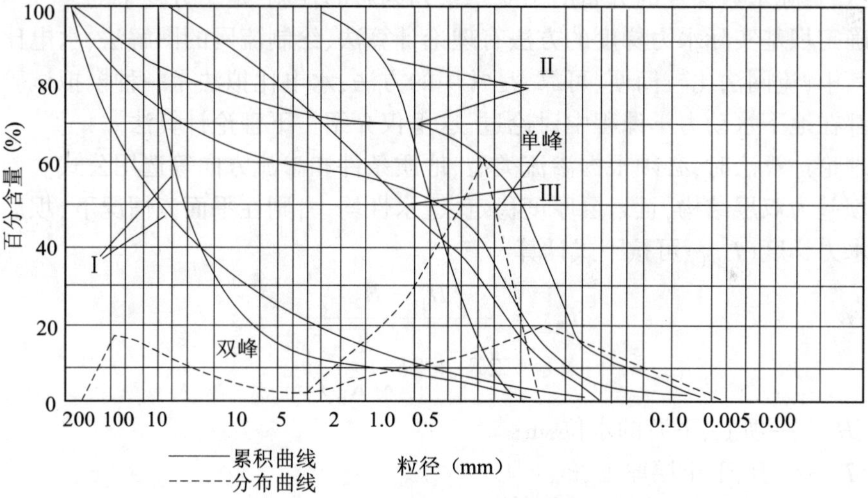

Ⅰ—管涌；Ⅱ—流土；Ⅲ—管涌或流土。

图 13-6 颗粒分析曲线形式与渗透变形类型

除上述分析外，也可根据累积曲线和分布曲线计算出的细颗粒百分含量及不均匀系数，再按单元三所述方法来判别渗透变形的类型。

二、确定坝基各点的实际水力梯度

在大坝上下游水头差作用下，坝基渗流产生水力坡降，其梯度值在各点是不相同的，渗流路径的方向可分坝前渗入段、坝基中部水平渗流段和坝后渗流逸出段，见图 13-7。其中，坝前渗入段水流方向由上向下，使土体压密，不易发生渗透变形。坝基中部水平渗流段，有使土粒向下游移动的趋势。坝后渗流逸出段位于下游坡脚附近，水流由下向上，由于地面临空，所以最易发生渗透变形，一般变形由此处开始并可能向坝下发展，所以应重点确定该段的实际水力梯度。

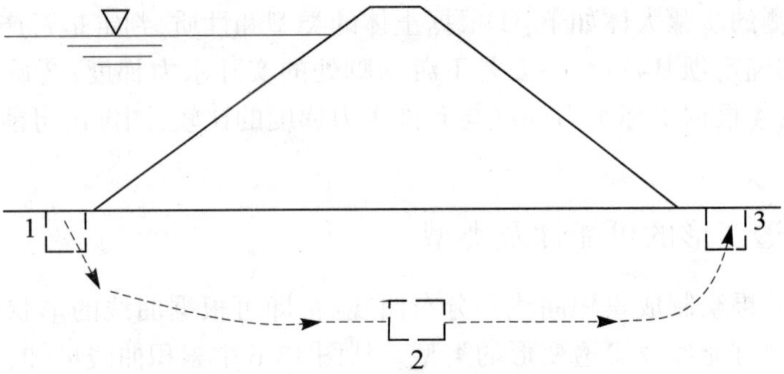

1—坝前渗入段;2—坝基中部水平渗流段;3—坝后渗流逸出段。

图 13-7 土石坝坝基渗流示意图

坝基地层结构和各层渗透系数的变化、基础轮廓的不同,都影响水力坡度的分布。因而,坝基各点实际水力梯度的分布由于受一系列因素的控制,是十分复杂的。

目前确定坝基实际水力梯度的方法有理论计算法、绘制流网的图解法、水电比拟法及观测法等。其中,流网法比较简便、可靠,是常用的方法;水电比拟法是一种模拟试验方法。这两种方法都在地下水动力学课程中讨论过,这里仅介绍一下理论计算法。

采用理论计算法时,必须根据渗流类型、地质条件和渗流方向等选用公式。

如果坝基为双层结构,且岩层厚度稳定、透水性均一,则在平面流情况下,坝后渗流逸出段的平均水力梯度($I_{逸出}$)可按下式计算

$$I_{逸出} = \frac{H_1 - H_2}{2T_1 + 2b\sqrt{\frac{K_1}{K_2}\frac{T_1}{T_2}}} \tag{13-4}$$

式中 H_1、H_2——坝上、下游的水位,m;

T_1、T_2——上、下土层厚度,m;

K_1、K_2——上、下土层渗透系数,m/d;

$2b$——坝基宽度,m。

如果坝基为双层结构,坝基下水平渗流段的平均水力梯度($I_{水平}$)可按直线比例法确定

$$I_{水平} = \frac{H_3 - H_4}{2b} \tag{13-5}$$

式中 H_3、H_4——上、下游坝脚处下层的测压水位,m。

三、确定临界水力梯度和允许水力梯度

确定临界水力梯度的方法较多,有理论计算法、经验数据法及试验测定法等。可根据渗透变形的类型、工程的重要程度和不同的勘察阶段等情况采用不同的方法确定临界水力梯度。工程等级较低或初期勘察阶段,可根据经验数据估计临界水力梯度;而等级较高或后期勘察阶段的工程,则应采用试验方法确定临界水力梯度;对于流土来说,根据土的类型及其密实程度,可选择不同的计算公式。而管涌土是由于细颗粒在粗颗粒孔隙中单独运动,故受力条件比较复杂,同时土的颗粒组成、排列方式等也复杂多样,因此目前尚无理想的计算公式,一般采用图表法(经验数据法)或直接试验确定临界水力梯度。

砂土和砂砾土管涌临界水力梯度,可按图 13-8 和图 13-9 大致确定。

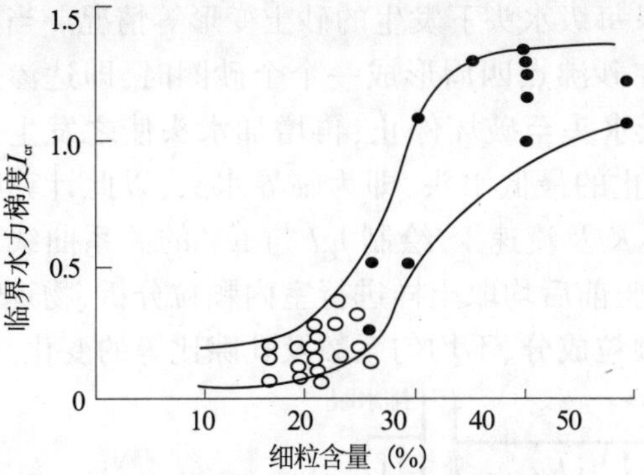

图 13-8 临界水力梯度 I_{cr} 与细粒含量关系

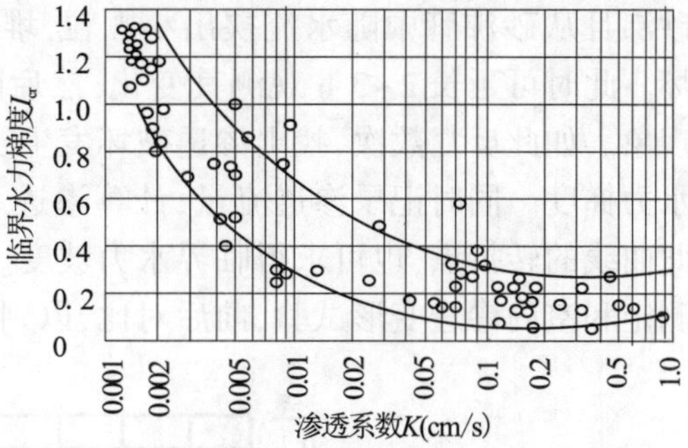

图 13-9 渗透系数与临界水力梯度 I_{cr} 关系曲线

试验法是确定临界水力梯度最直接、最可靠的方法,有室内试验法和现场试验法两种。

室内试验的装置如图 13-10 所示,是渗透仪试验法。这种方法是采用变水头的试验方法,将水头逐级抬高,在每一水头 F 都维持稳定 30 min,直至发生渗透破坏时,再逐级下降水头至渗透破坏停止。重复进行数次,最后将最低开始发生破坏的水头作为临界水头,据此计算临界水力坡度。在室内也可进行木槽渗透变形试验,其装置及试验成果如图 13-11 所示,以多次渗透破坏而使土样完全破坏时的水头作为临界水头。

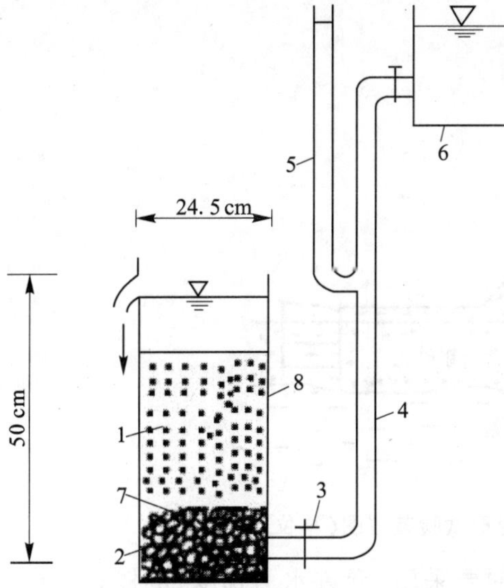

1—试样;2—碎石缓冲层;3—进水管开关;
4—胶皮管;5—观测水头玻璃管;6—水源箱;
7—筛网;8—渗透筒。

图 13-10 室内渗透仪中渗透变形试验装置

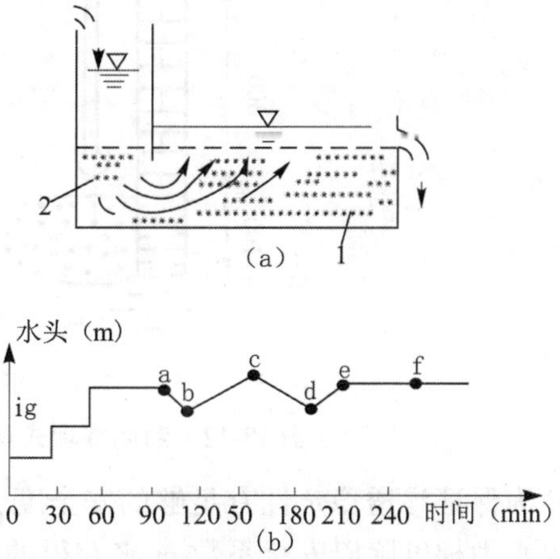

1—砂样;2—水箱;a→f 砂样随水头变化反复管涌
直至完全破坏;g—临界水头。

图 13-11 室内木槽渗透变形试验

由于室内试验难以保持土的原状结构,试验结果置信度低,所以重要工程需采用现场试验。

砂类土的现场渗透变形试验有堤坝式、围堰式等方法,以堤坝式较好。若砂层厚度不大,可采用封闭式,即用嵌入下伏隔水层中的黏土截水墙,将试验段砂层全部封闭起来,见

图 13-12。若砂层很厚,则只能采用半封闭式。试验时每级水头增高与坡度的 0.05 相当,并稳定 2~4 h,每隔 10 min 观测水头与流量,记录每级水头下发生的砂土变形等情况。当发生砂沸且从砂沸管中随水流挟出小颗粒,堆积在砂沸点四周形成一个个砂圈时,即达渗透破坏。此时可延长 2~3 h 观测其变化,然后降低水头至破坏停止;再增加水头使之发生上述现象。如此反复数次,找出渗透破坏发生及停止的最低水头,即为临界水头,以此计算临界水力梯度。同时记录渗透流量,计算渗透系数 K 及流速 V,绘制 $\lg I$ 与 $\lg V$ 的关系曲线。据此曲线的转折点,也可求得临界水力坡度。试验前后均取土样进行室内颗粒分析、物理性质测定和室内渗透变形试验,前后对比,以判定颗粒成分、不均匀系数及孔隙比等的变化。

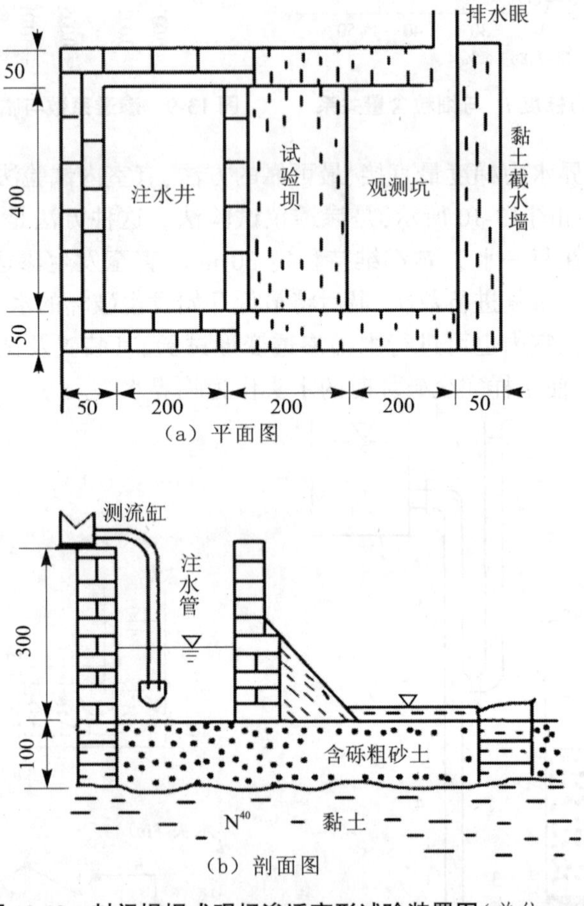

图 13-12　封闭堤坝式现场渗透变形试验装置图(单位:cm)

为保证渗透稳定性有足够的安全度,在评价时要采用“允许水力梯度”的概念。它是以临界水力梯度除以安全系数 m 来获得的,即

$$I_{允} = \frac{I_{cr}}{m} \tag{13-6}$$

m 值的确定应根据地质条件复杂程度和工程重要性来考虑。对于一般砂土,$m=1.5\sim3$;对于黏性土,$m=2.5\sim4$。重要建筑物取高限,而普通建筑物取低限。对于危险性较大的发展型管涌土(如有集中渗漏的砂卵石层),m 值应取高限。

表 13-1 列出了各类土允许水力梯度的参考值。允许水力梯度确定后,以实际水力梯度

与之比较,若实际水力梯度大于允许水力梯度则是危险的,否则是安全的。

表 13-1 各类土的 $I_{允}$ 参考值

土的类别	$I_{允}$
密实黏土	0.5~0.4
粗砂、砾石	0.3~0.25
粉土	0.25~0.2
中砂	0.2~0.15
细砂	0.1~0.12

单元五 渗透变形的防治

渗透变形的防治措施,原则上可分为三类:第一类措施是改变渗流的水动力条件,第二类措施是保护渗流出口,第三类措施是改善土石性质。它们都要根据工程类别和地质条件来具体处理。下面介绍几类工程的防治措施。

一、建筑物基坑及地下巷道施工时流砂的防治措施

这种防治措施主要是采取人工降低地下水位的办法,使之低于基坑底板以下(见图 13-13),这种措施既可防治流砂,又可防止地下水涌入基坑,也可采用板桩防护墙施工。

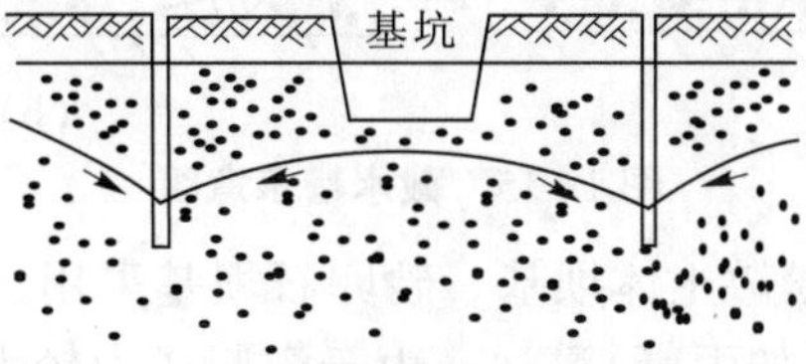

图 13-13 人工降低地下水位防止流砂示意图

水平坑道、竖井开挖遇流砂时,前者可采用盾构法施工,后者采用沉井式支护掘进(见图 13-14)。也可采用冻结法或电动硅化法改善砂土性质,使施工顺利进行。

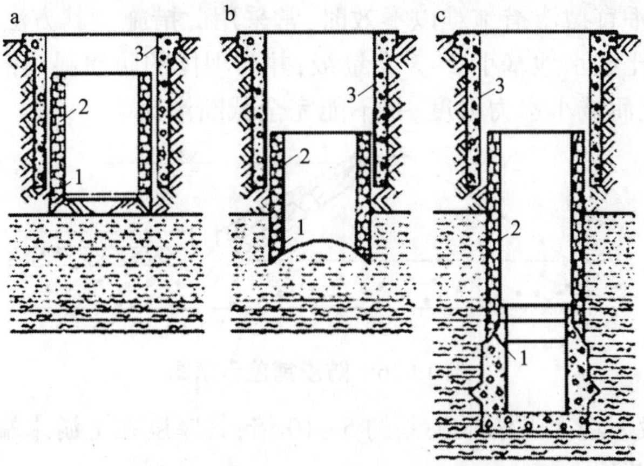

a,b,c—沉井支护的相继施工阶段;1—切削座板;2—沉井式支护;3—竖井井口。

图 13-14 在流砂层中用沉井式支护掘进竖井

二、抽水并防止管涌的措施

这种措施是在过滤管与井壁间隙内充填反滤料,以保护渗流;反滤料的粒径选择必须考虑到被保护的含水层中潜蚀颗粒的大小,以细颗粒不穿过反滤料孔隙为原则。若被保护管涌土层为非主要含水层,那么最好用止水措施,将其与过滤管隔绝。

三、水工建筑物(土石坝)防治渗透变形的措施

这类建筑物因修筑于河谷地段,河流相堆积物以无黏性土为主。由于建坝后库水位抬高,坝前、后附近水力坡度较大,所以防治渗透变形的意义更大。主要的防治措施有垂直截渗、水平铺盖、排水减压和反滤盖重等。

(一)垂直截渗

垂直截渗常用的方法有黏土截水槽、灌浆帷幕和混凝土防渗墙等。

黏土截水槽常用于透水性很强、抗管涌能力差、隔水层埋藏较浅的砂卵石坝基,其结构视土石坝的结构而定(见图 13-15)。截水槽一定要做到下伏的隔水层中,形成一个封闭系统。必须注意隔水层的完整性和渗透性。

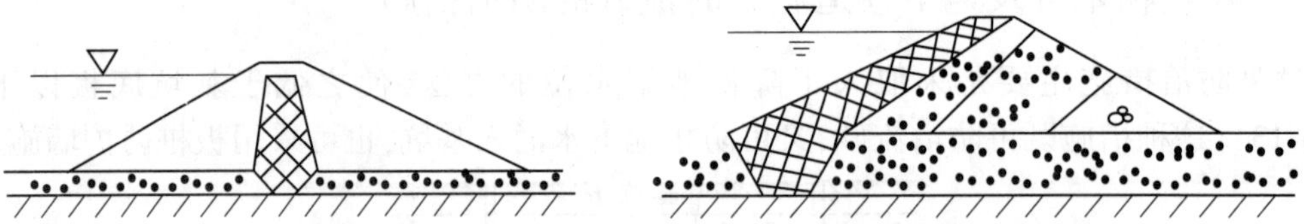

(a)心墙坝　　(b)均质斜墙坝

图 13-15　截水槽示意图

灌浆帷幕适用于大多数松散土体坝基。砂卵石坝基采用水泥和黏土的混合浆灌注,而中细砂层必须采用化学浆液(如丙凝)灌注。由于灌浆压力较大,故这种方法最好在冲积层较厚的情况下使用。

混凝土防渗墙适用于砂卵石坝基,其常用的施工方法是槽孔法。

(二)水平铺盖

当透水层很厚,垂直截渗措施难以奏效时,常采用此措施。其方法是在坝上游设置黏性土铺盖,其渗透系数比透水地基小 2~3 个量级,并与坝体的防渗斜墙搭接(见图 13-16)。这种措施只是加长渗径而减小水力坡度,并不能完全截断渗流。

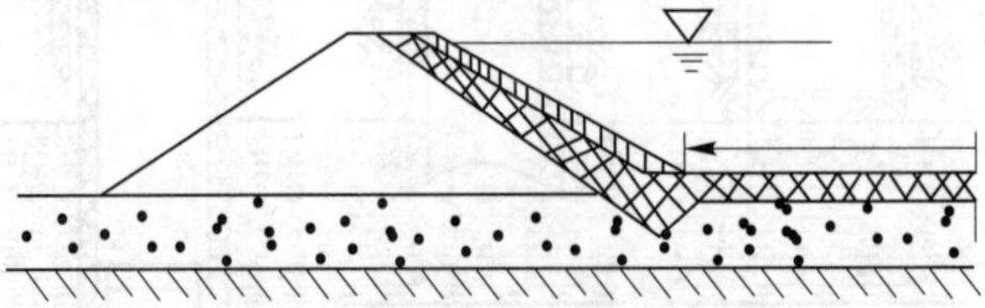

图 13-16　防渗铺盖示意图

铺盖的长度一般为坝上下游水头差的 5~10 倍;其厚度在上游末端为 0.5~1 m,与防渗斜墙搭接处应适当加厚。

当坝前河谷中表层有分布稳定且厚度较大的黏性土覆盖时,则可利用它作天然的防渗铺盖。施工时一定要严格禁止破坏该覆盖层。

(三)排水减压

排水减压常用的方法有排水沟和减压井,它们的作用是吸收渗径和减小逸出段的实际水力坡度。

排水减压措施应根据地层结构选择不同的形式。如果坝基为单一透水结构或透水层上覆黏性土较薄的双层结构,可以在下游坝脚附近开挖排水沟,使之与透水层连通,以有效地降低浸润曲线和水头。如果双层结构的上层黏性土厚度较大,则应采用排水沟和减压井相结合的方法。减压井的位置在不影响坝坡稳定性的条件下,应尽量靠近坝脚,并且要平行坝轴线方向布置。井距一般为 15~30 m,井径为 200~300 mm。

(四)反滤盖重

在渗流逸出段分层铺设几层粒径不同的砂砾石层,层界面应与渗流方向正交,粒径由细到粗,常设置三层,即为反滤层。典型的反滤层结构如图 13-17 所示。反滤层是保护渗流出口的有效措施,它既可以保证排水通畅,降低逸出水力梯度,又起到盖重的作用。专门的盖重措施,是把坝后用土或碎石填压,增加荷重,以防止被保护层浮动。

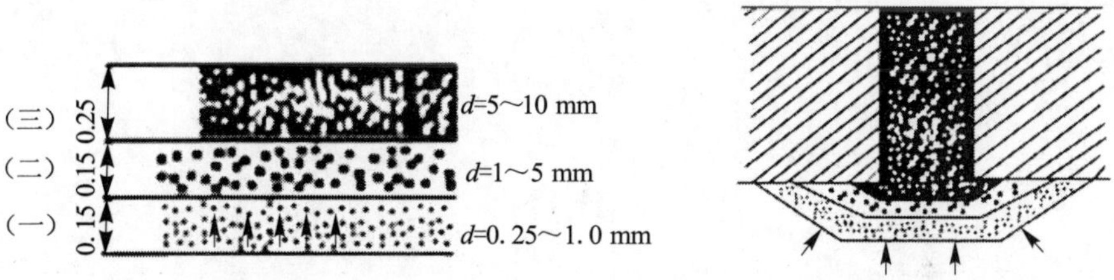

(a)各分层间粒径关系　　(b)排水孔反滤层结构

图 13-17　典型反滤层结构

【阅读与应用】

本项目所采用的国家标准主要有《水利水电工程地质勘察规范(2022 年版)》(GB 50487—2008)等。

项目小结

(1)渗透变形是指岩土体在地动水压力的作用下,部分颗粒或整体发生移动,引起岩土体的变形和破坏的作用和现象。

(2)渗透变形的形式分为潜蚀和流土。岩土体中由于渗透水流的冲刷作用,将其中细小颗粒冲走带出的现象,叫潜蚀或管涌。

根据渗透方向与重力方向的关系可分为垂直管涌、水平管涌;

按渗流方向与土层接触面的关系可分为垂直接触管涌、平行接触管涌。

流土是在渗透作用下,一定体积的土体同时发生移动的现象。

(3)渗透变形产生的条件,有渗流的动水压力及临界水力梯度、土体结构特征、宏观地质因素等。

(4)渗透变形的预测步骤:①根据土体的类型和性质,判定是否产生渗透变形及渗透变形的类型;②确定坝基各点,主要是下游坝脚处的实际水力梯度;③确定临界水力梯度和允许水力梯度;④根据实际水力梯度与允许水力梯度的比较,圈定出可能发生渗透变形的范围。

(5)渗透变形的防治措施有:垂直截渗;防渗帷幕、截水槽、混凝土防渗墙;水平铺盖;排水减压工降低地下水位;反滤盖重等方法。

思考题及习题

1. 渗透变形的定义及渗透变形的形式有哪些?
2. 渗透变形产生的条件有哪些?
3. 简述渗透变形的预测步骤。
4. 渗透变形的防治措施有哪些?

项目十四 围岩变形

学习目标

本项目主要介绍地下硐室围岩应力重分布、影响硐室围岩稳定性的因素、硐室围岩变形与破坏的形式、硐室围岩压力的形成与确定方法、硐室围岩的工程地质分类及有关硐室围岩支护方面的理论与方法。学习重点是掌握硐室围岩的变形及破坏、硐室围岩的分类方法。

【学习导入】

随着我国经济建设的发展,对地下空间的利用也愈来愈多,地下开挖破坏了岩土体原有的平衡状态,引起这些地下空间围岩应力的重新分布,这些重新分布的应力如果超出了围岩原有的强度,就将发生破坏。为了维护围岩的稳定性,就要进行支护衬砌,以保证地下建筑的安全稳定。因此,地下建筑的施工中,最重要的问题是围岩的稳定性问题。它是工程地质研究的课题之一。

单元一 地下硐室围岩应力

一、地壳岩体的天然应力状态

地下硐室是在地下岩体内部经人工开凿所形成的具有一定断面形状和尺寸,并有较大延伸的地下空间。它属于地下建筑范畴。围岩一般是指地下硐室开挖后,硐体周围一定范围内应力状态发生重大变化的岩体,该范围一般等于硐室横剖面中最大尺寸的3~5倍。

近些年来,随着科学技术的进步和工程建设的不断发展,大型工业企业的地下工程建筑系统日益增多,如矿山坑道、公路隧道、铁路隧道、水工隧洞、地下发电站厂房、地下储油库、地下停车场、地下飞机库及地下弹道导弹发射井等。而要想建成如此庞大的地下空间,必然要对其所处的地质条件进行充分、细致的研究,特别要关注围岩在一定时间内的稳定性问题。

地壳岩体天然应力状态是地下硐室开挖前,未经人为扰动的岩体应力状态。这种初始应力状态是在自重应力和构造应力的综合作用下所形成的,此时岩体处于相对静止的平衡状态。

假设岩体为半无限体,地面为水平,在距离地面H深度处取一个单元体,此时该单元体处于三对大小相等、方向相反的应力作用下,如图14-1所示。

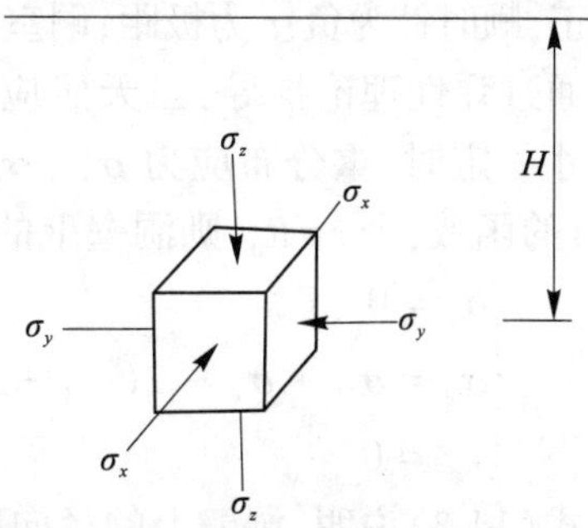

图14-1 地下硐室开挖前围岩受力状态

在上覆岩体自重作用下,其垂直应力 σ_z 大小为

$$\sigma_z = \gamma H \tag{14-1}$$

式中　γ——上覆岩体的天然重度;

H——单元体距离地面的深度。

围岩的侧向应力 σ_x 为

$$\sigma_x = \sigma_z \lambda = \lambda \gamma H \tag{14-2}$$

式中　λ——侧压力系数。

计算所需的 λ 值为 0.18~0.54,随着深度增大而加大,因此在自重应力场中,侧向应力通常小于垂直应力。

深度对初始应力状态具有重要的影响,随着深度增加,垂直应力和侧向应力都在增大,但岩体本身的强度有限,当垂直应力和侧向应力增大到一定值时,其相应的物理指标开始发生变化,随着深度的增加,λ 值趋近于 1,垂直应力和侧向应力近似相等,此时岩体的应力状态属于天然应力 σ_0 或初始应力即 $\sigma_H = \sigma_v = \sigma_0$。

二、围岩的应力重分布

地下硐室开挖之后,因为硐室内岩体被移走,围岩原有的平衡状态被破坏,从而产生了围岩压力的重分布及围岩向开挖的硐室空间变形,进而试图达到新的平衡状态。

开凿硐室后,硐室周边上的岩体由于失去支撑,原始的应力平衡状态发生变化,造成邻近周边的岩体发生松胀,同时岩体内的应力、应变和能量都要作相应的调整,以便达到新的平衡条件。把地下开挖后,硐室围岩质点的应力、应变调整所引起的应力大小、方向和性质的变化,称为应力的重分布。经过重分布作用后产生的应力状态,称为重分布应力状态。围岩应力的重分布与岩石的力学属性、天然应力和硐室的断面密切相关,下面重点介绍圆形水平硐室围岩应力的重分布。

在弹性岩体中开挖圆形断面隧洞,天然垂直应力和水平应力分别为 σ_v 和 σ_H,$\sigma_H = \lambda\sigma_v$,硐室的应力重分布状态如图 14-2 所示。硐室围岩任意一点 M 受到围岩应力的作用,分别为径向应力 σ_r、环向应力 σ_θ 和剪应力 $\tau_{r\theta}$;θ 为 M 点的极角,自水平轴(x)起,逆时针为正,顺时针为负;r 为极距;硐室的半径为 R_0。

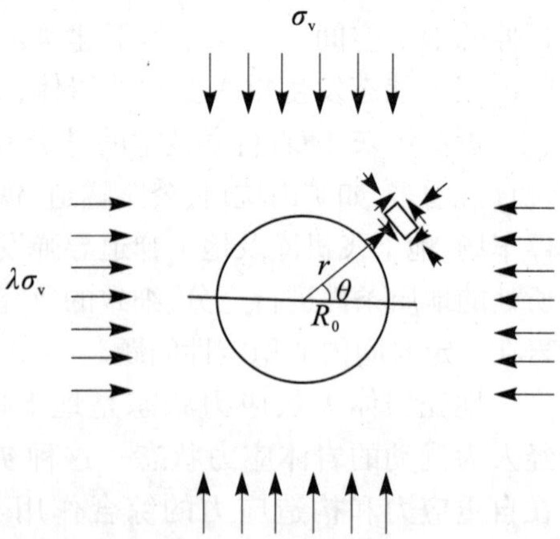

图 14-2　圆形断面硐室的应力重分布

通过弹性理论推导,当天然应力 σ_v 和 σ_H 及硐室尺寸一定时,重分布应力 σ_r、σ_θ 和 $\tau_{\gamma\theta}$ 是极坐标(r,θ)的函数,令 $r=R_0$,则洞壁上的应力为

$$\begin{cases} \sigma_r = 0 \\ \sigma_\theta = \sigma_H + \sigma_v - 2(\sigma_H + \sigma_v)\cos 2\theta \\ \tau_{r\theta} = 0 \end{cases} \tag{14-3}$$

式(14-3)说明,洞壁上的径向应力 σ_r 和剪应力 $\tau_{r\theta}$ 都为 0,只有环向应力 σ_θ 作用。应力大小与硐室尺寸无关,只和计算点的位置(θ)有关。

若令 $\sigma_H = \sigma_v = \sigma_0$,则式(14-3)变为

$$\begin{cases}\sigma_r = \sigma_0\left(1 - \dfrac{R_0^2}{r^2}\right)\\ \sigma_\theta = \sigma_0\left(1 + \dfrac{R_0^2}{r^2}\right)\\ \tau_{r\theta} = 0\end{cases} \tag{14-4}$$

式(14-4)说明,当 $\lambda=1$ 时,$\sigma_H=\sigma_v=\sigma_0$,圆形硐室内应力重分布中,剪应力 $\tau_{r\theta}$ 为0,径向应力 σ_r、环向应力 σ_θ 均为主应力,分布特征见图 14-3。当 $r=R_0$(洞壁)时,$\sigma_r=0$ 为最小主应力,$\sigma_\theta=2\sigma_0$ 为最大主应力;随着离洞壁距离(r)的增大,σ_θ 逐渐减小,而 σ_r 逐渐增大。当 $r=6R_0$ 时,$\sigma_r\approx\sigma_\theta\approx\sigma_0$,即都接近天然应力状态。因此,一般认为地下开挖引起的围岩应力重分布的范围为 $6R_0$,在该范围以外,不受开挖的影响。这一范围内的岩体就是常说的围岩。

其他断面形状的硐室开挖后,应力重分布的状况与圆形硐室略有不同,研究表明,不同断面形状的洞体,其应力集中的部位与影响范围是各不相同的。在几种不同断面形状中,圆形洞体的应力条件通常比较好,椭圆形洞体在长轴平行荷载方向时才较为有利,在长轴与荷载方向垂直或者斜交的条件下,应力条件不如圆形洞体好。在边墙岩体稳定条件下,直墙拱顶式洞体的应力条件较梯形洞体更为有利。

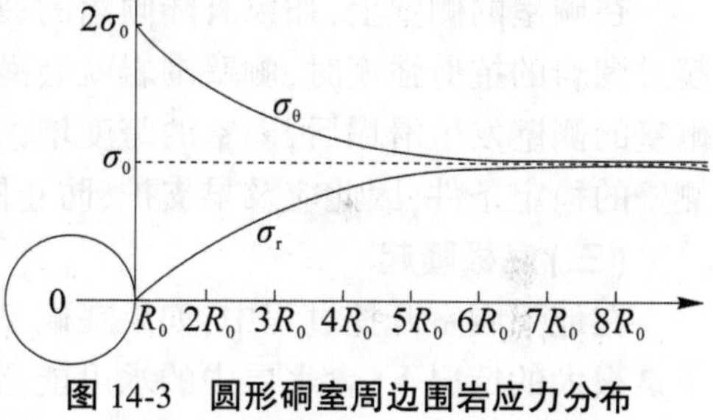

图 14-3 圆形硐室周边围岩应力分布

由图 14-3 可知,圆形硐室在洞壁处应力最大,当应力超过岩石的弹性极限后,就出现屈服现象,产生塑性变形和松弛破坏,最大切向应力部位向洞体外侧转移。洞壁上的岩体产生塑性变形后,邻近洞壁的岩体受到集中应力的作用,也有可能转化为塑性状态,并逐渐在围岩中形成一个塑性松动圈。但是,随着离洞壁距离增加,径向应力 σ_r 由零逐渐增大,使围岩中部分岩体由单向应力状态转化为双向应力状态。因此,在塑性松动圈的外围逐渐形成弹性圈。塑性圈中的岩体裂隙增多,抗剪强度指标和弹性模量值降低;而弹性圈中的岩体仍保留原岩的性质,其应力-应变关系服从虎克定律。如果从分布特征上了解,由于塑性圈围岩的承载力低,应力向弹性圈转移,结果便在围岩中形成三个应力分布区,如图 14-4 所示,即应力降低区(Ⅰ)、应力升高区(Ⅱ)和天然应力区(Ⅲ)。从图上的应力分布曲线来看,塑性圈出现前后,应力值的降低和升高变化是十分明显的。

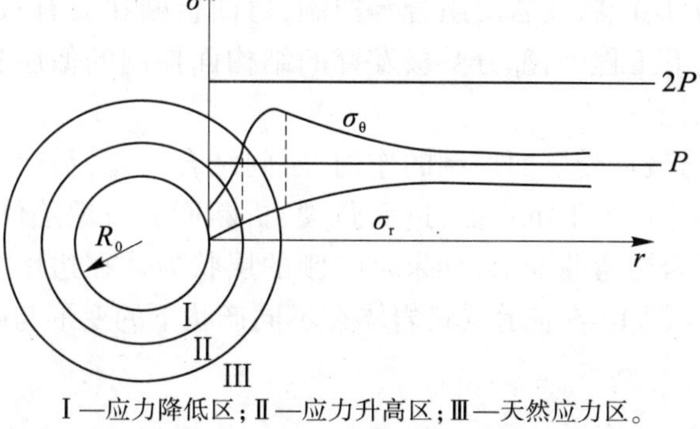

Ⅰ—应力降低区;Ⅱ—应力升高区;Ⅲ—天然应力区。

图 14-4 在 $\lambda=1$ 时应力场中圆形硐室周围的应力分带

塑性松动圈一旦形成，与岩体的天然应力就无关了，松动圈的厚度，取决于岩体的抗剪强度和支护力，因此支护力只能控制塑性松动圈的大小。

单元二　围岩的变形与破坏

在工程实践当中，当地下硐室开挖之后，由于不同岩体的强度和结构等存在差异，在各种应力作用之下，可能会在局部围岩出现变形与破坏，围岩的变形与破坏形式主要有以下几种。

一、一般围岩的变形和破坏

（一）顶板坍塌

洞顶常是拉应力集中的部位。当洞顶的拉应力超过围岩的抗拉强度时，则围岩出现张性破裂。尤其是顶板发育有近于铅直的构造裂隙时，即使拉应力很小，也可以使岩体拉开，产生铅直的张性裂缝。这样，在自重应力的作用下，洞顶的临空面上的岩体就会失去稳定，从顶板坍塌下来。

（二）洞壁滑塌

在硐室的侧壁上，如果有陡倾角的裂隙或软弱结构面，裂隙面或软弱结构面上的剪应力超过围岩的抗剪强度时，侧壁围岩就会沿裂隙面或软弱结构面发生滑动，称为侧壁滑塌。当硐室的侧壁发生滑塌后，硐室的跨度增大，引起侧壁的切向应力更加集中，从而恶化了硐室侧壁的稳定条件，因此应及早支护，防止围岩继续破坏。

（三）底板隆起

在地下硐室开挖过程中，如果在硐室底板以下有承压水头很高的含水层，距底板的距离不是很大的情况下，含水层中的水可能会作用于底板岩层，使硐室底板围岩发生向上隆起的现象，如果不加以处理，隆起加剧，含水层中的承压水会突破底板，向硐室内涌出，造成突水事故。

（四）围岩膨胀

开挖地下硐室后，经常会有围岩隆胀现象发生。尤其在具有膨胀性的黏土岩、凝灰岩体中开挖，无论在岩体的深部还是浅部，其围岩均可发生不失去整体性的很大蠕动变形。这种变形常表现为顶板悬垂、侧壁突出、底板鼓起的现象，使硐室断面尺寸减小。

（五）弯曲折断

弯曲折断主要受岩层产状及岩层组合等控制，弯曲折断在夹有软岩的互层状岩体中最为常见，在一些大型地下工程中，部分受极发育的结构面控制的似层状岩体，也可以产生类似的弯曲折断破坏。

层状岩体的变形与破坏受层面控制的作用，层间结合力差，易产生滑动，加之抗弯能力不强，洞顶岩层在重力作用下下沉弯曲，进而张裂、折断而形成塌陷体，位于边墙的岩体，在侧向水平应力作用下，岩层弯曲变形，如果是陡倾的层状岩体在边墙上，可能出现弯曲倾倒破坏或弯曲鼓出变形。图 14-5 表示层状岩体在不同产状下的变形与破坏。

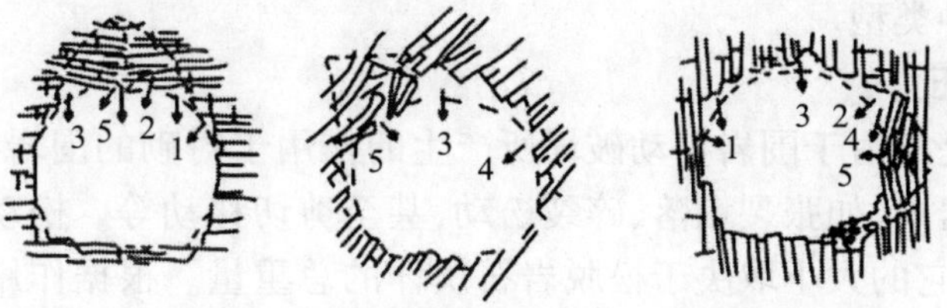

(a)水平岩层　(b)倾斜岩层　(c)直立岩层

1—设计断面;2—破坏区;3—崩塌;4—滑动;5—弯曲、张裂折断。

图 14-5　层状岩体的变形与破坏

(1)水平岩层。在水平层状围岩中,洞顶岩层可视为两端固定的板梁,在顶板压力下,将产生下沉弯曲、开裂。

(2)倾斜岩层。在倾斜层状围岩中,常表现为沿倾斜方向一侧岩层弯曲塌落,另一侧边墙岩块滑移等破坏形式,形成不对称的塌落拱,将出现偏压现象。

(3)直立岩层。产生变形及破坏的规模不大,靠边墙的岩层易于向洞内弯曲而张裂,岩层越薄,边墙越不稳定,如果对边墙的变形不进行限制,将影响拱顶的稳定。

二、岩爆

岩爆是在高地应力、脆性岩体中,由于施工爆破扰动原岩,洞壁围岩应力高度集中,使围岩发生突发性变形破坏的现象,此时围岩表面会产生爆裂声,同时有大小不等的岩块弹射剥落,岩爆有时频繁出现,有时可能持续一段时间后才逐渐消失。岩爆危害严重,直接威胁施工人员和施工设备的安全,会增加工程造价,影响施工进度。

地下硐室岩爆的主要特征如下:

(1)岩爆现象发生之前并无显著的征兆,有时在硐室中不掉落块石的部位,也会突然出现岩石爆裂的声响,爆裂声响发生时,有些块石会应声而落,有时则并不掉落。

(2)岩爆多发生在新开挖工作面及附近,少数情况下出现在距新工作面较远处。岩爆的发生频率会随着暴露时间增加而有所降低。

以上介绍的几类岩体围岩的变形与破坏的形式及特点,它们既相互联系,又有所区别,不同岩体所表现出来的变形与破坏的形式各不相同。在分析围岩变形破坏时,应抓住其变形破坏的始发点和发生连锁反应的关键点,预测变形破坏发展及迁移的规律。在围岩变形破坏的早期就加以处理,这样才能有效地控制围岩变形,确保围岩的稳定性。

单元三　地下硐室围岩压力

一、基本概念

地下硐室围岩在应力重分布之后,洞壁周围岩体会产生塑性变形与破坏而形成松动圈,松动或坍塌的部分围岩施加于支护结构上的压力称为围岩压力。

围岩压力是围岩与支护结构间的相互作用力,它与围岩应力不是同一个概念。围岩应力是岩体中的内力,而围岩压力则是针对支护结构来说的,是作用于支护衬砌上的外力。

根据围岩压力的形成机制,可将其划分为松动围岩压力、变形围岩压力、膨胀围岩压力和冲击围岩压力四种类型。

(一)松动围岩压力

松动围岩压力是指由于围岩松动破坏所产生的作用于衬砌的围岩压力,它常常发生于松动脱落的局部围岩内,如张裂塌落、碎裂松动,甚至剪切移动等。松动围岩压力以重力的形式作用在衬砌上,它的大小取决于松脱岩石块体的总重量。根据作用在衬砌上的位置的不同,松动围岩压力可以分为竖向压力、侧向压力和底压力三种。

传统上在进行硐室衬砌结构设计和计算时,往往考虑的都是松动围岩压力。

(二)变形围岩压力

变形围岩压力是指由于围岩的弹性恢复或者塑性变形所产生的围岩压力,一般考虑的是围岩通过塑性挤入、膨胀弯曲等形式挤压衬砌的情况。变形围岩压力主要与围岩应力状态、衬砌刚度和时间等有关。

(三)膨胀围岩压力

膨胀围岩压力是指由于某些岩层中富含蒙脱石等矿物吸水膨胀而造成的压力。

(四)冲击围岩压力

冲击围岩压力是指由于岩体中积累的弹性应变能突然释放所产生的压力,常常由岩爆引起。

二、围岩压力的确定方法

围岩压力的确定,目前有现场直接测量法、工程类比法、估算法三种方法。直接测量法受限于测试手段和技术水平,目前仍无法普遍开展;估算法则由于地质条件千变万化,难以达到所需要准确性的要求;采用工程类比法确定围岩压力是目前最为普遍的一种方法。

(一)普氏平衡拱(压力拱)理论

普氏平衡拱(压力拱)理论最早由俄国学者普罗托吉亚科诺夫于1907年所提出。普氏理论假设条件为将岩体视为具有一定黏结力的散粒体,由于应力重分布,洞顶破碎岩体会随着时间增长而逐渐坍塌,直到形成一个自然拱后围岩最终会稳定下来,这种自然平衡拱承受了洞顶的围岩压力,坍塌才不再继续发展。因此,该自然平衡拱称为压力拱或者卸载拱(见图14-6)。

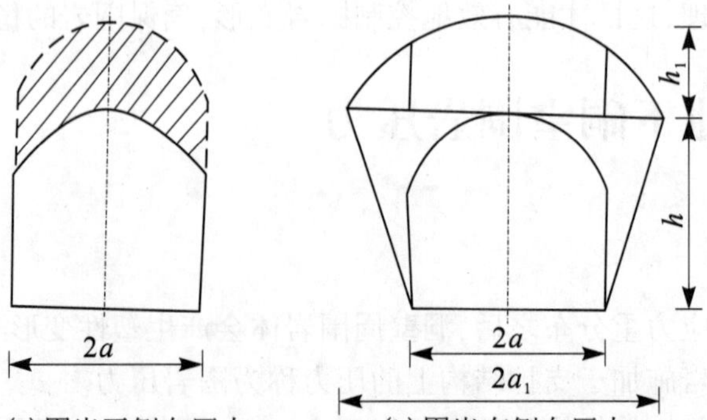

(a)围岩无侧向压力　　(b)围岩有侧向压力

图14-6　普氏平衡拱

普氏平衡拱理论认为，硐室刚开始开挖时，这个拱形是不稳定的，如果洞侧壁稳定，则拱高随塌落不断增高；反之，若侧壁也不稳定，则拱跨和拱高同时增大。当洞的埋深较大时，塌落拱不会无限发展，最终将在围岩中形成一个自然平衡拱。这时，作用于支护衬砌上的围岩压力就是平衡拱与衬砌间破碎岩体的重量，与拱外岩体无关，围岩压力等于压力拱与衬砌之间松动岩体的重量。

利用该理论计算围岩压力时，首先要找出平衡拱的形状和拱高。方法是取平衡拱的1/2（见图 14-7），假定拱顶上均匀分布铅垂直力 σ_0，右半部的水平推力为 T，拱角 A 点水平反力为 F，铅直反力为 V，由此，通过对 A 点求矩可得到

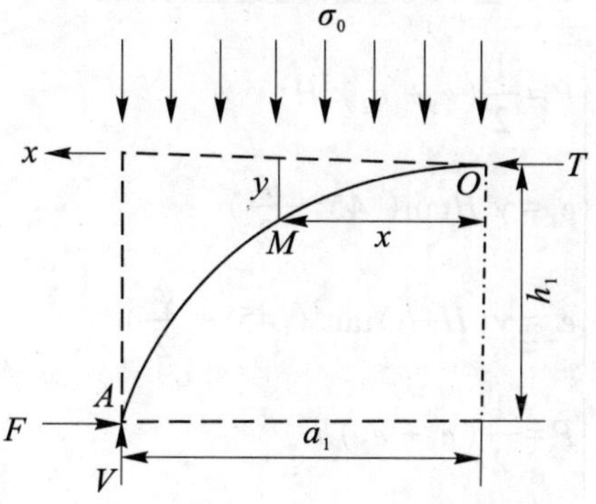

图 14-7　压力拱的受力平衡条件

$$\frac{\sigma_0 x^2}{2} - Ty = 0$$

$$y = \frac{\sigma_0 x^2}{2T} \tag{14-5}$$

式中　x, y——M 点的坐标；

T——拱顶切向应力（水平压力）。

从式（14-5）中可以看出，当拱上压力为均匀分布时，平衡拱的形状就是一条抛物线。把 M 点的坐标 $x=a_1, y=h_1$ 代入式（14-5），则有

$$h_1 = \frac{\sigma_0 a_1^2}{2T} \tag{14-6}$$

如果把水平反力 F 看作是垂直反力 V 产生的摩阻力，并用普氏系数 f_k 表示，各类岩土的普氏系数可查表，那么可知

$$F = Vf_k = \sigma_0 a_1 f_k \tag{14-7}$$

为保证拱圈安全，令 $F=2T$，则 $T = \frac{1}{2}\sigma_0 a_1 f_k$，将式（14-7）代入式（14-6）中，得到

$$h_1 = \frac{a_1}{f_k} \tag{14-8}$$

普氏理论认为，平衡拱呈抛物线形，因此洞顶围岩压力可按下式计算

$$Q = \frac{4\gamma a_1^2}{3f_k} \tag{14-9}$$

硐室两侧围岩压力按梯形分布（见图 14-8），可以按照朗肯土压力的公式计算：

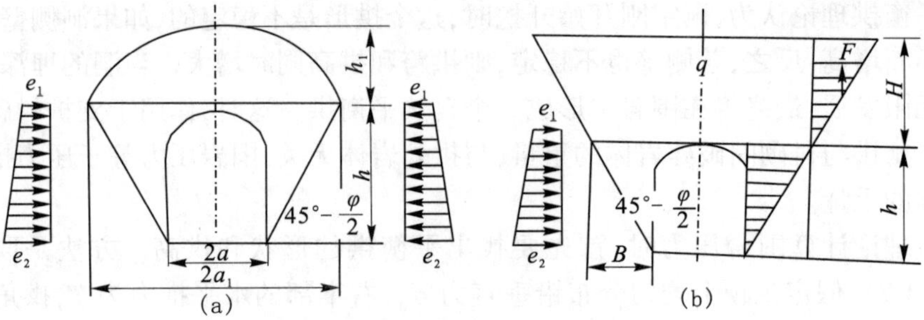

图 14-8　侧向围岩压力分布

浅埋式
$$\begin{cases} P=\frac{1}{2}(e_1+e_2)H \\ e_1=\gamma H\tan(45°-\frac{\varphi}{2}) \\ e_2=\gamma(H+h)\tan^2(45°-\frac{\varphi}{2}) \end{cases} \tag{14-10}$$

深埋式
$$\begin{cases} P=\frac{1}{2}(e_1+e_2)h \\ e_1=\gamma h_1\tan^2(45°-\frac{\varphi}{2}) \\ e_2=\gamma(h_1+h)\tan^2(45°-\frac{\varphi}{2}) \end{cases} \tag{14-11}$$

(二)我国《公路隧道设计规范 第一册 土建工程》(JTG 3370.1—2018)推荐围岩压力计算方法

我国行业规范《公路隧道设计规范 第一册 土建工程》(JTG 3370.1—2018)在大量的工程实践基础上,并对我国数百座公路隧道坍塌方资料进行了统计分析,推荐围岩压力计算法,提出了确定隧道支护结构上的垂直均匀压力的公式为

$$q=\gamma h=\gamma\times 0.45\times 2^{s-1}\times\omega \tag{14-12}$$

式中　q—— 围岩垂直均布压力,kN/m^2;

s——围岩类别;

γ——围岩重度,kN/m^3;

ω——跨度影响系数,$\omega=1+i(B-5)$,B 为坑道宽度,m,i 为以 $B=5$ m 的垂直均布压力为准,B 每增减 1 m 时的围岩荷载增减率,当 $B<5$ m 时,取 $i=0.2$,当 $B=5\sim15$ m 时,可取 $i=0.1$,当 $B>5$ m 时,可参照 $i=0.1$ 采用。

在应用时要注意公式的适用条件:

(1)$\frac{H}{B}<1.7$,其中 H 为坑道开挖高度,当边墙较高,无不良地质构造时,可采用式(14-12)。

(2)不产生显著偏压力及膨胀力的一般围岩。

(3)适用于矿山法施工条件。

(4)适用于整体式混凝土衬砌。

(5)适用于深埋隧道。

围岩水平均布压力 e 可按表 14-1 中的经验公式计算,其适用条件同式(14-12)。

表 14-1　围岩水平均布压力 e

围岩类别	Ⅰ	Ⅱ	Ⅲ	Ⅳ	Ⅴ~Ⅵ
e	$(\frac{1}{2}\sim 1)q$	$(\frac{1}{3}\sim\frac{1}{2})q$	$(\frac{1}{6}\sim\frac{1}{3})q$	$(0\sim\frac{1}{6})q$	0

单元四　硐室围岩稳定性因素分析

围岩稳定性因素分析一直是地下硐室工程最重要的问题之一，一般来说，影响地下工程围岩稳定性的因素有很多，概括起来主要有地质因素、工程因素和施工因素。地质因素包括岩石特征、地质构造、岩体结构、初始应力状态以及地下水等。工程因素包括硐室的跨度、高度、断面形状与结构等。施工因素包括施工方法、支护时间、支护方法等。这里，我们重点介绍影响硐室稳定性的地质因素。

一、岩石特征

岩石是影响硐室稳定性的重要因素之一，是硐室稳定的物质基础。一般来说，围岩强度越高，硐室越稳定。由坚硬和半坚硬岩体构成的围岩，硐室是稳定或较为稳定的，一般不需要支护，能够适合各种断面形状及尺寸。而破碎、软弱的岩体，由于抗压能力很低，作为围岩其稳定性较差，围岩易发生各种变形破坏，尤其是硐室高度和跨度较大的，必须采取合适的开挖方案并及时进行支护。软硬相间的岩体，由于软弱结构面或软弱岩层的强度低、性质差，容易变形破坏，所以这种岩体的稳定性也是很差的。

硐室围岩岩性不同，直接影响到围岩的分类，也决定硐室的开挖方式和支护，项目八介绍了《岩土锚杆与喷射混凝土支护工程技术规范》(GB 50086—2015)中提出的围岩岩体分级方法，可以作为参考。

二、地质构造

围岩常是由强度不等的软硬相间的岩层组成的，在地质构造变动中，常沿软硬岩层的接触面错动，形成厚度不等的层间破碎带，破坏了岩体的完整性。若硐室轴线与岩层走向直交，则硐室穿过软弱岩层的长度较短；若硐室与岩层走向近平行，避开软弱地层时则应调整硐室高程或适当移动硐室轴线位置使硐室轴线尽量穿过较坚硬的岩层。

褶皱的形式、疏密程度及褶皱的轴线与洞轴线的夹角不同，围岩的稳定性也不同。当硐室轴线与褶皱轴线垂直时，洞体除褶皱顶部围岩可能因抗压强度不够而发生坍塌松动外，其他部位岩体是较为稳定的。当硐室轴线与褶皱轴线平行时，如果硐室处于褶皱的一翼，在岩层倾斜的状态，分离体可能发生剪切滑移而产生不对称的围岩压力；如果硐室延伸方向与背斜褶轴方向一致，洞顶围岩是否稳定要视岩层的倾角大小及轴向裂隙的疏密情况而定；如果硐室延伸方向与向斜褶轴方向一致，围岩两侧岩层向硐室内倾斜，根据倾角的大小不同，侧壁围岩的稳定条件也会变化。此外，在进行地下工程的施工建设时，应特别注意向斜的轴部位置，因为该处属于一种典型的储水构造，而地下水的存在经常是围岩稳定的不利因素，见图 14-9。

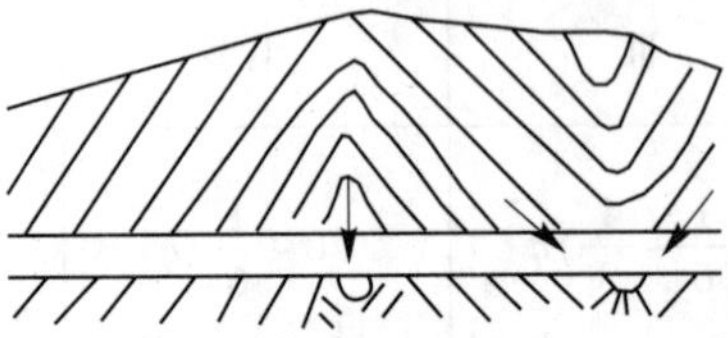

(a)垂直岩层走向

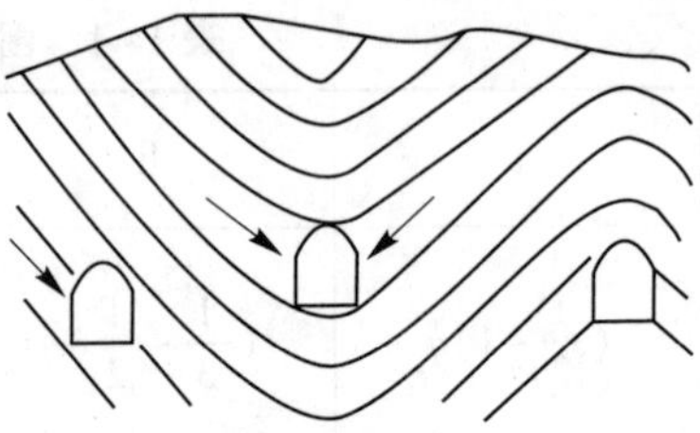

(b)平行岩层走向

图 14-9 褶皱构造与隧洞轴线的布置

断裂是岩层或岩体中普遍存在的破裂构造。断裂构造会破坏岩体的完整性和连续性,断层带的厚度愈大,其走向与洞轴线的夹角愈小,它在洞内出露愈长,对围岩稳定性影响愈大。断裂中的软弱结构面,尤其是多个节理和断裂交会所形成的多个软弱结构面组合,可以将岩体切割成众多大小不同的分离岩块,对硐室稳定产生较大影响。围岩的破坏一般总是沿相对最小阻力面发生的,

三、岩体结构

岩体被结构面切割后会形成不同的结构分离体,这些不同形状的分离体在硐室不同的位置对围岩稳定性的影响也不同。围岩中常见的分离岩块有柱形、锥形、楔形、板状等形状,它们的稳定程度取决于它们所处的部位及自身尺寸大小等因素,例如,水平薄层围岩发育众多水平裂隙,对硐室侧壁稳定性影响不大,而对洞顶围岩影响较大,有些岩体被切割成梯形岩块,当与硐室相对位置为梯形大边向下时,顶部围岩稳定性较差,易坍塌。当梯形小边向下时,硐室顶部围岩相对稳定。

四、初始应力状态

岩体的初始应力状态主要指构造应力对岩体稳定性影响较大。在构造应力比较大的地区,或埋深很大的隧洞周围岩体内,积蓄着大量的应变能量,对隧洞施工产生冲击压力,可能发生围岩坍塌的现象。深埋型硐室围岩由于应力较大,岩体往往处于塑性变形阶段,对硐室的支护衬砌影响较大。

五、地下水的影响

大量的研究资料表明,地下水的存在与施工期间硐室发生的坍塌存在直接联系,因为地下水在围岩中渗透时,会软化围岩,软化结构面,降低岩石的强度,减小岩块之间的摩擦系数,使围岩稳定性降低,岩块易于滑动坍塌。有些围岩如以蒙脱石、伊利石为主的黏土遇水会膨胀,有些断裂破碎带或碎屑物质充填的裂隙在地下水渗流通过时,可能产生机械潜蚀、流蚀和流土等现象,加速岩体的失稳和坍落。此外,岩层软硬相间或软弱夹层的岩体,在地下水的作用下,软弱层的强度会大大地降低,更易于产生崩塌。

六、硐室施工

硐室施工选择安全合理的施工方法至关重要,应根据地质条件的变化,及时改变施工方法。特别是当掘进到不良地质条件围岩时,应采用“先排水、短开挖、弱爆破、强支护、早衬

砌、勤量测”的施工方法,制定出与地质条件相适应的施工方法和应急措施。

硐室的形状和尺寸对围岩的稳定性影响是显著的,实践证明,在同等围岩条件下,跨度越大,围岩稳定性越差,围岩压力也越大。地下硐室的形状影响开挖后的围岩应力状态,相比之下,拱形硐室更加稳定。支护结构的类型及支护时间也有重要影响,为减少围岩松动,应及时修筑支护结构,开挖硐室后的暴露时间应该越短越好,在选择支护类型时,应考虑围岩情况和经济成本,选择经济实用的衬砌工艺。另外,施工方法对围岩压力也有一定的影响,采用爆破法进行硐室开挖时,如果围岩的力学性质软弱,受爆破扰动后,则容易坍塌。

单元五 围岩支护与加固

大量的工程实践表明,各种复杂的工程地质条件是导致地下硐室围岩失稳的主要原因,但是,采取必要的工程技术措施来改善围岩的稳定条件,注重施工工艺和方法的选取就能保证硐室的正常施工和安全使用。目前,在工程建设中常用的改善围岩稳定条件的工程措施包括支护衬砌和锚喷支护两类。

一、支护衬砌

(一)支撑

支撑是硐室在开挖过程中,保持围岩稳定的临时性工程措施。根据所用材料的不同,可分为木支撑、钢支撑、混凝土支撑等。近30年来,利用喷射混凝土的方法取代支撑已经越来越普遍,但在有些松散地层和破碎严重的岩体中仍需要采用支撑的方法。

(二)衬砌

衬砌是维护并提高围岩稳定性的永久措施。地下隧洞在一般情况下普遍应采用衬砌。衬砌具有承受围岩压力、地下水压力、防止岩体中的裂隙渗漏等作用,在特殊地区,还需要具备抗冻和抗侵蚀性等作用。因此,用于修筑衬砌的材料,应该具备足够的强度、耐久性、抗渗性、耐腐蚀性及抗冻性等。另外,还要考虑满足降低经济成本、就地取材、易于机械化施工等条件。

目前应用广泛的衬砌形式主要有以下几种。

1. 无压隧洞的衬砌

(1)平整衬砌:适合在结构完整、致密的岩体中采用。衬砌只在浸水范围之下衬置。为防止洞壁风化,需在未衬砌部分喷浆或抹灰。

(2)整体混凝土衬砌:适合在强度较低的围岩中应用,衬砌的最小厚度为0.3 m。当围岩仅沿洞顶产生形变与破坏时,只需要在洞顶作混凝土衬砌,洞壁仍采用平整衬砌。如果围岩压力较大,则要求对整个洞壁进行混凝土衬砌。

(3)钢筋混凝土衬砌:当岩层软弱并且围岩压力较大时,要求采用钢筋混凝土衬砌,其厚度不得小于0.15 m。

在使用混凝土和钢筋混凝土衬砌时,为了保证衬砌结构本身的稳定,要求尽量减小外部荷载,如设置排水管减轻外水压力,设置工作缝防止产生温度应力的影响等。

2. 有压隧洞的衬砌

内水压力是有压隧洞衬砌的主要荷载,当隧洞放空时,衬砌又承受围岩压力和外水压力等外部荷载的作用。因此,有压隧洞的衬砌应该能够满足内水压力的要求和承受外部荷载作用。

(1)平整的止水衬砌:适用于内水水头低于 40 m、f_k 值小于 14 的岩体中。衬砌的作用主要是减小洞壁的粗糙率和防渗,所以可用较薄的混凝土衬砌。

(2)单层整体混凝土衬砌:适用于内水水头在 40~60 m 范围内,围岩的完整性和稳定性都较好,洞径大小为 2.5~3 m 的情况。衬砌厚度一般在 25~60 cm 的范围内选取。为防止衬砌产生过大的形变,通常在衬砌与岩层之间进行压力灌浆。

(3)钢筋混凝土衬砌:适用于内水水头大于 60 m、f_k 值小于 1 的软质岩及风化岩层中。衬砌厚度要根据要求而定。

(4)双层和联合衬砌:双层衬砌是由内环与外环联合组成的。内环一般用钢筋喷浆或钢筋混凝土,外环则应用混凝土。通常用在直径大于 3 m 的高、中水头的隧洞中。

(5)钢板衬砌:也是一种双层衬砌,只是所用的材料不同。内环采用钢板,外环为平整的混凝土。多用于水头高、岩体破碎,而且透水性很大的情况。

(6)预应力衬砌:为提高衬砌的承载能力,有时需要做预应力衬砌。根据预加应力的方式方法可以分为压浆式衬砌、拉筋式衬砌及钢箍式衬砌三种。一般来说,压浆式预应力衬砌形成预应力状态时,岩层同样承受较大的压力,因此适合较为坚硬的岩体。而拉筋式衬砌和钢箍式衬砌则适合中等硬度和软质岩层。

二、锚喷支护结构

锚喷支护结构是喷射混凝土、锚杆、钢筋网、喷射钢纤维混凝土、钢支撑等结构联合起来的支护形式。它是近几十年来快速发展起来的一种稳定围岩的工程措施。在工程实践中可根据不同围岩的稳定状态,采用锚喷支护中的一种或几种结构的组合。

锚喷支护与传统的模筑混凝土衬砌相比具有明显的优点,锚喷支护充分发挥围岩的自承能力,有效利用洞内净空,提高了作业的安全性和作业效率。它能大量节省混凝土、木料、劳动力,加快施工进度,缩短工期,降低工程造价,改善劳动条件。

(一)锚杆支护

锚杆根据其使用的材料可以分为木锚杆、管缝锚杆、螺纹锚杆等。锚杆支护同木支架、混凝土支架、金属支架都不一样,它不是利用自身直接“支撑顶板”,而是向巷道围岩打眼,眼孔内锚入锚杆,利用围岩自身的强度“加固顶板”。锚杆喷浆、喷混凝土的作用就更进了一步,它不是消极地承受巷道围岩产生的地压,而是与巷道围岩结合成一个整体,使岩石本身成为一种具有承载能力的结构。工人们把锚喷支护的作用形象地比喻为“串糖葫芦、纳鞋底和门窗刷油”。锚杆支护实质上是把锚杆安装在巷道的围岩中,使层状的、软质的岩体以不同的形态得到加固,形成完整的支护结构,提供一定的支护抗力,共同阻抗其外部围岩的位移和变形。

(二)喷混凝土支护

喷混凝土是用喷射机将掺有速凝剂的粗、细骨料混凝土,以高速喷射在围岩表面,形成一层与围岩紧密黏结在一起的混凝土层,从而起到支护作用。由于混凝土的颗粒在高速(76~120 m/s)喷射的猛烈冲击之下,混凝土被连续地冲击和压实,具有紧密的结构和较好的物理力学性质。喷混凝土支护围岩能在开挖后迅速、有效地阻止围岩表层岩体的坍塌松

动,而使一定厚度的围岩形成承载拱,与喷射混凝土层共同承担荷载。它对岩体的支护作用表现在以下几个方面:

(1)能够缩短开挖和支护的间隔时间,及时填补围岩表面超挖部分,从而使围岩的应力状态得到改善。由于喷层与围岩紧密黏结、咬合,使硐室表面岩体形成较为平顺的整体,早在围岩压力重分布未完成之前,以及时的锚喷加固了岩体,在稳定围岩,控制围岩变形,防止坍塌、松弛等方面起到了重要的作用。

(2)由于喷射的速度和压力较高,砂浆能够及时地封闭岩层表面的节理、裂隙,使硐室内轮廓变平顺,并且在洞顶形成承载拱,试验已经证实了承载拱的存在,其厚度一般等于喷射层厚度的2~3倍。

(3)喷混凝土只要支护住最先掉落的危石,封闭加固附近的岩体,硐室就能稳定。喷层与围岩紧密联合在一起,具有较高的抗拉、抗压、抗剪强度,在结合面上传递各种应力作用。

(三)锚杆、喷混凝土和钢筋网的联合支护

在大跨度的地下工程中,多采用锚杆、喷混凝土和钢筋网的联合支护形式。在地质条件较差的地段,不论跨度大小均应配有钢筋网。钢筋网在结构中的作用有以下几个方面:

(1)能够使混凝土均匀分布,加强喷射混凝土的整体工作性能。

(2)提高喷射混凝土的抗震能力。

(3)承受混凝土的收缩能力,阻止因收缩而产生的裂缝。

(4)在喷射混凝土与围岩的组合拱中,钢筋网承受拉应力。

【小贴士】

地下硐室围岩的分类,在国际上和国内有很多的分类方案,在项目八中仅有简单介绍,尤其在国家标准和行业标准中提出的分类方案都是目前工程中正在应用的,在实际工作中应注意规范的适用性和时间性。

【知识链接】

地下硐室围岩变形中的许多内容与隧道工程有关,在公路、铁路、隧道和矿井施工中施工方法和工艺可参见专门课程,并且有许多的国家标准和行业标准规范施工方法和工艺,在此不作介绍。

【阅读与应用】

本项目所采用的国家标准主要有《工程岩体分级标准》(GB/T 50218—2014)、《岩土工程勘察规范(2009年版)》(GB 50021—2001)、《岩土锚杆与喷射混凝土支护工程技术规范》(GB 50086—2015)及行业标准《公路隧道设计规范 第一册 土建工程》(JTG 3370.1—2018)、《铁路隧道设计规范》(TB 10003—2016)等。

项目小结

(1)地下硐室是在岩体内部经人工开凿所形成的具有一定断面形状和尺寸,并有较大延伸的地下空间。围岩是指地下硐室开挖后,洞体周围一定范围内应力状态发生重大变化的岩体,该范围一般等于硐室横剖面中最大尺寸的3~5倍。天然应力状态是指地下硐室开挖前,未经人为扰动的岩体应力状态。地下硐室开挖后,硐室围岩质点的应力、应变调整所引起的应力大小、方向和性质的变化,称为应力的重分布。

(2)围岩的变形与破坏分为一般围岩变形的破坏和岩爆两种。一般围岩的变形和破坏分为顶板坍塌、洞壁滑塌、底板隆起、围岩膨胀和弯曲折断等形式。

(3)地下硐室围岩在应力重分布之后,洞壁周围岩体会产生塑性变形与破坏而形成松动圈,松动或坍塌的部分围岩施加于支护结构上的压力称为围岩压力。围岩压力可分为松动围岩压力、变形围岩压力、膨胀围岩压力和冲击围岩压力四种类型。围岩压力的确定,主要有普氏平衡拱(压力拱)理论和我国《公路隧道设计规范 第一册 土建工程》(JTG 3370.1—2018)推荐围岩压力计算方法。

(4)围岩稳定性因素分析一直是地下硐室工程最重要的问题之一。一般来说,影响地下工程围岩稳定性的因素有很多,概括起来主要有地质因素、工程因素和施工因素。地质因素包括岩石特征、地质构造、岩体结构、初始应力状态以及地下水等。工程因素包括硐室的跨度、高度、断面形状与结构等。施工因素包括施工方法、支护时间、支护方法等。重点了解影响硐室稳定性的地质因素。

(5)支撑是硐室在开挖过程中,保持围岩稳定的临时性工程措施,可分为木支撑、钢支撑、混凝土支撑等。衬砌是维护并提高围岩稳定性的永久措施。衬砌主要有无压隧洞的衬砌和有压隧洞的衬砌。锚喷支护结构是喷射混凝土、锚杆、钢筋网、喷射钢纤维混凝土、钢支撑等结构联合起来的支护形式,主要有锚杆支护,喷混凝土支护,锚杆、喷混凝土和钢筋网的联合支护等。

思考题及习题

1. 什么是岩体的天然应力和围岩应力的重分布?它有哪些特征?
2. 围岩变形与破坏有哪些主要形式?
3. 围岩稳定性与哪些因素有关?
4. 围岩压力的确定方法有哪些?
5. 围岩的支护与加固有哪些方法?

项目十五 岩土工程勘察

学习目标

了解岩土工程勘察的任务、勘察等级的划分和勘察阶段的划分，熟悉岩土工程勘察的工作方法、内容、程序和要求以及勘察资料整理的有关知识。

【学习导入】

任何一项工程在建设之初，都要进行场地与环境工程地质条件的评价。岩土工程勘察是为查明工程建筑场区的工程地质条件而进行的综合性地质调查勘探工作，并提交岩土工程勘察报告。工程地质传统的应用部分是工程地质勘察，而今采用的是岩土工程勘察。岩土工程勘察的主要内容有工程地质调查和测绘、勘探及采取土试样、原位测试、室内试验、现场检验和检测，最终根据以上几种或全部手段，对场地工程地质条件进行定性或定量分析评价，编制满足不同阶段所需的成果报告文件。

单元一 岩土工程勘察的基本要求

岩土工程勘察是根据建设工程的要求，查明、分析、评价建设场地的地质、环境特征和岩土工程条件，编制勘察文件的活动。《岩土工程勘察规范(2009 年版)》(GB 50021—2001)中规定：各项工程建设在设计和施工之前，必须按基本建设程序进行岩土工程勘察。岩土工程勘察应按工程建设各勘察阶段的要求，正确反映工程地质条件，查明不良地质作用和地质灾害，精心勘察、精心分析，提出资料完整、评价正确的勘察报告。

一、岩土工程勘察的基本任务

岩土工程勘察的基本任务包括以下几个方面：

(1)查明建筑场地的工程地质条件，对场地的适宜性和稳定性作出评价，选择最优的建筑场地。

(2)查明工程范围内岩土体的分布、性状和地下水活动条件，提供设计、施工、整治所需要的地质资料和岩土工程参数。

(3)分析、研究工程中存在的不良地质问题，并作出评价结论。

(4)对场地内建筑总平面布置、各类岩土工程设计、岩土体加固处理、不良地质现象整治等具体方案作出论证和提出意见。

(5)预测工程施工和运营过程中可能出现的问题，查明影响范围的地质情况，兼顾生态、环境等资料，提出防治措施和整治建议。

二、岩土工程勘察分级

为了合理布置勘察工作量，选取适当设备手段，明确精度要求，需要对勘察进行等别分级。工程规模较大或较重要、场地地质条件以及岩土体分布和性状较复杂者，所投入的勘察工作量就较大；反之则较小。

岩土工程勘察的等级，是由工程安全等级、场地和地基的复杂程度三项因素决定的。首先应分别对三项因素进行分级，在此基础上进行综合分析，以确定岩土工程勘察的等级划分。

(1)工程安全等级。是根据工程的规模和特征，以及由于岩土工程问题造成工程破坏或影响正常使用的后果来划分的，可分为三个工程安全等级，见表 15-1。

表 15-1　工程的安全等级

安全等级	破坏后果	工程类型
一级	很严重	重要工程
二级	严重	一般工程
三级	不严重	次要工程

(2)场地复杂程度等级。是由建筑抗震稳定性、不良地质现象发育情况、地质环境破坏程度、地形地貌条件和地下水等五个条件衡量的。根据场地的复杂程度，可按下列规定分为三个场地等级，见表 15-2。

表 15-2　场地复杂程度等级

场地复杂程度等级	建筑抗震稳定性	不良地质现象发育情况	地质环境破坏程度	地形地貌条件	地下水条件
一级(复杂场地)	危险	强烈发育	已经或可能受到强烈破坏	复杂	多层水、水文地质条件复杂
二级(中等复杂场地)	不利	一般发育	已经或可能受到一般破坏	较复杂	基础位于地下水位以下
三级(简单场地)	有利(或地震设防烈度≤6 度)	不发育	基本未受破坏	简单	无影响

注：一级、二级场地各条件中只要符合其中任一条件者即可。

(3)地基复杂程度是依据岩土种类性质、特殊土的影响也划分为三级，见表 15-3。

表 15-3　地基复杂程度等级

地基复杂程度等级	岩土种类、性质	特殊土
一级(复杂地基)	岩土种类多，性质变化大	有特殊性岩土(5 类)
二级(中等复杂地基)	岩土种类较多，性质变化较大	除一级外的特殊土
三级(简单地基)	岩土种类单一，性质变化不大	无特殊性岩土

注：1. 一级地基的特殊土为严重湿陷、膨胀、盐渍、污染的特殊性岩土，多年冻土情况特殊，勘察经验不多，也应列为一级地基。

2. “严重湿陷、膨胀、盐渍、污染的特殊性岩土”，是指自重湿陷性土、三级非自重湿陷性土、三级膨胀性土等。其他需作专门处理的，以及变化复杂，同一场地上存在多种强烈程度不同的特殊性岩土时，也应列为一级地基。

3. 一级、二级地基各条件中只要符合其中任一条件者即可。

综合上述三项因素的分级,即可划分岩土工程勘察的等级,根据工程重要性等级、场地复杂程度等级和地基复杂程度等级,可按下列条件划分岩土工程勘察等级。

甲级:在工程重要性、场地复杂程度和地基复杂程度等级中,有一项或多项为一级。

乙级:除勘察等级为甲级和丙级外的勘察项目。

丙级:工程重要性、场地复杂程度和地基复杂程度等级均为三级。

注:建筑在岩质地基上的一级工程,当场地复杂程度等级和地基复杂程度等级均为三级时,岩土工程勘察等级定为乙级。

勘察等级可在勘察工作开始前,通过收集已有资料确定,但随着勘察工作的开展,及对自然认识的深入,勘察等级也可能发生改变。

三、岩土工程勘察阶段的划分

为保证工程建筑物自规划设计到施工和使用全过程达到安全、经济、适用的标准,使建筑物场地、结构、规模、类型与地质环境、场地工程地质条件相互适应。任何工程的建设过程必须遵照循序渐进的原则,科学地划分为若干阶段进行。

建筑物的岩土工程勘察宜分阶段进行,可行性研究勘察应符合选择场址方案的要求;初步勘察应符合初步设计的要求;详细勘察应符合施工图设计的要求;场地条件复杂或有特殊要求的工程,宜进行施工勘察;场地较小且无特殊要求的工程可合并勘察阶段。当建筑物平面布置已经确定,且场地或其附近已有岩土工程资料时,可根据实际情况,直接进行详细勘察。

按照《岩土工程勘察规范(2009 年版)》(GB 50021—2001)要求,岩土工程勘察的工作可划分为以下几个阶段。

(一)可行性研究勘察

可行性研究勘察也称为选址勘察,其目的是取得拟选场址方案的主要工程地质资料,对拟选场址进行岩土工程评价。勘察的主要任务是进行技术、经济论证和方案比较,对拟选场址的稳定性和适宜性作出评价,确定满足场址方案的要求。这一阶段的勘察范围是在可能进行建筑的建筑区域进行,一般有若干个可供选择的场址方案,都要进行勘察,选取最优的建筑场地。本阶段的勘察方法主要是在收集、分析已有资料的基础上进行现场踏勘,了解场地的基本工程地质条件。

(二)初步勘察

初步勘察的目的,是密切结合工程初步设计的要求,提供可靠的工程地质资料,对场地内拟建建筑地段的稳定性作出评价,提出岩土工程方案设计和论证。其主要任务是在可行性勘察的基础上,对场地内拟建建筑地段的稳定性和地基的岩土技术条件作出岩土工程评价,为确定建筑物总平面布置、主要建筑物地基基础方案、对不良地质现象的防治工程方案进行论证。勘察阶段的工作范围一般限定于建筑场地内,相对比较集中。本阶段的勘察方法,是在分析已有资料的基础上,根据需要进行工程地质测绘,并以勘探、物探或原位测试为主。

(三)详细勘察

详细勘察的目的,是对岩土工程设计、岩土体处理与加固、不良地质现象的防治工程进行计算与评价,以满足施工图设计的要求。此阶段的任务应按不同建筑物或建筑群提出详细的岩土工程资料和设计、施工所需的岩土参数,进行岩土工程评价,并对建筑物地基基础的设计、施工和使用提出具体的建议。勘察的范围主要在建筑物所在的建筑地段内。本阶段的勘察方法以勘探和原位测试为主。详细勘察是勘察工作的最后一个阶段,因而要求勘察工作提供详细的工程地质资料,对建筑物遇到的岩土工程问题进行充分的论证,为施工图的设计提供足够的依据。

(四)施工勘察

施工勘察不作为一个固定阶段,视工程的实际需要而定,对条件复杂或有特殊施工要求的重大工程地基,需进行施工勘察。施工勘察主要是检验与监测工作、施工地质编录、检验地基加固效果。它可以起到核对已取得的地质资料和所作评价结论准确性的作用。

四、岩土工程勘察的方法

岩土工程勘察野外工作的方法或技术手段,主要有以下几种:

(1)工程地质测绘是岩土工程勘察的基础工作,一般在勘察的初期阶段进行。

(2)岩土工程勘探工作包括物探、钻探和坑探等各种方法。它是用来调查地下深部地质情况的,并且可利用勘探工程取样或进行原位测试和监测。

(3)原位测试与室内试验的主要目的,是为岩土工程问题分析评价提供所需的技术参数。

(4)现场检验与监测是在施工阶段对先前岩土工程勘察成果的验证、核查以及对岩土反应性状、结构物和对环境影响的监测等。

单元二　工程地质测绘

工程地质测绘是运用地质、工程地质理论,对与工程建设有关的各种地质现象进行观察和描述,初步查明拟建场地或各建筑地段的工程地质条件。将工程地质条件诸要素采用不同的颜色、符号,按照精度要求标绘在一定比例尺的地形图上,并结合勘探、测试和其他勘察工作的资料,编制成工程地质图。

一、工程地质测绘的工作方法

工程地质测绘的主要程序如下:

(1)在室内查阅已有各种地质、水文、气象、水文地质、工程地质的资料。

(2)通过现场踏勘合理布置观测点和观察路线,正确选择实测地质剖面位置,拟定野外工作方法。

(3)现场测绘是选择典型地段测绘工程地质剖面,沿着一定的观察路线作沿途观察,在工程地质条件的关键地段的关键点上进行详细观察和描述。观测点定位采用目测法、半仪器法(如罗盘、皮尺、气压计等),用经纬仪、水准仪等仪器测量观测点的位置和高程,用GNSS定位仪进行测绘填图,进行岩、土、水样采样,在测绘过程中将实际资料和各种界线准确如实地反映到测绘手图上,并逐日清绘于室内底图上。

(4)测绘资料的室内再整理及报告书的编写。

二、工程地质测绘的研究内容

工程地质测绘是反映测绘工作区的工程地质条件,其研究内容有以下几个方面。

(一)地层岩性

地层岩性是工程地质条件最基本要素,是产生各类地质现象的物质基础,它是工程地质测绘的主要研究对象。对地层岩性研究的内容有:①地层的时代和填图单位;②各类岩土层的分布、岩性、岩相及成因类型;③岩土层的正常层序、接触关系、厚度及其变化规律;④岩土体的工程地质性质等。

(二)地质构造

地质构造控制着地形地貌、水文地质条件和不良地质现象的发育和分布。对地质构造的研究内容主要有:①岩层的产状及各种构造形式的分布、形态和规模;②软弱结构面(带)的产状及其性质,包括断层的位置、类型、产状、断距、破碎带宽度及充填胶结情况;③岩土层各种接触面及各类构造岩的工程特性;④近期构造活动的形迹、特点及与地震活动的关系等。

(三)地貌

研究地貌用以判明岩性、地质构造、新构造运动的性质和规模、表层沉积物的成因和结构等。对地貌的研究内容有:①地貌形态特征、分布和成因;②划分地貌单元、地貌单元的形成与岩性、地质构造及不良地质现象等的关系;③各种地貌形态和地貌单元的发展演化历史。

(四)水文地质条件

水文地质条件的研究目的在于研究地下水的赋存与活动情况,为评价由此导致的岩土工程问题提供资料。调查的主要内容包括:①河流、湖沼等地表水体的分布、动态及其与水文地质条件的关系;②主要井、泉的分布位置,所属含水层类型、水位、水质、水量、动态及开发利用情况;③区域含水层的类型、空间分布、富水性和地下水化学特征及环境水的腐蚀性;④相对隔水层和透水层的岩性、透水性、厚度和空间分布;⑤地下水的流速、流向、补给、径流和排泄条件,地下水活动与环境的关系,如土地盐碱化等现象。

(五)不良地质现象

对不良地质现象的研究一方面是为了阐明工作区是否会受到现代物理地质作用的威胁,另一方面是研究物理地质现象有助于预测工程地质作用。研究内容有:①各种不良地质现象的分布、形态、规模、类型和发育程度;②分析它们的形成机制、影响因素和发展演化趋势;③预测其对工程建设的影响,提出进一步研究的重点及防治措施。

单元三 勘探与取样

岩土工程勘探是在工程地质测绘的基础上,利用各种设备、工具直接或间接地深入地下岩土层,查明地下岩土性质、结构构造、空间分布、地下水条件等内容的勘察工作,是探明深部地质情况的一种可靠的方法。岩土工程勘探的主要方式有地球物理勘探工程(简称物探工程)、钻探工程和坑探工程。

一、物探工程

物探工程是利用专门的仪器来探测各种地质体物理场的分布情况,并对其数据及绘制的曲线进行分析解释,从而划分地层,判定地质构造、水文地质条件及各种不良地质现象的勘探方法。由于地质体具有不同的物理性质(导电性、弹性、磁性、密度、放射性等)和不同的物理状态(含水率、空隙性、固结状态等),它们为利用物探方法研究各种不同的地质体和地质现象的物理场提供了前提。

物探工程的具体应用见表15-4。

表15-4　物探工程适应范围对照

类别	方法名称		适用范围
电法	电阻率法	电剖面法	测定基岩埋深;探测隐伏断层、破碎带;探测地下洞穴;探测地下或水下隐埋物体
		电测深法	测定基岩埋深,划分松散沉积层序和基岩风化带;探测隐伏断层、破碎带;探测地下洞穴;测定潜水面深度和含水层分布;探测地下或水下隐埋物体
	充电法		探测地下洞穴;测定地下水流速、流向;探测地下或水下隐埋物体;探测地下管线
	自然电场法		探测隐伏断层、破碎带;测定地下水流速、流向
	激发极化法		探测隐伏断层、破碎带;探测地下洞穴;划分松散沉积层序;测定潜水面深度和含水层分布;探测地下或水下隐埋物体
	高密度电阻率法		测定潜水面深度和含水层分布;探测地下或水下隐埋物体
电磁法	电磁感应法		测定基岩埋深;探测隐伏断层、破碎带;探测地下洞穴;探测地下或水下隐埋物体;探测地下管线
	频率测深法		测定基岩埋深,划分松散沉积层序和基岩风化带;探测隐伏断层、破碎带;探测地下洞穴;探测河床水深及沉积泥沙厚度;探测地下或水下隐埋物体;探测地下管线
	甚低频法		探测隐伏断层、破碎带;探测地下或水下隐埋物体;探测地下管线
	地质雷达法		测定基岩埋深,划分松散沉积层序和基岩风化带;探测隐伏断层、破碎带;探测地下洞穴;测定潜水面深度和含水层分布;探测河床水深及沉积泥沙厚度;探测地下或水下隐埋物体;探测地下管线
	地下电磁波法(无线电波透视法)		探测隐伏断层、破碎带;探测地下洞穴;探测地下或水下隐埋物体;探测地下管线
地震波法	折射波法		测定基岩埋深,划分松散沉积层序和基岩风化带;测定潜水面深度和含水层分布;探测河床水深及沉积泥沙厚度
	反射波法		测定基岩埋深,划分松散沉积层序和基岩风化带;探测隐伏断层、破碎带;探测地下洞穴;测定潜水面深度和含水层分布;探测河床水深及沉积泥沙厚度;探测地下或水下隐埋物体;探测地下管线
	直达波法(单孔法和跨孔法)		划分松散沉积层序和基岩风化带
	瑞雷波法		测定基岩埋深,划分松散沉积层序和基岩风化带;探测隐伏断层、破碎带;探测地下洞穴;探测地下隐埋物体;探测地下管线
声波法	声波法		测定基岩埋深,划分松散沉积层序和基岩风化带;探测隐伏断层、破碎带;探测洞穴和地下或水下隐埋物体;探测地下管线;探测滑坡体的滑动面
	声纳法		探测河床水深及沉积泥沙厚度;探测地下或水下隐埋物体
地球物理测井(放射性测井、电测井、电视测井)			划分松散沉积层序和基岩风化带;探测地下洞穴;测定潜水面深度和含水层分布;探测地下或水下隐埋物体

物探工程的特点是速度快、设备轻便、效率高、成本低。但其具有多解性，属于间接的方法。因此，在工程勘察中应与其他勘探工程（钻探和坑探等直接方法）结合使用，才能获得好的地质勘察效果。

二、钻探工程

钻探是指用一定的设备、工具（钻机）来破碎地壳岩石或土层，从而在地壳中形成一个直径较小、深度较大的钻孔（直径相对较大者又称为钻井），可取岩芯或不取岩芯来了解地层深部地质情况的过程。

与坑探、物探相比较，钻探可以在各种环境下进行，一般不受地形、地质条件的限制；能直接观察岩芯和取样，勘探精度较高；能提供作原位测试和监测工作，最大限度地发挥综合效益；勘探深度大，效率较高。因此，不同类型、结构和规模的建筑物，在不同的勘察阶段，不同环境和工程地质条件下，凡是布置勘探工作的地段，一般均可采用此类勘探手段。

（一）常用的钻进方法

根据不同的岩石条件和钻进目的，要采用不同的钻孔方法。常有冲击钻进、回转钻进、振动钻进和冲洗钻进等方法。

（1）冲击钻进。利用钻头冲击力破碎岩石的一种钻进方法。即将钻具底部的圆环状钻头提升到一定高度向下冲击，破碎钻孔底部的岩土层而实现钻深。

冲击钻进只适用于垂直孔，钻进深度一般不超过 200 m。冲击钻进可分人工冲击钻进和机械冲击钻进。人工冲击钻进适用于黄土、黏性土和砂土等疏松覆盖层的钻进；机械冲击钻进适用于砾石、卵石层和基岩等硬岩的钻进。冲击钻进一般难以取得完整岩芯。

（2）回转钻进。利用钻头回转破碎孔底岩石的一种钻进方法。回转钻进的回转力是由地面的钻机带动钻杆旋转传给钻头的。钻进时，钻头受轴向压力同时接受回转力矩而压入、压碎、切削、研磨岩石，使岩石破碎。破碎下来的岩粉、岩屑由循环洗井介质（清水、泥浆等）挟带到地表。回转钻进所使用的钻头有硬质合金钻头、钻粒钻头、金刚石钻头、刮刀钻头、牙轮钻头和螺旋钻头等。

（3）振动钻进。是采用机械动力产生的振动力，通过连接杆和钻具传到钻头，由于振动力的作用使钻头能更快地破碎岩土层，因而钻进较快。该方法适合于砂土层中，特别适合于颗粒组成相对均匀细小的中细砂土层中采用。

（4）冲洗钻进。利用高压水流冲击孔底土层，使之结构破坏，土颗粒悬浮并最终随水流循环流出孔外的钻进方法。由于是靠水流直接冲洗，因此无法对土体结构及其他相关特性进行观察鉴别。

上述四种方法各有特点，分别适应于不同的勘察要求和岩土层性质，《岩土工程勘察规范（2009 年版）》（GB 50021—2001）对常用几种钻探方法的适用范围作出了明确的规定，详细情况见表 15-5。

（二）钻孔地质编录

钻孔地质编录工作是岩土工程钻探中最基本的工作，因此在钻进过程中必须认真、细致地做好钻孔地质编录工作，全面、准确地反映钻探工程的第一手地质资料。《岩土工程勘察规范（2009 年版）》（GB 50021—2001）对钻孔的记录和编录作了明确要求：

表 15-5　钻探方法的适用范围

钻探方法		钻进地层					勘察要求	
		黏性土	粉土	砂土	碎石土	岩石	直观鉴别、采取不扰动试样	直观鉴别、采取扰动试样
回转	螺旋钻探	++	+	+	—	—	++	++
	无岩芯钻探	++	++	++	+	++	—	—
	岩芯钻探	++	++	++	+	++	++	++
冲击	冲击钻探	—	+	++	++	—	—	—
	锤击钻探	++	++	++	+	—	++	++
振动钻探		++	++	++	+	—	+	++
冲洗钻探		+	++	++	—	—	—	—

注:"++"表示适用;"+"表示部分适用;"—"表示不适用。

(1)野外记录应由经过专门训练的人员承担;记录应真实及时,按钻进回次逐段填写,严禁事后追记。

(2)钻探现场可采用肉眼鉴别和手触的方法,有条件或勘察工作有明确要求时,可采用微型贯入仪等定量化、标准化的方法。

(3)钻探成果可用野外钻孔柱状图或分层记录表示。岩土芯样可根据工程要求保存一定期限或长期保存,亦可拍摄岩芯、土芯彩照纳入勘察成果资料。

钻探野外记录是岩土工程勘察中最基本的原始资料,不同类型的岩土其岩性描述的内容为:

(1)碎石土:颗粒级配;粗颗粒形状、母岩成分、风化程度,是否起骨架作用;充填物的成分、性质、充填程度;密实度;层理特征。

(2)砂土:颜色;颗粒级配;颗粒形状和矿物成分;湿度;密实度;层理特征。

(3)粉土和黏性土:颜色;稠度状态;包含物;致密程度;层理特征。

(4)岩石:颜色;矿物成分;结构和构造;风化程度及风化表现形式,划分风化带;坚硬程度;节理、裂隙发育情况,裂隙面特征及充填胶结情况,裂隙倾角、间距,进行裂隙统计。必要时作岩芯素描。

三、坑探工程

坑探工程也称掘进工程、井巷工程,它是用人工或机械的方法在地下开凿、挖掘一定的空间,以便直接观察岩土层的天然状态及各地层之间的接触关系等地质结构,并取出接近实际的原状结构的岩土样或进行现场原位测试,见图 15-1。与一般的钻探工程相比较,其特点是:勘察人员能直接观察到地质结构,准确可靠,且便于素描;可不受限制地从中采取原状岩土样和进行大型原位测试。坑探工程的缺点是:应用时往往受到自然地质条件的限制,耗费资金大而勘探周期长,尤其是重型坑探工程不可轻易采用。

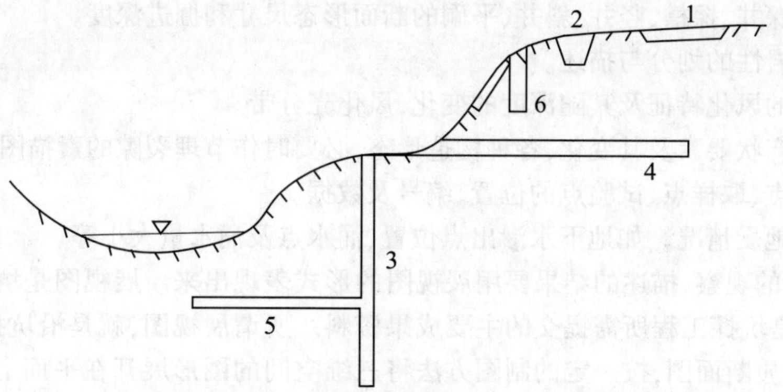

1—探槽;2—试坑;3—竖井;4—平硐;5—石门;6—浅井。

图 15-1　常用的坑探类型示意图

(一)坑探工程的类型和适用条件

岩土工程勘探中常用的坑探工程有探槽、试坑、浅井、竖井(斜井)、平硐和石门(平巷)(见图 15-1)。其中,前三种为轻型坑探工程,后三种为重型坑探工程。

现将不同坑探工程的特点和适用条件列于表 15-6 中。

表 15-6　各种坑探工程的特点和适用条件

名称	特点	适用条件
探槽	在地表开挖深度小于 3~5 m 的长条形槽子	剥除地表覆土,揭露基岩,划分地层岩性,研究断层破碎带;探查残坡积层的厚度和物质、结构
试坑	从地表向下,开挖铅直的、深度小于 3~5 m 的圆形或方形小坑	局部剥除覆土,揭露基岩;做载荷试验、渗水试验,取原状土样
浅井	从地表向下,开挖铅直的、深度 5~15 m 的圆形或方形井	确定覆盖层及风化层的岩性及厚度;做载荷试验,取原状土样
竖井(斜井)	形状与浅井相同,但深度大于 15 m,有时需支护	了解覆盖层的厚度和性质,查明风化壳分带、软弱夹层分布、断层破碎带及岩溶发育情况、滑坡体结构及滑动面等;布置在地形较平缓、岩层又较缓倾的地段
平硐	在地面有出口的水平坑道,深度较大,有时需支护	调查斜坡地质结构,查明河谷地段的地层岩性、软弱夹层、破碎带、风化岩层等;做原位岩体力学试验及地应力量测,取样;布置在地形较陡的山坡地段
石门(平巷)	不出露地面而与竖井相连的水平坑道,石门垂直岩层走向,平巷平行	了解深部地质结构,做试验等

(二)坑探工程的观察、描述、编录

坑探工程观察和描述,是反映坑探工程第一手地质资料的主要手段。观察、描述的内容包括:

(1)量测探井、探槽、竖井、斜井、平硐的断面形态尺寸和掘进深度。

(2)地层岩性的划分与描述。

(3)岩石的风化特征及其随深度的变化,风化壳分带。

(4)岩层产状要素及其变化,各种构造形态,必要时作节理裂隙的素描图和统计测量。

(5)测量点、取样点、试验点的位置、编号及数据。

(6)水文地质情况。如地下水渗出点位置、涌水点及涌水量大小等。

坑探工程的观察、描述的结果要用展视图的形式表现出来。展视图是坑探工程编录的主要内容,也是坑探工程所需提交的主要成果资料。所谓展视图,就是沿坑探工程的壁、底面所编制的地质断面图,按一定的制图方法将三维空间的图形展开在平面上。由于它所表示的坑探工程成果一目了然,故在岩土工程勘探中被广泛应用。

四、采取土样

采取土样是岩土工程勘察中必不可少的、经常性的工作,通过采取土样,进行土类鉴别,测定岩土的物理力学性质指标,为定量评价岩土工程问题提供技术指标。

(一)土样质量等级

由于不同试验项目对土样扰动程度有不同的控制要求,因此我国的《岩土工程勘察规范(2009年版)》(GB 50021—2001)中根据不同的试验要求来划分土样质量级别。根据试验目的,把土试样的质量分为四个等级,并明确规定各级土样能进行的试验项目,见表15-7。

表 15-7　土试样质量等级

等级	扰动程度	试验内容
Ⅰ	不扰动	土类定名、含水量、密度、强度试验、固结试验
Ⅱ	轻微扰动	土类定名、含水量、密度
Ⅲ	显著扰动	土类定名、含水量
Ⅳ	完全扰动	土类定名

注:不扰动是指原位应力状态虽已改变,但土的结构、密度和含水量变化很小,能满足室内试验各项要求。

(二)土样的采取方法

1. 钻孔中取样的方法

1)击入法

击入法是用人力或机械力操纵落锤,将取土器击入土中的取土方法。按锤击次数分为轻锤多击法和重锤少击法;按锤击位置又分为上击法和下击法。经过取样试验比较认为,就取样质量而言,重锤少击法优于轻锤多击法,下击法优于上击法。

2)压入法

压入法可分为慢速压入和快速压入两种:

(1)慢速压入法。是用杠杆、千斤顶、钻机手把等加压,取土器进入土层的过程是不连续的。在取样过程中对土试样有一定程度的扰动。

(2)快速压入法。是将取土器快速、均匀地压入土中,采用这种方法对土试样的扰动程度最小。

3) 回转法

回转法是使用回转式取土器取样,取样时内管压入取样,外管回转削切的废土一般用机械钻机靠冲洗液带出孔口。这种方法可减少取样时对土试样的扰动,从而提高取样质量。

2. 探井、探槽中取样方法

探井、探槽中采取原状试样可采用两种方式,一种是锤击敞口取土器取样,另一种是人工刻切块状土样。后一种方法使用较多,因为块状土试样的质量高。块状土试样可以切成圆柱状和方块状,也可以在探井、探槽中采取"盒状土样",这种方法是将装配式的方形土样容器放在预计取样位置,边修切、边压入,而取得高质量的土试样。

单元四　原位测试

一般而言,岩土工程测试包含了室内试验和原位测试两大部分。室内试验包含了常规的土工试验和模型试验,其主要优点是可以控制试验条件,而其根本缺陷则在于试验对象难以反映其天然条件下的性状和工作环境,抽样的数量也相对有限,以至于所测的结果严重失真,一般也费时费力。岩土工程的现场原位测试是指在岩土工程勘察现场,在不扰动或基本不扰动地层的情况下对地层进行测试,基本保持地层的天然结构、天然含水量以及天然应力状态,以获得所测地层的物理力学性质指标及划分地层的一种勘察技术。

原位测试的适用条件是:原位测试比较简单,而室内试验条件与工程实际相差较大;基础的受力状态比较复杂,计算不准确而又无成熟经验,或整体基础的原位真型试验比较简单;重要和大型的工程必须进行必要的原位试验。

原位测试的应用有:土层、土类的划分;确定地基承载力、测定土的物理力学性质指标;评价砂土液化;检验地基处理的效果及其他应用。

原位测试和室内土工试验相比其优点有:不用取样;可以确定难以取得不扰动土样(如饱和砂土、粗粒土、软土等)的工程地质性质指标;可以避免取土过程中的应力释放;试验对象体积大、数量多,更具有代表性;大大缩短了勘察施工周期。原位测试的不足在于原位测试的适用条件往往难以与实际地质条件相匹配;有些原位测试所得参数与土的性质之间的关系是建立在统计经验的基础上的,统计样本少将直接影响统计结果;原位测试仪器设备价格及操作要求较高。

岩土工程原位测试的主要方法有静载试验、静力触探、动力触探、标准贯入试验、十字板剪切、旁压试验、扁铲侧胀试验、岩体大型现场直剪试验、岩体应力试验、岩土波速测试等,以前几种应用最多。

一、静力荷载试验

静力载荷试验主要用于确定地基的承载力和变形特性,可适用于各种地基土,特别适用于各种填土及含碎石的土。载荷试验相当于在工程原位进行的缩尺原型试验,即模拟建筑物地基土的受荷条件,比较直观地反映地基土的变形特性。该法具有直观和可靠性高的特点,在原位测试中占有重要地位,往往成为其他方法的检验标准。载荷试验的局限性在于费用较高、周期较长和承压板的尺寸效应。

静力载荷试验分载荷台加载和千斤顶加载两种形式,见图 15-2、图 15-3。

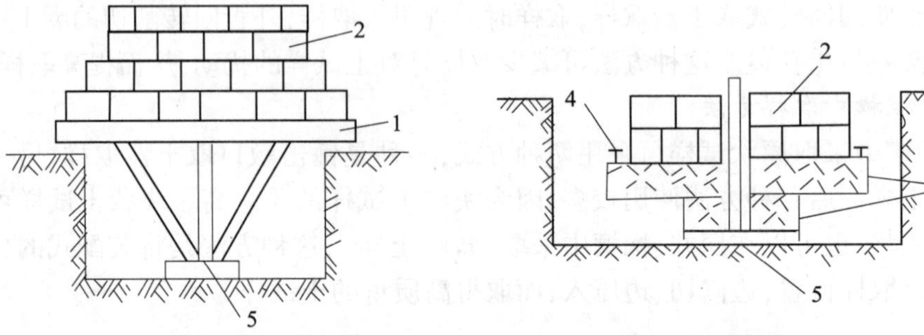

1—载荷台;2—钢锭;3—混凝土平台;4—测点;5—承压板。

图 15-2　载荷台式加荷装置

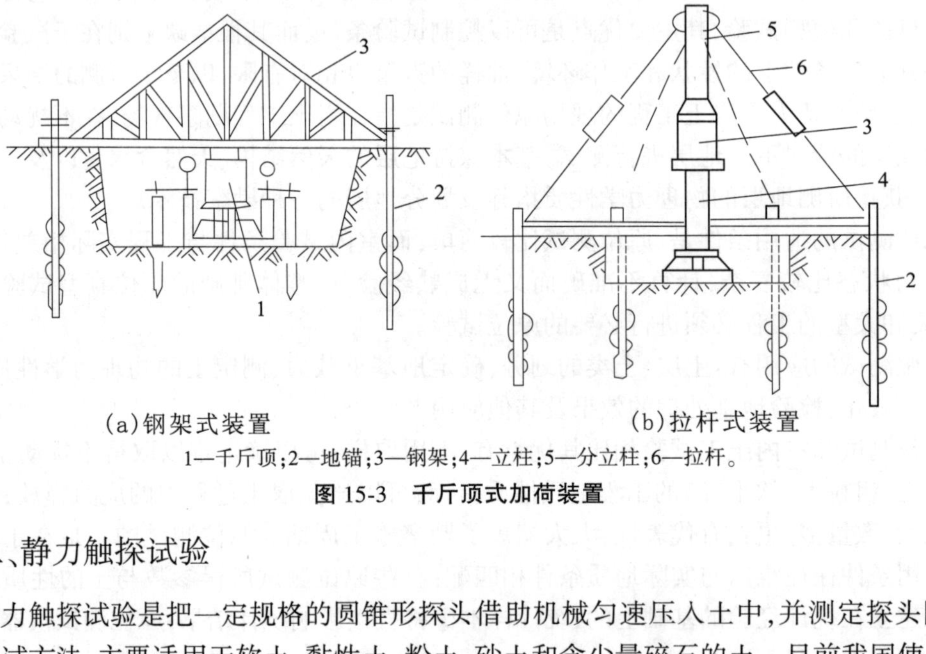

1—千斤顶;2—地锚;3—钢架;4—立柱;5—分立柱;6—拉杆。

图 15-3　千斤顶式加荷装置

二、静力触探试验

静力触探试验是把一定规格的圆锥形探头借助机械匀速压入土中,并测定探头阻力的一种测试方法,主要适用于软土、黏性土、粉土、砂土和含少量碎石的土。目前我国使用的静力触探仪以电测式为主。

静力触探具有下列明显优点:测试连续、快速,效率高,功能多,兼有勘探与测试的双重作用;采用电测技术后,易于实现测试过程的自动化,测试成果可由计算机自动处理,大大减轻了工作人员的工作强度。由于以上原因,电测静力触探是目前应用最广的一种土工原位测试技术。静力触探的主要缺点是对碎石类土和密实砂土难以贯入,也不能直接观测土层。在地质勘探工作中,静力触探常和钻探取样联合运用。静力触探技术在岩土工程中的应用在于:对地基土进行力学分层并判别土的类型,确定地基土的参数(强度、模量、状态等)、砂土液化的可能性、浅埋地基承载力、单桩竖向承载力等。图 15-4 是静力触探示意图和得到的测试曲线。从测试曲线和地层分布的对比可以看出,触探阻力的大小与地层的力学性质有密切的相关关系。

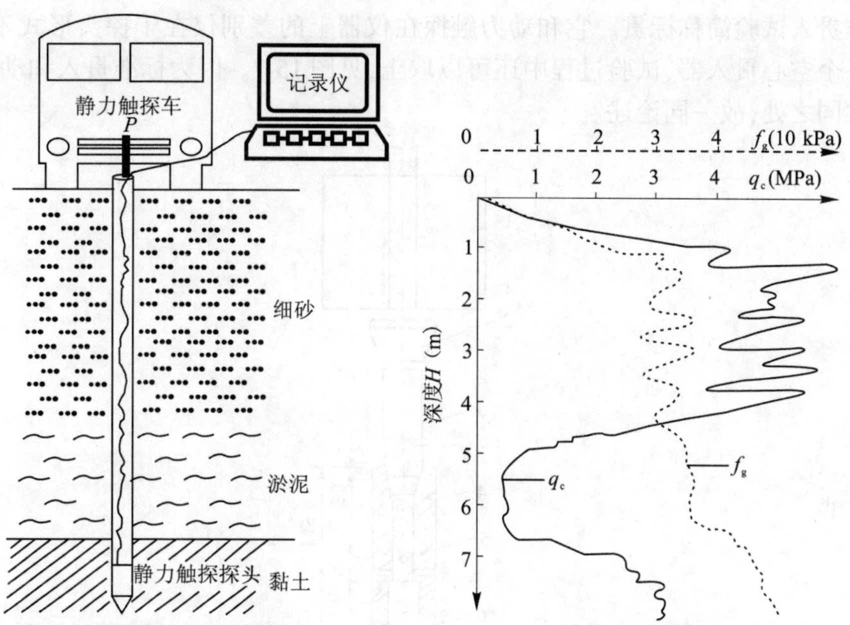

(a)静力触探示意图及土层剖面　　(b)静力触探曲线

图 15-4　静力触探示意及其曲线

三、圆锥动力触探和标准贯入试验

圆锥动力触探试验习惯上简称动探，它是利用一定的锤击动能，将一定规格的实心圆锥形探头打入土中，根据每打入土中一定深度的锤击数（或贯入能量）来判定土的物理力学特性和相关参数的一种原位测试方法，见图 15-5、图 15-6。

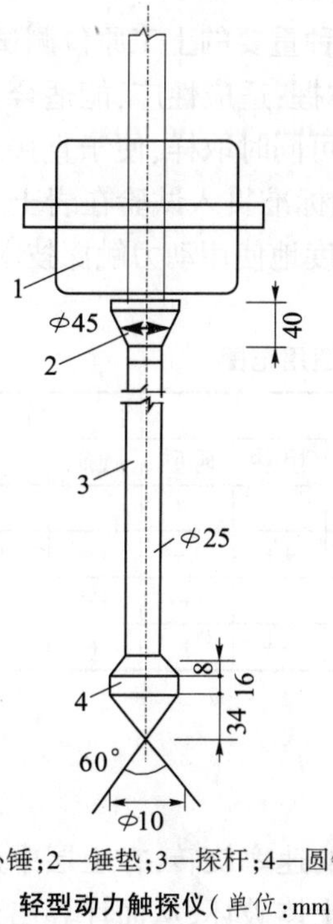

1—穿心锤；2—锤垫；3—探杆；4—圆锥头。

图 15-5　轻型动力触探仪（单位：mm）

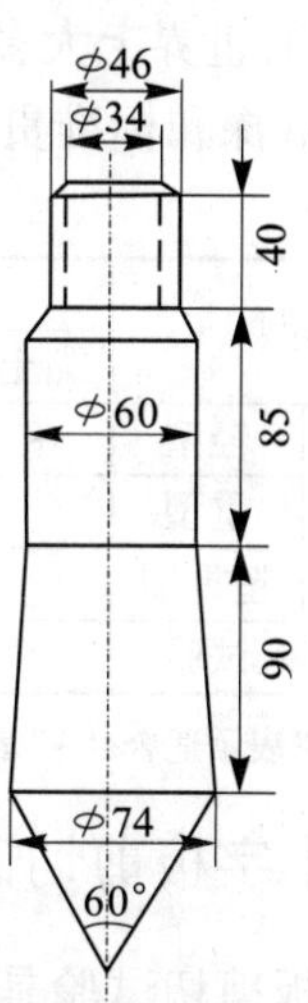

图 15-6　重型动力触探探头（单位：mm）

标准贯入试验简称标贯。它和动力触探在仪器上的差别仅在于探头形式不同，标贯的探头是一个空心贯入器，试验过程中还可以取土，见图 15-7。因为标准贯入和动力触探试验有许多共同之处，故一同论述。

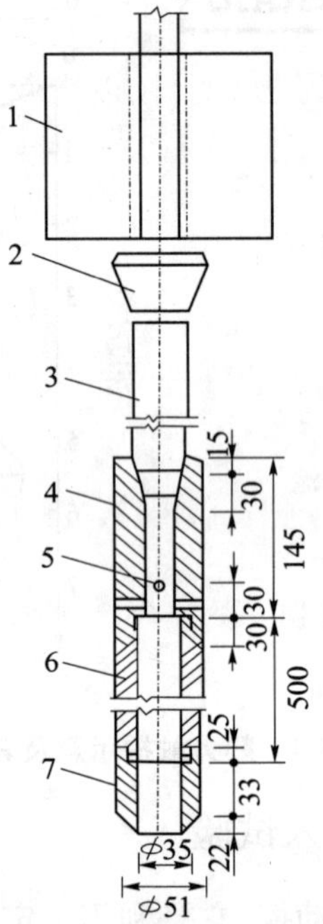

1—穿心锤；2—锤垫；3—触探杆；4—贯入器头；5—出水孔；
6—由两半圆形管并合而成的贯入器身；7—贯入器靴。

图 15-7　标准贯入试验设备（单位：mm）

动力触探和标准贯入试验在国内外应用极为广泛，是一种重要的土工原位测试方法，具有独特的优点：设备简单，且坚固耐用；操作及测试方法容易掌握；适应性广，能适合各种土及软岩、强风化岩石；快速，经济，能连续测试土层；标准贯入试验可同时取样，便于直接观察描述土层情况；应用历史悠久，积累的经验丰富。因此，动力触探和标准贯入试验在岩土工程中应用极广。目前，世界上大多数国家在岩土工程勘察中都不同程度地使用动力触探技术。

动力触探和标准贯入试验的适用范围见表 15-8。

表 15-8　动力触探和标准贯入试验的适用范围

类型		粉土、黏性土			砂土					碎石土		
		黏土	粉质黏土	粉土	粉砂	细砂	中砂	粗砂	砾砂	圆砾	卵石	漂石
动力触探	轻型	+	++	+								
	重型				+	+	++	++	++	++	+	
	超重型								+	++	++	+
标准贯入试验			+	+	++	++	++	++	+	+		

注："++"表示适合，"+"表示部分适合。

四、十字板剪切试验

十字板剪切试验是将插入软土中的十字板头，以一定的速率旋转，在土层中形成圆柱形的破坏面，通过一定的测量系统，测出土的抵抗力矩，直至土体破坏，从而计算出土的抗剪强度，见图15-8。十字板剪切试验可用于原位测定饱和软黏土的不排水抗剪强度和估算软黏土的灵敏度。试验深度一般不超过30 m。

十字板剪切试验于1928年由瑞士学者奥尔桑(J. Olsson)首先提出。我国于1954年开始使用以来，在沿海软土地区被广泛使用。十字板剪切试验是快速测定饱和软黏土层快剪强度的一种简易而可靠的原位测试方法。这种方法测得的抗剪强度值，相当于试验深度处天然土层的不排水抗剪强度，在理论上相当于三轴不排水剪的总强度，或无侧限抗压强度的一半($\varphi=0°$)。由于十字板剪切试验不需采取土样，特别对于难以取样的灵敏性高的黏性土，它可以在现场基本保持天然应力状态下进行扭剪。长期以来，十字板剪切试验被认为是一种较为有效、可靠的现场测试方法，与钻探取样室内试验相比，土体的扰动较小，而且试验简便。

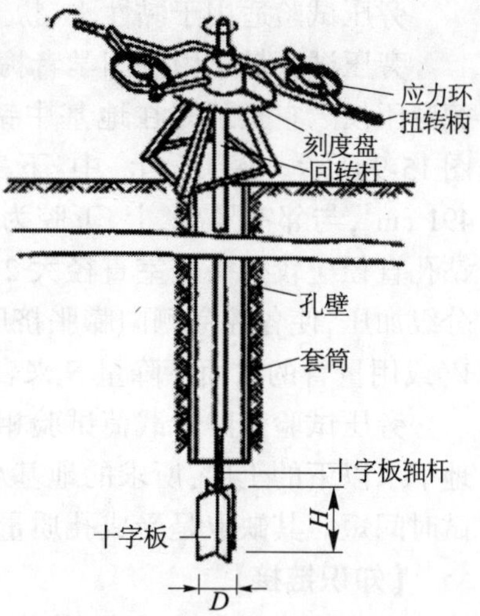

图15-8　十字板剪切示意图

五、旁压试验

旁压试验是在现场钻孔中进行的一种水平向荷载试验。具体试验方法是将一个圆柱形的旁压器放到钻孔内试验标高，通过旁压器在竖直的孔内加压，使旁压膜膨胀，并由旁压膜将压力传给周围的土体(岩体)，使土体(岩体)产生变形直至破坏，见图15-9。根据试验的读数可以得到钻孔横向扩张的体积-压力或应力-应变关系曲线，据此可用来估计地基承载力，测定土的强度参数、变形参数等。

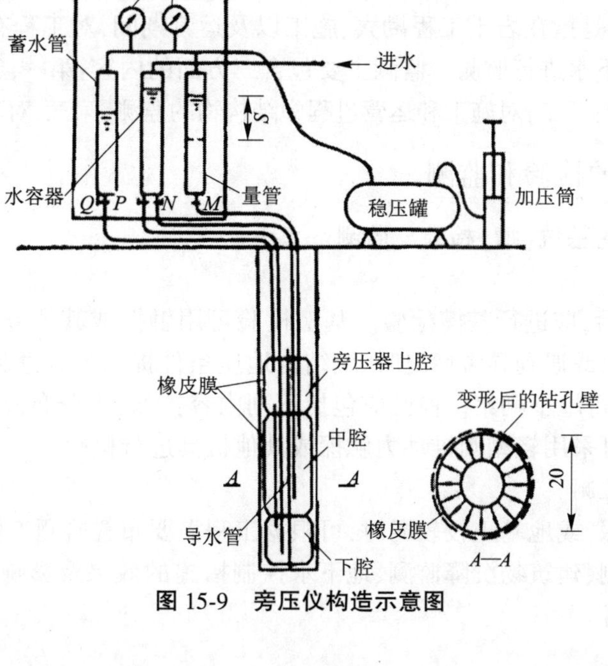

图15-9　旁压仪构造示意图

旁压试验适用于黏性土、粉土、砂土、碎石土、残积土、极软岩和软岩等。

旁压试验最早由法国学者梅纳德(Menard)付诸实现,设计了预钻式旁压仪,又称梅纳德旁压仪。它是预先在地基中钻孔,然后把旁压仪插入孔中进行试验。预钻式旁压仪如图15-9所示。探头分上、中、下三腔室,外套以橡皮膜,中腔为测试腔,长125 cm,体积为491 cm^3,与邻室隔离,上、下腔为保护腔,各长10 cm,相互连通。各腔室与地面装置相连。钻孔直径应较探头腔室直径大2 cm。试验时,由水箱向三腔室注满水,然后通过高压空气分级加压,使各腔室侧向膨胀挤压孔壁,在加压的同时,要测量中腔测试室的水体积增加量V(或用量管的水面下降量S来表示),可以绘制体积增加量与压力的关系曲线。

旁压试验和静力载荷试验相比较,其优点是:它可以在不同的深度上进行试验,特别是地下水以下的土层;所求的地基承载力数值与平板载荷试验相近,试验精度高;设备轻便、测试时间短。其缺点是受成孔质量影响较大。

【知识链接】

原位检测的内容很多,其他试验的内容以及上述介绍原位测试的试验方法、仪器设备、试验步骤、资料整理、成果应用等具体内容参见《岩土工程勘察》《岩土工程原位测试》等教材及相关规范。

单元五 现场的检验与监测

现场检验与监测是指在工程施工和使用期间进行的一些必要的检验与监测,是岩土工程勘察的一个重要环节。其目的在于保证工程的质量和安全,提高工程效益。常见的有地基基础的检验与监测、不良地质作用和地质灾害的监测、地下水的监测等。对有特殊要求的工程,应根据工程的特点,确定必要的项目,在使用期内继续进行监测。

现场检验是指在施工阶段对勘察成果的验证核查和施工质量的监控。因此,检验工作应包括两个方面:第一,验证核查岩土工程勘察成果与评价建议;第二,对岩土工程施工质量的控制与检验。现场监测是指在岩土工程勘察、施工以及运营期间,对工程有影响的不良地质现象、岩土体性状和地下水进行监测。监测主要包含三方面的内容:第一,施工和各类荷载作用下岩土体性状的监测;第二,对施工和运营过程中结构物的监测;第三,对环境条件的监测。

一、地基基础的检验和监测

(一)天然地基的基坑(槽)检验与监测

1. 验槽

基槽(坑)开挖后,应进行基槽检验。基槽检验可用触探或其他方法,当发现与勘察报告和设计文件不一致或遇到异常情况时,应结合地质条件提出处理意见。当与勘察报告出入较大时,应建议进行施工勘察。检验应包括下列内容:①岩土分布及其性质;②地下水情况;③对土质地基,可采用轻型圆锥动力触探或其他机具进行检验。

2. 基坑的现场监测

当基坑开挖较深,或地基土较软弱时,可根据工程需要布置监测工作。现场监测的内容有基坑底部回弹监测、建筑物沉降监测、地下水控制措施的效果及影响的监测、基坑支护系统工作状态的监测等。

(二)桩基工程的检测

对于桩基工程,在桩孔开挖至持力层后,应采用试钻或钎探的方法检验桩端持力层是否与岩土勘察报告相一致。如果基底与勘察报告不符,应提出处理措施或修改设计。当与勘察报告差异较大时,应建议进行施工勘察。单桩承载力的检验,应采用载荷试验与动测相结合的方法。对于大直径挖孔桩、人工成孔大口径灌注桩基础,应逐桩检验孔底尺寸和岩土情况;逐根检查桩底尺寸是否与设计相符合;桩底岩土情况是否符合勘察资料;桩端进入持力层深度是否达到设计要求;桩底沉渣是否清理干净等。当地下水位较高时,应监测水位的变化情况;当水量较大时,应采取相应措施以防塌孔。

(三)地基处理的检验与监测

地基土的强度和变形不能满足设计和使用要求时,需要对地基土采取地基处理措施。地基处理的方案和方法较多,各自有其适用条件。为保证地基处理方案的适宜性、使用材料和施工质量以及处理效果,按照《建筑地基处理技术规范》(JGJ 79—2012)规定,应作现场检验与监测。

现场检验的内容包括:①地基处理方案的适用性,必要时应预先进行一定规模的试验性施工;②换填或加固材料的质量;③施工机械性能、影响范围和深度;④对施工速度、进度、顺序、工序搭接的控制;⑤按规范要求对施工质量的控制;⑥按计划在不同期间和部位对处理效果的检验;⑦停工及周围环境变化对施工效果的影响。

现场监测的内容包括:①施工时土体性状的改变,如地面沉降、土体变形监测等;②采用原位试验、取样试验等方法,进行地基处理前后性状比较和处理效果的监测;③施工噪声和环境的监测;④必要时作处理后地基长期效果的监测。

(四)建筑物沉降观测

对于重要的建筑物及建造在软弱地基上的建筑物必须进行沉降观测,下列建筑物应在施工期间及使用期间进行变形观测:①地基基础设计等级为甲级的建筑物;②复合地基或软弱地基上的设计等级为乙级的建筑物;③加层、扩建建筑物;④受邻近深基坑开挖施工影响或受场地地下水等环境因素变化影响的建筑物;⑤需要积累经验或进行设计反分析的工程。

观测沉降主要控制地基的沉降量和沉降速率。在正常情况下,沉降速率逐渐减小,当沉降速率减小到 0.05 mm/d 以下时,可认为沉降速率趋于稳定,这种沉降称为减速沉降。若出现等速沉降,就有导致地基丧失稳定的危险。当出现加速沉降时,表明地基已丧失稳定,应及时采取措施,防止发生工程事故。

二、岩土体性状及不良地质作用和地质灾害的监测

(一)岩土体性质与状态的监测

岩土体的性质和状态的现场监测,可以归纳为岩土体变形观测和岩土体内部应力的观测两大方面。《岩土工程勘察规范(2009 年版)》(GB 50021—2001)规定,工程需要时可进行岩土体的监测内容有:①硐室或岩石边坡的收敛量测;②深基坑开挖的回弹量测;③土压力或岩体应力量测等。岩土体性状监测主要应用于如滑坡、崩塌变形监测,硐室围岩变形监测,地面沉降、采空区塌陷监测等。

岩土体的变形分为地面位移变形、洞壁位移变形和岩土体内部位移变形几种:地面位移变形主要采用经纬仪、水准仪或光电测距仪重复观测各测点的方向和水平、铅直距离的变

化，以此来判定地面位移矢量随时间变化的情况。洞壁位移变形是指洞壁岩体表面两点间的距离改变量的量测，是通过收敛量测来实现的。测量的方法可采用专门的收敛计进行，简易的可用钢卷尺直接量测。岩土体内部位移变形，目前常用的方法有管式应变计、倾斜计和位移计等，它们皆要借助于钻孔进行监测。

岩土体内部的应力监测是借助于压力传感器装置来实现的，一般将压力传感器预先埋设在结构物与岩土体的接触面上或岩土体中。目前，国内外采用的压力传感器多为压力盒，有液压式、气压式、钢弦式和电阻应变式等不同形式和规格的产品，以后两种较为常用。通过定时观测，便可获得岩土压力随时间的变化资料。

(二)不良地质作用和地质灾害的监测

工程建设过程中，由于受到各种内、外因素的影响，如滑坡、崩塌、泥石流、岩溶等，这些不良地质作用及其所带来的地质灾害都会直接影响到工程的安全乃至人民生命财产的安全。因此，在现阶段的工程建设中，对上述不良地质作用和地质灾害的监测已经是不可缺少的工作。我国的《岩土工程勘察规范(2009 年版)》(GB 50021—2001)规定，应进行不良地质作用和地质灾害监测的情况是：①场地及其附近有不良地质作用或地质灾害，并可能危及工程的安全或正常使用时；②工程建设和运行，可能加速不良地质作用的发展或引发地质灾害时；③工程建设和运行，对附近环境可能产生显著不良影响时。滑坡监测应包括的内容有：①滑坡体的位移；②滑面位置及错动；③滑坡裂缝的发生和发展；④滑坡体内外地下水位、流向、泉水流量和滑带孔隙水压力；⑤支挡结构及其他工程设施的位移、变形、裂缝的发生和发展。

三、地下水的监测

当地下水位变化影响到建筑工程的稳定时，需对地下水进行监测。

(1)对地下水实施监测的情况：地下水位升降影响岩土稳定时；地下水位上升产生浮托力对地下室或地下构筑物产生较大影响时；施工降水对拟建工程或相邻工程有较大影响时；施工或环境条件改变，造成的孔隙水压力、地下水压力变化，对工程设计或施工有较大影响时；地下水位的下降造成区域性地面下沉时；地下水位的升降可能使岩土产生软化、湿陷、胀缩时。

(2)地下水监测方法应符合下列规定：地下水位的监测，可设置专门的地下水位观测孔，或利用水井、泉等进行；孔隙水压力、地下水压力的监测，可采用孔隙水压力计、测压计进行；用化学分析法监测水质时，采样次数每年不应少于 4 次，进行相关项目的分析；动态监测时间不应少于一个水文年。

单元六　岩土工程勘察报告

岩土工程勘察的成果用报告书并附有必要的图表来表示。它是岩土工程勘察的最终成果，是建筑地基基础设计和施工的重要依据。

一、岩土工程勘察报告编制的程序

岩土工程勘察报告编制的程序主要如下：

(1)外业和试验资料的汇集、检查和统计。

(2)对照原位测试和土工试验资料,校正现场地质编录。

(3)编绘钻孔工程地质综合柱状图。

(4)划分岩土地质分层,编制分层统计表,进行数理统计。

(5)编绘工程地质剖面图和其他专门图件。

(6)编写文字报告。

二、岩土工程勘察报告编写内容

岩土工程勘察报告应根据任务要求、勘察阶段、工程特点和地质条件等具体情况编写,并应包括下列内容:

(1)勘察目的、任务要求和依据的技术标准。

(2)拟建工程概况。

(3)勘察方法和勘察工作布置。

(4)场地地形、地貌、地层、地质构造、岩土性质及其均匀性。

(5)各项岩土性质指标,岩土的强度参数、变形参数、地基承载力的建议值。

(6)地下水埋藏情况、类型、水位及其变化。

(7)土和水对建筑材料的腐蚀性。

(8)对可能影响工程稳定的不良地质作用的描述和对工程危害程度的评价。

(9)场地稳定性和适宜性的评价。

三、报告所附的图表

岩土工程勘察报告中主要的图件有:勘探点(钻孔)平面位置图,见图15-10;工程地质剖面图,见图15-11;钻孔工程地质综合柱状图,见图15-12;其他专门性图件等。

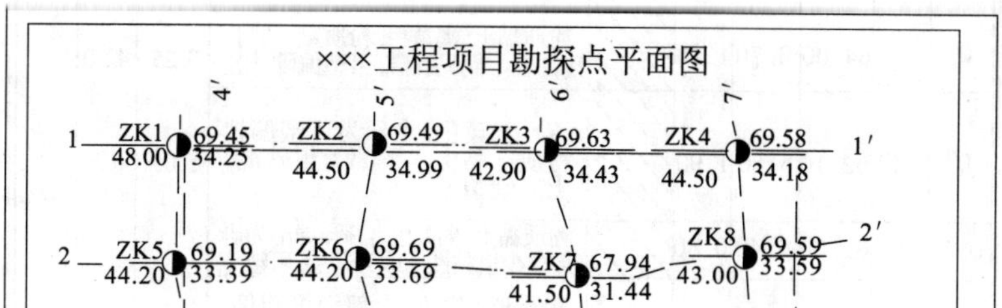

图15-10　勘探点平面位置图

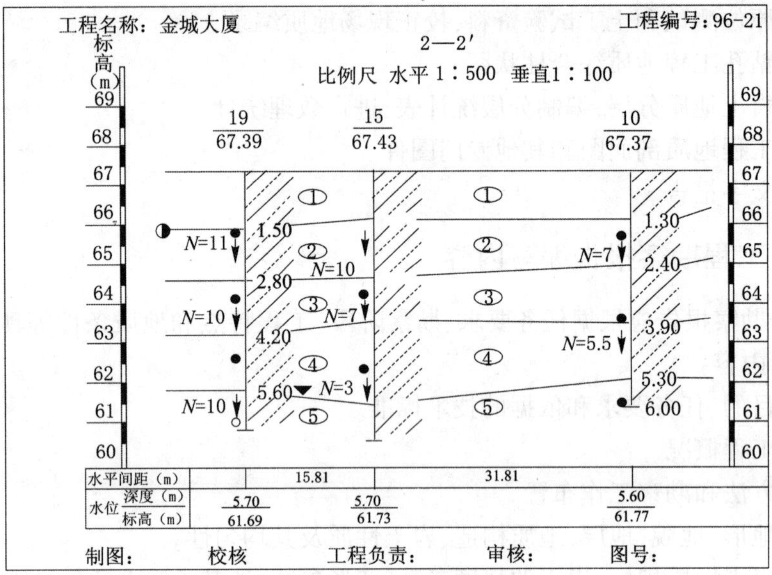

图 15-11　工程地质剖面图

钻　孔　柱　状　图

工程名称	金城大厦				工程编号	96-21
孔号	1	坐标	X=171.7 m	钻孔直径	130 mm	稳定水位
孔口标高	67.70 m		Y=58.5 m	初见水位		测量日期

地质时代	层号	层底标高（m）	层底深度（m）	分层厚度（m）	柱状图 1∶100	岩性描述	标贯中点深度（m）	标贯实测击数	附注
Q_4^{ml}	1	66.70	1.00	1.00		粉质黏土：褐色、黄褐色，可塑。			
Q_4^{al}	2	65.10	2.60	1.60		粉质黏土：褐黄色，含黑色氧化物或结核，硬塑。			
Q_4^{al}	3	64.00	3.70	1.10		粉质黏土：褐黄色，粉质重，均匀，塑性轻，偶见孔隙，可塑偏硬，松散	3.25	42.0	
Q_4^{al}	4	62.10	5.60	1.90		粉土：黄色，上部为可塑偏软粉质；黏土，下部为粗砂混土，硬塑	5.05	6.5	
Q_4^{al+pl}	5	61.30	6.40	0.80		粉质黏土：褐黄色，含砾，局部为砾砂，含少量黏性土或夹薄层，可塑			
Q_4^{al}	6	59.70	8.00	1.60	cl	粗砾砂：黄色，上部为可塑偏软粉质黏土，下部为粗砂混土，硬塑	6.65	9.0	
Q_4^{al}	7	57.80	9.90	1.90		黏土：黄绿色，含砂粒及铁锰结核，致密，坚硬，软塑	8.55	25.0	
A_r	8	55.30	12.40	2.50		花岗岩：黄绿色、灰绿色，手搓为黏土状或砂状，显微节理，致密，硬塑	10.25 12.25	38.0 82.0	

外业日期：××××年××月××日　制图：　校核：　图号：

图 15-12　钻孔工程地质柱状图

主要的附表、插表有：岩土试验成果表；地基土物理力学指标数理统计成果表；原位测试成果表；钻孔抽水试验成果表；其他等。

【知识链接】

不良地质作用、地质灾害、特殊性岩土和各类建筑的岩土工程勘察内容的具体要求见《岩土工程勘察》及国家标准《岩土工程勘察规范(2009 年版)》(GB 50021—2001)，在此不作介绍。

【小贴士】

岩土工程勘察的内容在后续课程中还要专门介绍，在此仅是一般地了解相关的内容，先有一个初步的认识，以便于以后更好地学习。

【阅读与应用】

本项目所采用的国家及行业标准有《岩土工程勘察规范(2009 年版)》(GB 50021—2001)、《高层建筑岩土工程勘察标准》(JGJ/T 72—2017)、《岩土工程勘察报告编制标准》(CECS 99:98)等。

项目小结

(1)岩土工程勘察是根据建设工程的要求，查明、分析、评价建设场地的地质、环境特征和岩土工程条件，编制勘察文件的活动。岩土工程勘察的基本任务是查明建筑场地的工程地质条件、查明工程范围内岩土体的分布、分析不良地质问题、并对各类岩土工程具体方案作出论证。

岩土工程勘察的等级，是根据工程重要性等级、场地复杂程度等级和地基复杂程度进行等级划分。岩土工程勘察等级为甲级、乙级、丙级等三级。

岩土工程勘察阶段可划分为可行性研究勘察、初步勘察、详细勘察、施工勘察等阶段。

(2)工程地质测绘是运用地质、工程地质理论，初步查明拟建场地工程地质条件，编制成工程地质图的过程。

(3)岩土工程勘探是利用各种设备、工具直接或间接深入地下岩土层，查明地下岩土性质、结构构造、空间分布、地下水条件等内容的勘察工作。主要方式有物探工程、钻探工程和坑探工程。采取土样是岩土工程勘察中必不可少的工作，通过采取土样，进行土类鉴别，测定岩土的物理力学性质指标，为定量评价岩土工程问题提供技术指标。

(4)原位测试是指在不扰动或基本不扰动地层的情况下对地层进行测试，以获得所测地层的物理力学性质指标及划分地层的一种勘察技术。岩土工程原位测试的主要方法有静载试验、静力触探试验、动力触探试验、标准贯入试验、十字板剪切试验、旁压试验等。

(5)现场检验与监测是指在工程施工和使用期间进行的一些必要的检验与监测。现场检验是指在施工阶段对勘察成果的验证核查和施工质量的监控。现场监测是指在岩土工程勘察、施工及运营期间，对工程有影响的不良地质现象，岩土体性状和地下水进行监测，常见的有地基基础的检验与监测、不良地质作用和地质灾害的监测、地下水的监测等。

(6)岩土工程勘察的成果用报告书并附有必要的图表来表示。它是岩土工程勘察的最终成果，是建筑地基基础设计和施工的重要依据。它主要包括：勘察目的、任务和依据的技术标准；拟建工程概况；勘察方法和工作布置；场地地形、地貌、地层、地质构造、岩土性质及其均匀性;各项岩土性质指标,地基承载力的建议值;地下水条件;可能影响工程稳定的不良地质作用的描述及评价;场地稳定性和适宜性的评价等内容。

思考题及习题

1. 什么是岩土工程勘察？其主要任务有哪些？
2. 岩土工程勘察等级如何划分？有哪些勘察阶段？
3. 什么是工程地质测绘？研究的主要内容有哪些？
4. 什么是岩土工程勘探？包含哪些内容？
5. 土试样质量等级有哪些？如何采取？
6. 什么是岩土工程的原位测试？有哪些测试方法？
7. 什么是岩土工程的现场检验与监测？有哪些内容？
8. 岩土工程勘察报告书有哪些内容？主要附图有哪些？

参 考 文 献

[1] 赵法锁,李相然.工程地质学[M].北京:地质出版社,2009.
[2] 李广杰.工程地质学[M].吉林:吉林大学出版社,2004.
[3]《工程地质手册》编委会.工程地质手册[M].5版.北京: 中国建筑工业出版社,2018.
[4] 孙剑锋,高怀州,凌浩美.工程岩土学[M].北京:地质出版社,2008.
[5] 任宝玲.工程地质[M].北京:人民交通出版社,2008.
[6] 郑毅,施鲁莎.工程地质[M].武汉:武汉理工大学出版社,2009.
[7] 盛海洋.工程地质[M].北京:北京邮电大学出版社,2012.
[8] 许明,张永兴.岩石力学[M].4版.北京:中国建筑工业出版社,2020.
[9] 刘佑荣,唐辉明.岩体力学[M].武汉:中国地质大学出版社,1999.
[10] 李玉生. 鸡扒子滑坡——长江三峡地区老滑坡复活的一个实例[C]//中国典型滑坡,1986.
[11] 王贵荣.工程地质学[M].北京:机械工业出版社,2009.
[12] 钱汉东,姜尧发.工程地质[M].北京:科学出版社,2008.
[13] 陆兆溱.工程地质学[M].北京:水利水电出版社,1992
[14] 王毅才.隧道工程[M].北京:人民交通出版社,2000
[15] 孙立功,刘杰. 隧道工程[M].成都:西南交通大学出版社,2009.
[16] 廖红建,等.岩土工程测试[M].北京:机械工业出版社,2007.
[17] 郭超英.岩土工程勘察[M].北京:地质出版社,2007.
[18] 吴兴序. 岩土工程原位测试技术[M].北京:中国建筑工业出版社,2006.